電腦網路概論

陳雲龍 編著

 全華圖書股份有限公司

國家圖書館出版品預行編目資料

電腦網路概論/陳雲龍編著. -- 十一版. -- 新
北市：全華圖書股份有限公司, 2023.06
　面；　公分
ISBN 978-626-328-539-2(平裝)

1.CST: 電腦網路
312.16　　　　　　　　　112009113

電腦網路概論（第十一版）

作者／陳雲龍

發行人／陳本源

執行編輯／王詩蕙

封面設計／戴巧耘

出版者／全華圖書股份有限公司

郵政帳號／0100836-1 號

印刷者／宏懋打字印刷股份有限公司

圖書編號／061420C

十一版二刷／2024 年 5 月

定價／新台幣 590 元

ISBN／978-626-328-539-2 (平裝)

ISBN／978-626-328-537-8 (PDF)

ISBN／978-626-328-538-5 (EPUB)

全華圖書／www.chwa.com.tw

全華網路書店 Open Tech／www.opentech.com.tw

若您對書籍內容、排版印刷有任何問題，歡迎來信指導 book@chwa.com.tw

臺北總公司(北區營業處)
地址：23671 新北市土城區忠義路 21 號
電話：(02) 2262-5666
傳真：(02) 6637-3695、6637-3696

中區營業處
地址：40256 臺中市南區樹義一巷 26 號
電話：(04) 2261-8485
傳真：(04) 3600-9806

南區營業處
地址：80769 高雄市三民區應安街 12 號
電話：(07) 381-1377
傳真：(07) 862-5562

作者序

　　這本書從出版以來深受很多老師、同學們的喜歡跟支持，在這裡深深地感謝，讓我更進一步督促自己要努力地把新的版本帶給大家。因此第 11 版的內容有做大幅度更新，以使教材內容能同步全球最新的網路變化（例如 SDN 網路的迅速發展與應用分析）。

　　回顧這幾年的網路發展日新月異，除了無線網路快速進展到讓人眼花撩亂外，網路創新最重要的一大步就是 SDN 網路發展非常迅速，它已被公認是 2023 年最為亮眼的新一代網路，特別在 covid-19 疫情期間也已經被證明 SDN 是非常高效能的網路，因此筆者在這一部分也做了相關實驗。目標是讓本教材能讓讀者領會電腦網路概論的發展，希望我的用心可以讓讀者慢慢地體會出來。

　　本書的內容分成 18 章，其中第 17 章與第 18 章以 PDF 形式提供，請線上下載。整體內容豐富充實，介紹當今網路與協定的發展現況。為了符合學習需求，新版內容力求簡單、清晰、容易了解以及在範例內容的上下串接都非常用心，習題也已大幅度更新，特別著重電腦網路應用實務以及搭配 Wireshark 封包的解析，希望讓讀者對電腦網路的技術不會過於抽象，期待讀者對電腦網路基礎建立清晰的概念與紮實的實力，讓學習者更進一步了解到整個電腦網路的技術，以便更容易上手。

本書第 11 版相較於前版,在內容上做了大幅度的更新與變動,修訂多個章節的內容,如下所列:

1. 第 1 章到第 8 章的內容進行大幅度的修訂與增加,擴充範例的數目,讓內容更清楚且容易了解。像第 7 章的無線 Wi-Fi 網路新規範的更新與應用也有詳細說明;尤其對當今 SDN 網路的 OpenFlow 實例(並且搭配 Wireshark 的軟體)及解析(書中有詳細描述),有很清楚的交代,例如從第 1 章的圖 1-36(a)-(b) 看到 OpenFlow 協定的執行過程。

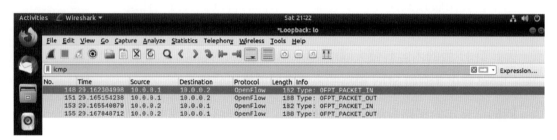

圖 1-36 (a) SDN 網路中的 h1 ping h2

圖 1-36 (b) SDN 網路中的 OpenFlow 執行流程

2. 第 9 章到第 18 章著重在內容的增加及更新,特別是在習題上的大幅度更新,主要目標就是讓各章節的內容,透過實作題的帶動讓書中的內容得以補充,特別搭配 Wireshark 的解析,讓讀者認識當今的電腦網路技術,可以很容易知道各種協定扮演的角色,讓老師也可當成補充教材,使同學對這些章節更快地了解。

第 9 章～第 12 章的內容更新章節如下：

▶ 圖 1-36(a)-(b) 因牽涉到第 9 章的 ARP/ICMP 協定，所以在 9-10 節增加 SDN OpenFlow 的 ARP 與 ping 的解析，這個章節會對圖 1-36(a)-(b) 做徹底分析。為了讓 Wireshark 能擷取 SDN 網路中的 OpenFlow 協定，我們也介紹採用 Mininet 來搭建 OpenFlow 的實驗環境。

▶ 第 10 章也特別增加一節介紹 TCP 的新標準，亦即 RFC1323 有關 TCP 視窗的縮放，早期的 TCP 在 RFC 793 規定的 TCP 標頭裡面的接收端的窗格大小（Window Size）被定義成 16 bits，相當於接收端可接收的位元組容量最大可以到 65,535 bytes。但是 RFC 1323 提出了改變窗格大小的定義。使用 window size scaling factor，讓 TCP 標頭中的 16 位元的欄位延伸至 30 位元的窗格大小，使接收端可接收的位元組容量可以擴充到 1G bytes 就是所謂視窗的縮放，本節藉由範例做深入介紹。

▶ 一般而言，傳送於企業網路的 DNS 封包的正常與否，對一個公司的電腦網路系統與營運非常重要，所以 IT 人員常常要判斷 DNS 封包有沒有在公司的網路系統中發生錯誤：例如我們常在 DNS 封包格式中知道 rCode（Response Code）佔 4bits，其目的就是用來指出 DNS 查詢時所發生的錯誤訊息，如果 IT 人員的訓練或上課就只有簡單說明一下就過去了，實在有點可惜。因此在第 11 章介紹一個已存取好的 DNS Wireshark 封包例子，如何增加 dns error 按鈕以方便找出有多少個 dns 錯誤的回應（Response）封包發生。

第 13 章～第 18 章更新的章節如下：

▶ 很多人都會有一困惑，在 FTP 的實務環境，當您明確可以擷取到 Wireshark FTP 封包，然而擷取到的結果，往往將原屬於 FTP 流量判斷成 HTTPS（HTTP over SSL），這時候如何來辨認封包類型是 FTP 而非 SSL？這個問題對一個 IT 人員，確實有必要知道，否則擷取到的封包有的原本就是加密過的 HTTPS 封包，有的是因某些因素被設定或誤判成 HTTPS 封包 (亦即 SSL 協定形成的封包)，但其實是 FTP 封包，第 13 章也特別以實例介紹如何來辨認封包類型是 FTP 而非 SSL？

▶ 第 14 章新增近年最夯的話題，網頁快取和 HTTP/2 與 HTTP/1.1 比較，也稍微談到 HTTP/3。

陳雲龍

通訊工程研究所博士

chenyunlong7@gmail.com

目次

▶ 本書第 17 章與第 18 章請線上下載

CHAPTER 18

網路管理　　　　　▶ 電子書

APPENDIX

附錄

著作權聲明

▶ 本書所有內容未經作者或全華圖書股份有限公司書面同意，不得以任何方式進行複製、翻譯、抄襲、轉載或節錄。

商標聲明

▶ 本書中所引用的商標或商品名稱之版權分屬各該公司所有。

▶ 本書中所引用的網站畫面之版權分屬各該公司、團體或個人所有。

▶ 本書中所引用之圖形，其版權分屬各該公司所有。

▶ 在書本中所使用的商標名稱，因為編輯原因，沒有特別加上註冊商標符號，我們並沒有任何冒犯商標的意圖，在此聲明尊重該商標擁有者的所有權利。

CHAPTER 1

網路基本概念

網際網路發展的演進

　　早在 1945 年，美國麻省理工學院副校長，同時也是著名的曼哈頓計劃的組織者和領導者布希 (Vannevar Bush)，在《Atlantic Monthly》7 月號發表了一篇名為 "As We May Think" 的文章中提出：「人類有一天會發明名為 mexmex 的機器」，其中已經包含今日的超文字和超連結概念，也因此，他被稱為互連網路的先知者。現今的網路使用率已非常普及，對產學界，甚至個人，均提供了快速便利的資訊流服務。網際網路 (Internet) 時代已經來臨，而且還繼續以驚人的速度改變著全世界人與人溝通的方式及生活作息。

　　自 1957 年冷戰時期，蘇聯發射了第一枚人造衛星飛越美國上空的事實，對美國造成了非常強大的震撼與不安，因此，美國國防部立刻成立了「先進研究計畫署」，希望能把最先進的科技應用在戰爭策略上。由於當時正處於冷戰時期，任何電子線路都可能在戰爭時遭到嚴重的破壞，而造成通訊線路無法正常運作。故在初期，美國高等計劃署 (The United States Department of Defense Advanced Research Projects Agency；ARPA)，先從事封包交換式網路的實驗計劃研究，並聯合一些研究單位進行合作。

　　在 1969 年，由美國國防部出資架設了 ARPANET 網路。ARPANET 網路研究計畫的主要目的是希望能建立一個通訊網路，萬一這個網路架構即使遭到一些破壞，在這樣的架構下，各主機間還可以保持對等通訊。該計劃的研究還包括如何提供穩定且不

受限定於各種機型及廠牌的數據通訊網路技術。1969 年秋季，ARPANET 第一個網路轉接點架設在加州大學洛杉磯分校；到了該年年底，共有 4 個大學和研究機構的大型電腦陸續成為 ARPANET 上的網路轉接點。使用者可以在一部電腦上為其它電腦撰寫所需的程式。由於這個網路實驗得到成功，研究人員可以透過網路，分享遠端研究機構的電腦資源。至 1971 年，ARPANET 已經有 23 部主機。

ARPA 於 1972 年改名為 DARPA。1973 年，DARPA 也與英國、挪威等國的大學主機互連。更進一步，ARPANET 開始歡迎更多學術單位及私人企業加入研究。1979 年，美國國家科學基金會 (National Science Fundation；NSF) 也開始參與網路技術研究。1980 年中期，ARPANET 開始被許多機構的內部網路所取代，如 MILNET。從此以後，由美國軍方主導的色彩也逐漸褪去，取而代之的是 NSF。

值得一提，1974 年，文特·瑟夫 (Vint G. Cerf) 和康恩 (Bob Kahn) 發展出「傳輸控制協定」(Transmission Control Protocol；TCP)，解決了跨越不同電腦系統連接的問題，進而創建實際真正的網際網路，並在 1983 年 1 月 1 日成為國際標準。1983 年，網域名稱 (domain name) 系統的概念被提出，在一年後就出現「.com」、「.gov」、「.edu」等網域字尾。

1984 年起，該基金會設立 NSFNET，以整合美國各大學和研究機構的先進電腦資源為首要；也因此，NSFNET 成為全球 Internet 的主幹。1985 年，NSF 撥款協助近一百所大學連上網路；1986 年建造 NSFNET 廣域網路，並將全美 5 大超級電腦中心和各大學連接在一起，使得愈來愈多的學術界菁英加入了此項研究。

有鑑於 ARPANET 的成功，其它單位開始紛紛加入網路的建構，如美國能源署的 ESNET、太空總署等等。其它民營機構如 HP、IBM、XEROX 等單位亦參與相關研發。

1988 年，第一次出現的網路蠕蟲 (病毒) 來自莫里斯 (Morris) 的釋出，它癱瘓好幾千部電腦。1990 年，ARPANET 終於退役，換句話說，ARPANET 被 NSFNET 取代。同年聖誕節，提姆·柏內茲 - 李 (英國電腦科學家) 建立運行全球資訊網 (WWW) 所需的超文件傳輸協定 (HTTP)、超文件標記語言以及第一個網頁瀏覽器、第一個網頁伺服器和第一個網站。到 1995 年，NSFNET 也退役，Internet 在美國已完全商業化，並解除商業流量限制。

1999 年，Napster 公司提供第一個點對點的服務，亦即所謂對等式 (Peer-to-Peer；P2P) 的音樂服務，使音樂喜好者可以共享 MP3 音樂，造福全球超過 2 億 5 千萬人左

右的網路人口。值得一提，當時一群人或團體曾發生過對網際網路「Internet」這個名稱術語的大、小寫做區隔。最初，網際網路這個名稱是代表那些使用 IP 協定構成的網路，直到今天，它已延伸至各種不同類型的網路，不再侷限於專屬的 IP 網路。因此網際網路 (internet) 開頭的英文字母是以「i」寫出就代表任何分離的實體網路之集合，這些網路以一組通用的協定相互連結，形成邏輯上的單一網路。而網際網路 (Internet) 開頭的英文字母是以「I」寫出就專指前身為 ARPANET，亦即僅使用 IP 協定將各種實體網路連結成單一邏輯網路。所以 Internet 的網際網路是 internet 網際網路的其中一種形式，反過來卻不然。2002 年起，有學者開始提議將網際網路一詞以「internet」表示，2016 年，美聯社認為「網際網路」已和「電話」都是一般的生活工具，於是開始在其手冊中規定「internet」和「web」開頭的英文字母是以小寫表示，紐約時報也隨後跟進，但同時也有一些媒體提出不同意見，不管如何，將當成花絮來看，我個人還是喜歡使用「Internet」表示。為了更清楚了解網路的歷史，表 1-1 是 Internet 依發生時間先後的一些重要記錄。

表 1-1　網際網路發展的演進

1969 年	4 個節點的 ARPANET 建立。
1970 年	ARPA 主機加入網路控制協定 (Network Control Protocol；NCP) 軟體。
1973 年	開始研發傳輸控制協定 (Transmission Control Protocol；TCP) 與網際網路協定 (Internet Protocol；IP)。
1977 年	測試一個 TCP/IP 的互連網路。
1978 年	UNIX 分佈到各學術研究單位。
1981 年	CSNET 建立。1983 年 TCP/IP 成為 ARPANET 的官方協定。
1986 年	NSFNET 建立。
1990 年	ARPANET 退役，亦即 ARPANET 被 NSFNET 取代。
1995 年	NSFNET 也退役，Internet 在美國已完全商業化。開始出現網際網路服務提供者 (Internet Service Provider；ISP) 的公司，用戶若想在家裡上網，就必須透過 ISP 的連線服務。
1999 年	Napster 公司提供第一個點對點的服務，使音樂喜好者可以共享 MP3 音樂。
2000 年	利用阻斷服務 (Denial Of Service；DOS) 的攻擊造成網站主機資源耗盡或服務中止，亞馬遜、電子灣 (eBay) 等公司受損嚴重。
2004 年	美國哈佛大學學生馬克伯格 (Mark Zuckerberg) 創建社交服務網站 Facebook。
2005 年	視頻網站 YouTube 啟用。
2007 年	蘋果公司發行 iPhone 手機，使好幾百萬人可以同時享受無線上網。
2008 年	全球網路人口超過 15 億人，尤以中國近達 1/3，超越美國成為世界上擁有最多的網路使用者。

1-2　何謂網際網路

　　網際網路 (Internet) 又稱互聯網 (Interconnection network)，是將一堆網路與一堆網路串接而成的龐大網路，也可以看成「連接網路的網路」，這些網路包括全球性 ISP 構成的網路、區域性 ISP 構成的網路、行動網路、住家網路、企業網路以及資料中心網路 (包括內容提供網路) 會以一組通用的協定進行連結 (或稱連接) 通訊，形成邏輯上的單一龐大國際網路，如圖 1-1 所示。基本上，網際網路初期是專指計算機類型的網路，它連結了非常多的計算裝置，這些傳統形式裝置包含桌上型的電腦、工作站、伺服器等等。然而現在越來越多非傳統形式的網際網路裝置也會連結到網路上，例如可攜式的筆記型電腦、智慧型手機、平板電腦、電視遊戲機，甚至家用電器產品等等。所以計算機類型的網際網路觀念要調整了，因為現今的網際網路上的連接裝置已包含許多非傳統類型的裝置，這些裝置都可稱為主機 (host) 或稱終端系統 (end system)。

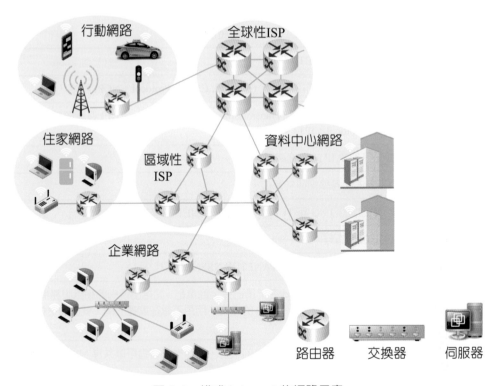

圖 1-1　構成 Internet 的網路元素

　　就地球村的眼光來看網際網路，終端系統會透過網際網路服務供應商 (Internet Service Providers；ISP) 來接取網際網路，其中包括區域性家用 ISP，如有線電視或電信公司以及在大學 ISP、機場、旅館、咖啡店或其它公共場所提供 Wi-Fi 連線的 ISP、

企業 ISP、全球性 ISP 等等。網際網路的功能就是把終端系統連接在一起，所以提供連線服務給終端系統的 ISP 也必須彼此相連。換句話說，Internet 是將全球各地的電腦網路中的主機連接起來，並藉由某一些主機提供資訊，也可讓其它主機讀取資訊。ARPANET 的成功，使得不同地區的遠端電腦能互相連接，並能互相傳遞訊息；再加上網路資源可以共享和不斷提升通訊能力，這也是奠定電腦網路所必備的優點。

值得一提，NSF 對 Internet 最大的貢獻，在於它讓每一個使用者都可以取得網路資源；而在此之前，只有研究人員與政府機關人員才有這些特權。根據 Hootsuite、智研諮詢的資料：截止 2022 年 1 月，全球總人口數量約達到 78 億，全球網際網路使用者數量也達到 49 億 5 千萬的人口數量，網際網路用戶約占總人口的 62.5%。從全球各地區網際網路用戶占總人口的百分比來看，歐洲網際網路用戶占總人口的百分比為 98%，排名第一，再來是西歐，網際網路用戶占總人口的百分比為 94%；北美洲網際網路用戶占總人口的百分比為 92%。另一方面，根據奇摩新聞的資料來源：截至 2022 年 1 月的台灣網路用戶已佔總人口的 9 成，網路使用者數量也達到 2,172 萬人。

1-2-1　協定和標準

當雙方主機欲在網路上傳遞訊息時，必須透過所謂的「協定 (protocol)」來達成。

ARPANET 一開始所採用的網路通訊協定是 NCP。由於網路的應用技術愈來愈多元化，相對也愈來愈複雜，特別是不同系統網路上的主機，再加上各自使用不同的軟體，使得系統不相容的問題也跟著浮上台面。

1974 年，後來被稱為「Internet 之父」的文特 ‧ 瑟夫 (Vint G. Cerf) 與康恩 (Bob Kahn) 開始研發一套能流通於所有主機上的通訊協定，也就是現在電腦網路所使用的 TCP/IP 協定。該協定解決了跨越不同電腦系統間連接上的一些問題。1976 年，BBN 公司與史丹佛大學共同研發出路由器 (Router) 設備，使得網路互連更加地便捷。後來，美國國防部做了一個令人意想不到的決定：將 TCP/IP 的所有技術公諸於世，讓全世界使用者免費使用。原先因為戰爭的動機而發展出來的網路技術，最後竟然完全公開給全世界電腦使用者使用，這實在是當初始料未及。

為了決定出 TCP 通訊規則，必須有相關組織或團體制訂各界共同遵循的標準。這些標準建立了網路通訊的基本規則及功能，並且也讓協定符合要求。這些標準通常是由相關的組織經嚴格的評估所制訂出來，以便讓各廠商依循該標準，作為軟硬體相關技術的基礎。

　　什麼是協定？當人與人之間在進行「人類的溝通協定」時，我們會送出特定的訊息，並且採取一些特定動作來回應所收到的回覆 (或稱回應) 訊息或其它事件。而「網路通訊協定」定義了兩個以上的通訊實體 (entity) 間，交換訊息的格式及順序，以及在傳送 / 接收訊息或在發生其它事件時所要採取的動作，如圖 1-2 所示。迄今，傳輸控制協定 (Transmission Control Protocol；TCP) 以及網際網路協定 (Internet Protocol；IP) 仍是網際網路上最耀眼的兩種協定。電腦網路中的通訊可能都會發生在不同系統中的實體，而所謂的實體就是指有能力發送至對方和接收來自對方資訊的軟硬體，不同類型的實體不可能只送出一堆位元 (bit) 就期待接收方瞭解發送方要送的資訊意義，所以要讓對方瞭解這些資訊，這些實體就必須互相了解一個相同的通訊協定，所以協定就是用來規範雙方通訊的規則。

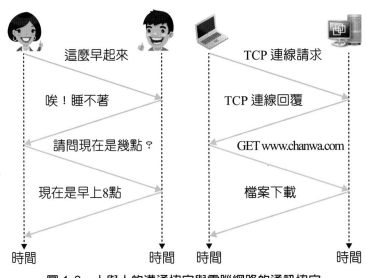

這麼早起來

唉！睡不著

請問現在是幾點？

現在是早上8點

TCP 連線請求

TCP 連線回覆

GET www.chanwa.com

檔案下載

時間　　　　時間　　　時間　　　　時間

圖 1-2　人與人的溝通協定與電腦網路的通訊協定

　　網際網路標準 (Internet standards) 係由「網際網路工程工作小組 (Internet Engineering Task Force；IETF)」所開發。IETF 文件就是所謂的「建議需求」(Requests for Comments；RFC) 是一種非常重要的標準。IETF 文件蒐集了跟網際網路相關的資訊，以及 UNIX 和網際網路上有關社群的軟體文件，依編號依序排定下來。目前 RFC 文件是由網際網路協會 (ISOC) 贊助發行。只要是就讀與資訊工程相關的學生、教師、工程師對此文件標準，您一定會使用到的，只要 Google 查閱跟網際網路有關的標準非它莫屬。當然還有其它團體會指定網路元件的正式標準，特別是針對網路連結的部分。例如，IEEE 802 LAN/MAN 標準委員會制定了乙太網路以及無線 Wi-Fi 等標準。

　　「正式標準 (de jure standard)」指的是經過相關組織正式核可的標準，而正式標準有時候是來自「實際用的標準 (de facto standard)」發展而來。實際用的標準可能出自某一家廠商自己研發的專利技術，因此也稱為「業界用的標準」。最為人知的例子就是乙太網路 (Ethernet)。

乙太網路是由全錄公司所開發，後來被美國的電子電機工程師協會 (Institute of Electrical and Electronics Engineers；IEEE) 納為正式標準，代號為 IEEE 802.3。

1-2-2　制定標準的團體

　　標準的制訂是由專業組織、論壇 (forum) 及政府所形成。以下所列是資料通訊標準制訂的組織。

◎ 國際標準組織

　　國際標準組織 (International Standards Organization；ISO) 是個國際性團體，成員來自世界各國所建立的委員會。ISO 建立於 1947 年，為一志願性的組織，主要致力在建立全球標準的方式，今天它已在資訊科技領域擁有非常大的影響力。網址：www.iso.org。

◎ 國際電訊聯盟電訊標準部門

　　早在 1970 年，一些國家一直有系統相容上的問題，後來聯合國建立一個國際電訊電報諮詢委員會，稱為 CCITT；至 1993 年，更名為 ITU-T (International Telecommunications Union-Telecommunication Standards Sector)，主旨致力發展國際性的電訊、電話與資訊系統標準。網址：www.itu.int。

◎ 美國國家標準協會

　　美國國家標準協會 (American National Standards Institute；ANSI) 是個非營利的民間組織，成員包括業界廠商、消費者團體、政府代表、專業人士，以及其它社團。ANSI 是美國國內主要的標準制訂團體，它也協調並指導標準制定、研究和使用單位，以提供國內外標準化情報。網址：www.ansi.org。

◎ 電子電機工程師協會

　　電子電機工程師協會 (Institute of Electrical and Electronics Engineers；IEEE) 是全世界最大的專業工程師協會，主旨致力發展管理、電子電機與無線通訊標準。它定義了許多區域網路和骨幹網路的標準。網址：www.ieee.org。

◎ 電子工業協會

電子工業協會 (Electronics Industries Association；EIA) 是定義連接介面、電子訊號規格、設備的功能特性標準，與序列通訊等技術的非營利組織。主旨致力電子製造業者所關注的議題。網址：www.eia.org。

◎ 網際網路工程任務小組

網際網路工程任務小組 (Internet Engineering Task Force；IETF) 是由一個名爲「工作群組 (Working Group；WG)」的委員會所組成。IETF 是一個開放性的組織，其成員是來自於全世界關注 Internet 技術發展的網際網路設計者、操作者、使用者和研究人員所組成。IETF 特別關注 Internet 架構的發展，以及網路效率的提升、工程和發展。目前在 IETF 的網站上，可以看到各個工作群組的相關資料和運作現況。網址：www.ietf.org。

◎ 網際網路工程推動小組

網際網路工程推動小組 (Internet Engineering Steering Group；IESG) 負責管理、執行 IETF 的相關技術進度及發展。網址：www.iesg.org。

◎ 網際網路架構理事會

網際網路架構理事會 (Internet Architecture Board；IAB) 是 IESG 和 IETF 這兩個單位的指導單位，負責提供 Internet 策略方向。網址：www.iab.org。

◎ 網際網路位址指派機構

網際網路位址指派機構 (Internet Assigned Numbers Authority；IANA) 是負責統籌 IP 位址分配的國際組織。網址：www.iana.org。

◎ 網際網路協會

網際網路協會 (Internet Society；ISOC) 是個開放性的專業社團，是負責發展並公佈 Internet 使用標準的組織。ISOC 下面包括 3 個組織，分別是 IAB、IETF 與 IESG。網址：www.isoc.org。

◎ 亞太網路資訊中心

亞太網路資訊中心 (APNIC；Asia-Pacific Network Information Center) 主要掌控亞太地區的新 IP 位址申請，及反向解析網域註冊。可以參考 http://www.apnic.net。

1-3　網路類型

什麼是網路 (Network)？簡單來說，網路就是在一定的區域內至少有 2 部或 2 部以上的主機，以某種網路拓樸連結在一起的方式，並讓使用者能共享網路所提供的資源。事實上，電腦之間的連結需要透過傳輸媒介達成，這些傳輸媒介包括雙絞線、同軸電纜、紅外線、光纖和現在很流行的藍牙、UWB、ZigBee 等不同方式 (留在後面章節討論)。

早期的電腦只讓個人獨立操作，後來人們利用網路線，將 2 部電腦連結起來工作，形成最簡易的短距離網路，如圖 1-3 所示。接著以這樣的方式連結整個企業或公司的電腦，形成企業或公司內部的區域網路，這樣就可以輕鬆地傳遞及交換內部的資料。若兩部電腦距離較遠，不能直接用網路線連結起來，則需透過設備如交換器、路由器等裝置 (device)，以達成溝通連結整個企業或公司的電腦。

圖 1-3　最簡易的短距離網路

我們會依地區大小所形成的網路規模，將網路類型分為區域網路 (Local Area Network；LAN)，例如公司內部之間的通訊；都會網路 (Metropolitan Area Network；MAN)，例如都市內部之間的通訊，和廣域網路 (Wide Area Network；WAN)，例如國家內部或國與國之間的通訊。再利用無線網路通訊或公眾交換網路 (電路交換或封包交換)，將世界各角落的網路裝置連接起來，如此一來，便形成了密集的資訊高速公路，就是所謂的 Internet，也稱為互聯網。換句話說，Internet 是由這些無數的 LAN、MAN 和 WAN 所共同組成的。

1-3-1　區域網路

區域網路 (LAN) 通常是指一個公司內部、同一辦公區域或企業大樓內部的網路。一個 LAN 包括兩部以上的電腦和使用者。LAN 所指的範圍約 **10 公里**以內的網路，而不牽扯到電信網路架構。我們通常指這樣的網路為區域網路，如圖 1-4 所示。LAN 架構可分為網路硬體設備與軟體系統，其中包括：

1. 個人電腦或工作站。

2. 傳輸媒介，例如同軸電纜線、雙絞線、網路卡、集線器、交換器及路由器。

3. 網路作業系統，負責網路上各主機間的溝通與協調及管理。

4. 檔案伺服器 (File Server)，負責提供硬碟的資料存取。

5. 列印伺服器，提供電腦或工作站資料的列印。

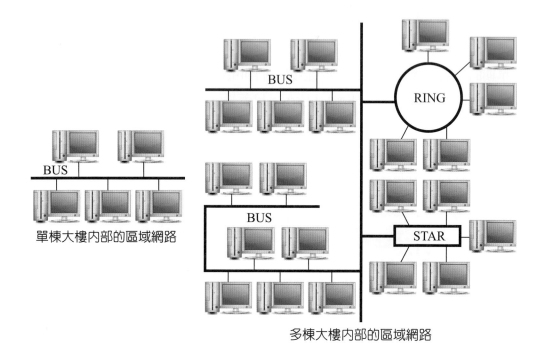

圖 1-4　典型的區域網路

1-3-2　都會網路

　　都會網路 (MAN) 是將多個區域網路連結在一起所形成的大型網路。都會網路涵蓋範圍比區域網路大，主要是用來連結多個 LAN 或都市裡各分公司間的網路，如圖 1-5 所示。一般而言，MAN 所指的範圍約 **10 ～ 100 公里**以內的網路。值得一提的是，一種稱為「Transparent LAN (透通的 LAN)」的區域網路，這種 LAN 的傳輸距離愈來愈遠，發展技術也不斷的提昇，使得 MAN 的角色也愈來愈模糊。

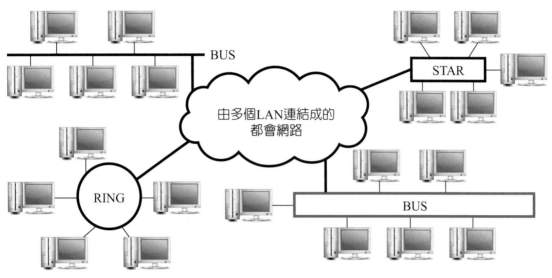

圖 1-5　典型的都會網路

1-3-3　廣域網路

　　廣域網路 (WAN) 是比 MAN 更廣闊的大型網路，如圖 1-6 所示。廣域網路是主要用來連接距離較遠的通訊網路，像是同一國家內不同的都市，甚至不同的國家。因為 WAN 所連結的使用者跨越了廣大的地理區域範圍，所以 WAN 可讓使用者跨越遠距離而能互相溝通。一般而言，WAN 所指的是範圍約 **100 公里**以上的網路。

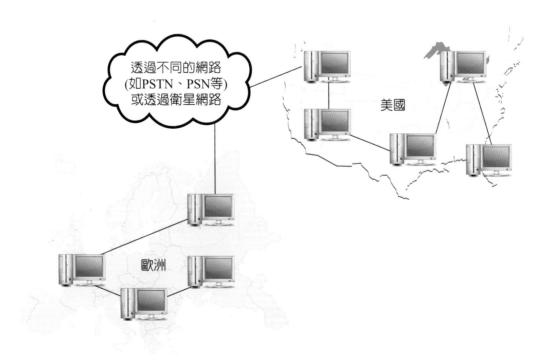

圖 1-6　典型的廣域網路

公眾交換電話網路

公眾交換電話網路 (Public Switched Telephone Network；PSTN) 是一種全球性的語音通訊的電路交換網路。所謂電路交換就是準備打電話的雙方在通話之前必須先建立一條連接通道。一旦連接建立之後，雙方的通訊才開始講話。講話的雙方所送出的訊息都是通過先前已經建立好的連接通道來傳遞。注意，這個連接通道會一直維持到雙方的通訊結束。PSTN 最初是指類比電話系統的網路，隨著數位交換技術的進步，電話交換機也由機械式轉變為電子式，再進步到數位式，迄今已幾乎全部是數位化的網路。PSTN 依功能屬性分為端局 (End Office；EO)、長途中心局 (Toll Center；TC)、主中心局 (Primary Center；PC)，以及國際電話交換中心局 (International Switching Center；ISC)，如圖 1-7 所示。說明如下：

◈ 本地迴路 (Local Loop)：指家裡的電話機連接到最近端局的電話線路。本地迴路傳輸的是語音時，其頻寬為 4KHz。

◈ 端局 (EO)：指電話線路集中連接的地方，即市內電話機房。

◈ 長途中心局 (TC)：指連接端局與管理的地方。

◈ 主中心局 (PC)：指連接長途交換機的地方。

◈ 國際電話交換中心局 (ISC)：指連接長途中心局與管理的地方。

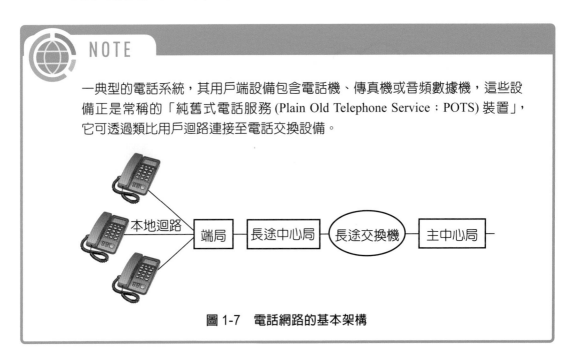

> **NOTE**
>
> 一典型的電話系統，其用戶端設備包含電話機、傳真機或音頻數據機，這些設備正是常稱的「純舊式電話服務 (Plain Old Telephone Service；POTS) 裝置」，它可透過類比用戶迴路連接至電話交換設備。

圖 1-7　電話網路的基本架構

◉ 租用專線

　　租用專線 (Leased Line) 可分為類比式專線和數位式專線。類比式提供的速率可達到 19.2Kbps；而數位式專線有 64Kbps、128Kbps、256Kbps 及 T1 (1.544Mbps)、E1 (2.048Mbps) 等等。類比式專線的連接方式只要在電信局的機房這端與申請用戶這端拉好固定的電話線路，再透過數據機進行資料傳輸。數位式專線也是同樣的連接方式，但它透過的通訊設備不是數據機而是 DSU/CSU (留在後面章節討論)。

◉ 封包交換網路

　　封包交換網路 (Packet Switched Network；PSN) 是利用封包交換技術將資料以封包形式在數位網路上傳輸。大致上，分成傳統封包交換網路及快速交換網路，前者如 X.25；後者如 Frame Relay、ATM (Asynchronous Transfer Mode) 和 MPLS (Multi-Protocol Label Switching) 等網路技術。

◉ xDSL數位用戶迴路

　　於 1990 年代，傳統數據機的撥號連線，或稱撥接上網，在窄頻類比電話線路下只能最高到 56kbps，後來跟著上來的整合服務數位網路 (Integrated Services Digital Network；ISDN) 也只能能達到 64kbps ～ 128kbps。因此電話公司就發展出另外一套技術稱為數位用戶迴路 (Digital Subscriber Loop 或稱 Digital Subscriber Line；DSL) 技術，以便提供較高速的網際網路接取 (Internet access)。簡單來說，DSL 就是在既有的本地迴路 (Local Loop) 上提供高速率的數位通訊，再強調一下，所謂本地迴路就是機房端交換機連接至用戶端之間的電話線路，大部分的本地迴路都是使用類比訊號，因為它們是在傳統類比式電話服務時代所佈建的線路。多年來，DSL 陸續有幾種不同的版本出現，例如非對稱數位用戶迴路 (Asymmetric DSL；ADSL)、HDSL (High-rate DSL)、SDSL (Symmetric Digital Subscriber Line)、VDSL (Very-high-bit-rate DSL)，所以通稱 xDSL。我們將焦點集中在比較常用的 ADSL 和 VDSL。自從窄頻撥接式的上網技術被淘汰，取代上來最普遍的寬頻家用連線類型，就是 DSL 與電纜線路。而 DSL 中最常用的寬頻家用連線就是 ADSL 與 VDSL。

◉ ADSL

　　當時的年代，從用戶的角度來看，ADSL 可以提供高速的傳送及接收能力，可用的頻寬分割成下行方向與上行方向，前者 (網際網路至使用者) 的傳輸速率比後者 (使用者至網路網際) 的傳輸速率高，這也是所謂的非對稱性 (Asymmetric)。要了解為什

麼要使用非對稱性？因一般的使用者連線網際網路時，大部分都是要下載放在網頁上的影音檔或資料檔案，所以下行方向的傳輸速率也需要以較高速率進行。

ADSL 並不需要再額外的佈線，而是直接在 PSTN 網路中使用原已佈放的傳統電話雙絞線來達到高速的資料傳輸，換言之，除了保留原有類比式的電話服務以外，電信公司還能在原有的電話線路提供高速率的數位服務。ADSL 既然能夠提供一個高速率的數位服務，那就必須使用到 ADSL 數據機。ADSL 數據機是如何依附在傳統電話線上，而且可以讓類比式的電話服務仍然可以同時並存，加上 ADSL 服務為非對稱性的，所以機房與用戶兩端所使用的數據機也不會相同。接下來我們就來說明 ADSL 基本技術。

ADSL 是如何在雙絞線達到高速率的資料傳輸，而傳統數據機卻無法實現？主要原因是本地迴路雙絞線能夠處理到 1.104 MHz 的頻寬，但是在當年的年代，電話用戶是最大人口數，使用到的頻寬就限制 0 ～ 4KHz 作為電話語音訊號，換言之，1.104 MHz 的頻寬卻只使用到 4KHz。值得一提，1.104 MHz 的頻寬只是理論值，實際需考慮到不同區域的本地迴路的一些因素與特性會有些差異，像從機房端到用戶端之間的距離、纜線的大小、訊號干擾的程度都會影響到頻寬狀況。

由於任意兩個本地迴路具有完全相同的線路特性是不太可能的，所以 ADSL 技術設計者知道存在這樣的問題，就必須具備一種可調適性 (adaptive) 技術來檢測線路的可用頻寬和條件，也就是說當 ADSL 數據機開始運作的時候，連線兩端 (指用戶端和機房端) 的數據機會去偵測它們之間的連線特性，以便協調出最適合的方式來連線，目前大都採用的協調機制稱為離散多音頻調變 (Discrete Multitone Modulation；DMT) 技術。DMT 係美國史丹佛大學所提出，然後技術轉移給 Amati Communication，後來 ANSI 就以它作為 ADSL 的標準。

顯然 DMT 已經成為 ADSL 調變技術的標準，它是結合了 FDM 和 QAM 技術將 PSTN 中使用的雙絞線頻寬 (0 ～ 1104 kHz) 劃分為 256 個獨立的 4.3125 kHz 子頻道 (sub-carrier)。根據 ANSI T1.413 Issue 2，為了將語音電話服務與下行和上行 ADSL 訊號相結合，使用 FDM 的頻率分割多工方式將頻寬分割成為：0 ～ 4KHz 專用於語音通道；而 26 ～ 138 KHz 是上行頻帶以及 138 ～ 1104 KHz 是下行頻帶，它們專用於寬頻數據通道，如圖 1-8 所示。

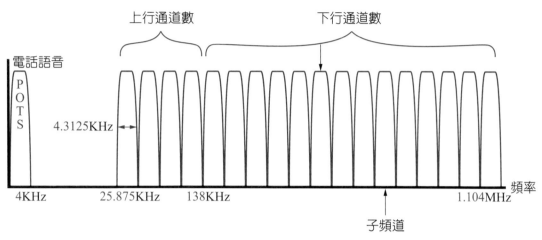

圖 1-8　ADSL 的頻寬分割

　　依據 ANSI T1.413 的公佈標準，ADSL 上行速率最快可以達到 1Mbps，下行速率最快可以達到 8Mbps；而 ITU-T Rec.G.992.1 的標準，上行速率最快則可以達到 1.3Mbps，下行速率也是到 8Mbps。現在來介紹 ADSL 寬頻家用連線的基本架構所提供的網際網路上網服務，如圖 1-9 所示。圖中包括靠近用戶端的 ADSL 數據機與 ADSL 分歧器；ADSL 分歧器 (內含低通濾波器及高通濾波器) 主要作用是分離電話語音和資料訊號的過濾器，因此是一種避免電話通道和數據通道之間相互干擾的裝置；同樣地，靠近機房端也有分歧器與數位用戶迴路接取多工器 (Digital Subscriber Line Access Multiplexer；DSLAM)，主要功能是透過電話用戶的線路提供寬頻網際網路的接取服務。一個 DSLAM 不一定位於電信公司的機房，也可能在鄰近居民區附近、飯店等提供服務。值得一提，DSLAM 的功能類似 ADSL 數據機，我們可以把它看成機房端的 ADSL 數據機。

　　當用戶準備上傳資料到網際網路的時候，ADSL 數據機會把電腦的數位資料轉換成高頻率的音訊 (high feequency tone) (經過用戶端分歧器的高通濾波器) 與 4KHz POTS 語音訊號 (經過用戶端分歧器的低通濾波器) 結合起來透過電話線路一起傳送到機房端；到達機房端之前的語音訊號 (經過機房端分歧器的低通濾波器) 被過濾出來直接送到 PSTN 網路，而高頻率的音訊 (經過機房端分歧器的高通濾波器) 會在 DSLAM 轉成數位訊號的格式，然後將資料打包起來傳送到網際網路，完成上傳資料的動作。反之亦然，下傳資料的過程就不再贅述。

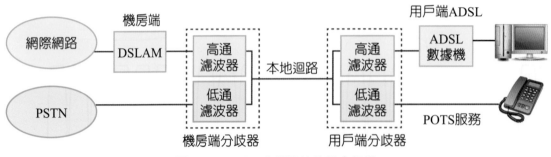

圖 1-9　ADSL 寬頻連線的基本架構

　　我們已經知道 ADSL 寬頻上網在用戶端會使用到 ADSL 分歧器的設備，為了省掉安裝這個分歧器，也就發展出另外一種新的版本稱為輕型 ADSL (ADSL Lite) 的技術，其可以讓數據機直接插到電話孔並連接電腦。分歧器的過濾工作就只在電信業者那一端完成就可以，根據 ITU G.992.2 標準，上行速率最快可以達到 512Kbps，下行速率最快可以達到 1.5Mbps，可惜傳輸速率不夠快，乏人問津。雖然 ADSL 可以寬頻上網，但這樣的速率總是不會讓使用者滿足，因而後來出現 ADSL2 (ITU G.992.3)，它使用和 ADSL 相同的頻寬，但是調變技術有經過改良，使得上行速率可以提升到 1.3Mbps，下行速率則提升到 12Mbps。接著，Annex J ADSL2 可以讓上行速率提升到 3.5Mbps，下行速率仍維持在 12Mbps。更進一步，ADSL2+ (ITU G.992.5) 採用與傳統 ADSL 相同的調變技術，但將傳輸頻寬從 1.104MHz 延展到 2.2MHz，上行的速率最快可以達到 1 Mbps，下行速率則提升到 24Mbps；而 ADSL2+ (ITU G.992.5 Annex M) 上行的速率最快則可以達到 3.5 Mbps，下行速率仍維持在 24Mbps。

🔽 VDSL

　　接下來，我們來介紹另一種數位用戶迴路技術就是 VDSL。VDSL 又稱超高速數位用戶迴路，是與 ADSL 相似的一種技術，也是一種非對稱 DSL。xDSL 技術中最快速度就非 VDSL 莫屬。VDSL 允許用戶端在現有的電話線獲得超高速的頻寬服務，根據 ITU G.993.1 標準，上行速率最快可以達到 3Mbps，下行速率最快可以達到 55Mbps，但 VDSL 有效傳輸距離約 600 百公尺，顯然 VDSL 的傳輸速度與傳輸距離成反比。值得一提，ADSL 的用戶離電信機房還可到 5 公里左右的距離，這是 VDSL 無法辦到的，所以 VDSL 較適合短距離的通訊，因此 VDSL 常用在光纖至用戶的最後一哩所採用的方式之一。VDSL2 顯然是新一代的 VDSL，是目前更高速的 DSL 技術，上下行的傳輸速率均可達 100Mbps，但距離只在 350 公尺以內；G.Fast 是 VDSL2 的下一代，最高速度可以達到 1Gbps。表 1-2 對 VDSL 標準做一總結。

表 1-2 VDSL 最新標準

版本	標準	下行速率	上行速率
VDSL	ITU G.993.1	55 Mbit/s	3Mbit/s
VDSL2	ITU G.993.2	200 Mbit/s	100 Mbit/s
VDSL2-V+	ITU G.993.2 (修正文件 1)	300 Mbit/s	100 Mbit/s

◉ 被動式光纖網路(PON)

　　一般而言，新一代的電信網路可分為核心網路與接取網路兩部份：前者以分波多工 (WDM；Wavelength Division Multiplexing) 為主 (可類比傳統的長途線路及中繼光纜) 組成的網路，後者則以一個電信機房周圍所涵蓋的光網路稱為光接取網路。由於兩者網路的功能不同，傳輸形態也不同，因此 PON 的應用類型有兩種：PON 的核心網路及 PON 的接取網路，在這裡我們將焦點放在 PON 的接取網路。所謂光接取網路是以光為傳輸媒介的網路、光纖取代纜線或雙絞線，並連接至每個住戶或家庭。PON 的光接取網路是由光線路終端 (Optical Line Terminal；OLT)、光分配網路 (Optical Distribution Network；ODN) 和光網路單元 (Optical Network Unit；ONU) 組成，如圖 1-10(a) 所示。

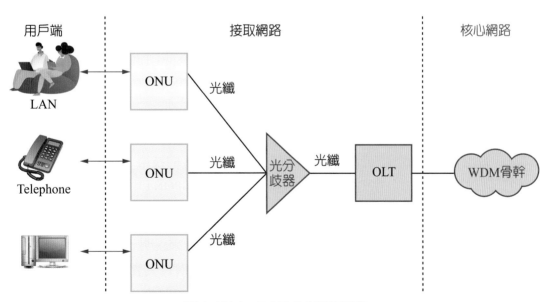

圖 1-10(a)　PON 的光接取網路

　　PON (Passive Optical Network) 稱為被動式光纖網路或無源光纖網路。PON 架構中的 OLT 為電信局端設備，相當於傳統通訊網路中的交換器或路由器，OLT（往右）連接前端的核心網路，也完成 PON 的上行方向的接取，再來通過由光纖、光纖連接器和無需插電源的光分歧器 (optical splitter) 所組成的 ODN 網路，並往下連接用戶端設備 ONU，實現對下行方向的用戶端設備 ONU 做的控制與管理等功能。ONU 是 PON 架構中的的用戶端設備，它具有一個或多個用戶節點，提供用戶端的接取，維護管理以及光電訊號的轉換等工作。ONU 它在用戶端與局端的 OLT 互相配合實現如同乙太網路的第二層或第三層功能，這樣可以提供用戶端的住戶享用語音、數據和影像的一些服務。談到這裡再做一些補充：ODN 主要功能是作為 OLT 與 ONU 之間的訊息傳輸和分配，並建立 ONU 與 OLT 之間的訊息傳輸通道。換言之，當一個光纜從機房端出去又環繞回來以便提供用戶接取光纖，這樣的網路稱為 ODN，用來提供 OLT 和 ONU 之間光傳輸通道。注意，一個光接取網路可以涵蓋多個 ODN。另外，PON 的接取網路，因為 OLT 到 ONU 之間所用的電子元件包括光纖、光分歧器等，都是無需插電，所以被稱為無源光纖網路。

　　現今 PON 的技術標準有兩類，一為 ITU-T G.98x 系列，包括 APON (ATM PON)、BPON (Broadband PON)、GPON (Gigabit Capable PON) 及 XG-PON (10 Gigabit Capable PON)；另一為 IEEE 802 EFM 系列之 EPON（乙太網路 PON）、10G-EPON 等技術。一個典型的 APON/BPON 可以提供下行速率為 622 Mbps 和上行速率為 155Mbps。ITU-T G.984 所公佈 GPON 的標準是整合 ATM (Asynchronous Transfer Mode；非同步傳送模式)、乙太網路及 TDM（分時多工）相關技術的 PON 網路，其可以提供下行速率為 2.488（簡稱 2.4）Gbps 和上行速率為 1.244（簡稱 1.2) Gbps。另一方面，EPON 標準是 IEEE 802.3ah，其可以提供下行速率為 1 Gbps 和上行速率亦為 1 Gbps。注意，10G-EPON 標準是 IEEE P802.3av 是一個為了達到 10Gbps 的技術，也是一個可向下相容 802.3ah 標準的 EPON。直到 2023 年 1 月底最常見仍屬 GPON（中華電信目前所採用）和 EPON。

　　到現在我們都沒有將最終端的用戶設備納入，現在就來說明一下：PON 的最終端的用戶設備稱為光網路終端 (Optical Network Terminal；ONT) 其實 PON 的用戶端包含 ONU 及 ONT 兩個設備，而 ONT 就是圖中的最終端的用戶設備，ONT 可以使用傳統的乙太網路的雙絞線、同軸纜線，或 DSL 技術來連結用戶本身的設備，如圖 1-10(b) 所示的 GPON 網路架構。

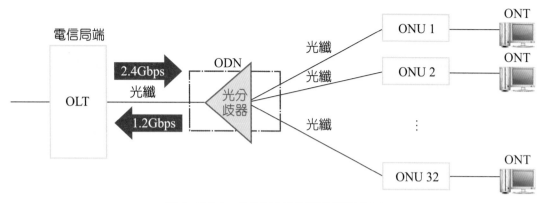

圖 1-10(b)　GPON 的網路架構示意圖

　　GPON 是採用點到多點方式的雙向光接取網路，在下行方向 (OLT 到 ONU)，OLT 會發送訊號通過 ODN 到達每一個 ONU，因為 PON 是一個共享網路，此時所有的 ONT 都會看到資訊流的下行排程，但每一個 ONT 只能讀到那些對應屬於自己的資料內容，當然防止其它人對下行資料的竊聽會透過加密處理。同樣地，OLT 也會負責分配上行頻寬給 ONT，因為 ODN 是共享的，ONT 在隨機時間傳送資料也可能造成 ONT 上行傳輸的碰撞。注意，OLT 和 ONT 之間可以長達 20 公里的光纖連接。這是一個很大的優勢，因為舊式的 xDSL 最多只能達到 5 公里左右。值得一提，芬蘭諾基亞已發佈可商用 25G 的 PON，但從發展趨勢來看，業界已普遍認可下一代 PON 光接取網路頻寬將提升至 50Gbps。ITU/FSAN (Full Service Access Network) 考慮未來的住宅用戶、企業用戶等需求下，預計在 2026 年，下一代 PON 的技術就能使單通道速率到達 50Gbps 的 50G PON。

　　接下來，整理 PON 的優勢有哪些：

◈ ODN 中的光分歧器不需要插電，節省不少維護成本。

◈ 具低延遲、高頻寬，適合遠距離的通訊。

◈ 寬頻上網的光纖接取越來越普及，例如 FTTH，然而管道、光纜資源不可能無限制擴展，維護費相對提高，採用 PON 技術可以緩解這個問題。

◈ 業界一直認為 PON 的寬頻接取網路是未來發展的重點方向，因為它是實現 FTTB/FTTH 的主流技術。

NOTE

我們再來對 PON 的第一個字母「被動式」光纖網路做一個說明，前面敘述知道 PON 是一種點到多點的光纖接取技術，透過 OLT 設備將下行的光訊號經過光分歧器提供給多個 ONU/ONT；就整個 ODN 而言，其包括佈放的光纖、光分歧器等被動元件組成。在這裡也說明被動式的對立，就是「主動式」，所以另外一種主動式光纖網路 (Active Optical Network；AON) 或稱有源光網路。PON 和 AON 最大的不同是訊號的分配方式。在 PON 中，OLT 負責分配上行頻寬給每一個 ONT，注意，ODN 是共享的一個網路。在 AON 中，是採用點對點的網路架構，每個用戶都擁有獨立的光纖鏈路，相互之間不存在共享頻寬的情況，因此，PON 的速度沒有 AON 快。注意，典型的 AON 就是交換式的乙太網路，如圖 1-11 所示。

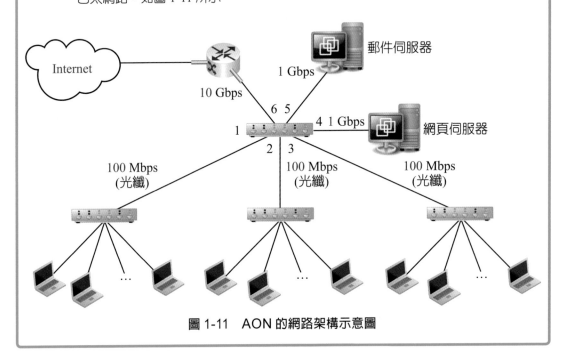

圖 1-11　AON 的網路架構示意圖

◎ FTTx網路

　　光纖網路會因用戶所住位置、周邊環境以及需求的不同，而發展出各式各樣不同的光纖接取技術。FTTx (Fiber To The x)，意謂著「光纖到某個地點」為各種光接取網路的通稱。FTTx 網路可以採用 PON 或 AON，由於後者的成本較高，因而目前 PON 是用來實現 FTTx 最具吸引力的技術。FTTx 可依光纖網路到達的目的位置而有下列不同的類型。

1. 光纖到大樓 (Fiber to the Building；FTTB)。
2. 光纖到家 (Fiber to the Home；FTTH)。

3. 光纖到街角 (Fiber to the Curb；FTTC)。

4. 光纖到節點或鄰里 (Fiber to the Node/ Neighborhood；FTTN)。

5. 光纖到交換機 (Fiber to the Exchange；FTTE)。

6. 光纖到遠端接點 (Fiber to the Remote Terminal；FTTR)。

7. 光纖到辦公室 (Fiber to the Office；FTTO)。

8. 光纖到區域 (Fiber to the Zone；FTTZ)。

9. 光纖到交接箱 (Fiber to the Cabinet；FTTCab)。

10. 光纖到房屋周邊地 (Fiber to the premises／Premise；FTTP)。

11. 光纖到書桌 (Fiber to the Desk；FTTD)。

　　現在我們就來簡單介紹幾種不同的光纖接取技術，如圖 1-12 所示。圖中可以看出，FTTH 全部由光纖網路連接至最終端設備的 ONT。另外，FTTB、FTTCab 和 FTTC 通過光纖網路依序分別連接至大樓、交接箱和街角設備的 ONU，再通過雙絞線網路或無線網路連接至網路終端 (Network Terminal；NT) 設備。圖中的 FTTB、FTTC、FTTCab 都屬於「部分」光纖到戶，亦即非光纖直接連接到終端用戶，而是到達用戶家的附近。就 FTTCab 而言，電信交接箱中的 ONU 通常距離終端用戶在 1000～2000 公尺，而在 FTTC 中的 ONU 距離終端用戶則更近為 200～1000 公尺；如果是大樓本身的環境因素或施工不易等問題會採用 FTTB「部分」光纖到用戶，從圖可看出，ONU 距離終端大樓的用戶會比 FTTC 來的更短。

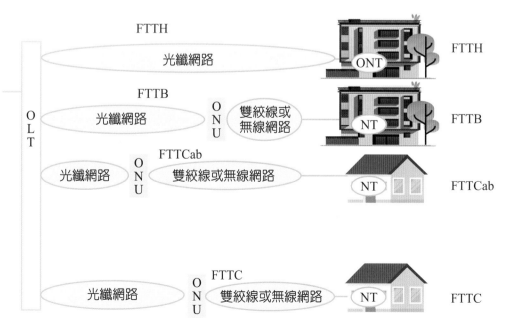

圖 1-12　FTTH/FTTB/FTTCab/FTTC 示意圖

　　光纖通訊網路技術所提供的寬頻服務在台灣稱為光世代網路服務，它是以光纖連接至網際網路的一種服務，就是利用光纖迴路連接至光交接箱、社區、大樓或一般住家等，並利用各式光網路設備，搭配乙太網路 (Ethernet) 或 VDSL 技術，提供用戶高速光纖寬頻上網的服務。以中華電信為例，目前 FTTx 只提供 FTTB 與 FTTH 方案，在此簡單說明：

　　FTTB 網路技術是從電信機房 (L2 交換器) 到較老舊大樓都由光纖鋪設至大樓地下室機房或相對位置，再搭配乙太網路或 VDSL 技術連接到各用戶以達成上網服務，目前其使用的技術大都是 AON 架構。若是新大樓的住戶原都已有光纖的管道設計就採用 FTTH (GPON 的架構)，從電信機房到大樓都由光纖鋪設，再從大樓機房鋪設光纖直達用戶家裡以提供高速上網。

◉ 混合光纖同軸網路

　　混合光纖同軸網路 (Hybrid Fiber Coaxial；HFC) 是光纖與同軸電纜結合起來的一種寬頻接取網路。基本上，HFC 是一個階層式的網路架構，從電纜公司機房到每個鄰近區域間的高容量線路稱為主幹，亦即高頻寬的部分採用光纖網路；低頻寬的部分則採用同軸電纜連接到各住宅用戶，如圖 1-13 所示。圖中有一個機房端設備稱為纜線數據機終端系統 (Cable Modem Termination System；CMTS)，它是機房頭端中的一個重要設備，也是寬頻上網在機房端的主要設備。CMTS 到光纖節點之間的連結 (主幹) 為光纖，簡單說，光纖是連接到機房中的電纜頭端，圖中的光纖節點左方所示的同軸電纜則佈放至住宅用戶。

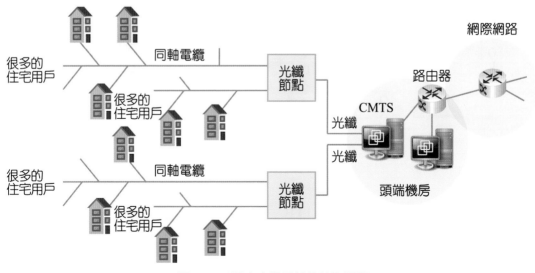

圖 1-13　混合光纖同軸的接取網路

　　換言之，由機房端到用戶附近的光纖節點佈放的線為光纖，由光纖節點到用戶的終端設備則佈放傳統的同軸電纜，因而稱為混合光纖同軸電纜網路。在這裡我們來討論 HFC 的基本技術，它是使用混合式的分頻多工 (Frequency Time Division Multiplexing；FDM) 和類似分時多工 (Time Division Multiplexing；TDM) 技術。在HFC 網路中，使用同軸電纜的頻寬大多是 750MHz，介於 50MHz 到 550MHz 之間的頻帶保留給電視訊號使用，每一個電視頻道為 6MHz。而介於 550MHz 到 750MHz 之間的頻帶保留給數位通訊使用的下行通道 (做下載資訊流) 使用；最後 5 到 42MHz (北美系統) 之間的頻帶可用來提供上行通道 (上傳資訊流) 使用。

　　圖 1-14 指出 HFC 的寬頻上網連線架構會使用到一個纜線數據機 (Cable Modem；CM) 以及分配器 (splitter)。家用電視機是直接連接到分配器；CM 是一部外連裝置可以透過乙太網路卡連接到用戶的個人電腦。首先，CM 會將 HFC 網路切割兩個通道，一個是下行 (downstream) 通道，另外一個是上行 (upstream) 的通道。一般而言，現在的電纜線傳送的訊號都是類比訊號為主，當用戶上網連線時，若要上傳一些資訊流至CMTS，個人電腦會透過 CM，將上行 (由 CM 到 CMTS) 的數位訊號調變成類比訊號，調變方法採用 QPSK 或 QAM (兩種都是將數位訊號轉換成類比訊號的方法，留在第二章討論)；CMTS 會把一堆住戶從他們的 CM 那邊送來的類比訊號轉成數位格式，再送出至 Internet；反之亦然，用戶要從 Internet 下載資訊流的時候，來自 Internet 所傳過來的數位訊號都必須先調變成類比訊號，調變方法採用 64QAM 或 256QAM，並經過CM 解調成為數位訊號給個人電腦。

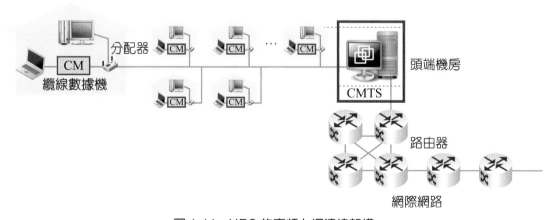

圖 1-14　HFC 的寬頻上網連線架構

　　換言之，CM 的主要功能就是做調變與解調的工作。注意，下行通道與上行通道之間的速率將以非對稱方式呈現。根據 DOCSIS 2.0 標準及 3.0 標準：上傳速率分別為

30Mbps 及 100Mbps；下傳速率分別為 40Mbps 及 1.2Gbps。DOCSIS (Data Over Cable Service Interface Specifications)，是一個有線電纜標準組織制定的國際標準。DOCSIS 用來定義有線電視系統高速資料通訊的介面，並在 HFC 網路的基礎設施上提供網際網路接取。DOCSIS 標準還包括制定機房頭端中的 CMTS 和用戶端的 CM 之間，有關實體層和 MAC 層的一些格式，並支援 IP 層的資料包傳送。目前，DOCSIS 3.1 是最高的標準。DOCSIS 使用分頻多工 (FDM) 把下行 (CMTS 到 CM) 和上行 (CM 到 CMTS) 網路分割成許多個頻率通道，每一個上行和下行通道都是一廣播通道。下行通道的頻率介於 24MHz ～ 192MHz，而其最大的輸通率 (throughput) 大約每通道為 1.6Gbps；上行通道的頻率介於 6.4MHz ～ 96MHz，而其最大的輸通率大約每通道為 1Gbps。

值得一提，雖然 CMTS 在下傳通道上發出的訊框會被所有的 CM 所接收，因為只有單一台 CMTS 會經由下行通道送出訊框，所以沒有多重接取的問題。但是對於上傳就要注意了，因為多台 CM 共用同一個上行通道連到 CMTS 時，遇到碰撞的機率會增加。注意，上行通道會執行一個類似時間分時多工 (TDM) 的技術，每一個上行通道會被分割成多個時間間隔，每一個時間間隔又包含許多個微時槽 (mini-slots)，CM 就是在微時槽期間中傳送訊框給 CMTS。順便一提，DOCSIS 4.0 (原稱為 DOCSIS 3.1 Full Duplex)，引入了上下行對等速率，最高可以支援 10 Gbit/s。注意，上網的人跟看電視的人，在共同的電纜網路分享頻寬。

⊘ ATM或MPLS網路

將在第 6 章做介紹。

1-3-4　無線網路

利用無線電波來作為資料傳輸的無線網路，其與有線網路最大不同的地方，除了在於傳輸媒介為無線外，其它部分與有線網路的用途完全一樣。一般而言，無線網路可依照所能覆蓋地區範圍的大小依序可區分成無線廣域網 路 (Wireless Wide Area Network；WWAN)、無線都會網路 (Wireless Metro Area Network；WMAN)、無線區域網路 (Wireless Local Area Network；WLAN) 以及無線個人網路 (Wireless

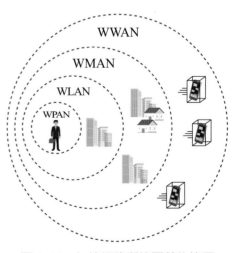

圖 1-15　無線網路所能覆蓋的範圍

Personal Area Network；WPAN)，如圖 1-15 所示。無線網路的發展，最先普及的是無線廣域網路 (WWAN)，即是大家熟悉的蜂巢式電話系統，如 GSM (Global System for Mobile Communications) 行動電話與衛星網路 (satellite network)；到了 1999 年，Wi-Fi 無線區域網路 (Wireless Local Area Network；WLAN) 也開始廣爲盛行；直到 2002 年，介於廣域與區域的無線都會區域網路 (Wireless Metro Area Network；WMAN) 也引起很多人關注。後來 (尤其最近幾年來)，又有新網路技術陸續被提出，如無線個人區域網路 (Wireless Personal Area Network；WPAN)。

無線廣域網路(WWAN)

    一般而言，無線廣域網路 (WWAN) 是指傳輸範圍可跨越一個國家或不同城市之間的無線網路。WWAN 可以分爲蜂巢式電話系統和衛星網路。蜂巢式電話系統也可以稱爲蜂巢式網路 (cellular network)，或簡稱行動網路 (mobile network)，其實它是一種行動通訊硬體架構，可以分爲類比蜂巢式網路和數位蜂巢式網路。使用蜂巢無線電的技術的主要理由，是爲了增加行動無線電話服務的可用容量。在引入蜂巢無線電之前，行動無線電話服務僅由大功率發射器與接收器提供，因此增加系統容量的方法是採用低功率系統。而蜂巢式網路基本上就是使用多個低功率發射器，因爲發射器的涵蓋範圍很小，所以全部的通訊區域可以切割成具有各自天線的一些細包小區域。每個細包都分配一個頻帶，並且由擁有發射器、接收器和控制單元的基地台 (Base Station；BS) 提供服務，基地台又稱基站或小耳朵。行動電話網路中的無線塔台 (cell tower) 與 802.11 無線 LAN 中的存取點 (Access Point；AP) 都是基地台的實例。注意，「cellular network」的英文可直譯爲「蜂巢式網路」，因爲構成網路覆蓋的各個通訊基地台的訊號覆蓋呈六邊形，從而使整個網路像一個蜂巢而得名，如圖 1-16 所示。

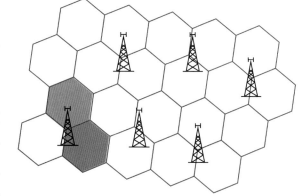

圖 1-16　蜂巢式網路概念圖

    近 10 年來，WWAN 的行動通訊，隨著第 1 代 (1G) 行動通訊系統，如類比式行動電話 (Advanced Mobile Phone Service；AMPS)、第 2 代 (2G) 行動通訊系統，如泛歐數位式行動電話系統 (Global System for Mobile Communication；GSM)、第 2 代與第 3 代過渡期，稱 2.5G 行動通訊系統，如一般封包擷取服務 (General Packet Radio Access；

GPRS)、第 3 代行動通訊系統 (3G；包括 UMTS 以及 CDMA2000)、4G LTE (Long Term Evolution)、5G，以及進行中的 6G。

值得一提，第 6 代行動通訊系統 (6G)，其實是 5G 系統後面的延伸。從 2018 年開始，芬蘭就開始研究 6G 相關技術，並在 2019 年 3 月 24 日至 26 日在芬蘭拉普蘭舉行 6G 的的國際會議。2020 年 11 月 16 日，北美電信組織 (ATIS) 也著手創立名為 Next G Alliance 的 6G 通訊技術聯盟創始會議。6G 亮點的地方是傳輸能力號稱可達至兆赫茲 (THz)，這實在是太強了，因為就 5G 通訊而言，其傳輸能力僅存在幾個或幾十個 Giga 赫茲 (GHz) 之間，所以 6G 的傳輸速度就可達到 5G 的 1000 倍，網路延遲也從毫秒 (1ms) 降到微秒級 (100μs)，這樣的發展讓人們對於現正進行如火如荼的產業像 AI、自駕車、8K 電視及虛擬實境 (Virtual Reality；VR) 與擴增實境 (Augmented Reality；AR) 等一定有超乎想像的效果，可惜 6G 預計在 2030 年左右才會上市。

目前全球的主流蜂巢式網路類型依序有：GSM、3G UMTS／HSPA、4G LTE／LTE-A 以及專為 5G 開發的全新空中介面稱為 5G NR (new radio)。5G NR 採用新的無線接取技術 (Radio Access Technology；RAT)，它將建立在現有技術的基礎上，以確保向後和向前的兼容性；其實 RAT 是無線通訊網路的實體層連接的一種方法，很多現有裝置連接到網路上時，都會使用到 RAT，包含 Wi-Fi、藍牙、3G 或 LTE。

現在就來看蜂巢式網路系統基本架構組成與原理，如圖 1-17 所示。蜂巢式網路系統基本上由一群六邊形互相連接的細包 (cell) 所組成，系統架構包括行動交換中心 (Mobile Switching Center；MSC)、基地台，和行動用戶 (Mobile Station；MS) 三部份。一個 MSC 可以服務多個 BS，每個 BS 都有線路連接 (也可用無線連接) 到 MSC 或稱為行動電話交換中心 (Mobile Telephone Switching Office；MTSO)；MTSO 也跟公眾交換電話網路 (PSTN) 連接，因此可以讓 PSTN 的用戶和蜂巢式網路中的行動用戶 (像手機使用者或汽車用戶) 建立連接。基地台包含有天線、控制器、和一些收發器 (transceivers)；收發器可依指定的頻道進行通訊，控制器則用來處理行動單元 (mobile unit) 和處理基地台對其它網路的連接。

BS 可以隨時將細包內的用戶資料傳遞至 MTSO，使行動用戶可撥出或接收電話，換句話說，在蜂巢中的 MS 透過無線電波和 BS 連接，並透過 MTSO 連接到 PSTN 或至另一個 MTSO 完成一條通訊鏈路。值得一提，MTSO 會指定每個通話者有一個語音頻道，並執行過區切換 (handoff) 動作。

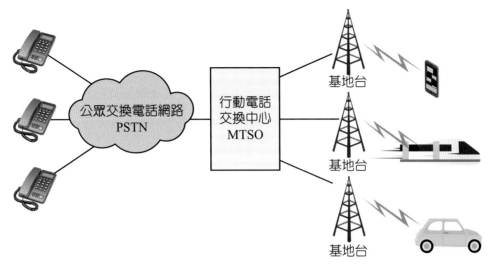

圖 1-17　蜂巢式網路系統基本架構

 NOTE

「過區切換」是指在一個正在通話或進行數據連接的手機使用者，當他或她從一個區域進入到另一個區域時，為了避免通話斷訊或數據連接斷掉，因而進行的切換動作。更詳細說，使用者從原所在細包的覆蓋範圍進入到另外一個細包的時候，其所使用的通訊頻道必須能夠不著痕跡地 (使用者不會察覺的情況之下) 轉換到新的細包基地台所指定的頻道。

衛星網路

　　衛星網路 (satellite network) 是由人造衛星、地面站 (earth station) 以及終端使用者的一些設備所組成，如圖 1-18 所示。地面站的基本作用是向衛星發射訊號，同時接收由其它地面站經衛星轉發來的訊號。地面站可以將資料上傳送到衛星稱為上鏈路 (uplink)；反過來資料從衛星傳送到地面站稱為下鏈路 (downlink)，而上鏈路的訊號會透過衛星內的電子裝置稱為轉接器

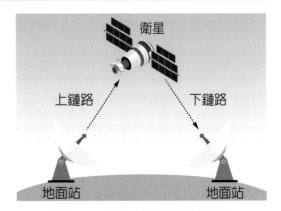

圖 1-18　衛星網路通訊概念架構

(transponder) 轉換成下鏈路的訊號，簡單說，利用衛星做為中繼站以提供地面上兩點之間的通訊。

　　環繞在地球上的不同平面上的衛星軌道有三種：赤道軌道 (equatorial orbit) 是在地球赤道的上方。兩極軌道 (polar orbit) 是通過南極與北極，經此軌道上的衛星在每次環繞地球都會從兩極上空經過，此軌道經常為偵察衛星和一些氣象衛星所採用。其餘軌道稱為傾斜軌道 (inclined orbits)。根據軌道的位置可將人造衛星分為下列三種類型：

1. 同步軌道衛星 (Geostationary Earth Orbit；GEO)：GEO 衛星屬赤道軌道衛星，衛星在地表高度 35,786 公里處以圓形的赤道軌道繞行地球，因衛星和地球自轉週期時間一樣，衛星的運行方向與地球自轉方向也相同，因此在地面上看到的衛星會停留在赤道的天空的某一個定點位置，這樣有一個優點，就是地面對衛星的追蹤會比較容易。

2. 低軌道衛星 (Low Earth Orbit；LEO)：是指在 2,000 公里以下的近圓形軌道稱為低軌道，也就是衛星高度在 2,000 公里以下，並以近圓形軌跡運行。由於低軌道衛星離地面較近，像對地觀測衛星、太空站都會採用低軌道。LEO 因離地表較近，傳輸延遲較小，除了這個優點以外，LEO 和 GEO 在比較上還有一個優點就是在相同的傳輸功率下，LEO 的訊號接收強度比 GEO 強很多。眼看 5G 的一些應用，像 AI、物聯網、VR、AR 與車聯網等產業為了提供不受地形限制且有較大的覆蓋區域，LEO 的加入勢在必行，這也代表 5G 的技術及應用都可以在低軌道衛星上實現出來。值得一提，以往的衛星通訊都是從距離地面 36,000 公里的高度發射訊號，有訊號延遲的問題，這也正是 LEO 在產業發展趨勢中是一顆亮晶晶的明日之星，像中華電信研究院已致力低軌道衛星的研發以搭配 6G 的技術做超前部署。

3. 中軌道衛星 (Medium Earth Orbit；MEO)：是指在 2,000 至近 36,000 公里之間的衛星所運行的軌道。MEO 的覆蓋範圍比 LEO 要大一些，這也意謂著使用 MEO 進行通訊所需要的衛星數量可以比 LEO 少一些，但是 MEO 的軌道高度比 LEO 還要高，所以通訊延遲也較長，訊號會較弱。值得一提，運行於中軌道的衛星大都是導航衛星，例如全球定位系統 (Global Positioning System；GPS)，也稱為全球衛星定位系統 GPS (軌道高度：20,180 公里)。

◎ 無線區域網路(Wi-Fi：IEEE 802.11WLAN)

　　無線區域網路的標準為 IEEE 802.11WLAN 又稱為 Wi-Fi。802.11WLAN 使用的無線媒介有兩大類：一是利用光波傳導，包括紅外線 (infrared) 和作為資料傳輸的載波，即雷射光 (laser)；另一為無線電波，包括窄頻微波、直接序列展頻 (Direct Sequence Spread Spectrum；DSSS)、跳頻展頻 (Frequency Hopping Spread Spectrum；FHSS)、HomeRF、HyperLan 和藍牙 (bluetooth) 等技術。光波的缺點是無法穿透障礙物，以致

中斷通訊；無線電波則沒有這個問題。一般而言，WLAN 使用無線電波的傳輸距離只有幾十公尺，現在已經廣泛的應用在大學、商業區、火車、機場，以及其它需要無線上網的公共場所，如圖 1-19 所示。

圖 1-19　公用場所 Wi-Fi 示意圖

　　802.11 無線區域網路 (802.11 WLAN) 也常被稱爲無線乙太網路 (Wireless Ethernet Network)，因爲 802.11 的接取技術與乙太網路 (Ethernet) 的接取技術非常類似；802.11 的 MAC (Media Access Control；媒體存取控制層) 協定稱爲 CSMA/CA (Carrier Sense Multiple Access with Collision Avoidance)，而乙太網路的 MAC 協定是稱爲 CSMA/CD (Carrier Sense Multiple Access with Collision Detection)；兩者之間的運作模式非常類似。有關 CSMA/CA、CSMA/CD 以及 IEEE 802.11WLAN 標準與技術的說明我們將在第 5 章與第 7 章做詳細討論。

無線個人區域網路(WPAN)：藍牙與ZigBee

　　無線個人區域網路 (Wireless Personal Area Network；WPAN) 提供了一種小區域內的無線通訊。IEEE 802 協定系列中的 WPAN 標準主要有藍牙 (BlueTooth) 與 ZigBee 兩個標準。我們可以根據不同覆蓋範圍的應用需求來決定使用哪一類型：藍牙覆蓋半徑爲 10 公尺，ZigBee 則爲 50 公尺。注意，WLAN 覆蓋半徑爲 100 公尺。值得一提，由藍牙技術構成的網路，除了稱爲 WPAN 外，也常稱爲微網路 (piconets)，將留在第七章一併討論。WPAN 就使用者的應用需求可以做一個簡單的總結：

◈ WLAN 用來取代有線的 LAN 技術。

◈ 藍牙用來取代一些智能設備，如穿戴裝置、筆電、汽車音響、手機、PDA、數位相機、攝影機、家電產品等的外接纜線。

◈ ZigBee 應用於低速率、短距離、低耗能的無線網路，例如一些家電用品的控制、智能玩具、物件辨識、智能傳感器等應用都可以考慮 ZigBee。若選擇藍牙的話，成本會變高，因此選擇耗電量極低的 ZigBee 爲業界所推崇，所以 ZigBee 又稱爲低速無線個人區域網路 (LR-WPAN)。

⊙ 新一代無線個人區域網路(WPAN)：UWB

　　超寬頻 (Ultra Wide Band；UWB) 技術原本只使用在軍事用途，一直到 2002 年美國聯邦通訊委員會 (FCC) 才決定釋出給民間使用。這類型的射頻 (RF) 技術是具有高資料速率的傳輸和較低的功率消耗，為大眾所看好。然而，當時在民間的電子工業能力像 PC 周邊供電用的電池性能未能達到預期水準，最後期待的超寬頻技術無法大顯身手，可說是曇花一現。然而，多年來相關標準也經過一些修訂，加上近年來新的商用晶片不斷問世，還有 Apple、三星這些領頭羊公司的支持，顯然已經看到 UWB 應用捲土重來勢不可擋。

　　UWB 是採用極短的脈波訊號來傳送資料，這些脈波占用的頻寬可以達到幾GHz，因此資料傳輸速率可以達到幾百 Mbps。由於 UWB 使用極短脈波訊號來傳送資料，在高速率通訊傳輸的同時，UWB 使用裝置的發射功率卻可以很小。UWB 它已被業界看成與藍牙、Wi-Fi 同等級的無線通訊技術，更有手機品牌稱它是「室內 GPS」，可見 UWB 的定位能力非常精確。值得一提，傳統短距離無線位置測量系統是利用訊號強弱定位技術來估算兩個收發器之間的距離，加上障礙物也會影響到訊號的變化，所以對實際的距離無法精確計算。為了解決這個問題，UWB 是量測發送端送出的脈波到達接收端來回所需的時間，這樣就可精確測量出兩個 UWB 之間的距離。現用業界也正研發 UWB 與藍牙技術搭配使用，以應用於在新冠疫情下可保持社交距離的穿戴裝置。

　　蘋果從 2019 年 9 月就推出第一批三款具有 UWB 功能 (亦即第一次出現具有超寬頻技術的 "U1" 晶片) 的手機具備空間感知能力，分別是 iPhone 11、iPhone 11 Pro 和 iPhone 11 Pro Max，隔一年又在 2020 年 9 月 Apple watch 6 系列推出具有 UWB 功能的設計。從 iPhone11 系列開始，接著 iPhone12、iPhone13 到 2022 年的 iPhone14 機型都支援 UWB 功能，但可用性會因國家或地區而異，經過作者的查證在台灣使用 UWB 的功能是 OK 的。為了一窺究竟，我也利用女兒的 iPhone 12 來找尋有關「超寬頻」設定的一些畫面，如圖 1-20 所示。

　　2021 年 4 月 20 日，三星在新聞發佈會也透露，Galaxy Note 20 Ultra 和 Galaxy S21 Ultra 和 S21+，以及三星 Galaxy SmartTag+ 第一次支援 UWB，如圖 1-21 所示；而後來的 Galaxy S22+ 也延續具有 UWB 的功能。2021 年 8 月小米也不甘寂寞發佈 MIX 4 開始支援 UWB，並可連接含人工智慧系統的物聯網 (IoT) 裝置的功能，由此可見 UWB 已是明日之星。注意，超寬頻的傳輸距離都在 10 公尺之內，傳輸速率高達 480Mbps，是藍牙的 159 倍，是 Wi-Fi 標準的 18.5 倍，非常適合影音及資料的巨量傳輸。

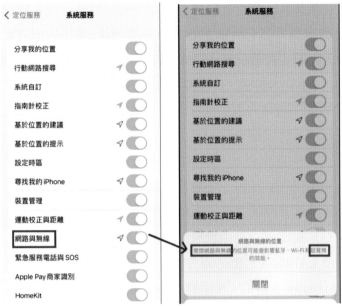

圖 1-20 iPhone 12 超寬頻 (UWB) 設定的畫面

圖 1-21 具有 UWB 功能的 Galaxy SmartTag+

 NOTE

物聯網 (Internet of Things：IoT) 是指任何可以連線至網際網路的「物體」，這個「物體」代表是實體物件的網路，它可以結合感測器、軟體和其它技術，主要目的是透過互聯網與其它裝置及系統連線以達到網路全部自動化，無需人與人、或是人與裝置的互動。透過物聯網可以用主控的電腦中心對機器、設備、人員進行集中管理、控制，也可以對家庭設備、汽車進行遙控，以及搜尋位置、防止物品被盜用等等。物聯網一般為無線網路，任何物件皆可以上網與具智能裝置連接，使得散佈於各角落的物件標籤能被識別出來、定位，以及利用遠端來啓用／禁用。近年來，物聯網受到各界的關注，但安全性一直是物聯網的痛楚，所以只能等待時間來證明。

1-3-5 網路作業系統

電腦上的作業系統 (Operating System；OS) 是用來執行電腦上的硬體、軟體資源與相關的管理，它也提供各種程式介面讓使用者可以操作電腦和開發應用程式。簡單來說，沒有作業系統電腦就無法工作。同樣地，網路上也有一個網路作業系統 (Network Operating System；NOS)，它是用來對網路上的多個電腦提供服務的作業系統，換言之，電腦網路不能沒有 NOS，否則這些電腦就無法共享資源。NOS 的主要功能就是讓連接到 LAN 的工作站、個人電腦，還有在某些情況下也會支持老舊的一些終端設備，利用 NOS 中的軟體允許網路中的設備互相通訊和共享資源。

通常使用 NOS 的硬體設備是通過本地網路將它們連接在一起，這些設備包括個人電腦、印表機、伺服器和檔案伺服器等等。NOS 的作用就是提供 LAN 上的服務和功能，以便在多個用戶的環境中，同時支持多個輸入請求。基本上，NOS 的類型可分兩種：一是對等式 (Peer to Peer) NOS 和客戶端 / 伺服器 (Client/Server) NOS。對等式 NOS 允許多個用戶共享儲存在公共的、可被存取的網路資源；在此網路結構中，就功能面而言，所有設備都受到同等對待，非常適合點對點的通訊，因設置成本很低，最適合中小型的 LAN。客戶端 / 伺服器 NOS 則提供多個用戶存取網路資源時是透過一個伺服器；在此架構中，所有功能和應用程式都被一個檔案伺服器所掌控，且伺服器都可針對個別用戶執行需要的操作，顯然客戶端 / 伺服器 NOS 實現起來的費用較昂貴，並且需要大量的技術維護，但優點是網路可以集中管理與控制。在這裡我們來列舉一些常被提到的 NOS，例如 Artisoft LANtastic、Banyan VINES、Novell NetWare，以及大部分的 NOS 功能都已包含在 Windows 本身的 OS 中的 Microsoft LAN 管理器 (LAN Manager)。此外，一些多用途的作業系統，例如 Windows NT 和 Digital 的 OpenVMS，也常被注意到。此外，最流行的 OS 像 Windows、Unix、Linux 和 Mac 也不可能缺席。

1-4　網路拓樸

所謂的「網路拓樸」，是指網路上的電腦或與其它裝置連接起來所構成的模式。換言之，在電腦網路系統中，電腦彼此互相連接，並利用傳輸裝置來達成資料通訊，電腦之間連接方式有不同的型態，這就稱為網路拓樸。常見的網路拓樸有：匯流排 (BUS) 拓樸、星狀 (STAR) 拓樸、環狀 (RING) 拓樸、樹狀 (TREE) 拓樸、網狀 (MESH) 拓樸及混合式 (HYBRID) 拓樸共六種。說明如下。

1-4-1　匯流排拓樸

匯流排 (BUS) 拓樸是將所有電腦與連接裝置皆連接在一條主幹線上（通常為同軸電纜），而纜線上電腦皆可互相傳輸資料，如圖 1-22 所示。由於電腦都連接到同一條傳輸媒介上，看起來就像很多站立乘客的手拉著在公車鐵杆上的吊環一樣，所以我們稱為巴士「BUS」的架構。此拓樸的優點是成本低;缺點是只要任一端發生問題，維修、除錯就很費時。工作原理，簡單說明如下：當某部電腦要傳送資料時，就將訊號廣播到網路主幹線上，每一部電腦都會接收到網路上訊號，然後再判斷訊號是否傳送給自己，如果是，就擷取要傳送給自己的資料；反之將資料丟棄。

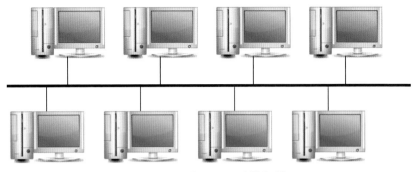

圖 1-22　典型的匯流排拓樸

1-4-2　星狀拓樸

　　典型的星狀 (STAR) 拓樸指出，所有電腦都透過各自的網路線連接到一中央主機，例如：每部電腦可被連接到集線器或交換器，電腦和集線器的連接是點對點的方式，如圖 1-23 所示。注意，傳統式的集線器只具實體層功能，在市面上幾乎已淘汰差不多，在二手市場可能找到；其實市面上可以買得到交換式集線器，它是屬於簡單型交換器，具備實體層以及數據鏈路層的功能，所以傳統式的集線器和交換式集線器是完全不同的裝置。星狀拓樸的優點是：其中一連接裝置發生故障，並不會影響整個網路；缺點是：每一部電腦都必須佈放一條連線到中央主機，這樣的連線方式比匯流排拓樸或之後要介紹的環狀拓樸會花更多的纜線，費用也較高。另一缺點是中央的主機要是壞掉了，那整個網路也就癱掉了。有關傳統式的集線器工作原理留在第 4 章討論。

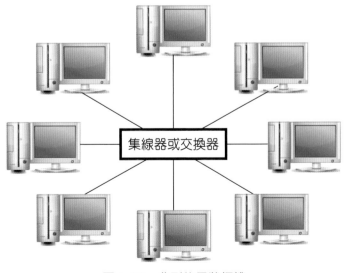

集線器或交換器

圖 1-23　典型的星狀拓樸

1-4-3　環狀拓樸

環狀 (RING) 拓樸是將所有的電
腦連接成一個環狀網路，如圖 1-24
所示，指出任一部電腦跟它前後兩邊
的電腦成點對點的專線，每部電腦都
可能成為網路的主控中心。訊號會沿
著環以單一方向從一部電腦往下一部
電腦移動，一直到目的地為止。換言
之，資料非直接傳遞給對方，而是經
由相鄰之間的電腦轉送。此拓樸的優
點是：環狀的安裝以及重新配置都是
非常容易的，所以它有一定的傳輸效
率。缺點是：只要有一部電腦發生問

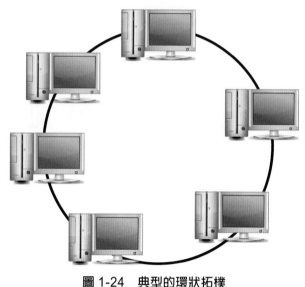

圖 1-24　典型的環狀拓樸

題，就會影響整個網路。值得一提，IBM 引入的記號環 (Token ring) 的區域網路就是屬
於這種類型，但是後來因為高速 LAN 的需求，記號環的區域網路就不再受到注意。

1-4-4　樹狀拓樸

樹狀 (TREE) 拓樸，電腦的連接方式就像樹狀一般，如圖 1-25 所示。樹狀架構中
的任何 2 部電腦之間都只有一條傳輸線連接，當資料進入任何一個節點後，會向所有
的分支傳遞。與星狀拓樸相比，樹狀拓樸的通訊線路長度較短、成本低、容易推廣，
但結構比星狀拓樸複雜。另外，除了葉節點的電腦發生故障外，任一節點的故障都會
影響其所在支路的電腦的正常工作。

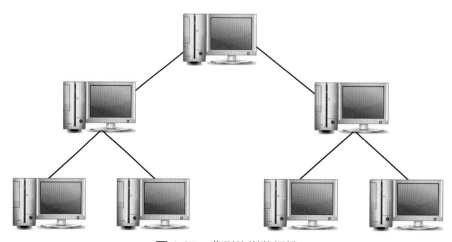

圖 1-25　典型的樹狀拓樸

1-4-5　網狀拓樸

在網狀 (MESH) 拓樸中的全部電腦，它們之間都會有網路線的連接，如圖 1-26 所示。換句話說，每部電腦都會有一條專用的鏈路連到其它電腦，而它們之間，不會因任一部電腦故障或一條鏈路而損害到整個網路系統。另外，網狀拓樸具有私密性以及安全性的優點，當有訊息在專用鏈路上傳送資料時，只有指定的接收者看得到以防止其它使用者來獲取訊息，所以它是網路拓樸中最優質的。網狀

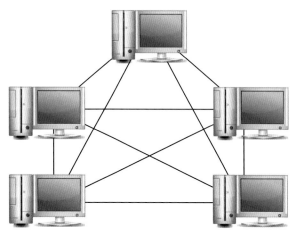

圖 1-26　典型的網狀拓樸

拓樸主要缺點就是佈線數量與 I/O 埠數量的需求會增加，而且每一部電腦都要連接到其它電腦，對施工、安裝和跟重新配置等複雜度都增加，費用當然會比較貴。

1-4-6　混合式拓樸

將上面兩種以上的拓樸混合起來使用，稱為混合式 (HRBRID) 拓樸，如圖 1-27 所示。

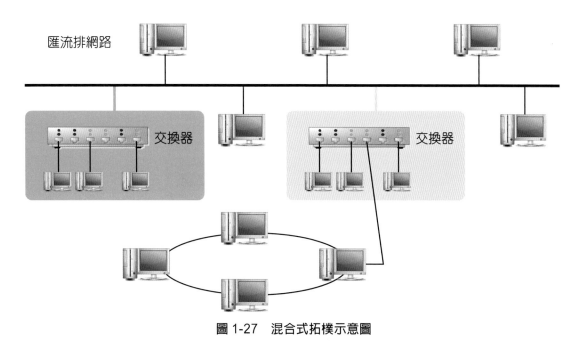

圖 1-27　混合式拓樸示意圖

1-5　網路應用程式架構

　　首先，因為網路架構是固定的，必須有一個應用程式來提供一個特定的服務，這就是開發者要花心思去開發、設計以及建構在各種終端系統上的應用程式。現今網路應用最常使用的架構就是客戶端／伺服端 (Client/Server) 架構以及 P2P (Peer to Peer) 架構，後者稱為對等式架構，也常稱為點對點架構。在開發新的應用程式的時候，重點是針對在多個終端系統上編寫需要的軟體，例如可以使用 C、Python 或 Java 程式語言編寫。就以客戶端／伺服端 (Client/Server) 架構而言，撰寫程式可以在不同的終端系統上執行，應用程式會在客戶端／伺服端同時進行通訊，例如客戶端的主機，像桌上型電腦、平板電腦、智慧型手機或筆記型電腦會去執行瀏覽器的程式；在另外一端網頁伺服器也正執行網頁伺服器的程式。值得一提，開發者只在終端系統裡面撰寫出所需的網路應用程式，無需對網路上的路由器或交換器上執行任何程式語言，路由器只擔任第三層的工作，而交換器只擔任第二層的工作。

　　客戶端／伺服端架構下所提供的網路服務需要一部稱為「伺服器」的專用電腦，伺服器負責回應客戶端的請求，如圖 1-28 所示。由於客戶端的請求需要伺服器允許才會回應，因而客戶端／伺服端架構也稱為主從式 (Master/Slaver) 架構。由於伺服器必須能長時間開機運作，因此採用該等級的電腦費用也自然較貴，像網頁、FTP、E-mail、Telnet 等應用皆屬此架構。注意，當伺服器收到客戶端主機傳來的物件請求，它會回應這個請求，如果另一端的客戶也送出請求的話，伺服器也是負責回應，換言之，客戶端／伺服端的架構下，客戶端互相之間並不會直接通訊。注意，客戶端也常稱為用戶端。

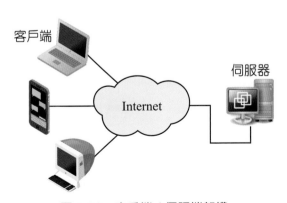

圖 1-28　客戶端／伺服端架構

通常在客戶端 / 伺服端應用中，除了小型公司的應用只需單一部伺服器 (例如 DNS) 足夠容納所有的請求外，對於來自不計其數的一堆用戶端的請求，就需要多部的伺服器來運作。此架構很適合使用在大型網路，因此，內含大數量的伺服器串成的一個資料中心 (data center) 或多個資料中心，就常需要建立一個非常強大的虛擬伺服器，例如 Google 搜尋引擎、Facebook 、Twitter、Gmail 和電子商務的 Amazon 和 PC-home 等等，都需要建立此類型的伺服器。

主從式網路採用的網路作業系統包括 Windows、UNIX 或 Linux 等作業系統，由於集中管理，因此提供較好的安全，但需要專業的管理人員，當然，一旦伺服器當機，就無法與客戶端做資料存取。主從式架構的特點可歸納如下：

◈ 伺服器可隨時提供用戶端所要求的服務。

◈ 伺服器有固定 IP 位址。

◈ 以伺服器群達成網路擴充。

◈ 用戶端也許會有動態 IP 位址。

◈ 用戶端不會直接彼此通訊。

接下來我們來說明 P2P 架構。此架構的每一部主機，在網路上的地位彼此間是相等的關係。亦即每一部主機皆可當成伺服器、工作站或具有雙重身分，如圖 1-29 所示。整體而言，架設對等式網路很容易，由於不需要功能強大的伺服器，故花費較少；又使用者可以掌控自己的資源，不需要伺服器管理軟體，也不需要專業的管理人員，很適合使用在辦公室或個人工作室等的小型網路，但安全性、效能較差。換言之，對等點並不需透過專門伺服器來進行通訊，而只需具備最低規格需求就可以，這樣的網路架構也就是所謂 P2P (點對點) 架構，像 Skype、IPTV、檔案分享等應用皆屬此架構。P2P 的特性可歸納如下：

◈ 無需隨時服務的伺服器。

◈ 任何一對主機可直接通訊。

◈ P2P 架構通常不需要大量的伺服器的基礎設施。

◈ 未來的 P2P 應用會面臨因為架構有可能大量的集中，對於安全性、效能以及可靠性都要很注意。

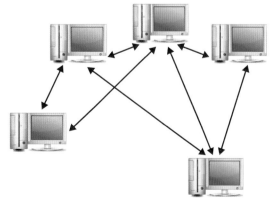

圖 1-29　P2P 網路架構概念

- 必要時可採用混合式的網路架構，即將對等式網路與主從式網路結合使用。

- 具有自我擴充性能，例如在檔案分享的應用，每個對等點也會被分散出去的檔案給其它對等點，因而增加系統的服務容量。

1-6　網路程式如何進行

　　現在來介紹終端系統上的主機如何來進行網路通訊。首先，我們定義「行程」(process) 這個名詞，我們可以將它想成一終端主機透過它本身的應用層與另一終端主機的應用層各自執行程式，並進行相關的程序以達成網路兩端的通訊。在一般的情況之下，在不同主機上 (有可能使用不同的作業系統)，行程是如何來進行通訊呢？一開始，發送端建立本身的行程並傳送訊息到網路上，接收端行程也建立並接收對方傳送過來的訊息，然後回傳訊息給對方。不管是採用 P2P 或 Client/Server 的應用，它們在兩端都有各自的行程。就 P2P 檔案分享中，正在下載檔案的對等點被標記為用戶端，在上傳檔案的對等點則為伺服端；反過來，原在下載檔案的對等點變為上傳檔案就改標記為伺服端，而原在上傳檔案的對等點變為下載檔案就改標記為用戶端。換言之，P2P 行程運作的主機可以同時擔任用戶端或伺服端。例如，在 P2P 檔案分享系統進行中，任一對等點的行程皆可以同時上傳與下載檔案，因此就某一對等點而言，其在某單一行程會被標記為用戶端，而在另一個行程會被標記為伺服端。另一方面，就 Client/Server 的上網連線而言，瀏覽器的主機一定被標記為用戶端行程，網頁伺服器一定被標記為伺服端行程。

　　上面提到的應用程式都是由一對的行程互相進行通訊，當一個行程傳送到另一個行程的任何訊息都一定會通過應用層下面的一個傳輸層傳送，而兩層之間的行程都會透過一個叫 socket 的軟體介面以便從網路傳送及接收訊息 (可先參考 10-5 節)。socket 是介於應用行程與傳輸層之間的介面。發送端的應用程式會將訊息透過 socket 往自己的下層 (傳輸層) 推出至另一端傳輸層的 socket，傳輸層協定必須負責將訊息傳送至對方 (即接收端) 的 socket，接收端會處理這個訊息。

　　在這裡，我們就使用 TCP 的 socket 程式設計概念說明兩端的行程進行過程：簡單的講，TCP 在用戶端和伺服端開始互相傳送資料之前，兩端之間需要建立一條 TCP 的連線。TCP 連線的一端接到用戶端 socket 連線，另外一端則接到伺服端的 socket，當一端想要傳送資料給另外一端的時候只要透過 socket 的把資料丟進 TCP 連線就可以，

接收端會依序收到每個位元組,反之另一端也是這樣進行,而達到全雙工的通訊,如圖 1-30 所示。值得一提,伺服端程式必須在用戶端嘗試與其通訊之前,它就必須先被執行成為「行程」,當伺服端行程正在執行的時候,用戶端程式也建立它自己的行程,這兩個行程透過讀取和寫入 socket 來進行它們之間的通訊,而程式設計者的主要任務,就是在建立網路應用的時候,為用戶端與伺服端撰寫程式碼。

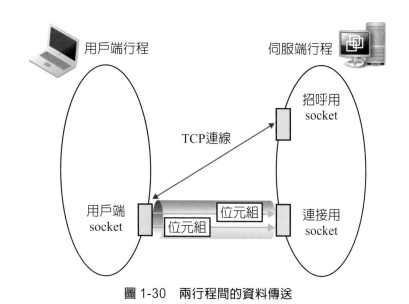

圖 1-30　兩行程間的資料傳送

NOTE

socket 是 UNIX/Linux 系統下的一種應用程式介面 (Application Program Interface:API),使用者可透過 API 發展網路應用程式。socket 由 BSD (Berkeley Software Distribution) 所發展出來,又稱為 Berkeley socket。

就作業系統面向來說,socket 介面提供的 read ()、write () 皆屬作業系統核心 (Kernel) 內部的呼叫程式,而一般 Unix/Linux 作業系統都已將 TCP/IP 功能整合在系統核心內,因而利用 socket 介面來撰寫網路應用程式,就如同撰寫一般的程式,因此,使用者很容易可以自行發展 Internet 應用服務的網路程式。另一種 Windows socket 是以 UNIX sockets 為基礎所發展出來的一套 API,其不僅支援 TCP/IP,對於 IPX/SPX 亦可以支援。此外也提供機器碼的相容性,因此在不同的作業系統上移植時並不需要做任何修改。Windows socket (簡稱 Winsock) 目前使用的是 Winsock2.2 版,可向下相容於 Winsock1.1 版,有關 Winsock 狀態流程在 TCP Client/Server 的進行步驟,如圖 1-31 所示。

NOTE

（承上頁）

步驟 1　WSAStartup () 是連結應用程式與 Winsock.DLL 的第一個函式。伺服端及用戶端用來指出 Windows socket 的版本及檢索特定 Windows socket 實現的詳細訊息。

步驟 2　開啟 TCP 連線用的 socket。

步驟 3　利用 Bind () 指定伺服端的 IP 位址及埠號。

步驟 4　伺服端利用 listen () 傾聽用戶端的連線請求。

步驟 5　用戶端則利用 connect () 和伺服端建立 TCP 連線。

步驟 6　伺服端收到用戶端的連線請求後，利用 accept () 建立 TCP 連線。

步驟 7　TCP 連線完成。

步驟 8　開始利用 Send () 和 Recv () 傳送和接收資料。

步驟 9　Closesocket () 用來關閉一個 socket。

步驟 10　WSACleanup () 是程式結束前，使用者必須記得呼叫此函式以通知 Winsock Stack；否則 Winsock Stack 的資源會被佔用，實際並沒有被清除乾淨。

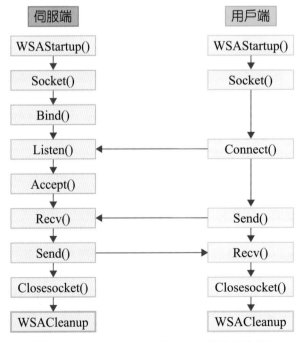

圖 1-31　TCP Client/Server 的進行步驟

1-7　雲端運算

「雲端」(cloud) 是代表網際網路透過網路的運算能力，取代原本安裝在您自己電腦上的軟體，或者取代本機硬碟空間，轉而透過網路服務來進行各種工作，並存放檔案資料在巨大的虛擬空間上。通過這種方式，我們可以共享軟硬體資源和資訊，並可以按需求提供給電腦各種終端和其它裝置。用戶透過瀏覽器、桌面應用程式或是行動應用程式來存取雲端的服務。像這樣的運算使得企業能夠更迅速的部署應用程式，並降低管理與維護的複雜度及成本，使得 IT 資源可快速重新分配。雲端運算 (cloud computing) 其應用通常以虛擬的型式，把資訊技術，包括運算、儲存及頻寬，以「服務」的形式提供給客戶。依照服務的類別常分為三種模式。

軟體即服務

軟體即服務 (Software as a Service；SaaS) 是透過網際網路提供軟體的模式，用戶可以不用再購買軟體，而改向提供商租用的軟體來管理企業，且無需對軟體進行維護。換言之，它讓許多企業 (尤其是小型企業) 可享有因 SaaS 採用的先進技術，也消除了企業購買、構建和維護應用程式的需要。

平台即服務

平台即服務 (Platform as a Service；PaaS) 是把伺服器平台作為一種服務提供的商業模式。用戶可以掌控運作應用程式的環境及擁有主機部分的掌控權，但並不掌控作業系統、硬體或運作的網路基礎架構，例如：Google App Engine。另一方面，因 SaaS 的需求發展，PaaS 它能夠提供企業進行研發的中間平台，讓企業享有方便的數據庫和應用伺服器等等，並讓用戶編寫自己的程式碼於 PaaS 的提供上傳的介面或 API 服務，以提高在 Web 平台上的資源量應用。

基礎設施即服務

基礎設施即服務 (Infrastructure as a Service；IaaS) 是用來提供硬體資源的一些基礎設施給客戶，亦即將運算、儲存及網路和其它計算等資源轉成標準化的服務，它的特點就是可快速進行操作及應用擴充，用戶不需管理雲端的基礎架構就能掌控儲存、網路、作業系統所部署的應用程式。提供 IaaS 的服務廠商除了必須建置一個管理良好的機房環境外，還需提供安全的使用環境、高速的運算機能、大量的儲存機能，以及寬頻優質的網路環境。另外，也透過虛擬化技術 (virtualization) 有效提高各項資源的使用效率，從而降低成本。典型應用，例如：Amazon AWS、Rackspace。

1-8   為何要SDN網路

隨著雲端應用發展及巨量資料需求日益增加,網際網路的路由也越來越複雜,讓現有的網路架構產生了許多問題,使用上也越來越不堪負荷。為了要實現各種網路協定,以及現今的路由器必須不斷的分割及重組 IP 封包 (留在第八章討論),導致傳輸效率不佳,無法有效發揮網路頻寬;因此新一代的 SDN 的架構被發展起來。現有網路與 SDN 網路的機制比較如下:

◈ 現有龐大的 Internet 基礎設施已極難發展更進一步。

◈ 現有網路管理控制和性能調整總是帶有挑戰、威脅性,並容易出錯。

◈ 現有網路的控制邏輯與網路設備的關係很緊密與複雜 (如乙太網路的交換器),而 SDN 交換器只負責資料的轉發,控制邏輯的工作則交給控制器管理。換言之,SDN 交換器只負責網路資料的轉發工作,而轉發決策是來自 SDN 控制器的命令。

◈ 可程式設計網路的概念是一種促進網路進化所提出的,SDN 新的網路模式就是具備這種能力的網路架構。

1-8-1   SDN架構的特點

在 2006 年,SDN 的網路架構是由美國史丹佛大學 Nick Mckeown 教授帶領的研究團隊提出了 OpenFlow 的概念用於校園網路的試驗,後來基於 OpenFlow 給網路帶來可程式化的特性,SDN 的概念就開始萌芽,有關 SDN 發展歷史,如圖 1-32 所示。

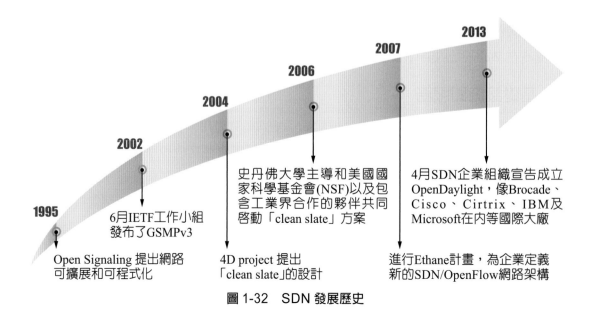

圖 1-32   SDN 發展歷史

近幾年，隨著雲端應用發展及巨量資料需求日益增加，IT 基礎架構已面臨巨大變化；因此 SDN 的架構就被發展起來，主要也是利用它來解決現今網路所面臨的一堆問題。在現今的網路中，雖然雲端運算已廣泛使用，但也只能達到資源虛擬化，要達到網路虛擬化是非常困難，若採用 SDN 網路架構就很容易地可以解決上述問題。再強調一次，現有傳統網路的控制邏輯與網路設備 (如乙太網交換器) 很緊密與複雜，SDN 提出可程式設計網路的概念，它提供新的網路模式，將網路的管理權交由控制面的控制器 (Controller) 軟體負責，採用集中控管的方式，如圖 1-33 所示，其特點如下：

◈ SDN 架構可以讓網路管理員，在不更動硬體裝置的前提下，以集中控制方式，利用程式重新規劃網路，為控制網路流量提供了新的方法，也提供了核心網路及應用創新的一種平台。

◈ 網管人員只需在控制器上下達指令就可以進行自動化設定，無須逐一進行個別裝置的設定，也避免人為錯誤疏失。

◈ 透過 SDN 在虛擬化技術的升級，可容易應用於網路資源的分配、抽象化、建立自動化作業上，超越實體架構的限制。

◈ 指派網路服務至各個應用程式，並繼續提供服務，彈性適應其變動的需求。

◈ 更簡化的網路佈建作業以及更強大的網路延展性。

◈ 可以簡化管理和較低的營運成本。

◈ SDN 可以可程式化 (programmable) 的方式來控制，一旦控制權從個別的網路設備上脫離，然後轉移到 SDN 控制器 (Controller) 後，這樣會使底層的網路基礎架構抽象化，這樣的結果，網路基礎架構就能變得非常的動態、容易管理。

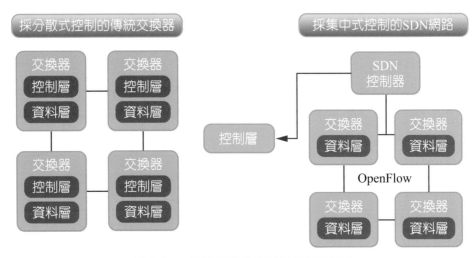

圖 1-33　傳統交換與 SDN 交換的不同

1-8-2　SDN網路架構的解析

　　TCP/IP 網路架構經過多年的發展，顯然存在著很多的問題，從根本解決這樣的網路問題才是上策，所以業界提出重新設計網路架構。SDN 的核心理念就是把控制面跟資料面 (或稱轉發面) 分離，並支援全網域的軟體控制，基本上的可行方案分為三種：

◈　第一種是以專用介面為基礎的方案。

◈　第二種是以重疊網路 (Overlay Network) 為基礎的方案。

◈　第三種是以開放協定為基礎的方案。

　　第一種方案比較屬於客製化的設計，花費很高不實際，第二種方案是在現有的網路上重疊其它網路拚湊起來，只是一種過渡期，所以第三種是新一代的網路架構。第三種方案是源自於學界發動的，它起源於美國史丹佛大學 Nick Mckeown 提出 Clean Slate 方案，其提出的架構稱為 SDN 的網路架構，主要是利用 OpenFlow 協定，把現今網路路由器或交換器的控制面 (Control Plane) 從資料面 (Data Plane) 中分離出來，並以軟體方式實現出來。

　　2012 年 4 月，開放網路基金會 (Open Networking Foundation；ONF) 對 SDN 的網路架構進行定義，其最大的不同是將現今網路裝置緊耦合的網路架構，解耦合成應用層 (Application Layer)，控制層 (Control Layer) 和基礎設施層 (Infrastructure Layer) 共 3 個層的分離的架構，並透過標準實現網路的集中控管和可程式化的網路應用。

　　ONF 所提出的 SDN 架構共分為 3 層，最上層的應用層提供各種不同的服務應用，中間的控制層是由 SDN 控制器 (SDN Controller) 擔任集中控管位於底層 (基礎設施層) 的 SDN 交換器，而它們之間使用的協定種類稱為 OpenFlow。控制層是 SDN 網路核心，由控制器內含的幾個控制模組所組成，透過其下的南向介面 (Southbound API) 來掌握基礎設施層的網路狀態，以及定義封

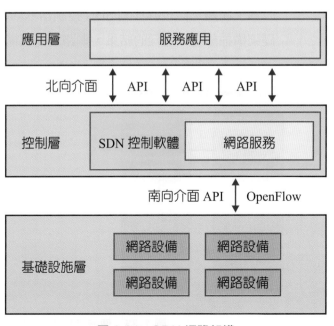

圖 1-34　SDN 網路架構

包的傳輸路徑；另外透過北向介面 (Northbound API) 來提供應用層所需要的網路資源與服務。換言之，控制層如同人的大腦中樞神經指揮基礎設施層 (如同人的手腳) 聽命於控制層並達成各種要求。

再強調一下，SDN 交換器只負責封包的轉發，而其轉發路徑則由 SDN 控制器下指令與決定，因此以前在現今網路設備需要個別進行的鏈路程序、路由計算等的運算，在邏輯上都可由 SDN 控制器集中進行控管。為了能部署更多的 SDN 網路，SDN 控制器將使用通用應用程式介面，如 OpenFlow 和開放式虛擬交換器資料庫 (OVSDB) 在 SDN 控制器之間進行聯合運作。SDN 的網路架構，如圖 1-34 所示。

1-8-3 實際抓取SDN網路中的OpenFlow協定

圖 1-35 指出 OpenFlow 訊息類型共有三大類型：一是 Controller-to-Switch 訊息包含 9 個訊息：主要作用是由控制器向交換器的方向發送訊息以取得交換器的資訊，另一是 Symmetric 訊息包含 4 個訊息：一旦連接建立後，交換器和控制器之間互相對等交換訊息，最後是 Asynchronous 訊息包含 8 個訊息：由交換器向控制器的方向送出通知訊息或更新交換器狀態的改變狀況。

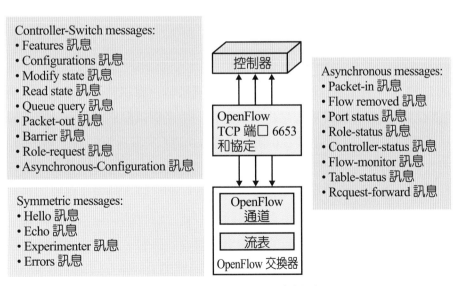

圖 1-35　OpenFlow 訊息類型

為了先睹為快，筆者在自己的 SDN 網路實驗室用 P2P 方式，讓主機 1 (h1) 的 IP 位址 10.0.0.1 對主機 2 (h2) 的 IP 位址 10.0.0.2 執行 ping 指令，再用事先安裝好的 Wireshark 軟體去擷取「OpenFlow」協定，如圖 1-36(a)-(b) 所示。有關主機 1 (h1) 對主機 2 (h2) 執行 ping 指令的過程與結果，留在第 9-10 節解析。

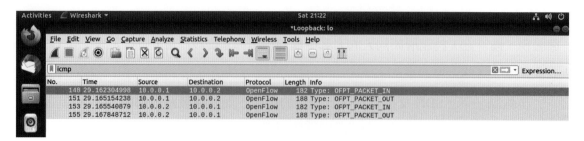

圖 1-36(a)　SDN 網路中的 h1 ping h2

圖 1-36(b)　SDN 網路中的 OpenFlow 執行流程

1-8-4　SDN未來的展望

　　德國 2013 年 4 月工業 4.0 工作小組提出透過數位化資訊整合物聯網、大數據 (Big Data)、感應器等科技，提供更智慧化及自動化的生產與供應鏈能力，並提出資料安全和資料保護相關的策略。當工業 3.0 朝向工業 4.0 時 (又稱爲第四次工業革命)，管理階層會要求把公司資料、軟體開發的服務及相關資料庫放置於雲端並且虛擬化。由於一個安裝虛擬化作業系統的實體伺服器，可能有多個虛擬主機與多種應用程式，受限於 VM 頻寬無法保證，也無法自由更動，除非把另一個實體伺服器網路設定完全才能進行 VM 遷移作業，這將限制了新的雲端應用服務的部署。解決方式是採用稱爲新型的網路 SDN/OpenFlow 架構，換言之，軟體定義網路 (Software-Defined Networking；SDN) 成爲唯一解決方案。

　　現階段要開發 SDN 應用程式的門檻較高，但對於硬體設備廠商來說，將會是一大衝擊，交換器的重要性再也不如以往那麼重要，未來客製化的軟體就可以提供各項硬體設備的功能，而網路硬體設備的廠商是否會因爲 SDN 架構的出現就可能不進則退，

這也是自 SDN 被提出後，備受關注的議題之一。不可諱言，很多專家皆認為，SDN 的開放將會在市場上帶來一波新的商機，也就是說，SDN 在市場上的競爭相當具有發展的潛力。到 2023 年 1 月，隨著物聯網、區塊鏈等數據和網路技術的發展，SDN 已經證明為企業網路的基礎設施帶來更大的彈性與效能的提升，到 2022 年，全球 SDN 的市場規模將超過 1329 億美元。尤其自 COVID-19 爆發以來，企業公司採用的遠端工作模式大增，透過雲端以及搭配 SDN 技術方案的需求更是大量增加。預計這將推動 2023 年以後的 SDN 市場邁進非常大的一步，也是勢不可檔的巨大潮流。

　　回顧這幾年來的網路發展是日新月異，除了無線網路快速進步讓人眼花撩亂外，尤其網路創新最重要的一大步就是 SDN 網路非常迅速發展，它已被公認是近五年最為亮眼的一個新型的網路，特別在 covid-19 疫情期間也已經被證明 SDN 是非常高效能的新一代的網路。為使讀者更進一步了解，因此在第 9-10 節就是針對圖 1-36(a)-(b) 代表的意義做分析，以使讀者更能體會 OpenFlow 協定在 SDN 網路中扮演的角色。

重點整理

▶ 網際網路 (Internet) 就是將全球各地的電腦網路中的主機連接起來，藉由某些主機提供資訊，而讓其它主機可以讀取資訊。

▶ 相互連結的主機，雙方在網路傳遞訊息時，必須透過所謂的通訊協定來達成。

▶ 「網路通訊協定」定義了兩個以上的通訊實體 (entity) 間，交換訊息的格式及順序，以及在傳送接收訊息或在發生其它事件時所要採取的動作。

▶ 網路就是在一定的區域內，2 部或 2 部以上的電腦連結在一起的方式，並讓使用者能共享網路所提供的資源。

▶ 區域網路 (Local Area Network；LAN)，例如公司內部之間的通訊。LAN 所指的範圍是約 **10 公里**以內的網路，而不牽扯到電信網路架構。

▶ 都會網路 (Metropolitan Area Network；MAN)，例如都市內部之間的通訊。MAN 所指的範圍是約在 **10 ～ 100 公里**以內的網路。

▶ 廣域網路 (Wide Area Network；WAN)，例如國家內部或國與國之間的通訊。WAN 所指的是範圍約在 **100 公里**以上的網路。

▶ PSTN 依功能屬性分為端局 (End Office；EO)、長途中心局 (Toll Center；TC)、主中心局 (Primary Center；PC)，以及國際電話交換中心局 (International Switching Center；ISC)。

▶ 所謂本地迴路就是機房端交換機連接至用戶端之間的電話線路，大部分的本地迴路都是使用類比訊號。

▶ DMT 已經成為 ADSL 調變技術的標準，它是結合了 FDM 和 QAM 技術。

▶ PON 的光接取網路是由光線路終端 (Optical Line Terminal；OLT)、光分配網路 (Optical Distribution Network；ODN) 和光網路單元 (Optical Network Unit；ONU) 組成。

▶ 現今 PON 的技術標準有兩類，一為 ITU-T G.98x 系列，包括 APON (ATM PON)、BPON (Broadband PON)、GPON (Gigabit Capable PON) 及 XG-PON (10 Gigabit Capable PON)；另一為 IEEE 802 EFM 系列之 EPON (乙太網路 PON)、10G-EPON 等技術。

▶ FTTx (Fiber To The x)，意謂著「光纖到某個地點」為各種光纖接取網路的通稱。

▶ 混合光纖同軸網路 (Hybrid Fiber Coaxial；HFC) 是光纖與同軸電纜結合起來的一種寬頻接取網路。

▶ HFC 的基本技術，它是使用混合式的分頻多工 (Frequency Time Division Multiplexing；FDM) 和類似分時多工 (Time Division Multiplexing；TDM) 技術。

▶ 行動網路 (mobile network)，其實它是一種行動通訊硬體架構，可以分為類比蜂巢式網路和數位蜂巢式網路。

▶ 「cellular network」的英文可直譯為「細包式網路」，因為構成網路覆蓋的各個通訊基地台的訊號覆蓋呈六邊形，從而使整個網路像一個蜂巢而得名。

▶ 衛星網路 (satellite network) 是由人造衛星、地面站 (earth station) 以及終端使用者的一些設備所組成。

▶ IEEE 802 協定系列中的 WPAN 標準主要有藍牙 (BlueTooth) 與 ZigBee 兩個標準。

▶ UWB 它已被業界看成與藍牙、Wi-Fi 同等級的無線通訊技術，更有手機品牌稱它是「室內 GPS」，可見 UWB 的定位能力非常精確。

▶ 物聯網 (Internet of Things；IoT) 是指任何可以連線至網際網路的「物體」，這個「物體」代表是實體物件的網路，它可以結合感測器、軟體和其它技術。

▶ 互聯網就是以直接或間接互相連成的一個超大的電腦網路群。

▶ 沒有作業系統，電腦就無法工作。同樣地，網路上也有一個網路作業系統 (Network Operating System；NOS)，它是用來對網路上的多個電腦提供服務的作業系統。

▶ 常見的網路拓樸有：匯流排 (BUS) 拓樸、星狀 (STAR) 拓樸、環狀 (RING) 拓樸、樹狀 (TREE) 拓樸、網狀 (MESH) 拓樸及混合式 (HYBRID) 拓樸共 6 種。

▶ 現今網路應用最常用的架構就是客戶端 (或稱用戶端) 與伺服端 (Client/Server) 架構也常稱為主從式架構，以及 P2P (Peer to Peer) 架構，後者稱為對等式架構，也常稱為點對點架構。

▶ 對等式網路 (peer-to-peer network) 上的每一台主機，在網路上的地位彼此間是相等的關係。

▶ 在主從式架構下所提供的網路服務，需要一部稱為伺服器的專用電腦。

▶ 「行程」(process) 這個名詞，我們可以就它想成在一終端主機透過它本身的應用層與另一終端主機的應用層各自執行程式，並進行相關的程序以達成網路兩端的通訊。

▶ 雲端運算其應用依照服務的類別常分為三種模式：軟體即服務 (SaaS；Software as a Service)、平台即服務 (PaaS；Platform as a Service) 及基礎設施即服務 (IaaS；Infrastructure as a Service)。

▶ SDN 網路架構就主要是利用 OpenFlow 協定把路由器的控制面 (control plane) 從資料面 (data plane) 中分離出來。

▶ SDN 可以可程式化 (programmable) 的方式來控制，網路基礎架構就能變得非常的動態、容易管理。

▶ OpenFlow 訊息類型共有三大類型：Controller-to-Switch 訊息、Symmetric 訊息、Asynchronous 訊息。

本章習題

選擇題

( )1. 網際網路上的主機 (host) 又稱為
(1) 交換器　(2) 端系統 (end system)　(3) 路由器　(4) 以上皆可。

( )2. 網際網路的功能就是把終端系統連接在一起，所以提供連線服務給終端系統的＿＿，它們也必須彼此相連　(1) 交換器　(2) 工作站　(3) ISP　(4) 以上皆非。

( )3. 有能力發送至對方和接收來自對方資訊的軟硬體稱為
(1) 路由器　(2) 工作站　(3) ISP　(4) 實體 (entity)。

( )4. IETF 文件稱為建議需求是指
(1) RFC　(2) ANSI　(3) ITU-T　(4) IEEE，的一種非常重要的標準。

( )5. 一個互連的網路可以包含　(1) LANs　(2) MANs　(3) WANs　(4) 以上皆是。

( )6. 本地迴路傳輸語音時，其頻寬為　(1) 4KHz　(2) 8KHz　(3) 16KHz　(4) 64KHz。

( )7. 本地迴路雙絞線能夠處理到的頻寬為
(1) 4KHz　(2) 8KHz　(3) 64KHz　(4) 1.104MHz。

( )8. PON 的光接取網路是由＿＿組成　(1) OLT　(2) ODN　(3) ONU　(4) 以上皆是。

( )9. ＿＿是光纖與同軸電纜結合起來的一種寬頻接取網路
(1) PON　(2) HFC　(3) Wi-Fi　(4) 以上皆非。

( )10. 哪一種為無線個人區域網路 (WPAN)　(1) 藍牙　(2) ZigBee　(3) UWB　(4) 以上皆是。

( )11. 有需求立即可用的軟體服務稱為　(1) Iaas　(2) Paas　(3) Saas　(4) 以上皆是。

( )12. SDN 交換器所用的協定為　(1) TCP　(2) UDP　(3) OpenFlow　(4) PPP。

( )13. SDN 交換器與現今網路交換器最主要不同為　(1) 只能轉發資料　(2) 能轉發資料及控制訊號　(3) 只能轉發控制訊號　(4) 以上都有可能。

( )14. OpenFlow 訊息類型共有＿＿大類型　(1) 1　(2) 2　(3) 3　(4) 4。

( )15. 無線廣域網路 (WWAN) 可以分為蜂巢式電話系統和＿＿網路
(1) Wi-Fi　(2) 衛星　(3) 藍牙　(4) ZigBee。

( )16. 光纖網路會因用戶所住位置、周邊環境以及需求的不同，而發展出各式各樣不同的光纖接取技術稱為　(1) FTTH　(2) FTTB　(3) FTTC　(4) FTTx。

( )17. 下列何者為電腦網路的優點
(1) 遠端遙控　(2) 資源可以共享　(3) 提升通訊能力　(4) 以上皆是。

( )18. 電腦網路的節點可以是一台　(1) 電腦　(2) 交換器　(3) 印表機　(4) 以上皆是。

( )19. 電腦與電腦之間或電腦與終端機之間為相互交換資訊的格式和內容而訂定一套規則，稱為　(1) IP　(2) 通訊協定　(3) TCP　(4) 以上皆是。

( )20. 網際網路的發展起源是
(1) 國防之需　(2) 學術界之需　(3) 商業界之需　(4) 以上皆非。

本章習題

簡答題

1. 終端系統會透過網際網路 ISP 來接取網際網路，這些 ISP 細分有哪些？

2. PSTN 依功能屬性分為哪些？

3. 請對 DMT 調變技術下行和上行的頻寬分割做說明。

4. 說明 HFC 中的光纖與同軸電纜由機房端到用戶如何佈放線路？

5. 何謂過區切換 (handoff) 動作。

6. 請描述 SDN 架構？

7. OpenFlow 訊息類型共有三大類型，其在控制器與交換器扮演角色為何？

8. 被業界看成與藍牙、Wi-Fi 同等級的無線通訊技術，有人稱它是「室內 GPS」是指哪一種？

9. 電腦上的作業系統 (Operating System；OS) 與網路作業系統 (Network Operating System；NOS) 有什差別？

10. 繪出 ADSL 寬頻連線的基本架構。

11. 繪出 PON 的光接取網路。

12. 繪出無線網路所能覆蓋的地區範圍。

13. 衛星軌道有三種，請簡單說明。

14. 現今網路應用最常使用的架構有哪兩種？

15. 在不同主機上 (有可能使用不同的作業系統)，行程是如何來進行通訊呢？

NOTE

CHAPTER 2 資料通訊基礎

2-1 資料通訊系統的組成

　　資料通訊系統的組成目的是為了將資料從發送端透過資料交換設備送至接收端。一個資料通訊系統的基本組成包括：資料終端設備、資料交換設備、資料通訊設備、傳輸訊號和傳輸媒介，如圖 2-1 所示，分述如下。

1. 資料終端設備：資料終端設備 (Data Terminal Equipment；DTE) 是負責傳送與接收資料的裝置，如個人電腦、工作站、伺服器或印表機等等。

2. 資料交換設備：資料交換設備 (Data Switching Equipment；DSE) 負責資料能快速且正確地由發送端透過此裝置傳至接收端，如交換器、路由器等等。

3. 資料通訊設備：資料通訊設備 (Data Circuit-terminating Equipment；DCE) 是介於 DTE 與 DSE 之間的設備，一般負責訊號轉換、調變等工作，如數據機、網路卡等皆是。

4. 傳輸訊號：傳輸訊號依型態區分，可以分為類比與數位兩種形式。依傳輸媒介特性，訊號可分聲波、電波或光波。由於網路通訊系統大都是電子或光電設備，因此資料要在其中的傳輸媒介傳送，必須轉換成電波或光波等訊號。

5. 傳輸媒介：網路或資料通訊系統所採用的傳輸媒介大致可分為纜線、光纖和無線電波。

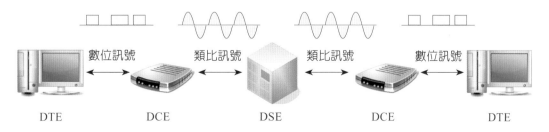

圖 2-1　通訊系統組成要素

2-2　類比資料與數位資料

　　所謂類比資料 (analog data) 是屬於「連續」的資訊，在某一範圍是以無窮多數量的值來表示。數位資料 (digital data) 是「非連續」的資訊或為離散的資訊，它只能以有限數量的值來表示。典型的類比資料如傳統水銀溫度計所標示的度數，水銀柱的指針在管柱內升降時，不一定會精確地落在刻度上，如圖 2-2 左邊紅色指針讀值為 25.11 度，也有可能為 25.112 度或 25.1129 度，換言之，落在刻度與刻度之間的值有無限多種可能的高度，所以將它歸為類比裝置。而數位資料則是以數字顯示的數位溫度計所顯示的度數為 25.1 度。另外，指針式手錶指出的時間也是典型的類比資料例子，相對地，以數字顯示的手錶是典型的數位資料例子。

圖 2-2　類比資料與數位資料範例

2-3　類比訊號

　　週期性的類比訊號會以既定的波形定時並重複出現；反之，非週期性的類比訊號不會定時並重複出現所要顯示的波形。類比訊號可由振幅、頻率和相位三個特性來表示。振幅可以用伏特 (volts)、安培 (amperes) 或瓦特 (watts) 等單位量測。伏特是指電壓；安培是指電流；瓦特是指能量。週期 (period) 是指訊號經過一個循環所需要的時間，以秒為單位。頻率是指訊號對時間變化的速率，也是指訊號每秒變化的週期數值，頻率的單位為赫茲 (Hz)，時間變化越快，頻率越高；反之，時間變化緩慢，頻率越低。週期 T 為 f 頻率的倒數，即 T = 1 / f。例如，10Hz 表示每秒變化 10 週；100Hz 表示每秒變化 100 週；1KHz 表示每秒變化 1000 週；1MHz 為每秒變化 100 萬週。值得注意的是，若訊號一直不改變，則頻率為零；若訊號在瞬間改變，則頻率為無限大。相位 (phase) 是指波形相對於時間零點的位置，量測單位是以度或弧度 (360° = 2π 弧度) 來表示。

　　一典型簡單的週期性類比訊號，如圖 2-3 所示的正弦波；表 2-1 指出週期與頻率對應關係。

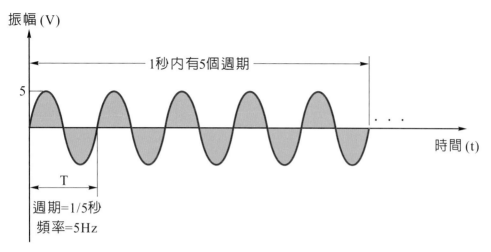

圖 2-3　正弦波的振幅

表 2-1　指出週期與頻率對應關係

單位	等於	單位	等於
1s	1 秒	赫茲 (Hz)	1Hz
1ms	10^{-3} 秒	千赫茲 (KHz)	10^{3}Hz
1μs	10^{-6} 秒	百萬赫茲 (MHz)	10^{6}Hz
1ns	10^{-9} 秒	十億赫茲 (GHz)	10^{9}Hz
1ps	10^{-12} 秒	兆赫茲 (THz)	10^{12}Hz

2-3-1　類比訊號的振幅

訊號變動的幅度即代表訊號強度的大小，如圖 2-4 所示。振幅愈大，表示訊號愈強；反之，訊號愈弱。電壓的振幅以「伏特」為單位，英文以 V 表示，例如：一般辦公室或家庭用電的交流電壓為 110 伏特；電流的振幅則以「安培」為單位，英文以 A 表示；聲波的振幅則以「分貝」為單位，英文以 db 表示，分貝值愈高，表示聲音強度愈大。

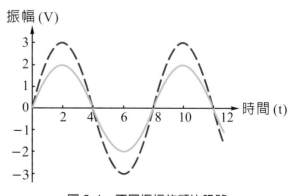

圖 2-4　不同振幅的類比訊號

2-3-2　不同頻率的類比訊號

　　人類聲帶的發音頻率約在 80 ～ 1000 Hz 之間；其中男生的聲音頻率約 80 ～ 200 Hz；女生的聲音頻率約在 250 ～ 600 Hz，所以一般女生的聲音頻率比男生還高。人

的耳朵所能聽到的聲音頻率約在 20Hz ～ 20KHz 之間。另一方面，在電話線路技術中，可用的語音頻帶範圍約為 300Hz ～ 3400Hz，換句話說，類比語音電話的訊號頻寬可由最高頻率 3400Hz 減去最低頻率 300Hz，得出頻寬等於 3.1KHz。圖 2-5 指出兩個不同頻率的類比訊號。

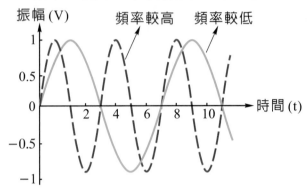

圖 2-5　不同頻率的類比訊號

2-3-3　不同相位的類比訊號

　　相位指的是訊號在時間軸上的位移，主要用來呈現訊號到達某個定點的時間，或指在某個時間點的相角。例如，圖 2-6 指出 90 度的相位移動對照 1/4 週期的移動，和 180 度的相位移動對照 1/2 週期的移動。圖 2-7 指出兩個不同相位的類比訊號。

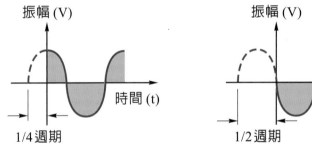

(a) 90度的相位移動　　　　(b) 180度的相位移動

圖 2-6　不同相位的移動

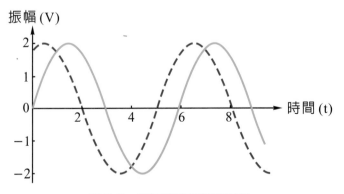

圖 2-7　不同相位的類比訊號

2-3-4　複合訊號

　　複合訊號 (composite signal) 可以分爲週期性和非週期性的複合訊號。前者可以分解爲一系列的正弦波，它的頻率是離散的 (頻率值爲整數 1、2、3⋯⋯)；非週期性的複合訊號可以分解由無限多個的正弦波組成，其頻率是連續的。利用傅立葉分析，任何的複合訊號很容易證明包含不同振幅、頻率、相位的簡單正弦波的組合，如圖 2-8 所示爲週期性的複合訊號 (很少出現在資料通訊)。一般而言，想要傳送資料，那就必須要傳送複合訊號，如果只用單一頻率的正弦波傳送，這對資料通訊是一點幫助都沒有，我們必須要傳送複合訊號才可以進行資料通訊。眞實的數位訊號是非週期性，前已提過傅立葉分析可以證明一個非週期的訊號可以被分解成無限多個正弦波的組合 (亦即類比訊號)，在這種情況之下，頻譜不是離散的而是連續的。另一方面，變動的訊號幅度對照時間的變動，此種圖形稱爲時域 (time domain) 圖，但頻域 (frequency domain) 圖才能確實表現出振幅和頻率的關係。圖 2-9(a) 即代表該訊號的時域，至於它的頻域，可以用圖 2-9(b) 表示出來，這也說明時域中的 5 個正弦波在頻域中可以用脈衝來表示。典型的複合訊號，如圖 2-10 所示，它指出 3 個波形的時域及所相對應的頻域；注意，頻率零的電壓值代表 15V 的直流電壓。

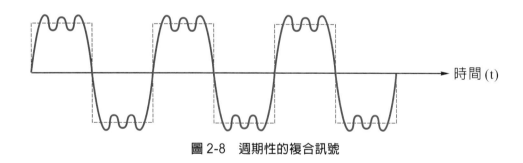

圖 2-8　週期性的複合訊號

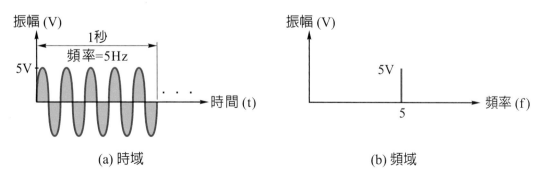

(a) 時域　　　　　　　　　　(b) 頻域

圖 2-9　時域與頻域之概念

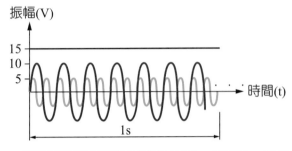
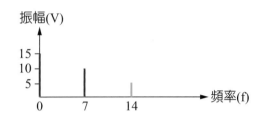

3個時域波形的頻率分別是0(15V)、7(10V)、14(5V)　　　3個時域波形所對應的頻域

圖 2-10　複合訊號波形的時域及相對應的頻域

　　另外，我們也來說明週期性的複合訊號與非週期性的複合訊號的頻寬與頻譜間的關係：首先，如圖 2-11(a) 所示的週期性的複合訊號波形，它指出頻寬為 500Hz 至 4000Hz 之間的整數頻率；而非週期性的複合訊號的頻寬有相同範圍，但頻率是連續的，如圖 2-11(b) 所示。注意，圖 2-11(a) 與圖 2-11(b) 的形狀相同，但後者的頻率是連續的。在這裡我們要來提出頻譜 (spectrum) 跟頻寬 (bandwith) 有什麼不同？一般而言，訊號的頻譜是指所有訊號頻率成份的集合；訊號頻寬就是指頻譜的寬度。所以頻寬指的是頻率成份的範圍圖。例如 2-11 (a) 中的頻寬為 4000-500 = 3500Hz，亦即最高的頻率減掉最低的頻率得出的頻率範圍，就是所謂的訊號頻寬；而所謂訊號頻譜就是指在 3500Hz 這範圍裡的元素，換言之，訊號頻譜是所有訊號頻率成分的集合。

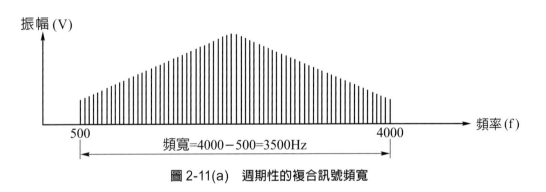

圖 2-11(a)　週期性的複合訊號頻寬

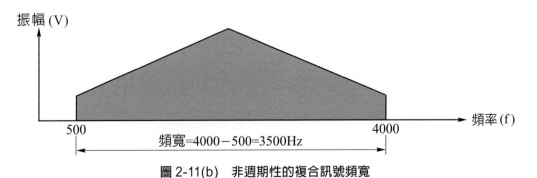

圖 2-11(b)　非週期性的複合訊號頻寬

範例 1　一個 30 Hz 頻寬的週期訊號，若其最高頻率為 100Hz，請問最低頻率是多少？如果訊號包含的所有頻率其振幅均為 10V，繪製它的頻譜圖。

解答　由於最高頻率為 100Hz，頻寬 B 為 30 Hz，所以最低頻率為 100 − 30 = 70 Hz。

由於頻譜包含所有整數值的頻率 (70、71、72、……、97、98、99、100)，我們可以繪製它的頻譜圖，如下所示：

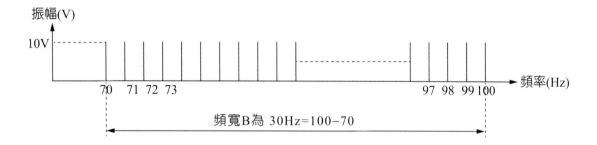

2-4　數位訊號

　　電腦是以二進位 (binary) 系統為基礎，即以 0 與 1 的組成來代表資料的內容，而電腦網路資料的傳送以數位訊號為主。數位訊號是由一串高電位 (代表 1) 與低電位 (代表 0) 的脈波所組成，如圖 2-12 所示。要注意，每個電位含有一個位元或以上。若數位訊號有 L 個電位，則每個電位含有 $\log_2 L$ 位元。例如，數位訊號有 16 個電位，則每個電位含有 4 位元 ($\log_2 2^4 = 4$)。至於週期性及非週期性數位訊號，理論上，可由傅立葉分析出兩者的頻寬均為無限大，但前者的頻率是離散的，後者的頻率是連續的。數位訊號中有幾個常見的專有名詞。

◈ 位元 (bit)

「bit」為 binary digit 的縮寫。數位訊號中的每個 0 或 1 稱為位元。

◈ 位元組是由 8 個位元所構成，亦即 1byte = 8bits。資料量較大時，可以用 KB、MB 或 GB 來表示；1KB = 1024bytes；1MB = 1024KB；1GB = 1024MB。

◈ 位元傳輸率 (bit rate)

資料的傳輸速率通常以位元傳輸率來表示，位元傳輸率的單位為 bps 或 b/s (bit per second)，亦即每秒可傳送的位元數目。而傳送一位元所需的時間稱為位元區間，或稱位元週期。

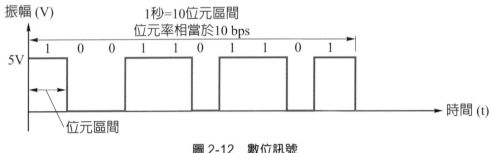

圖 2-12　數位訊號

範例 2　假設我們花了 16 秒可以下載 1000 頁的文件。假設一頁平均由 25 行組成，每行有 80 個字，假設每個字以 8 個位元表示，請問通道所需的位元傳輸率是多少？

解答　$1000 \times 25 \times 80 \times 8/16 = 1\text{Mbps}$

2-5　數位傳輸與類比傳輸

　　數位傳輸的技術包括數位對數位轉換的技術，也就是將數位資料轉換為數位訊號的一種方法，如即將討論的線路編碼 (line coding)；另外一種是類比對數位轉換的技術，它是將類比訊號 (聲音或影像) 轉換為數位訊號的一種方法，如即將討論的取樣技術。另一方面，所謂類比傳輸，是數位訊號或類比訊號對高頻的類比訊號進行調變 (modulation) 的一種方法，其包括數位對類比轉換和類比對類比轉換的技術。如上所述，訊號轉換可以歸納出下面 4 種形態：

　◈　數位對數位轉換

　◈　類比對數位轉換

　◈　數位對類比轉換

　◈　類比對類比轉換

　　所謂數位傳輸是利用數位訊號將資訊從發送端透過網路或交換設備送至接收端。數位傳輸可以傳送的資訊是以 0 和 1 二進制位元組成，並經線路編碼 (line coding) 轉換成為數位訊號 (可以看成數位資料對數位訊號的編碼)；若數位傳輸傳送的資訊為類比訊號，例如，聲音或影像，就必須先取樣 (sampling) 得到一序列位元的數位資料，再經線路編碼轉換成為數位訊號 (即類比對數位的編碼)。數位傳輸有時稱為基頻傳

輸 (baseband transmission)，可參考 2-8 節。再強調一下，數位傳輸傳送資訊是以 0 和 1 二進制位元構成的資料，發送端會使用線路編碼方式將這些數位資料經過編碼器轉換成為數位訊號，在接收端會將傳送過來的數位訊號經解碼器還原成數位資料，如圖 2-13 所示。值得一提，數位訊號進行解碼時，接收端計算接收到的訊號功率的平均值稱為基線 (baseline)。如果接收到一長串的 0 或一長串的 1 都會導致基線漂移 (baseline wandering) 這會造成接收端無法精準解碼。

　　另一方面，數位訊號進行解碼時，接收端最怕就是收到訊號長時間的電位一直保持不變，也是所稱的直流 (DC) 成份問題。所謂 DC 代表接近 0 的頻率，直流最怕遭遇到不能讓低頻通過的系統和使用在電話長途鏈路中的變壓器 (只允許交流電的訊號通過)。另外，數位訊號進行解碼時，接收端還會怕發送端送出來的訊號無法在正確時間收到；也就是說，接收端必須要能同步正確的接收傳送過來的訊號，但是往往接收端該接收的時候沒接收到，不是收的時間變快就是變慢，造成所謂的不同步，以致解碼後收到的資料跟發送端送出的資料不一樣。所以線路編碼如果具有自我同步 (Self-synchronization) 的能力就不會有這種現象發生，這是使用者最期待且喜歡採用的線路編碼方式。

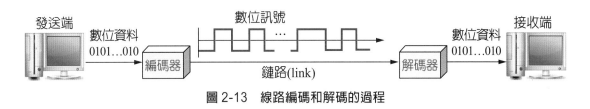

圖 2-13　線路編碼和解碼的過程

　　討論各種不同類型的線路編碼之前，我們先來介紹資料元素和訊號元素的關係。一般而言，資料通訊就是發送端要傳送資料出去，而這個資料元素就是位元 (bit)。就「數位資料通訊」來說，發送端要把資料送到對方時，採取的方式就是利用訊號元素載送資料元素至對方。這就好像是說，每一個資料元素代表需要被載送到某個目的地的乘客，而訊號元素就是讓乘客搭載的交通工具。如圖 2-14(a) 指出一個訊號元素載送一個資料元素；而圖 2-14(b) 指出使用兩個訊號元素載送一個資料元素。在圖 2-14(c) 指出使用一個訊號元素載送兩個資料元素。經過資料元素的傳送就有資料速率的形成，所謂資料速率 (亦稱位元傳輸率) 就是 1 秒內傳送的資料元素 (位元) 的數目 (單位：bps)。同樣地，訊號速率 (亦稱脈波速率) 就是 1 秒內傳送的訊號元素的數目 (單位：鮑)。

資料速率與訊號速率之間的計算公式：

$$E = C \times N \times (1/b) \tag{2-1}$$

E 代表訊號元素的數目；N 代表資料速率 (bps)；C 代表狀態因子 (隨情況改變；一般
介於 0 ～ 1 之間)；b 代表被訊號元素載送的資料元素 (位元) 的數目。值得一提，資
料通訊的最高指導原則就是讓資料速率盡量的提高，而讓訊號速率盡量降低，因為提
升資料速率就是代表位元傳輸的速度可以非常高速的傳送，而訊號速率的降低就代表
使用的頻寬可以不需要那麼寬。

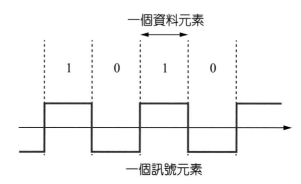

圖 2-14(a)　一個訊號元素載送一個資料元素 (b = 1)

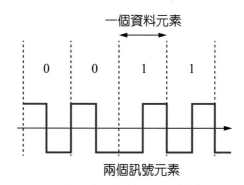

圖 2-14(b)　兩個訊號元素載送一個資料元素 (b = 1/2)

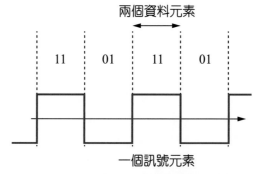

圖 2-14(c)　一個訊號元素載送兩個資料元素 (b = 2)

範例 3 若一個訊號元素載送的是 2 個資料元素，資料的位元傳輸率是 500Kbps，且 C 值在 0.6，請問它的訊號速率為何？

解答 因一個訊號元素載送的是 2 個資料元素，所以 b = 2；N = 500Kbps

從 (2-1) 式 $E = C \times N \times (1/b) = 0.6 \times 500,000 \times (1/2) = 150K$ 鮑

其實根據尼斯奎特(Nyquist)定義在無雜訊頻道情況，最高位元傳輸率的公式如下：

$$最高位元傳輸率 (bps) = 2 \times B \times \log_2 L \qquad (2-2)$$

B 代表頻寬；L 代表資料的訊號電位數目，$\log_2 L$ 代表每一訊號元素所載送的資料元素的 (位元) 數目；換句話說，有 L 個電位的訊號，可載送 $\log_2 L$ 個位元。例如數位訊號有 8 個電位，每個訊號電位就需要用 3 個位元表示，如果數位訊號有 16 個電位，每個訊號電位就需要用 4 個位元來表示。值得一提， (2-2) 式也說明，如果頻寬值是已知的話，我們只要增加訊號電位的數目，就可以跟著提高資料速率 (亦即位元傳輸率)，但是有一個問題就是訊號的電位個數增加越多，接收端必須對電位數目的辨識上就會增加一些複雜度，時間延遲變長。

範例 4 在一個沒有雜訊的頻道，它的頻寬為 5000Hz，現在要傳輸一個 8 個電位的訊號，請問最高位元傳輸率為何？

解答 從 (2-2) 式可知最高位元傳輸率 $= 2 \times 5000 \times \log_2 8 = 10000 \times \log_2 2^3 = 30Kbps$

2-5-1 線路編碼類型

數位訊號最基本形式是以二進制位元碼來表示，但在訊號傳輸時有可能受到各種干擾，致使訊號波形失真，因而使接收端設備發生接收判斷錯誤，所以需要進行線路編碼。其實，編碼的好處除了可以有效降低直流成份及頻寬外，有的還可以達成送收之間的自我同步及偵錯。

討論線路編碼之前，讀者需要瞭解訊號位階與資料位階不一定相同，如圖 2-15(a) 所示，2 個資料位階分別對應 2 個訊號位階，1 代表正電位，0 代表零電位。而圖 2-15(b) 所示的 2 個資料位階可以對應到 3 個訊號位階，1 可以是正電位或負電位，其當時的電位值將與上個 1 的電位值一直交替，亦即正電位和負電位輪流出現；另一個資料位階中的 0 僅代表零電位。顯然這兩種位階意謂著位元傳輸率與脈波速率有一對應關係。簡單說，位元傳輸率每秒傳送的位元數目；脈波速率就是每秒的送出的脈波數目。如

果一個脈波只對應一個位元，這種狀況，位元傳輸率等於脈波速率；如果一個脈波對應到一個以上的位元，則位元傳輸率會比脈波速率還高，對應的位元越多，位元傳輸率成正比倍數增加。我們可以利用下面公式說明它們的關係，計算脈波速率和位元傳輸率：

$$位元傳輸率 = 脈波速率 \times \log_2 L$$

L 代表訊號的資料位階數目。

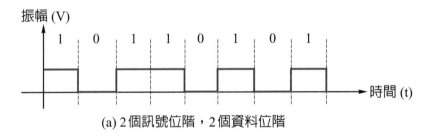

(a) 2 個訊號位階，2 個資料位階

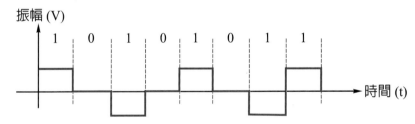

(b) 3 個訊號位階，2 個資料位階

圖 2-15　訊號位階相對應的資料位階

範例 5　如果一個訊號對應 2 個資料位階，脈波持續期間為 2ms。計算脈波速率和位元傳輸率。

解答　脈波速率 = $1/(2 \times 10^{-3})$ = 500 脈波 / 秒

位元傳輸率 = 脈波速率 $\times \log_2 L$ = $500 \times \log_2 2$ = 500 位元 / 秒

範例 6　如果一個訊號對應 8 個資料位階，脈波持續期間為 2ms。計算每個脈波速率和位元傳輸率。

解答　脈波速率 = $1/(2 \times 10^{-3})$ = 500 脈波 / 秒

位元傳輸率 = 脈波速率 $\times \log_2 L$ = $500 \times \log_2 2^3$ = 1500 位元 / 秒

顯然，一個脈波對應到 3 個位元，則位元傳輸率會比脈波速率還高 3 倍。

一般而言，線路編碼類型可以大概分成三種類型：

1. 單極性 (unipolar) 編碼：單極性的傳輸方式，其設計為不歸零的機制 (指訊號在位元中間不會返回至零電位)，資料 1 和資料 0 分別代表正電位與零電位，傳統上稱它為單極性 NRZ (unipolar Non-return to Zero；NRZ)。

2. 極性 (polar) 編碼：除了 RZ (Return to Zero) 編碼是使用三個數值，有正電位，負電位以及零電位外，其它皆是使用兩個非零電位的訊號 (只具正電位與負電位的訊號，可以分成四種類型，如圖 2-16 所示：

    ◈ NRZ-L (Non-return to Zero Level)

    ◈ NRZ-I (Non-return to Zero Inverted)

    ◈ RZ (Return to Zero)

    ◈ 雙相 (Biphase) 編碼：包括曼徹斯特 (Manchester) 編碼和差動式曼徹斯特 (Differential Manchester) 編碼。

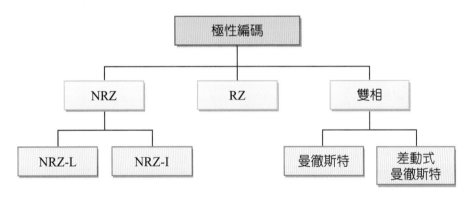

圖 2-16　極性 (polar) 編碼的分類

3. 雙極性 (Bipolar) 編碼：典型常用到的有 AMI (Alternate Mark Inversion；交替標記反轉碼)、B8ZS (Bipolar with 8-zero Substitution)、HDB3 (High Density Bipolar of order 3；三階高密度雙極性碼) 和 MLT- 3 (Multilevel Transmission 3)。

2-5-2　數位對數位轉換

在數位傳輸中，當傳送的資料為 0 與 1 的數位形式，且送收兩端使用數位編碼時，則實體層必須將要傳送的資料轉換成適合該媒介傳送的數位訊號。目前常用的數位對數位轉換的編碼如下。

單極性NRZ (不歸零)

　　屬單極性編碼，再強調一下，其訊號在位元中間不會返回至零電位，在這種傳輸方式中，1 和 0 分別代表正電位與零電位，它有 DC 成分的問題外，另外如果遇到一長串的 1 或 0 會有不變的電位，讓同步工作變得困難，所以不具訊號同步功能，如圖 2-17 所示。

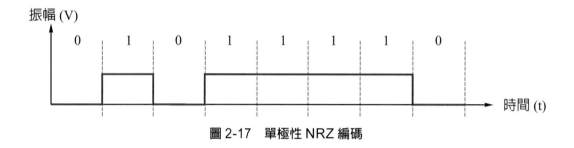

圖 2-17　單極性 NRZ 編碼

NRZ-L

　　屬極性編碼，訊號位階是以矩形脈波做電位的改變。NRZ-L 採用負邏輯，因此 1 代表負電位，0 代表正電位，最怕發生的是遇到一串連續的 1 或連續的 0 造成無法同步，如圖 2-18 所示。像 RS-232 就是採用這種編碼，它的「1」代表 –5V 至 –12V 之間，「0」代表 +5V 至 +12V 之間。

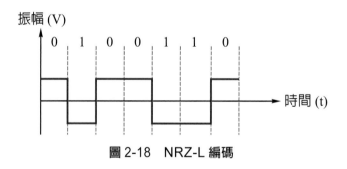

圖 2-18　NRZ-L 編碼

NRZ-I

　　訊號位階也是以矩形脈波做電位的改變，遇 1 代表一位元時間，若後面也是 1，則當時的電位會轉換；若後面是 0，電位不會轉換(亦即保持跟前一電位相同)，如圖 2-19 所示。由於位元 1，會造成訊號位階的轉換，因此對訊號本身有自我同步能力，這在前面提到的 NRZ-L 編碼，並沒有這樣的能力。10BaseF 採用這種編碼。NRZ-I 最怕發生的是遇到一串連續的 0。

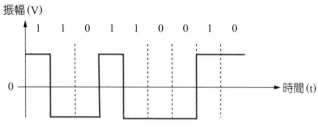

圖 2-19　NRZ-I 編碼

RZ (歸零)

　　1 代表正電位，但在一位元區間的中間會轉換成零電位，直到位元結束；0 代表負電位，同樣在一位元區間的中間會轉換成零電位，直到位元結束。由於電位在一位元區間的中間做轉換，這表示有較佳的訊號同步能力，但佔用的頻寬及其電位複雜度較 NRZ-L 或 NRZ-I 高，如圖 2-20 所示。它所帶來的優點是無 DC 成份的問題。無線電廣播、類比電話常採用這種編碼。值得一提，NRZ-L 或 NRZ-I 主要的問題是送收兩端的時序 (timing) 會有不同步的問題，所以要透過 RZ 的機制來解決。再強調一次，RZ (Return to Zero) 編碼：它使用三個數值，有正電位，負電位以及零電位。它的訊號會以零電位位元區間的中間做基準，讓正電位或負電位的做轉換。因為每一個位元都會有兩個訊號的變化，同步能力改善了，但也佔用較多的頻寬。

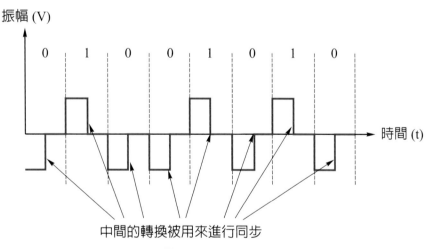

中間的轉換被用來進行同步

圖 2-20　RZ 編碼

到這裡我們先做一些歸納與補充：

單極性 NRZ 與極性 NRZ 的機制經過實際比較和分析後，發現前者正規化後的功率為後者的 2 倍 (成本高)，故單極性 NRZ 不常用在資料通訊。注意，所謂正規化後的功率 (normalized power) 代表每個單元線路電阻傳送一個位元 (bit) 所花掉的功率。另一方面，不管是單極性或極性編碼都會有基線漂移 (baseline wandering) 的問題，尤其 NRZ-L 更是嚴重，NRZ-I 只會發生在一長串的 0；NRZ-L 與 NRZ-I 皆有 DC 的困擾以及它們都有同步的問題，所以常不考慮採用。因此，我們將焦點放在雙相編碼的方式。雙相編碼對於同步問題較 NRZ-I 佳，像這些本身已具有自我同步功能的編碼包括曼徹斯特 (Manchester) 編碼、差動式曼徹斯特 (differential Manchester) 編碼。注意，雙極性編碼是使用三個訊號電位，即正電位、零電位及負電位，像 AMI (Alternate Mark Inversion；交替標記反轉碼)、B8ZS (Bipolar with 8-zero Substitution)、HDB3 (High Density Bipolar of order 3；三階高密度雙極性碼) 和 MLT- 3 (Multilevel Transmission 3) 編碼都屬於雙極性編碼。

◉ 曼徹斯特碼

它是結合 NRZ-L 和 RZ 的特點而成。不論 1 或 0，在一位元區間的中間均會轉換，表示有較佳的同步能力。1 代表負到正的電位，0 代表正到負的電位，此編碼克服了與 NRZ-L 有關的問題，如圖 2-21 (上) 所示。10BaseT 採用這種編碼。值得一提，曼徹斯特編碼解決 NRZ-L 的一些問題，像基線漂移 (baseline wandering) 以及直流 (DC) 成份問題，唯一的缺點就是訊號速率是 NRZ 的兩倍，所以需要較大的頻寬。

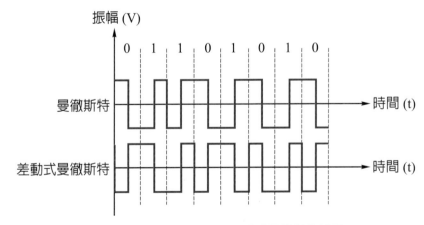

圖 2-21　曼徹斯特編碼和差動式曼徹斯特編碼

差動式曼徹斯特碼

它是結合 NRZ-I 和 RZ 的特點而成。不論 1 或 0，在一位元區間的中間均會做轉換，若下一個位元是 0，則在一位元區間的開始就會做轉換；若下一個位元是 1，則在一位元區間的開始會保持跟前一電位相同，如圖 2-21（下）所示。IEEE 802.5 標準的記號環網路採用這種編碼。值得一提，差動式曼徹斯特編碼可解決 NRZ-I 的一些問題，如上說過的基線漂移 (baseline wandering) 以及直流 (DC) 成份問題，當然訊號速率亦是 NRZ 的兩倍，所以佔用較多的頻寬。

AMI編碼

AMI 碼屬於 1B1T (Ternary) 碼，即將 1 位元二進位碼轉換為三進制的碼，即是正電位、零電位與負電位。其編碼規則是：二進位碼 1 用 +1 或 −1 電位交替表示；二進位碼 0 用零電位表示。設資料碼為 1 0 1 0 0 1 1 1 0 1，使用 AMI 編碼後，可得出 +1 0 −1 0 0 + −1 +1 0 −1，如圖 2-22 所示。T-1 傳輸系統中仍普遍使用 AMI 的線路編碼技術。AMI 這種技術可以防止 DC 電位的形成，因為遇到一些連續或不連續的資料碼「1」，訊號電位會不斷改變，就不會有 DC 成分的問題；或許讀者會問遇到一些連續的資料碼「0」會發生什麼事？如果一長串的資料碼「0」出現時，電位就一直維持在零電位，根本沒有 DC 的問題發生。值得一提，由於 T-1 電路中的轉發器需要規則的脈衝轉換 (即正負電位交替)，所以 AMI 若使用在長距離 (需搭配攪拌碼 (Scrambling code) 的程序，後面緊接著會來談) 的通訊，但還是最怕遇到一長串 0 的出現，因為在接收端會不太容易提取到定時訊號，對於同步仍是一大問題。

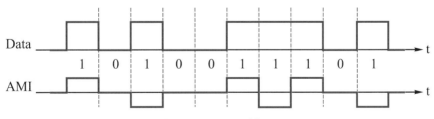

圖 2-22　AMI 編碼

注意，有一種類似 AMI 編碼的兄弟稱為「Pseudoternary」的編碼，也是三進制的碼，即是正電位、零電位或負電位。其編碼規則卻是與 AMI 相反：二進位碼 0 用 +0 或 −0 電位交替表示；二進位碼 1 用零電位表示。假設資料碼仍為 1 0 1 0 0 1 1 1 0 1，使用「Pseudoternary 編碼結果，如圖 2-23 所示。

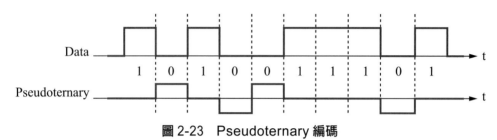

圖 2-23　Pseudoternary 編碼

為什麼需要攪拌碼 (Scrambling code) ？由於雙相編碼只適用於短距離的專屬鏈路的 LAN 通訊，若要遠距離的通訊，NRZ-I 的 DC 問題根本不需考慮，AMI 雖有較低的頻寬，並且不會有 DC 的問題，然而，我們曾提過的一長串的 0 會有同步的問題，因此如果我們能找到一種方法來解決一長串的 0 出現，此方法透過加入攪拌碼的方式，以使 AMI 可以進行遠距離的通訊。透過修改部分 AMI 規則，讓編碼進行中已先經過「攪拌器」(Scrambler) 進行攪拌，換言之，攪拌碼在編碼的時候就完成解決一長串的 0 出現。常見的攪拌技術有 B8ZS 和 HDB3。

❂ B8ZS編碼

　　AMI 在 T1 線路上的應用極為普遍，若線路輸出超過 15 個連續 0，會導致同步錯誤。解決方法可採用美規 B8ZS 技術，即遇 8 個連續 0，以 000VB0VB 取代── V 表 Violation，即違背 AMI 規則的非零電位，B 表雙極性的非零電位，如圖 2-24 所示。

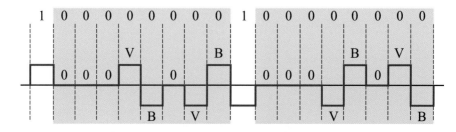

圖 2-24　B8ZS 攪拌碼

HDB3編碼

HDB3 在 E1 線路上的應用相當普遍，為使原資料碼保證不會有直流成份，必須使相鄰的脈衝做極性交替，規則如下說明：(1) 當連續 0 不大於 3 時，其編碼如同 AMI 編碼規則，二進位碼 1 以 +1，-1 電位交替表示；二進位碼 0 用零電位表示。(2) 它在遇 4 個連續 0 時，必須把第 4 個 0 變成 1，這種變化代表 V (Violation) 脈衝，而 V 脈衝必須與前一個 1 的極性相同，也可以 000V 表示；HDB3 編碼整理如下：

1. 000V：當遇到 4 個連續 0 與前一次 4 個連續 0 之間的資料「1」的次數總和為奇數時，就以 000V 編碼。

2. B00V：當遇到次 4 個連續 0 時，計算與前一次 4 個連續 0 之間，若資料「1」的次數總和為偶數時，就以 B00V 編碼。

上述的編碼方式可以圖 2-25 為例，簡單說明：因在 4 個連續的 2 進位 0 之前的脈波極性為正，且脈波的個數為奇數，故選擇 000V 對其進行編碼；接下來後面 4 個連續的 2 進位 0 之間的脈波個數均為偶數，故以 B00V 對其進行編碼。所以 HDB3 編碼結果亦可寫成 +1 -1 +1 -1 +1 0 0 0 +1 -1 0 +1 -1 0 0 -1 +1 0 0 +1 -1 0。

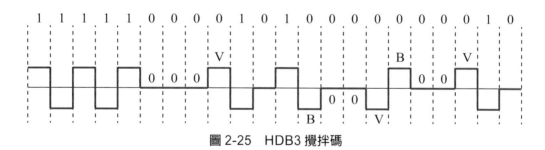

圖 2-25　HDB3 攪拌碼

MLT-3編碼

MLT-3 (Multi-Level Transmit 3) 為三階多電位傳輸編碼，其編碼規則是二進位碼 1，將依照 +（正電位）、0（零電位）、-（負電位）、0（零電位）的順序變換，如圖 2-26 所示；若二進位碼為 0 就不會轉換電位。圖 2-27 指出以 MLT-3 進行訊號的編碼所產生的 4 種訊號狀態變化。100BaseTX 正是採用這種編碼。注意，一長串的 0 也會造成無自我同步的能力。

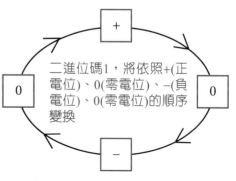

圖 2-26　MLT-3 的電位轉換順序

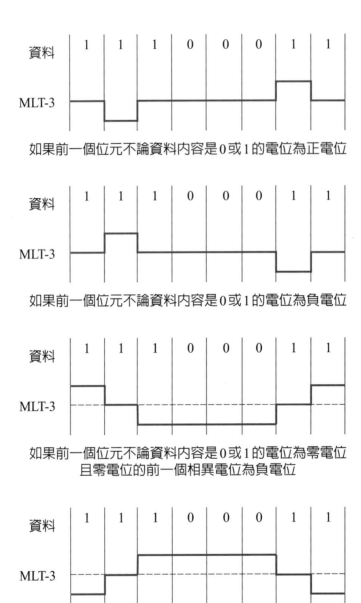

圖 2-27　MLT-3 訊號編碼

NOTE

T1 訊號是由 AT&T 貝爾實驗室 (Bell Labs) 所定義出來，在通訊傳輸時所使用的單位。T1 訊框的傳送時間為 125μs，訊框最前面有一個起始位元用來提供同步訊號。經由分時多工 (TDM) 的方式，可以同時傳送 24 路電話訊號，因而訊框長度為 1bit + 8bits × 24 = 193bits，將 193bits ÷ 125μs，可得出 T1 的速率為 1.544Mbps。另一種算法是每秒可送出 8,000 個訊框 (即 1/125μs)，則 (a) 同步訊號共需 8Kbps(8000 × 1bit)，加上 (b)24 路電話訊號，共需 64Kbps × 24 = 1.536Mbps；將 (a) + (b) 得出 1.544Mbps。每路用 8bits 編碼，每路訊號為 64Kbps，因此速率相當於 1.544Mbps。這是美國的規格，歐洲規格稱為 E1，可以傳送 30 條電話訊號，速率為 2.048Mbps，說明如下：
E1 訊號格式若使用於附屬通道，也稱為 PCM-30，其共分 32 個時槽，其中，(1) 第 0 時槽及第 16 時槽分別做同步校正用，及告警訊號共佔 128Kbps；(2) 其它 30 個時槽則用來傳送電話訊號，共佔 64Kbps × 30 = 1.92Mbps，因此，(1) + (2) 等於 2.048Mbps。

2-5-3 類比對數位轉換

有時候想在電腦網路上傳輸連續的資料，例如：聲音或影像，就必須先轉換成數位訊號。而最廣被採用的轉換技術稱為脈波編碼調變 (Pulse Code Modulation；PCM)，這是在 1939 年由美國貝爾實驗室所研發出來的技術。PCM 技術原理共分 3 步驟：取樣 (sampling)、量化 (quantization) 和編碼 (encoding)，茲分述如下。

取樣

取樣的基本原理可以用一個定時開關做說明，如圖 2-28 所示。圖中 x (t) 表示尚未取樣前的原始訊號；而開關「SW」每隔 T 秒定時地自動開關一次，作為取樣的設備。即原始訊號 x (t) 只在 1T、2T、3T……等時間間隔時做取樣，因開關「SW」為導通狀態，才會有輸出，其餘時間「SW」呈關閉狀態而無輸出。經過此過程，就可得到取樣後的輸出訊號 y (t)。

取樣後的輸出訊號呈現出脈衝型式，其振幅與原始訊號在該取樣點時的振幅相同，像這樣的取樣過程又稱為脈衝振幅調變 (Pulse Amplitude Modulation；PAM)。注意，取樣後的結果，PAM 仍屬於非整數值的類比訊號。

　　上述取樣的時間間隔 1T、2T、3T 稱為取樣週期 (sampling cycle)，單位為秒；將取樣週期取倒數，就可得出每秒的取樣次數，稱為取樣頻率 f_s (sampling frequency)，單位為 Hz。例如：每隔 0.001 秒取樣一次，則取樣週期就是 1 秒取樣 1000 次，亦即取樣頻率為 1000Hz。取樣過程多少會造成訊號一些的失真現象，稱為取樣誤差 (sampling error)，因此，取樣誤差與取樣頻率有非常密切的關係。

　　取樣頻率若太低，則原始訊號取樣後會產生嚴重失真。那取樣頻率應該多快才足夠呢？根據 Nyquist 提出的取樣定理，取樣頻率 f_s 應大於或等於 f_c (原始訊號 x (t) 的最高頻率) 的 2 倍，亦即 $f_s \geqq 2f_c$，才能由取樣後的訊號 y (t) 重建原始訊號 x (t)。值得一提，訊號是在一個有限的頻寬才可以取樣，取樣頻率必須至少是最高頻率的兩倍，如果類比訊號是低通 (low-pass)，則頻寬和最高頻率是相同的值；如果類比訊號是帶通 (band-pass)，就必須注意它的頻寬值低是於最大頻率的值。換言之，訊號頻寬與取樣頻率必須滿足一定的關係。

　　以電話網路的語音傳輸為例，電話線的頻率範圍為 300Hz ～ 3.4KHz，根據取樣定理，電話語音的取樣頻率必須大於或等於 6.8KHz 才不會失真，目前電話語音的取樣頻率定為 8KHz。取樣頻率越高，亦即取樣間隔時間越短，所擷取後的數位音訊資料也就越精確。順便一提，我們日常所聽的 CD 音樂，必須要有高的取樣頻率與高的位元深度，才會有好的音質。目前採用的取樣頻率為 44.1KHz，16bits 位元深度 (解析度)。

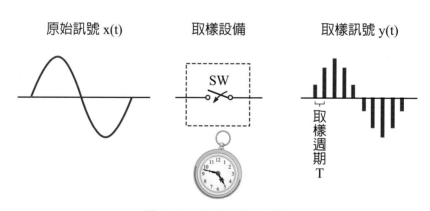

原始訊號 x(t)　　　　取樣設備　　　　取樣訊號 y(t)

SW

取樣週期 T

圖 2-28　取樣的基本原理

◉ 量化

　　經過取樣步驟後產生的脈衝訊號，其大小值有非常多種的可能，並無法直接編碼為二進位碼，因此需要將脈衝訊號量化成階梯式的位階訊號。其實，量化過程只是求出取樣訊號的近似值，每個近似值稱為量化位階 (quantization level)，而量化位階間的

級距間隔則視後續的編碼長度而定。就實際振幅而言,量化過程只是求得接近此振幅的近似量,所以會產生所謂的量化誤差 (quantization error),量化誤差的大小也是取決於編碼長度。例如,一輸入波形範圍從 0 ～ 10V 時,取樣後產生的值會被記錄下來,而此記錄的值稱為樣本,單位為 bit (或稱為解析度),此動作過程稱為量化。

若採用 4bits 的樣本值,4bits (0 ～ 15) 共有 15 種區間,當輸入的值為 (2/3) V 時,樣本值為 0001;而 (4/3) V 時,樣本值為 0010。顯然地,當輸入值為 1V 時,會被看成 0010 = (4/3) V,此即所謂的量化誤差,也就是造成雜訊之主要因素。

◉ 編碼

量化後的訊號一旦變成階梯式的離散訊號,每一個位階可以直接對應到一個二進位碼,這就是所謂的「編碼」。而二進位碼的位元數就稱為「編碼長度 (encoding length)」,編碼長度決定了量化的精密度。n 位元的編碼長度可以產生 2 的 n 次方個量化等級,例如 4 位元的編碼長度共有 $2^4 = 16$ 個量化等級;8 位元的編碼長度則有 $2^8 = 256$ 個量化等級。換言之,編碼長度決定了訊號振幅的解析度, 因此,編碼長度與量化誤差的關係可歸納如下兩種:

1. 編碼長度 n 愈大,則量化等級愈多,量化級距也就愈小,所以量化誤差也愈小。
2. 編碼長度 n 愈小,則量化等級愈少,量化級距也就愈大,所以量化誤差也愈大。

舉例來說,一個 3 位元的類比轉換數位訊號,其量化等級範圍分割成 8 段,即每一段將介於 000 和 111 之間的二進位碼。圖 2-29 指出一個 10 KHz 正弦波以 3 位元 A/D 步驟取得的量化與編碼。因為段數目太少,無法完全呈現類比訊號的變動電壓。若將解析度提高至 16 位元,則量化等級範圍的段數量從 8 增加至 65536,結果將呈現出非常精確的類比訊號。

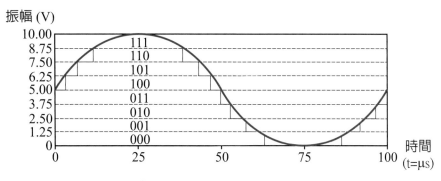

圖 2-29　以 3 位元 A/D 取得的 10kHz 正弦波的量化與編碼

接下來我們來看取樣頻率與編碼長度與資料量的關係。從下面範例可看出提高取樣頻率與增加編碼長度可應用至需要較高數位訊號的聲音品質，例如 CD 音樂，但是所付出的代價是資料量也必然跟著增加，造成記憶容量和傳輸頻寬也必須跟著增加。假設有一 p 秒時間長度的類比訊號，現欲轉換為數位訊號，取樣頻率為 f_s Hz，編碼長度為 nbits，則數位化後所求出的資料量為：

$$資料量\ (bytes) = p \times f_s \times n\ /\ 8 \qquad\qquad (2\text{-}3)$$

範例 7　一段 5 分鐘的類比語音，若採用 (a) 電話語音的取樣頻率為 8KHz，編碼長度為 8bits； (b) CD 音樂的取樣頻率為 44.1KHz，編碼長度為 16bits，試求數位化後的資料量？

解答　(a) f_S = 8 KHz = 8000Hz，p = 5 × 60 = 300 秒

資料量 = 8000 × 300 × 8 / 8 = 2400KB = 2.4M (bytes)

(b) f_S = 44.1KHz = 44100Hz，p = 5 × 60 = 300 秒

資料量 = 44100 × 2 (聲道) × 300 × 16/ 8 = 26460KB = 52.92M (bytes)

2-5-4　數位對類比轉換

當主機 A 想透過 PSTN 與遠距離的主機 B 通話，假設主機 A 輸入的語音中已大量應用數位處理技術得出數位化的資料，由於數位資料不利於遠距離的傳輸，故需先將數位資料轉換成高頻率的類比訊號傳送出去。因此，主機 A 的數位資料必須對一個高頻類比訊號 (稱為載波) 進行調變 (modulation)；主機 B 再將收到的類比訊號還原成數位資料，這種轉換稱為解調變 (demodulation)，反之，主機 B 往主機 A 通話亦如此進行，如圖 2-30 所示。

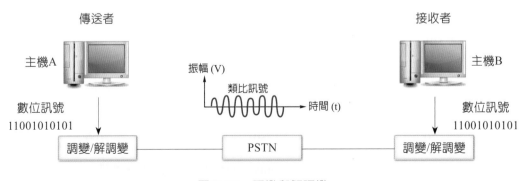

圖 2-30　調變與解調變

執行調變與解調變的設備就是常稱的數據機。數位資料對高頻的類比訊號進行調變時,會依數位資料所代表的資訊來改變載波之特性。數位對類比轉換的型式包括:振幅位移鍵 ASK (Amplitude Shift Keying)、頻率位移鍵 FSK (Frequency Shift Keying)、相位位移鍵 PSK (Phase Shift Keying),以及正交振幅調變 QAM (Quadrature Amplitude Modulation)。

◎ 振幅位移鍵(ASK)

ASK 利用載波訊號振幅的改變來表示 0 或 1,又稱 BASK (Binary ASK)。當載波訊號的振幅改變會產生訊號元素;振幅改變的時候頻率和相位保持不變,如圖 2-31 所示。圖中振幅較弱的訊號代表 0;振幅較強的訊號代表 1。由於振幅易受訊號強度或雜訊干擾,因此 ASK 抗干擾較差。

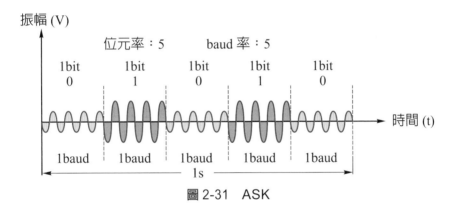

圖 2-31　ASK

NOTE

記得我們在數位傳輸已說過的資料元素和訊號元素之間的關係,但在數位資料的類比傳輸中,我們必須記住訊號元素本質上與在之前數位傳輸介紹過的訊號元素定義上會稍微有一些差異。所以在類比傳輸所定義資料速率(位元傳輸率)與訊號速率(鮑率),其公式如下:

$$E = N \times (1/b) \quad b = \log_2 L \tag{2-4}$$

$$N = E \times \log_2 L \tag{2-5}$$

E 代表訊號元素的數目(鮑率);N 代表資料速率;$\log_2 L$ 代表每一訊號元素所載送的資料元素的(位元)數目;注意,L 代表訊號元素的數目。
特別注意,(2-5) 式中的 L 代表訊號元素的數目,非指在數位傳輸 (2-2) 式中的 L 所代表資料的訊號電位數目。

範例 8　在數位資料的類比傳輸通訊中，有一個類比訊號的資料 (位元) 速率是 16000bps，它的訊號速率 (亦即鮑率) 是 1000 鮑，請問每一訊號元素載送多少的資料元素？共需多少數目的訊號元素？

解答　利用 (2-5) 公式 $N = E \times \log_2 L \rightarrow$ 位元傳輸率 = 鮑率 $\times \log_2 L$

因而 $16000 = 1000 \times \log_2 L$

每一訊號元素所載送的資料元素的數目為 $16000/1000 = \log_2 L = 16$ 位元 / 鮑

由於 $\log_2 L = 16$，

因此 $L = 2^{16} = 256 \times 256 = 65536$ 代表共需 65536 個訊號元素。

◉ 頻率位移鍵(FSK)

最常見的 FSK 為 BFSK (Binary FSK) 或稱 2FSK。BFSK 以 0 與 1 代表不同的頻率，但振幅與相位保持不變，每一位元時間內的頻率都一樣，如圖 2-32 所示。注意，如果只寫 FSK，基本上就是指 BFSK。我們可以把 2FSK 看成兩個 ASK 的訊號，每個訊號都有個別的載波頻率分別為 f_1 和 f_2。4FSK 的方式就是把它的載波頻率擴展成 4 種頻率分別為 f_1、f_2、f_3、f_4，可以同時傳送兩個位元。要傳送 3 個位元，8FSK 就可以使用 8 個頻率分別為 f_1、f_2、f_3、f_4、f_5、f_6、f_7、f_8。由於 FSK 每一位元時間內的頻率都一樣，不容易受訊號強度或雜訊干擾，因此 FSK 抗干擾較 ASK 佳，但由於頻寬範圍較大，因此比 ASK 浪費頻寬。

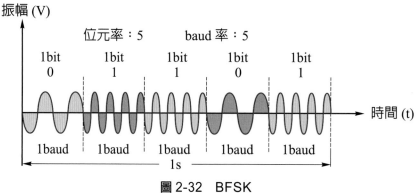

圖 2-32　BFSK

相位位移鍵(PSK)

　　BPSK 以 0 與 1 代表不同的相位，但振幅與頻率保持不變，每一位元時間內的相位都一樣，如圖 2-33 所示。同樣地，QPSK (亦即 4PSK) 它的輸出的訊號有 4 種訊號元素，每個訊號可以傳送兩個位元；8PSK 的輸出的訊號有 8 種訊號元素，每個訊號可以傳送三個位元。在 ASK 中其位元的偵測是依據訊號的振幅大小來決定的，然而在 PSK 中是靠相位來決定的，也因為相位不易受訊號強度或雜訊干擾，因此，PSK 抗干擾較 ASK 佳；BPSK 與 BFSK 比較，前者不需要兩個載波頻率，頻寬利用度也較 BFSK 佳。

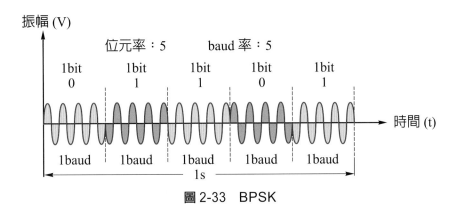

圖 2-33　BPSK

正交振幅調變QAM

　　因為 PSK 的設備對微小相位移的能力辨別會有一些限制，這也造成位元傳輸率受到限制。另一方面，到目前為止，ASK、FSK 和 PSK 都只是改變正弦波三個特性 (亦即振幅，頻率和相位) 中的其中一個，如果改變兩個呢？如圖 2-34 中的 QAM 使用兩個相同的頻率但相位差 90 度的載波，並傳送於兩個不同訊號單元。每一載波看成 ASK 調變，而兩個獨立的訊號可同時傳送於同一媒介，接收端解調這兩個獨立的訊號，並合成原來的二進制資料。相對於 ASK，QAM 具有與 PSK 相同的優點。一般而言，BASK 通常只有兩個位元 (0 和 1)，若要使用多種振幅的準位，並且一次使用更多的位元對資料做調變，這就是以 QAM 實現出來。

　　QAM 可以有多種類型的變化，理論上，任意可測量數目的振幅變化，都可以和任意可測量數目的相位變化相組合起來，例如，QAM 形式有 16 QAM、64 QAM、256 QAM。值得一提，目前 4G 行動通訊是使用 256 QAM 或 64 QAM 的調變以壓縮傳輸資料，5G 行動通訊可支援 512 QAM 或 1024 QAM 更高的資料壓縮密度調變 / 解調變器，因此頻譜效率的利用效率會來得更高。直到今天，QAM 已是通訊網路最主流的技術。

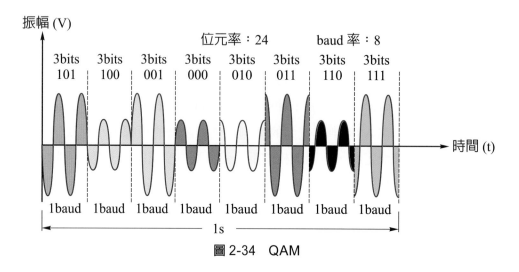

圖 2-34　QAM

範例 9　根據下列的調變類型和已知的鮑率，請計算它們的位元傳輸率？

(1) ASK，2000 鮑　　　　　(2) FSK，2000 鮑

(3) 8PSK，3000 鮑　　　　(4) 64QAM，3000 鮑

解答　利用 (2-5) 公式 $N = E \times \log_2 L$　　　位元傳輸率 = 鮑率 $\times \log_2 L$

(1) ASK，位元傳輸率 = $2000 \times \log_2 2 = 2000$bps

(2) FSK，位元傳輸率 = $2000 \times \log_2 2 = 2000$bps

(3) 8PSK，位元傳輸率 = $3000 \times \log_2 8 = 9000$bps

(4) 64QAM，位元傳輸率 = $3000 \times \log_2 64 = 18000$bps

2-5-5　類比對類比轉換

　　如果媒體通訊要透過帶通頻道時，就需要類比對類比轉換，也稱為類比調變。例如，一般大眾常收聽的廣播電台採用的振幅調變 (AM)，或頻率調變技術 (FM)。AM 技術是將欲傳送的音頻訊號附加到載波訊號之上，使載波訊號的振幅隨著聲頻訊號的振幅而改變，而載波訊號的頻率仍然保持不變。FM 技術是將欲傳送的音頻訊號附加到載波訊號之上，但使載波訊號的頻率隨著音頻訊號的振幅而改變，而載波訊號的振幅仍然保持不變。簡言之，載波之振幅隨音頻訊號而變的稱為 AM；載波之頻率隨音頻訊號而變的稱為 FM。另外，調相 (PM) 則是載波相位隨聲音訊號而變化，這種調變方式常被看成是另一種方式的 FM。

　　AM、FM 與 PM，如圖 2-35～圖 2-37 所示。注意，AM 訊號的頻寬等於調變訊號 (亦即音頻訊號) 頻寬的兩倍。FM 訊號的頻寬較難確定，大約等於調變訊號 (亦即音頻訊號) 頻寬的 10 倍。PM 訊號的頻寬同樣較難確定，大約等於調變訊號 (亦即音頻訊號) 頻寬的 4 ～ 8 倍。

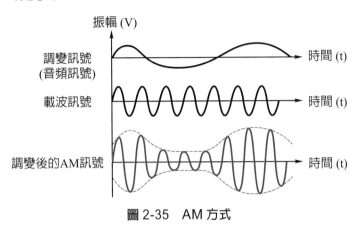

圖 2-35　AM 方式

> NOTE
>
> 調變是一種將一個或以上的週期性載波加入想傳送的訊號技術，換言之，調變是用來將傳送資料對應於載波變化的動作，這樣的動作可以是載波的相位、頻率、振幅、或是它們的組合。例如前面談到的 AM、FM 以及 PM 是類比調變；而 ASK、FSK 以及 PSK 是數位調變。另一方面，PCM 是脈波調變。

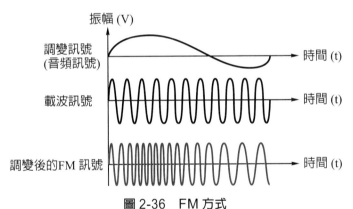

圖 2-36　FM 方式

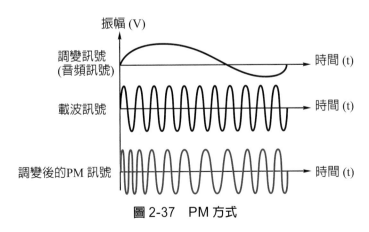

圖 2-37　PM 方式

2-6　傳輸模式

　　兩台裝置在通訊系統之間的資料傳輸模式，基本上可以分為三類：單工 (simplex)、半雙工 (half-duplex) 與全雙工 (full-duplex)，如下所述：

⚙ 單工

　　表示資料僅能由一端傳送給另一端，宛如一條單行道，無法做反方向傳輸。例如，電腦傳送資料給印表機，廣播電視或電台將節目送到收視者或聽眾，如圖 2-38 所示。

圖 2-38　單工傳輸模式

⚙ 半雙工

　　指兩端傳輸雖然可以互通資料，但不能同時傳送給對方，同一時間只能有一端能傳送。例如一種軍用無線對講機只能單方向的由其中一端送至另外一端，無法同時雙向傳輸，如圖 2-39 所示。

圖 2-39　半雙工傳輸模式

⚙ 全雙工

　　指收發雙方傳輸可以同時發送資料給對方，或接收對方送來的資料。例如，大部分的電腦網路都是採用全雙工傳輸模式；還有我們日常使用的語音電話，發話方和受話方的通話路徑一旦建立起來以後，兩者便可以雙向溝通，如圖 2-40 所示。

圖 2-40　全雙工傳輸模式

2-7　多工技術

　　多工 (multiplexing) 是將一個鏈路 (link) 上的可用頻寬切割給許多使用者，我們可以想像成將單一鏈路 (亦即單一連結) 頻寬切割成許多頻道給使用者。當 3 台電腦想要利用一條傳輸媒介傳送資料時，可以利用多工技術來達成，如圖 2-41(a) 所示。圖中左邊多工器 (Multiplexer；MUX) 將 3 條資料頻道結合成單一連結的頻寬串流 (多對一)。右邊的解多工器 (DeMultiplexer；DEMUX) 會將此單一連結的頻寬串流分解成原來的 3 條資料頻道。反之，當然也可以利用很沒有效率的非多工技術來達成，每一對的電腦各自需要有自己的獨立資料頻道，如圖 2-41(b) 所示。基本上，多工技術大致上可分成五種：分頻多工 (Frequency Division Multiplexing；FDM)、分時多工 (Time Division Multiplexing；TDM)、分波多工 (Wave Division Multiplexing；WDM)、DWDM 及 CWDM。

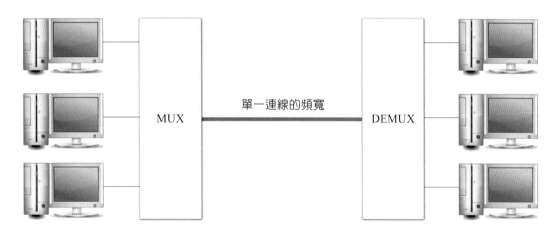

圖 2-41(a)　多工技術的概念

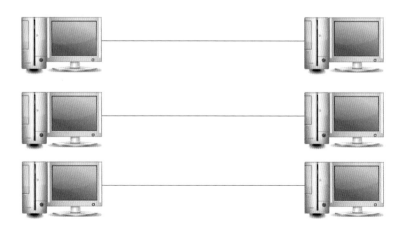

圖 2-41(b)　非多工技術的概念

2-7-1 FDM

　　FDM 是將頻譜分成多個邏輯頻道，每個使用者各自擁有專用的頻道。以圖 2-41(a) 為例，可以繪成圖 2-42(a)，用來表示 FDM 概念。在 FDM 中，每一傳送的設備所產生的訊號會調變於不同的載波頻率上，這些經過調變的訊號再結合成一複合訊號，如圖 2-42(b) 所示。AM 無線電廣播就是 FDM 的一個範例，AM 電台的頻譜大約是 1MHz，它可以在任何地點以 530KHz 到 1700KHz 之間的載波頻率播放，不同的頻率分配給不同的電台 (邏輯頻道)，每個頻道都只用到頻譜的一部分，頻道與頻道之間至少相隔 10KHz 頻帶以防止干擾。

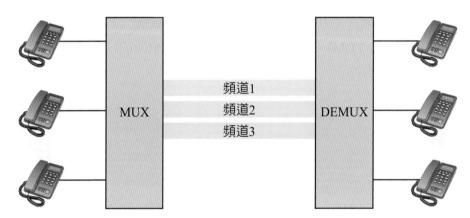

圖 2-42(a)　FDM 概念

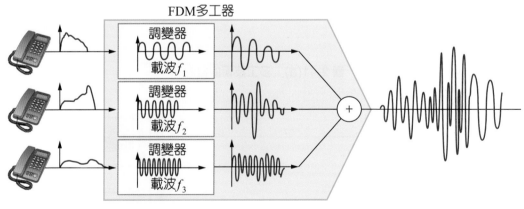

圖 2-42(b)　FDM 多工過程

NOTE

我們可以把 FDM 看成一種類比多工技術，但是這並不代表它不能結合數位訊號的資料源，我們可以應用前面提過的數位到類比的轉換，例如 QAM，轉換後的類比訊號再使用 FDM 的技術來完成，如圖 2-43 所示。

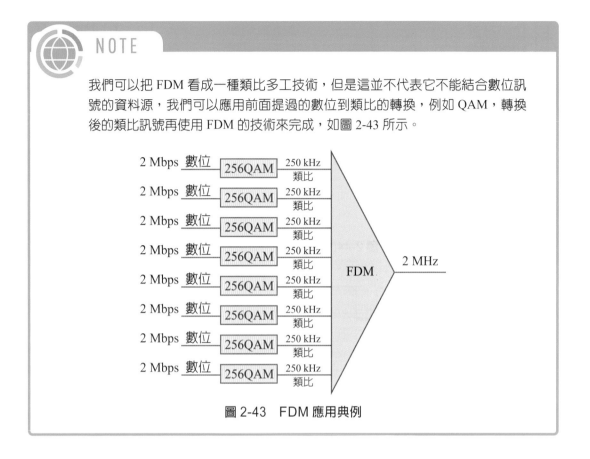

圖 2-43　FDM 應用典例

2-7-2　同步式與非同步式TDM

　　同步式 TDM 是將時間切割分成許多個短時段，每一使用者週期性地在此短時段內取得完整的頻寬，換句話說，它是一種將多個低速的頻道結合成為一個高速頻道的數位多工技術。圖 2-44(a) 用來表示 TDM 概念，圖中左邊電腦 1、2 或 3 的資料依序地在分時鏈路上往目的端傳送，像這樣同步式 TDM 的時槽 (time slots) 事先固定地指定給來源端，即使無資訊要傳送，通道仍佔用著時槽。

　　在同步式分時多工 (Synchronous TDM) 中，許多時槽會因無資料傳送被浪費，效能當然不佳，因而有統計式分時多工 (Statistic TDM；STDM)，又稱非同步式 TDM，其依需求動態地 (dynamically) 配置 (allocate) 時槽給通道使用，以增加頻寬效能。值得一提，基本上，TDM 是一種數位多工技術，它是將不同來源的數位資料結合成一個分時鏈路，但這並不意謂著，輸入端不可以有類比資料的輸入，我們先可以透過類比資料的取樣，將它轉換成數位資料後再透過 TDM 多工方式來進行通訊。

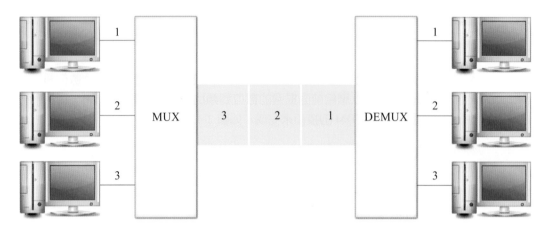

圖 2-44(a)　同步式 TDM 概念

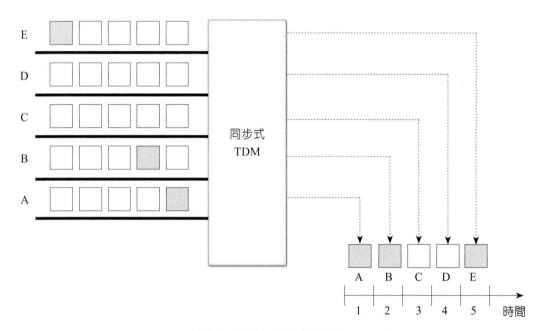

圖 2-44(b)　同步式 TDM

　　同步式 TDM 如圖 2-44(b) 所示，圖中有 5 個時槽，每個時槽佔一固定時間，以便傳送資料，如果輸入端沒有資料傳送，則輸出端所對應的時槽並不會載送任何資料，而其它輸入端的資料也不能佔用此時槽，亦即 A ～ E 五個輸入資料將在輸出端固定時槽內傳送。例如：5 個時槽佔 5ms，若每個時槽佔 1ms 時間，則 A 設備可利用第 1、6、11 個時槽傳送資料，B 設備為第 2、7、12 個時槽……，依此類推；若 C 設備無資料傳送，則在第 3 時槽將載送空的資料，因此，同步式 TDM 方式會浪費頻道，效率很差。換句話說，時槽集合起來就形成訊框，所以訊框包含了各種發送端設備所對應的時槽，

而各訊框的時槽將一直循環下去。在一個 n 條輸入的線路系統,它的每個訊框至少有 n 個時槽,每個時槽都有一個特定的輸入線路來載送資料,所有的電腦都可以有相同的資料傳輸速率來傳送,每個輸入端上的電腦在每個訊框都會有一個時槽,如圖 2-44(c) 所示。注意,圖中使用到 4 個訊框,每個訊框含有 3 個時槽;如果有 3 台的電腦設備多工到單一條的傳輸線上,則該線路的速度必須是每條輸入線的 3 倍或以上。值得一提,各台電腦都也可以使用不同的資料傳輸速率。

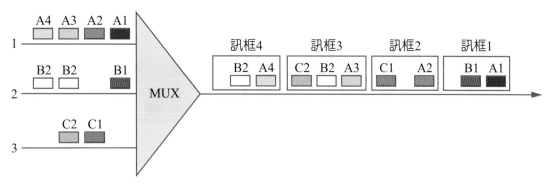

圖 2-44(c)　同步式 TDM 中的訊框與時槽

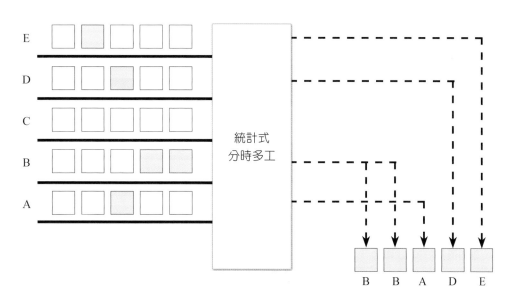

圖 2-45(a)　非同步式 TDM

　　統計式的多工技術,如圖 2-45(a) 所示,輸出端的時槽並不是固定的,而是隨輸入資訊量的大小做動態性的配置,例如:圖中 B 用戶先要求 (具高優先權) 傳送資訊,因而輸出時,會依其資訊量配置時槽 1 及 2 給 B 用戶,接著依序傳送 A 及 D、E 用戶

資訊。注意，此期間中 C 用戶並無資訊要傳送，此種多工特性即為統計式分時多工具有的能力，因通道利用率較具彈性，故比同步式 TDM 的效率高；另一方面，在一個非同步式 TDM，多工器會檢查輸入的線路，確定接收到的資料一直要讓訊框中的時槽滿載為止，然後才會將訊框載送的資料送出；注意，以圖 2-44(c) 中使用到 4 個訊框，每個訊框含有 3 個時槽，若改為非同步式 TDM 就只需要 3 個訊框，每個訊框含有 3 個時槽，如圖 2-45(b) 所示。注意，非同步式 TDM 中的輸入線路的總速率可以比多工到單一條的傳輸線上的容量還要高。表 2-2 列出兩者之間的特性不同點。

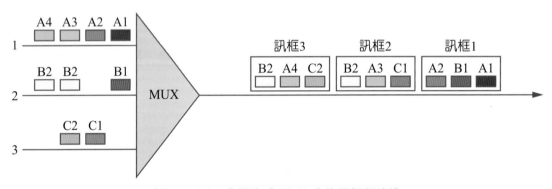

圖 2-45(b)　非同步式 TDM 中的訊框與時槽

表 2-2　同步式與非同步式 TDM 比較

項　目	同步式 TDM	非同步式 TDM
頻寬彈性	受限	具彈性
時間延遲	固定且較小	可變且較大
資訊流型態	適合穩定訊務	適合突發訊務
速率可變性	固定	可變具彈性
資訊損失	不可能	可能
每通道容許多重呼叫	不可能	可能
適用的交換型式	電路	封包
技術標準	早期	最近發展使用中
網路銜接	容易	複雜
廣播或分散式服務	受限	極佳

NOTE

AM 無線電電台廣播正是兼具有 TDM 多工的實例，像在某些國家，各個電台都有 2 個邏輯子頻道，如播放音樂與廣告之用，這兩個邏輯子頻道在相同的頻率下依時間來交替播放：即先播放一段音樂，接著是一段廣告，接著又是音樂，接著廣告，依此類推，這樣的操作技術就是分時多工。

2-7-3 WDM/DWDM/CWDM

WDM (Wavelength Division Multiplexing) 是將兩種或多種不同窄頻光源波長的光載波訊號 (攜帶各種資料) 在發送端經多工器匯合起來，並耦合到光纜線路上的同一根光纖中進行高資料速傳輸的技術；在接收端，經解多工器將各種波長的光載波分離，以恢復原來訊號，圖 2-46 用來表示 WDM 概念。DWDM (Density WDM) 則是高密度的多波長 WDM 技術，它是將不同來源的資料放在一條光纖上，系統藉著使用若干不同波長分享單一光纖，從而大幅提高頻寬效益。換言之，每一訊號是以自己不同的光波長度載送，利用緊密的間距將很多的頻道多工，這使同一根光纖所能傳輸的容量可以提升數倍以上，大大提升了網路傳輸的頻寬。

另外，CWDM (Coarse Wavelength Division Multiplexing)，稱為粗式波長分割多工轉換。CWDM 資料傳輸量較小，主要應用在區域乙太網路。

圖 2-46　WDM 概念

2-8 基頻傳輸與寬頻傳輸

傳輸通訊技術分為基頻 (baseband) 傳輸與寬頻 (broadband) 傳輸兩種。基頻傳輸是在電話線或光纖電纜上傳送訊號時，直接以數位訊號送出，而沒有經過調變的傳輸通訊技術，像 2-5-2 節所談的 NRZ-I、AMI 編碼均屬基頻傳輸的編碼方式。寬頻傳輸則需經過調變，它不像基頻傳輸可直接將資料轉換為訊號送出去，而是將資料加在載波 (即用來載送資料的電波) 上一起送出。注意，調變可藉由改變載波的振幅、頻率、相位特性來完成。一旦接收端收到調變後的訊號，就進行解調變，使資料可從載波訊號上分解出來，像數位對類比轉換的 FSK、QAM 或類比對類比轉換的 AM、FM 均屬寬頻傳輸的方式。簡言之，基頻是以直接控制訊號電位的高低來傳輸資料；而寬頻則是以控制載波訊號狀態來傳輸資料。

NOTE

在日常生活中，經常會聽到「寬頻上網」、「寬頻到府」等名詞，請注意這裡所說的寬頻是指連線至少為 1.544Mbps(即 T1) 或 2.048Mbps(即 E1) 以上的速率，非本節所講的寬頻傳輸。

NOTE

如果用類比訊號模擬數位訊號，相似準確度與頻寬有關，換言之，要使類比訊號接近數位訊號，就要增加更多的頻率諧波。就第 1 諧波而言，頻寬 B 等於數位訊號其位元傳輸率的一半，此頻寬也是最低頻寬，但準確度較差。就第 1、3 諧波而言，相似準確度有改善；就第 1、3、5 諧波而言，相似準確度就非常接近，這也說明基頻傳輸所需要的頻寬 B 與位元傳輸率成正比，如表 2-3 所示。

表 2-3 頻寬與位元速率的關係

位元速率	第 1 諧波	第 1、3 諧波	第 1、3、5 諧波
2kbps	B = 1k HZ	B = 3k HZ	B = 5k HZ
20kbps	B = 10k HZ	B = 30k HZ	B = 50k HZ
200kbps	B = 100k HZ	B = 300k HZ	B = 500k HZ

2-9　數位傳輸通道

整合服務數位網路 (Integrated Service Digital Network；ISDN) 最早概念乃在 1972 年由 CCITT (現稱為 ITU) 正式提出。ISDN 的目的在使用單一網路提供使用者多樣化的整合服務，如聲音、影像及數據傳輸，並解決執行這些服務時所衍生的同步問題。

整合服務數位網路上的通道型態，分別為 B、D 及 H 共 3 種。而其中，B 通道傳輸速率為 64kbps，可運作在電路交換或封包交換網路，主要負責傳送使用者訊息，包括聲音、數據等等；而 D 通道有兩種傳輸速率，分別為 16kbps (稱 D0) 或 64kbps (稱 D2)，主要做控制訊號、遙控訊息的傳送；H 通道又可分為 H0、H10、H11 及 H12 共 4 種通道，傳輸速率分別為 384kbps (6 個 B 通道)、1472kbps (23 個 B 通道)、1536kbps (相當 4 個 H0 通道) 及 1920kbps (相當 30 個 B 通道)，常應用於視訊會議與多媒體通訊等等。

2-9-1　BRI與PRI

ISDN 用戶與網路介面 (User Network Interface；UNI) 的存取型態有兩種方式：一為基本速率介面 (Basic Rate Interface；BRI)；另一為原級速率介面 (Primary Rate Interface；PRI)。

BRI 由 2 個 B 通道及一個 D0 (16 kbps) 通道所組成。傳輸速率方面，如圖 2-47(a) 所示；其在 S/T 介面可達 64kbps × 2 + 16kbps = 144kbps；若為 U 介面，可達 192kbps (64kbps × 2 + 48kbps = 192kbps)；注意：48kbps 為 U 介面訊框同步用所需的控制訊號。

PRI 分成兩種方式：歐規由 30 個 B 通道及一個 D2 (64kbps) 通道所組成，傳輸速率可達 2.048Mbps；美規由 23 個 B 通道及一個 D2 通道所組成，傳輸速率可達 1.544Mbps。

BRI 應用在頻寬需求較低的住家網路；而 PRI 則應用在頻寬需求較高的企業用戶，如圖 2-47(b) 所示。由於 BRI 及 PRI 傳輸速率較低，因而寬頻整合服務網路 (Broadband Integrated Service Digital Network；BISDN) 是第二代的整合服務網路技術，在光纖網路上，傳輸速率可達 150Mbps 與 622Mbps，它的出現讓需求高寬頻的多媒體通訊獲得解決。而非同步傳輸模式 (Asynchronous Transfer Mode；ATM) 正是 BISDN 的傳輸標準所採用的交換模式。

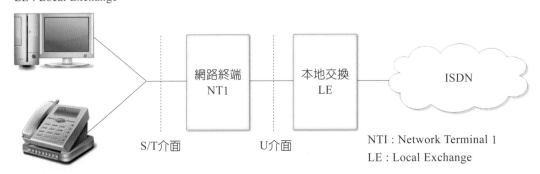

NTI : Network Termination
LE : Local Exchange

網路終端 NT1

本地交換 LE

ISDN

S/T介面　　　　　U介面

NTI : Network Terminal 1
LE : Local Exchange

圖 2-47(a)　ISDN BRI

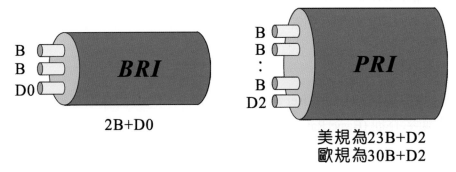

B
B
D0

BRI

2B+D0

B
B
:
B
D2

PRI

美規為23B+D2
歐規為30B+D2

圖 2-47(b)　BRI 與 PRI

2-10　錯誤偵測

　　訊號被數位化後，在傳輸過程中難免會因受到干擾而導致傳輸資料改變發生錯誤，因而可以在資料中加入一些額外資料，使得資料傳送至接收端時，可利用這些額外多餘的資料來偵測錯誤及校正錯誤。傳輸過程中，訊號因被干擾導致資料錯誤，有可能一次只改變一個位元，稱為單位元錯誤 (single-bit error)；也可能同時會有許多位元改變，稱為集體錯誤 (burst error)。單位元錯誤表示位元改變可能從 1 變 0，或從 0 變 1。常見的錯誤偵測方法有：

1. 同位檢查碼 (parity check code)，包括垂直冗餘檢查與縱向冗餘檢查；
2. 循環冗餘檢查碼 (Cyclic Redundancy Check；CRC)；
3. 檢查和 (check sum)。

2-10-1　垂直冗餘檢查

　　垂直冗餘檢查 (Vertical Redundancy Check；VRC)，通常稱為同位檢查 (parity check)。此方法最常用在區域網路或數據通訊中的非同步傳輸及字元導向同步傳輸。發送端在傳送資料之前必須在每個字元加上額外的同位元，稱為同位檢查碼。而同位檢查碼又可分為偶同位及奇同位檢查碼。偶同位檢查碼的檢查方式是在進入的資料單位內加入一個 0 或 1 的位元，使得此資料單位形成偶數個 1；而奇同位檢查碼的檢查方式也是在資料單位內加入一個 0 或 1 的位元，使得此資料單位形成奇數個 1。如圖 2-48 所示為一個偶同位檢查碼之概念，若在發送端要傳一字元「e」，由附錄 A 找出其 ASCII 編碼為 1100101，經由偶同位檢查碼的計算後加入一個同位位元 0 至最高位元 (Most Significant Bit；MSB)，使得資料單位變成 01100101，該筆資料中共有 4 個 1，資料經傳輸媒介後送至接收端，接收端收到該筆資料後，則會先檢查該筆資料單位共有幾個 1，若有偶數個 1，接收端會接收該筆資料；反之，計算後有奇數個 1，則會將該筆資料丟棄。注意：VRC 檢查碼能偵測到單位元的錯誤或奇數個位元的錯誤；然而，如果傳輸時只要任何字元有偶數個位元被改變，VRC 就無法偵測到錯誤。

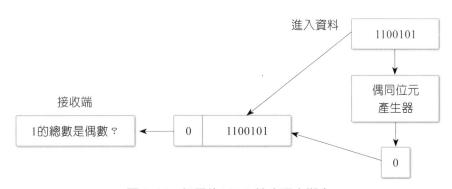

圖 2-48　偶同位 VRC 檢查碼之概念

範例 10　假設發送端想要送「hello」這個字，請利用偶同位 VRC 檢查。

解答　從 ASCII 表中查出，這 5 個字元被編碼成：

1101000　1100101　1101100　1101100　1101111
　 h　　　 e　　　 l　　　 l　　　　 o

為讓 1 的總數變成偶數個，除了第一個字元有奇數個 1，所以同位位元是 1，其它字元均有偶數個 1，所以同位位元是 0。結果變成

11101000　01100101　01101100　01101100　01101111

並發送出去；假設「hello」這個字，在沒有發生錯誤的情況下被接收端收到，如下所示：

11101000　01100101　01101100　01101100　01101111

接收端計算每一個字元中的 1，並且得出偶數值 (4, 4, 4, 4, 6)。這個資料就會被接受。反之，若接收端得出的值是 (5, 4, 4, 4, 6)，就知道這個資料發生單位元的錯誤，它會丟棄該資料。

2-10-2　縱向冗餘檢查

　　一個縱向冗餘檢查 (Longitudinal Redundancy Check；LRC) 中的位元區塊是被組織在一個列表 (行和列)，如圖 2-49 說明偶同位 LRC 的編碼方式。圖中欲傳送的資料為 32 位元的區塊「10111110　11001001　01100011　10110010」，共有 4 列 8 行，經計算得到 LRC 的值為 10100110，並附加在原始位元區塊之後一併送至接收端，亦即「10111110　11001001　01100011　10110010　10100110」；當接收端收到此筆資料後，會再照剛所算出的方式重新計算一次，若傳送過程中無錯誤發生，則接收端解碼後所得到的 LRC 應與發送端編碼後的 LRC 值相同。反之，若 32 位元的區塊受到長度為 7 的雜訊 (斜體位元表有錯誤發生) 干擾變成「1011*0000　011*01001　01100011　10110010」，經計算得到 LRC 的值為 00001000，一旦接收端解碼後發現 LRC 值不同，整個區塊就被丟棄。基本上，LRC 可偵測出集體錯誤的發生；但還是會發生無法有效正確偵錯的情況。例如：32 位元的區塊原始資料，剛好被破壞的資料位元是在相同的位置，假設此位置發生在最高位元及最低位元，因此得到「*0*0111111　*0*1001000　*1*11000010　*0*0110011」，經計算，得到 LRC 值仍為 10100110。像這樣的錯誤，還是不能由 LRC 偵測出來。LRC 常應用於區域網路或磁帶資料的驗證。

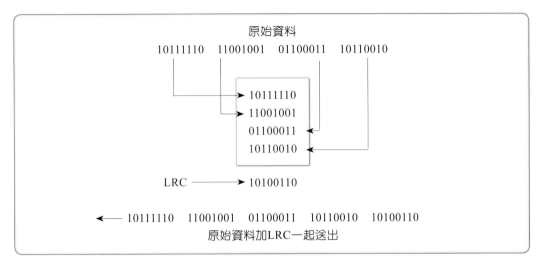

圖 2-49　縱向冗餘檢查

2-10-3　循環冗餘檢查

　　為了解決單位元錯誤、單獨 2 個位元錯誤、奇數個錯誤和連串錯誤 (單獨多個位元錯誤) 的問題，就可以使用循環冗餘檢查 (Cyclic Redundancy Check；CRC)。CRC 偵錯原理是發送端將欲送出去的資料先向左移 n 個位置 (相當乘以 2^n)，並在這 n 個位置填補 0，這樣形成的式子稱為「被除數」，接下來找出最適合的引發多項式 (generator polynomial)，稱為「除數」，兩數相除得 CRC 餘數，將此餘數附加在原始資料的後面 (亦指左移後的 n 個位元) 一起送出；接收端收到這些送來的資料，以相同方法求出 CRC 餘數，若餘數為 0，表示資料在傳輸過程中沒有錯誤；反之，則有錯誤發生。CRC 標準有很多種，像 IEEE 802 標準就採用 CRC-32。

　　舉例說明，欲傳送的資料為 110101，為了方便計算，若偵測用的引發多項式為 CRC-4 = X^3 + 1 (相當 1001)，由於除數有 4 個位元，則餘數為 3 個位元，故被除數先向左移 3 位填 0。運算過程如下：注意除法過程為 modulo 2 的運算方式，亦即二進位的加法 (但不進位)，其正是邏輯算式中的 XOR 運算。將餘數 011 加至欲傳送出去的資料左移後的 3 個位元之位置，成為 110101011，然後由發送端送出去；接收端收到 110101011 再除以 1001，並檢查餘數是否為 0，若餘數為 0，就確定沒有錯誤發生，如圖 2-50(a)-(b)。反之，若計算後的餘數不為 0，則表示所收到的資料有錯誤，接收端就必須將該資料丟棄。

CRC 已廣泛使用於 LAN，像乙太網路訊框的檢查及 WAN，還有像 ATM 網路中的 AAL (ATM Adaption Layer) 層有關封包的檢查也採用 CRC-10 及 CRC-32 等等。

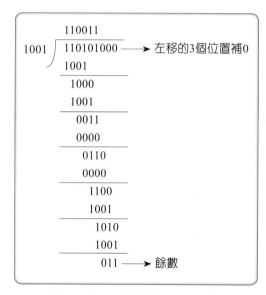
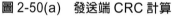

圖 2-50(a)　發送端 CRC 計算

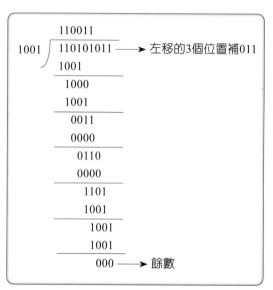

圖 2-50(b)　接收端 CRC 計算

2-10-4　檢查和

所謂「檢查和」，是將原始資料全部相加，得到的和 (包含進位值) 再取 1 的補數，然後將此補數值附加於原始資料之後一起傳送出去，接收端收到這份資料，也以同樣方式計算出總和，並取 1 的補數，再檢查這個補數值是否為 0，若是的話，表示傳輸過程中一切正確。

例如：有一筆 16 位元 11001110　11100011 的資料區段，將這些資料區段相加後所得到的和再取 1 的補數，得出檢查和的值為 01001101，並附加在 16 位元資料區段的後面一起送出，如圖 2-51(a) 所示；當接收端接收到資料時，將收到的 3 個資料區段全部加起來，以同樣方式計算出總和，由於檢查和為 0，就知沒有錯誤發生，如圖 2-51(b) 所示。

Internet 目前也使用 16bits 的檢查和來計算 IP 標頭的內容是否有錯誤發生 (參考第 8 章的範例 5，但要注意發送端的檢查和的初值為 0)，其計算過程如同上述，並以範例 10 做說明。

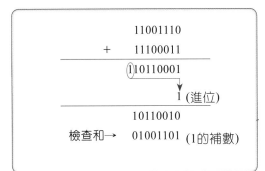

圖 2-51(a)　發送端檢查和計算

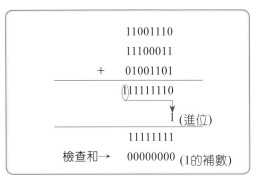

圖 2-51(b)　接收端檢查和計算

範例 11　假設發送端想要送「cooker」這個字,利用檢查和計算。

解答　從 ASCII 表中,查出這 6 個字元被編碼成:

01100011　01101111　01101111　01101011　01100101　01110010
　　c　　　　o　　　　o　　　　k　　　　e　　　　r

發送端檢查和計算如圖 2-52(a) 所示:

```
                01100011    01101111
                01101111    01101011
                01100101    01110010
      +         00000000    00000000   (檢查和的初值)
      ─────────────────────────────
              ①00111000    01001100
      +                          1     (進位)
      ─────────────────────────────
                00111000    01001101
    檢查和→     11000111    10110010   (1的補數)
```

圖 2-52(a)　「cooker」在發送端檢查和計算

接收端檢查和計算如圖 2-52(b) 所示:

```
                01100011    01101111
                01101111    01101011
                01100101    01110010
      +         11000111    10110010   (接收到的檢查和)
      ─────────────────────────────
              ①11111111    11111110
      +                          1     (進位)
      ─────────────────────────────
                11111111    11111111
    檢查和→     00000000    00000000   (1的補數)
```

圖 2-52(b)　「cooker」在接收端檢查和計算

重點整理

▶ 一個資料通訊系統的基本組成包括有資料終端設備、資料交換設備、資料通訊設備、傳輸訊號和傳輸媒介。

▶ 最高的頻率減掉最低的頻率得出的頻率成分的範圍，就是所謂的訊號頻寬。

▶ 數位傳輸也有可能傳送的資訊為類比訊號，例如：聲音或影像。

▶ 數位訊號進行解碼時，如果接收到一長串的 0 或一長串的 1 都會導致基線漂移 (baseline wandering)。

▶ 資料速率就是 1 秒內傳送的資料元素 (位元) 的數目 (單位：bps)。訊號速率就是 1 秒內傳送的訊號元素的數目 (單位：鮑)。

▶ 訊號可以分為兩種形式：類比與數位。

▶ 類比訊號可由振幅、頻率和相位三個特性來表現。

▶ 訊號轉換可以歸納出下面 4 種形態：

1. 數位對數位轉換

2. 類比對數位轉換

3. 數位對類比轉換

4. 類比對類比轉換

▶ 所謂正規化後的功率 (normalized power) 代表每個單元線路電阻傳送一個位元 (bit) 所花掉的功率。

▶ 攪拌碼在編碼的時候就完成解決一長串的 0 出現。常見的攪拌技術有 B8ZS 和 HDB3。

▶ 多工技術大致上可分為 5 種：分頻多工 (Frequency Division Multiplexing；FDM)、分時多工 (Time Division Multiplexing；TDM)、分波多工 (Wave Division Multiplexing；WDM)、DWDM 及 CWDM。

▶ TDM 是一種數位多工技術，它是將不同來源的數位資料結合成一個分時鏈路，但這並不意謂著，輸入端不可以有類比資料的輸入。

▶ 基頻傳輸是在電話線或光纖電纜上傳送訊號時，直接以數位訊號送出，而沒有經過調變的傳輸通訊技術。

▶ FSK、QAM 或類比對類比轉換的 AM、FM 等訊號編碼均屬寬頻傳輸的方式。

▶ 整合服務數位網路上的通道型態，分別為 B、D 及 H 共 3 種。

▶ 常見的 3 種偵測資料錯誤的方法：

1. 同位檢查碼 (parity check code)，包括垂直冗餘檢查與縱向冗餘檢查；

2. 循環冗餘檢查 (Cyclic Redundancy Check；CRC)；

3. 檢查和 (check sum)。

本章習題

選擇題

(　　) 1. 若位元傳輸速率是 2000 bps，位元區間為何？
(1) 0.25ms　(2) 0.5ms　(3) 0.25s　(4) 0.5s。

(　　) 2. 若位元傳輸速率是 5000 bps，則 0.05 秒內可傳多少位元？
(1) 10k　(2) 0.1k　(3) 0. 25k　(4) 5k。

(　　) 3. 一複合訊號可以分解成 4 個正弦波組成即 1kHz、1.2kHz、1.5k Hz、3kHz，則此混合
訊號頻寬為何？　(1) 1kHz　(2) 2kHz　(3) 3kHz　(4) 4kHz。

(　　) 4. 最高的頻率減掉最低的頻率得出的頻率範圍稱為
(1) 分頻　(2) 頻寬　(3) 頻譜　(4) 以上皆可。

(　　) 5. 若正弦波只有單一頻率的對資料通訊是否有幫助？
(1) 有幫助　(2) 毫無幫助　(3) 視情況而定　(4) 以上皆非。

(　　) 6. 如果訊號長時間一直沒有改變，它的頻率是多少？
(1) 0　(2) 1　(3) 3　(4) 無窮大。

(　　) 7. 數位訊號進行解碼時，接收端計算接收到的訊號功率的平均值稱為
(1) 衰減　(2) 增益　(3) 基頻　(4) 基線 (baseline)。

(　　) 8. 數位訊號進行解碼時，接收端最怕就是收到訊號長時間的電位一直保持不變，也是所
稱的　(1) RZ　(2) DC　(3) AC　(4) NRZ。

(　　) 9. 當發送端送出的位元是 10011011010，接收端收到的位元長度較發送端送出的位元還
長 10111110001101，這是所稱的　(1) 基線漂移　(2) DC　(3) 不同步　(4) 以上皆是。

(　　)10. 具有自我同步功能的編碼　(1) NRZ-I　(2) NRZ-L　(3) MLT-3　(4) 雙相位。

(　　)11. 設如訊息碼為 1 0 0 0 0 1 0 1 0 0 1，使用 AMI 編碼後，可得出
(1) +1 0 0 0 0 -1 0 -1 0 0 +1　　　(2) +1 0 0 0 0 -1 0 +1 0 0 +1
(3) +1 0 0 0 0 -1 0 -1 0 0 -1　　　(4) +1 0 0 0 0 -1 0 +1 0 0 -1。

(　　)12. ____ 是將頻譜分成多個邏輯頻道，每個使用者各自擁有專用的頻道稱為
(1) TDM　(2) 多工　(3) PCM　(4) FDM。

(　　)13. 一個訊號的頻寬是 20 MHz，根據 Nyquist 定理，PCM 編碼最小的取樣頻率為何？
(1) 每秒 80M 次取樣　(2) 每秒 40M 次取樣　(3) 每秒 20M 次取樣　(4) 每秒 10M 次取樣。

(　　)14. 在時域圖上只有一條水平線的訊號時的取樣頻率為何？
(1) 任何值均可　(2) 0　(3) 無窮大　(4) 以上皆非。

(　　)15. 三條輸入路線路使用同步式 TDM 進行傳送。第一條線路有 6 個時槽的資料，其他兩條
各有 3 個時槽的資料。如果每個輸出訊框可以載送 3 個時槽的資料，請問共有多少個
訊框可以被傳送？　(1) 1　(2) 3　(3) 4　(4) 6。

(　　)16. 一段 5 分鐘的類比語音，若採用電話語音的取樣頻率 8KHz，編碼長度 16bits，試求數
位化後的資料量？　(1) 3.6MB　(2) 4.8MB　(3) 6MB　(4) 7.2MB。

簡答題

1. 如果一個非週期性的複合信號它的頻寬是 300 kHz，而中間的頻率是 170 kHz ，最大的振幅是 10V，兩端頻率的振幅值是 2V 請繪出訊號的頻域圖。

2. 請繪出由二進位序列 10000000100000000_2 編碼而成的 B8ZS 碼為何？

3. 如果將一個週期訊號分解為五個頻率分別為 150、250、350、450 及 550 Hz 的正弦波，它的頻寬是多少？ 請繪製頻譜圖，假設所有頻率的最大振幅為 10 V。

4. 請繪出由二進位序列 11110000100000000010_2 編碼而成的 HDB3 碼為何？

5. 繪出下圖時域的訊號圖。

振幅 (V)

5V

8　頻率 (f)

6. 根據下列的調變類型和已知的位元傳輸率，請計算它們的鮑率？

    (1) ASK，1000bps　　　(2)FSK，2000bps　　　(3) 2PSK，3000bps

    (4) 4PSK，3000bps　　　(5) 8PSK，3000bps　　　(6) 4QAM，3000bps

    (7) 16QAM，3000bps　　　(8) 64QAM，3000bps　　　(9) 256QAM，3000bps

7. 右圖顯示一個 TDM，如果這個時槽只有 7 個元位 (每個輸入各 2 個位元，加上一個訊框位元)，請問每秒送出幾個時槽？輸出的位元傳輸率是多少？ 位元區間為何？ 每個槽的區間為何？

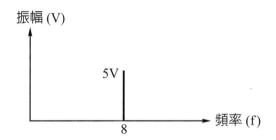

8. 繪出下圖頻域的訊號圖。

振幅(V)　時域

15

7

1s　時間

CHAPTER 3

OSI模型

3-1 網路的分層架構

到目前為止，可以想像得到網際網路是很複雜的一個系統，它包含了很多的網路應用程式、通訊協定以及各式各樣的終端系統、交換器、路由器以及傳輸媒介等等。事實上，網際網路的架構是由層與層堆疊上來的，所以我們必須要先釐清網路分層的架構概念是在做什麼？討論網路分層的架構之前，我們就從日常生活中會碰到跟分層有關的概念做類比。比如說，如果您想寫一封信給一位朋友，這個過程大致可以分成三個層次，如圖 3-1 所示。圖中指出發送端的人把寫好的內容放到信封裡面，寫下寄件者的地址，還有收件者的地址，然後丟進郵筒，這個過程歸屬較上層次的工作。接下來，郵局的車子會從郵筒把信件從郵筒取出來，然後送到郵局裡面去，這個過程歸屬中間層次的工作。最後的工作，郵局會把信件整理好，再透過郵局的車子把信件運送出去，這個過程歸屬較下層次的工作。

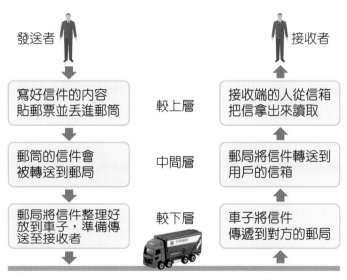

圖 3-1 生活中寄信與收信大致需要的層次

接收端的工作剛好跟發送端的工作層次相反，首先郵局的車子會把信件送到接收者附近的郵局，這個過程歸屬較下層次的工作。接下來，郵局會將信件經過整理以後傳遞到收件者的信箱，這個過程歸屬於中間層次的工作。最後收件者會把信件從信箱取出來，打開信封並讀取內容，這個過程歸屬較上層次的工作。請注意，根據我們剛剛的敘述，發送端的人把寫好的信丟進郵筒，郵局的車子把信件送回郵局，這代表較上層次的寄件者享受其下面層(指中間層)提供的服務；緊接著，中間層次享受其下面層(指較下層)提供的運輸服務，這樣在生活發生的概念就可用來比喻網路的分層架構概念。

3-2　開放系統互連(OSI)參考模型

由於很多不同的電腦廠商如 IBM、HP、DEC 等公司，都有它們自己的網路架構和使用在自家網路上的通訊協定，雖然運作一切 OK，但在不同廠商的機器之間進行通訊時則會發生問題。

為了解決這個問題，不同的網路架構必須要有一個共通的技術標準，因而於1978 年，ISO (International Standardization Organisation) 開始發展一套標準架構，定義了一個網路通訊的標準架構模型，稱為「開放系統互連參考模型 (Open Systems Interconnection；Reference Model)」，簡稱「OSI/RM」參考模型，它被用來描述多層(層與層之間)的通訊架構。

模型中將網路的架構定義為七個層，每一層皆定義了該層使用的協定，協定用來提供該層特有的服務，並且透過位於其下層的協定與對方相同的協定溝通，即所稱的「對等通訊 (peer-to-peer)」，這種堆疊式的多層模型稱為「協定堆疊 (protocol stack)」。

OSI 模型可分成為兩組：位於下層稱為「網路群組」(第 1 層至第 3 層)，分別對應至實體層、數據鏈路層和網路層；位於上層的稱為「使用者群組」(第 4 層至第 7層)，分別對應至傳輸層、交談層、表現層和應用層，如圖 3-2 所示。七層由下而上分別是實體層 (Physical Layer)、數據鏈路層 (Data Link Layer)、網路層 (Network Layer)、傳輸層 (Transport Layer)、交談層 (Session Layer)、表現層 (Presentation Layer) 及應用層 (Application Layer)。表 3-1 列出各層均負責一些功能，但各層均各自獨立發展。

表 3-1　OSI 各層功能

1	實　體　層	此層為最低層，定義傳輸媒介的機械、電氣、功能與程序特性。
2	數據鏈路層	提供實際鏈路之間可靠的資訊傳輸服務，包含同步、錯誤控制及流量控制。
3	網　路　層	負責網路建立、維護、結束 (終止) 連接及路徑選擇等功能。
4	傳　輸　層	提供端至端間 (end-to-end) 可靠又透通的資料傳送服務，包括提供端點間錯誤回復與流量控制。
5	交　談　層	提供兩應用程式之間的交談建立、管理及終止。
6	表　現　層	提供應用層不同資料表示方式，例如資料框的語法、格式與語意、資料壓縮、加密轉換等。
7	應　用　層	為最高層，主要功能是提供網路服務給用戶，例如檔案傳送、電子郵件等服務。

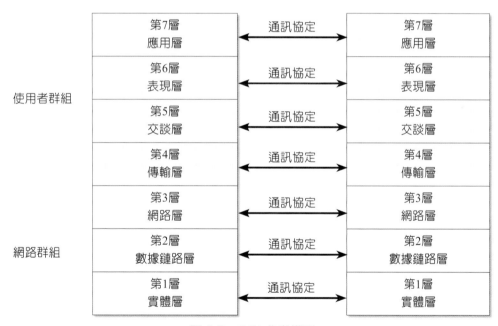

圖 3-2　OSI 參考模型

3-3　網際網路協定堆疊

在網際網路上，以 TCP/IP 協定為基礎的網路模型也稱為「DoD (Department of Defense) 模型」。DoD 模型是以 ARPANET 為基礎發展出來的，它比 OSI 模型更早被提出來，共分 4 層，但每層定義沒有 OSI 模型來得那麼清楚，但模型簡單且有效率正是它的優點。

基本上，DoD 模型每層大致可對應至 OSI 模型的七層，如圖 3-3 所示。圖中的應用層即交談層、表現層和應用層之整合；而網路介面層為實體層與數據鏈路層之整合。但在現今的網際網路協定堆疊，還是將網路介面層中的實體層與數據鏈路層分開，因此我們後面是以五個層為基準做解析，如圖 3-4 所示。

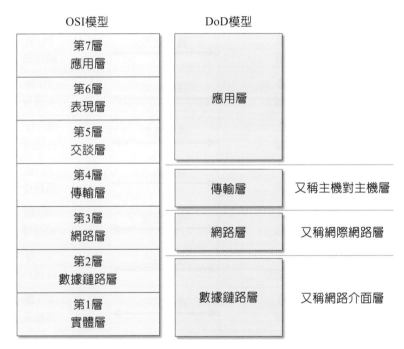

圖 3-3　DoD 模型對應至 OSI 模型

在此由上而下討論各層。注意，一般在討論 Internet 上的協定堆疊是包含 5 個層，除實體層外，其它 4 層仍沿用協定資料單元 (Protocol Data Unit；PDU) 在層與層之間進行，協定用來提供該層特有的服務，並且透過位於其下層的協定與對方相同的協定溝通。當兩端的主機要進行通訊，應用層訊息會由最上層往下逐層傳送下去，PDU 所對應的名稱分別為訊息 (message)、區段 (segment)、資料包 (datagram) 及訊框 (frame)，如圖 3-4 所示。當發送端由上而下方向送出訊息，每經一層就增加一標頭，這種方式

也是所謂「封裝 (encapsulation)」概念；接收端剛好相反，每經一層就移除一個標頭，稱為「解封裝 (decapsulaion)」。

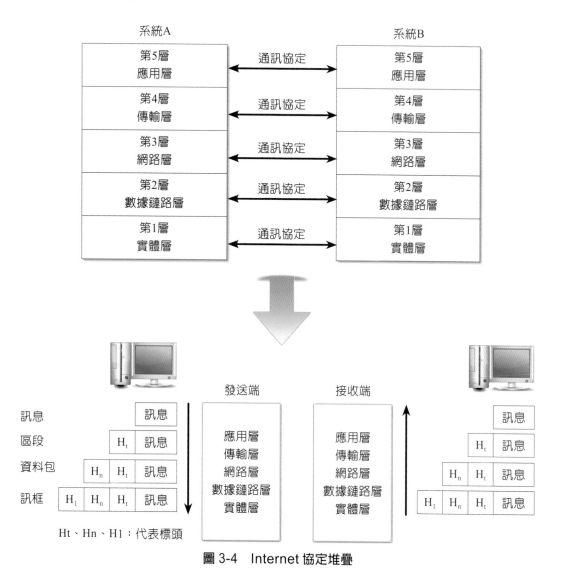

圖 3-4　Internet 協定堆疊

　　現在我們就開始來說明一下圖 3-4 的 Internet 協定堆疊各層中的封裝 / 解封裝如何進行：發送端的主機從最高層 (也就是應用層) 把訊息 (message) 往下送到傳輸層，傳輸層接收到這個訊息就會把標頭 H_t 加上去以形成區段 (segment)，因此傳輸層的區段會將應用層的訊息封裝在裡面。接下來，傳輸層會往下送到網路層，網路層接收到這個區段也會把標頭 H_n 加上去以形成 IP 層的資料包 (datagram)，因此網路層的資料包將傳輸層的區段封裝在裡面，這個資料包接著會往數據鏈路層傳送，數據鏈路層也會加上

自己的標頭 H_l 以形成訊框 (frame)，如同上述方式，數據鏈路層的訊框將網路層的資料包封裝在裡面，有關上述標頭的加入，請參考圖 3-4 的最左邊。特別注意，標頭只加到第二層 (數據鏈路層) 就結束了。接著，數據鏈路層的 PDU 會往實體層傳送，格式化的協定資料單元傳遞到實體層就被轉換成，例如 1000111010000111011 ……的位元串流並轉成電 (或光) 的訊號沿著實體線路的路徑流動到達接收端，如圖 3-5 所示；到達接收端實體層，訊號會轉回數位的形式並往第二層傳送以形成數據鏈路層的 PDU (亦即訊框)，後面的程序，PDU 將往上逐層還原，以進行解封裝 (decapsulaion)，其程序與發送端相反，換言之，PDU 每往上一層傳送，標頭就會被移除一個，如圖 3-4 最右邊的 H_l、H_n、H_t 依序會被移除。

值得一提，各層之間的協定有的僅用軟體來實現或僅用硬體完成，當然有的層會利用軟硬體一起來實現層功能。以應用層來說，如 SMTP 或 HTTP 就只以軟體實現於端系統上，同樣情形也發生在傳輸層。相反地，實體層和數據鏈路層可只以硬體 (如網路介面卡) 實現在特定鏈路上的通訊。至於網路層則常由軟硬體互相搭配實現層功能。

雖然分層觀念及層架構由來已久，其優點不在話下，但很多專家仍強烈質疑「層」所帶來的缺點，其中之一是各層所提供的功能會有重疊現象。例如，錯誤檢查機制出現於數據鏈路層，而錯誤回復機制出現於傳輸層；此外，另一項值得注意的是：某一層所需要的資訊，有可能取自另外一層，這似乎也違背分層的基本精神。但是據筆者觀察，在現今的寬頻網路，這似乎是擋不住的趨勢，以寬頻 ADSL 連上 ATM 網路來說，經 ADSL 數據機 (也稱為 ATU-R) 傳出去的封包常以簡單有效率的 ATM AAL5 協定格式包裝，由於 AAL5 協定屬 AAL (ATM Adaption Layer) 層功能，並無封包的開始、結束、壅塞等控制功能，因此需要仰賴它的下層 (即 ATM 層) 來負責協助控制的工作。

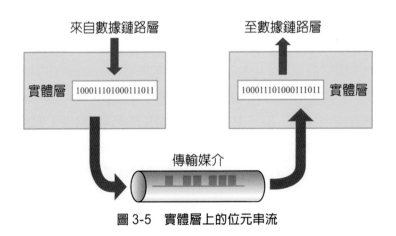

圖 3-5　實體層上的位元串流

NOTE

在 Internet 協定堆疊中，各層有各層自己的封包，由於網路層主要以 IP 運作為主，故又稱為 IP 層。此層的封包被稱為「資料包」外，也常稱為「IP 資封包」或「IP 封包」。接下來各章的說明都是以 Internet 協定堆疊中的五個層做描述。

範例 1 圖 3-6 指出封裝 / 解封裝的概念，包含路由器的 Internet 協定堆疊及與它對應的層通訊架構流程 (注意：資料封包傳送方向是依據箭頭方向)。

解答

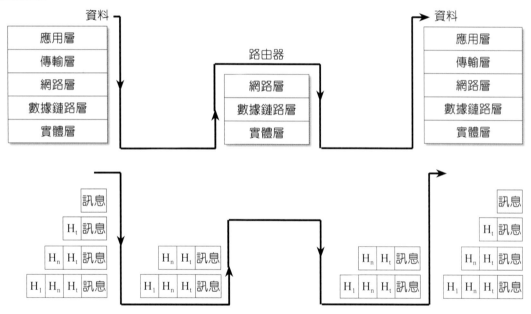

圖 3-6　封裝 / 解封裝的概念 (包含路由器的 Internet 協定堆疊)

範例 2　請將範例 1 擴展成有交換器及路由器的 Internet 協定堆疊及與它對應的層通訊架構流程，如圖 3-7 所示。

解答

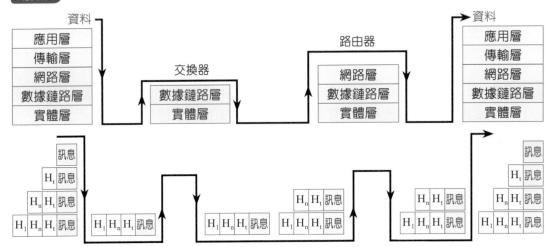

圖 3-7　封裝 / 解封裝的概念 (包含交換器與路由器的 Internet 協定堆疊)

3-3-1　應用層

此層主要負責支撐整個網路的應用及服務，例如最典型的應用就屬全球資訊網 (World Wide Web；WWW)，它允許瀏覽器 (Browser) 從 Web 伺服器擷取特別的格式檔，檔案中的格式命令不但讓瀏覽器顯示出所要的文字、圖形外，同時也允許文件連結至其它格式之文件。應用層包含多種協定，如 HTTP (Hyper Text Transfer Protocol) 協定支援瀏覽器和網頁伺服器 (Web Server) 之間訊息的傳送； SMTP (Simple Mail Transfer Protocol) 協定支援電子郵件訊息的傳送；FTP (File Transfer Protocol) 協定則支援檔案訊息的傳送。

3-3-2　傳輸層

此層主要提供在不同主機上執行應用程式之間的邏輯通訊。發送端會將應用層的訊息加上標頭，形成區段，也是所謂的傳輸層的封包；若應用層的訊息太長時，必須先分割成較小的區段，此區段往下傳送到網路層，並加上標頭，形成網路層的封包。接收端再將收到的資料區段重組成訊息至應用層。當應用層訊息要在伺服器 / 客戶端 (Server/Client) 兩端之間傳送時，就是由傳輸層提供這樣服務。

Internet 最典型的傳輸層協定為 TCP 及 UDP (User Datagram Protocol)。TCP 提供連接導向 (Connection Oriented；CO) 服務，CO 用來保證應用層訊息可以送達目的端；TCP 也提供多工、流量控制及壅塞控制，為了使錯誤能有效控制，TCP 將利用順序號碼 (sequence number；簡稱序號)、逾時 (timeout) 和重傳 (retransmission) 功能來達成。另外，傳輸層協定 UDP 則提供免接式服務 (Connectionless Service；CLS)，它提供較不可靠的資料傳送服務，例如：不提供流量控制、壅塞控制及錯誤回復等機制，它常使用在封包即使稍微有些遺失時也能容忍的即時影音應用服務。注意：UDP 亦提供多工功能。TCP 如何確認 (acknowledge) 資料的可靠性與重傳 (retransmission) 以及流量控制的傳輸機制 (稱為滑動視窗；sliding window)，將在第 10 章進行探討。

TCP 主要功能就是要讓 WWW、檔案傳輸等的應用服務，保證有一可靠的通訊；然而，對於即時影音的多媒體服務，一般仍採用 UDP。

3-3-3　網路層(IP層)

Internet 的網路層主要有兩種成分：一是用來對資料包 (或稱 IP 封包) 內的欄位做定義；另一是欄位也會顯示路由與主機之間的關係。Internet 上的網路層使用的繞送協定 (routing protocol)，像資源資訊協定 (Resource Information Protocol；RIP) 或開放最短路徑優先 (Open Shortest Path First；OSPF)，其用來決定來源端和目的端之間的封包路由。IP 層將處理來自傳輸層的 TCP/UDP 區段，並將區段 (必要時要先對區段做分割) 放入 IP 封包內的資料欄位 (稱為 Payload)，再加上標頭 (其中含有目的端位址) 後，選擇前往目的端的路徑，這如同您寫信給友人，除內容外還需有信封地址。一旦 IP 封包到達目的端，IP 層會移除標頭，然後將其攜帶的資訊送給傳輸層。

3-3-4　數據鏈路層

網路層將封包從來源端送至目的端之前，可能需經過一連串的節點 (如交換器或路由器)，而在節點之間的 IP 封包移動均需仰賴數據鏈路層所提供的服務。例如，IP 封包欲由某節點送至下一節點時，網路層會將 IP 封包下傳給數據鏈路層，並沿著所選擇的路徑將該封包送至下一節點；在另一端，數據鏈路層會將所接收的 IP 封包再傳給其上層 (即網路層)。這裡特別強調，數據鏈路層是以鏈路為基準 (link basis) 所提供的服務，即 IP 封包從來源端會經多個鏈路才到達目的端。

在不同的鏈路有可能由不同的數據鏈路層協定所處理。例如，某一鏈路採用 Ethernet、ATM、訊框交換 (Frame Relay；FR) 或 Wi-Fi 不同類型的協定；而下一鏈路可能採用 PPP (Point-to-Point Protocol) 協定，IP 層可從不同的數據鏈路層協定得到不同的服務。注意，前面提到的 TCP 協定為一可靠傳送服務，但並不是以鏈路為基準，而是提供從一「端系統」至另一「端系統」的可靠傳送服務。

3-3-5　實體層

當數據鏈路層正處理從網路元件至另一網路元件上的訊框時，實體層的任務主要用來處理發送端與接收端之間的位元連結。注意，位元需先經轉換成電或光的訊號，才可沿著實體線路的路徑傳送到達接收端。此層的協定也依鏈路所用的實體媒介而有不同。例如，實體媒介可能會用雙絞線、同軸電纜或光纖。

重點整理

▶ ISO 定義了一個網路通訊的標準架構模型，稱為開放系統互連參考模型，被用來描述多層次的通訊架構。

▶ OSI 模型可劃分為兩組：即網路群組（第 1 層至第 3 層），分別對應至實體層、數據鏈路層和網路層；與使用者群組（第 4 層至第 7 層），分別對應至傳輸層、交談層、表現層和應用層。

▶ 當兩端的主機要進行通訊，應用層訊息會由最上層往下逐層傳送下去，PDU 所對應的名稱分別為訊息 (message)、區段 (segment)、資料包 (datagram) 及訊框 (frame)。

▶ 格式化的協定資料單元傳遞到實體層就被轉換成 100011101000111011……的位元串流沿著實體線路的路徑流動到達接收端。

▶ 解封裝 (decapsulaion)，其程序與發送端相反，換言之，PDU 每往上一層傳送，標頭就會移除一個。

▶ 應用層包含多種協定，如 HTTP (HyperText Transfer Protocol) 協定、SMTP (Simple Mail Transfer Protocol) 協定及 FTP (File Transfer Protocol) 協定等等。

▶ Internet 最典型的傳輸層協定為 TCP 及 UDP。

▶ 數據鏈路層是以鏈路為基準所提供的服務。

▶ 實體層的任務主要用來處理發送端與接收端之間的位元連結。

本章習題

選擇題

( )1. OSI 模型中將網路的架構定義成
(1) 四個層次　(2) 五個層次　(3) 七個層次　(4) 以上皆非。

( )2. (1) 實體層　(2) 數據鏈路層　(3) 網路層　(4) 傳輸層　能將位元轉換成電的訊號。

( )3. 在傳送的過程中，由較高層或較低層傳送的 PDU 會加上標頭，此程序稱為
(1) 封裝　(2) 解封裝　(3) 分割　(4) 多工。

( )4. OSI 最上面的三層在 Internet 協定堆疊中僅以單獨的一層表示被稱為
(1) 表現層　(2) 交談層　(3) 應用層　(4) 傳輸層。

( )5. OSI 的哪一層，其資料單位被稱為訊框 (frame)
(1) 實體層　(2) 數據鏈路層　(3) 網路層　(4) 傳輸層。

( )6. 電子郵件 (e-mail) 服務屬於 OSI 的哪一層
(1) 表現層　(2) 數據鏈路層　(3) 應用層　(4) 傳輸層。

( )7. 哪一層可以使用訊框的標尾來進行錯誤偵測
(1) 表現層　(2) 數據鏈路層　(3) 應用層　(4) 傳輸層。

( )8. 當資料封包從低層往它的上層移動的時候，標頭會被
(1) 移除　(2) 加入　(3) 保留　(4) 修改。

( )9. 位於網路層和交談層之間的層稱為　(1) 表現層　(2) 數據鏈路層
(3) 應用層　(4) 傳輸層。

( )10. 應用層是享受_____提供的服務
(1) 實體層　(2) 數據鏈路層　(3) 網路層　(4) 傳輸層。

簡答題

1. 請問第 N-1 層封包的資料跟第 N 層封包的資料有何差別？代表什麼意義？

2. 主機從最高層 (也就是應用層) 把訊息 (message) 往下層傳送，標頭只加到第幾鏈路層) 才結束。

3. IEEE 將數據鏈路層分成那兩個子層？

4. 傳輸層主要功能為何？

5. 負責網路建立、維護及終止連接及路徑選擇等功能為何層？

6. 請舉例五種應用層的服務。

7. 請問交換器，路由器與端系統的主機在 Internet 協定堆疊中會使用到幾個層級？

CHAPTER 4 網路傳輸媒介與設備

4-1 傳輸媒介

　　網路訊號需透過傳輸媒介才能傳送與接收，而傳輸媒介主要可以分成兩種：導引式 (guided) 與非導引式 (unguided)。

導引式媒介

　　指在兩個裝置間提供一個實體，網路訊號就在所指定的傳輸路徑上傳送，像這樣所採用常見的傳輸線材包括雙絞線 (twisted-pair)、同軸電纜線 (coaxial cable) 及光纖纜線 (fiber-optic cable)。

非導引式媒介

　　它無需一個實體傳輸媒介 (或稱無線通訊)，而是藉由電磁波來傳送訊號，以便被任何能接收這些訊號的裝置所接收。

4-1-1 雙絞線簡介

　　一般的電線是兩條平行銅導線，外部則以絕緣材質包裝。由於平行銅導線在傳送訊號時會產生電磁場，而導致電磁干擾；因此，雙絞線的包裝就是盡量要消除這樣的干擾。雙絞線其外部也是以絕緣材質包裝，但內部的銅導線則以對絞構成。對絞的目的是減少雜音、串音 (crosstalk) 等干擾，若對絞的次數愈多，抗干擾的效果愈好。

　　雙絞線有下列兩種：無遮蔽式雙絞線 (Unshielded Twisted Pair；UTP) 與遮蔽式雙絞線 (Shielded Twisted Pair；STP)。前者導體是銅導線，外部為絕緣體；後者導體也是銅導線，外部除絕緣體外還含有金屬遮蔽保護或一層鋁箔的遮蔽，這樣使抗干擾的能力更優，如圖 4-1 所示。由於 UTP 少了金屬遮蔽物，因此抗干擾能力較差，但具有價格便宜與安裝簡單的優勢，所以目前廣泛被採用。

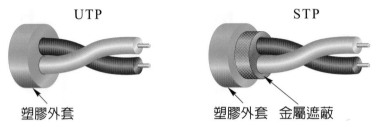

圖 4-1　UTP 雙絞線與 STP 雙絞線

　　UTP 的導線一般較常見的是 24 AWG (American Wire Guage) 的單芯銅線，24 指出規格代表號碼，AWG 表示銅線的直徑，一般是 19 到 26 AWG。像中華電信常用的電話線，0.4mm 即指 26 AWG，0.5 mm 指 24 AWG，0.6 mm 是 22 AWG，0.9 mm 是 19 AWG。

4-1-2　雙絞線類別

　　自 1994 年 EIA/TIA 對 UTP 線材進行整合，包含有 CAT.I ～ CAT.VII 多種標準，在此我們將 UTP 雙絞線類別分為 8 類，如表 4-1 所示，說明如下。

表 4-1　UTP 雙絞線種類

種類	傳輸頻率（頻寬）	最高傳輸速率
CAT.2	1MHz	4Mbps
CAT.3	16MHz	10Mbps
CAT.4	20MHz	16Mbps
CAT.5	100MHz	100Mbps
CAT.5e	125MHz	1000Mbps
CAT.6a	500MHz	10Gbps
CAT.6e	500MHz	10Gbps
CAT.7	600MHz	10Gbps
CAT.7a	1000MHz	40Gbps
CAT.8	2000MHz	40Gbps

◈ 類別 1 (CAT.1)：適用語音與資料的傳輸。以往用在 POTS 電話網路、ISDN 的線路。

◈ 類別 2 (CAT.2)：適用語音傳輸和速率 4Mbps 的資料傳輸，傳輸頻率為 1MHz，常使用於 4Mbps 舊權杖環 (Token Ring) 的區域網路。

◈ 類別 3 (CAT.3)：適用語音傳輸及最高傳輸速率為 10Mbps 的資料傳輸，傳輸頻率為 16MHz (即指頻寬)，例如，10BASE-T 網路。

◈ 類別 4 (CAT.4)：適用語音傳輸和最高傳輸速率 16Mbps 的資料傳輸，傳輸頻率為 20MHz (即指頻寬)，例如，權杖環的區域網路和 10BASE-T/100BASE-T。

◈ 類別 5 (CAT.5)：適用語音傳輸和最高傳輸速率為 100Mbps 的資料傳輸，傳輸頻率為 100MHz (即指頻寬)，例如，100BASE-T 和 10BASE-T 網路。

◈ 類別 5e (CAT.5e)：適用最高可達 1000Mbps 的資料傳輸，e 表加強型，傳輸頻率為 125MHz (即指頻寬)。此類具有衰減小，串音干擾少，且有更高的訊號雜訊比、更小的延時誤差，因而有較優的效能，例如，1000Base-T 乙太網路。

◈ 類別 6 (CAT.6)：適用最高可達 1Gbps 的資料傳輸，傳輸頻率為 250MHz (即指頻寬)。例如，10BASE-T/100BASE-T/1000BASE-T。

◈ 類別 6 (CAT.6a)：用最高可達 10Gbps 的資料傳輸，傳輸頻率為 500MHz (即指頻寬)。例如，10GBASE-T。標準外徑：9mm。

◈ 類別 6 (CAT.6e)：用最高可達 10Gbps 的資料傳輸，傳輸頻率為 500MHz (即指頻寬)。例如，10GBASE-T。標準外徑：6mm。

◈ 類別 7 (CAT.7)：適用最高可達 10Gbps 的資料傳輸，但 CAT.7 的頻寬比較高，可達 600MHz。

◈ 類別 7 (CAT.7a)：又稱為 Class FA (Class F Augmented)，適用最高可達 40Gbps 的資料傳輸，傳輸頻率為 1000MHz (即指頻寬)。

◈ 類別 8 (CAT.8)：適用最高可達 40Gbps 的資料傳輸，傳輸頻率為 2000MHz (即指頻寬)。例如，40GBASE-T。

4-1-3　EIA/TIA 568B/A雙絞線的顏色

1985 年，電腦通訊工業協會 (Computer Communications Industry Association；CCIA) 要求電子工業同盟 (Electronic Industry Alliance；EIA) 發展出電腦及通訊標準，於是在 1991 年 7 月，由電訊工業協會 (Telecommunication Industry Association；TIA) 透過 EIA 的組織合作，終於產生第一版標準，即 EIA/ TIA 568B。

根據 EIA/TIA 568B 規格，雙絞線的每條芯線都有特定的顏色與編號，如表 4-2 所示。表 4-2 中，1-8 的編號顏色依序為：白橙、橙、白綠、藍、白藍、綠、白棕、棕。另一 EIA/TIA 568A 規格，1-8 的編號顏色依序為白綠、綠、白橙、藍、白藍、橙、白棕、棕。記住：只要將 568B 的編號 1、2 與編號 3、6 對換，就是 568A 的顏色。

當網路線兩端同時使用 EIA/TIA 568B，或同時使用 EIA/TIA 568A，我們稱為平行線 (straight-through)，若網路線的一端使用 EIA/TIA 568B，另一端使用 EIA/TIA 568A，我們稱為跳線或交叉線 (crossover)，像第一章中的圖 1-3 的兩部電腦直接透過網路線連接，就必須採用跳線的連接方式，才可進行電腦之間的通訊。

另一方面，根據 EIA/TIA 568B 規格，雙絞線共分 4 對，即第 4 條線與第 5 條線屬第 1 對線 (保留給電話線使用) 稱為 Pair 1，第 1 條線與第 2 條線屬第 2 對線稱為 Pair 2，第 3 條線與第 6 條線屬第 3 對線稱為 Pair 3，第 7 條線與第 8 條線屬第 4 對線稱為 Pair 4。在實際的網路工程較多採用 EIA/TIA 568B 標準。

表 4-2　EIA / TIA 568B 纜線標準

EIA/TIA 568B 的標準雙絞線							
編號	1	2	3	4	5	6	7	8
顏色	白橙	橙	白綠	藍	白藍	綠	白棕	棕

NOTE

交換器至交換器、集線器至集線器、主機至主機、集線器至交換器或路由器至主機均採用交叉線做連接。主機至交換器或集線器、路由器至交換器或集線器則必須用平行線 (像是網路線兩端均採用 EIA/TIA 568B 或採用 EIA/TIA 568A) 連接。

　　值得注意的是，滾製式電纜 (也稱為 Yost 電纜或控制台電纜) 是一種零調變解調電纜 (null-modem cable)，通常用於將電腦終端機連接到路由器的控制台埠 (console port)。如果使用 Cisco 的交換器或路由器，就會使用滾製式電纜將執行 Hyper Terminal 的 PC 連接到 Cisco 硬體上，換言之，PC 序列通訊埠 (COM port) 至交換器或路由器必須使用滾製式電纜 (rollover cable)，如圖 4-2(a) 所示。

　　此電纜形狀通常是扁平的，並以淺藍色呈現出來，如圖 4-2(b) 所示。我們稱它為滾製式電纜，因為一端的連接腳位與另一端的連接腳位相反，這種佈線的方式是為了消除 RS-232 佈線系統的差異。

　　任何兩個 RS-232 系統都可以透過標準滾製式電纜和標準連接器直接連接。請注意，使用滾製式電纜連接設備的時候，可能需要 RJ45 對 DB-9 或 RJ-45 對 DB-25 的連接器來連接個人電腦或終端機，如圖 4-2(c) 所示。

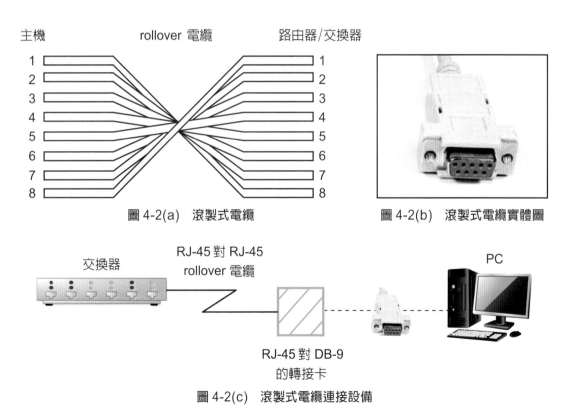

圖 4-2(a)　滾製式電纜

圖 4-2(b)　滾製式電纜實體圖

圖 4-2(c)　滾製式電纜連接設備

4-1-4　同軸電纜

同軸電纜可分為細同軸電纜及粗同軸電纜。細同軸電纜使用的導線為 RG-58 A/U (RG 值越大，中心導線越細)，粗同軸電纜使用的導線為 RG-11，兩者網路均屬匯流排拓樸，電纜的兩端都需要 50 歐姆終端電阻，其目的是在線路終端吸收訊號，以避免訊號反射造成的干擾。

◎ RG-58 A/U

細同軸電纜由內而外分成導線、塑膠絕緣體、金屬網屏散、外皮(PVC 被覆) 等四層。其傳導核心由多條銅線纏繞在一起，同時有一層金屬網遮罩用來保護傳導核心，避免受到電磁波的干擾。傳導核心與金屬網遮罩之間則利用塑膠絕緣體來隔離避免短路。此線材缺點為重量還蠻有份量且無容錯性能力。在區域網路中的 10Base2 (最大傳輸距離 185 公尺) 採用的正是 RG-58 A/U 同軸電纜，其構造如圖 4-3 所示。

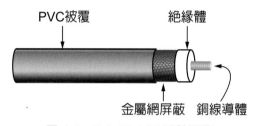

PVC被覆　　　　　　　　　　絕緣體

金屬網屏蔽　銅線導體

圖 4-3　RG-58 A/U 同軸電纜

◎ RG-11

粗同軸電纜由內而外可分為銅線、塑膠絕緣體、鋁箔、金屬網、鋁箔、金屬網、外皮等七層。在區域網路中的 10Base5 (最大傳輸距離 500 公尺) 採用的正是 RG-11 同軸電纜。

4-1-5　光纖

光纖 (optical fiber) 是一條比頭髮還要細長、柔軟且又透明的玻璃纖維。如圖 4-4 所示，構成光纖的中心是一條纖細的玻璃絲 (稱為核心層)。核心是由密度較高的玻璃或塑膠製成，用來傳送光訊號，外面再包覆著一層 (稱為被覆層) 折射率低的物質，

圖 4-4　光纖結構

光訊號透過此層與核心的介面進行反射。換言之，光纖利用反射現象來控制光通過的光通道 (optical channel)。光纖的外皮 (coating) 則是不透光的材質，用以隔絕外在的干擾。光纖的優缺點，如下所示。

光纖的優點：

1. 傳輸速度極快：可以超過 100Gbps 以上。
2. 不受電磁干擾：由於光纖是用光波傳輸訊號，故不會受電磁波干擾。
3. 安全性高：光傳輸訊號不會從光纖輻射出去，因此保密性高。
4. 低傳輸損失：由於光纖傳輸損失極低，因此可延伸中繼區間距離。

光纖的缺點：

1. 光纖接頭需要熔接，因此製作光纖接頭較麻煩，架設也不太容易，不適合一般小型區域網路使用。
2. 大部分的光纖使用在長距離的幹線網路，其網路的相關設備費用也較昂貴。

　　光纖的光源有發光二極體 (Lighting Emitter Diode；LED) 或雷射光源。一端的發射裝置從某個光源中射出光束傳送至光纖中，光纖的另一端的接收裝置會使用光敏元件檢測這些光束。光波在光通道傳輸的方式可以分爲多模光纖型式與單模光纖型式兩種，如圖 4-5 所示。

多模光纖型式

　　多模光纖 (Multi Mode Fiber；MMF) 型式的核心直徑較粗，約 50 ～ 100μm，容許多個模態的光束進入光纖，光源爲發光二極體 (LED)，因爲從某一個光源射出很多的光束，分別由不同的路徑在核心中前進，光束會根據核心結構的不同，決定如何在光纜線路中移動，這也是多模光纖的名稱由來。由於多條光束通過，有較多的折射或反射等的損失，因此傳送距離較短 (只有個位數的公里數)。多模光纖的傳輸效率低於單模光纖，但價格便宜。

　　多模光纖型式可分成兩種：一爲級射率光纖 (Step Index Fiber；SIF)，如圖 4-5(a) 所示，光束在其密度相同的核心以直線前進，一直到核心的介面與被覆層，在介面處，由於密度驟降發生突發性的變化；這會改變光束移動的角度 (方向)。級射率光纖名稱也因折射率是突變而得名，以致有大量訊號失眞。

另一為斜射率光纖 (Graded Index Fiber；GIF)，核心中央的密度最高，然後慢慢的往外遞減，亦即折射率是漸漸改變的，如圖 4-5(b) 所示，訊號失真較少，傳送距離較SIF 更遠。

多模光纖規格若為 62.5μm 的傳導核心及 125μm 的玻璃被覆，此規格簡稱為62.5/125，也有 50/125、100/125、100/140 等規格。

◎ 單模光纖型式

單模光纖 (Single Mode Fiber；SMF) 型式的核心直徑非常細，約 5 ～ 10μm，只能有單一模態的光束進入光纖，光源為雷射光，比較不會有折射或反射等的損失，因此傳輸距離可以很遠 (可達到 50 ～ 100 多公里)。傳輸效能極佳，但價格貴，如圖 4-5(c)所示。單模光纖規格常見為 7/125、8.3/125 等等。

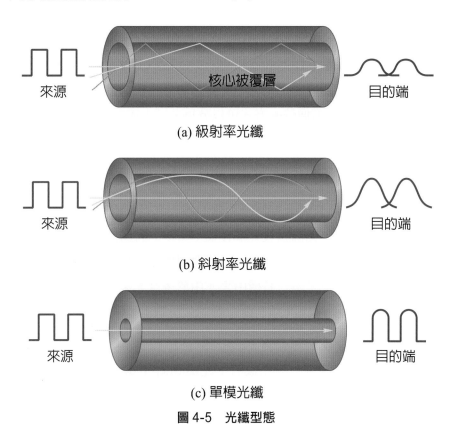

(a) 級射率光纖

(b) 斜射率光纖

(c) 單模光纖

圖 4-5　光纖型態

4-1-6　光纖接頭

光籤連接器的接頭可以分成單模和多模光纖接頭。根據不同的結構，光纖接頭有多種不同的型號，例如 ST、SC、FC、SMA、LC、MT-RJ、MPO/MTP、MU 等類型。在這裡只簡單介紹三種常見的光纖接頭：

圖 4-6(a)　ST 型光纖接頭

1. ST 型光纖接頭

ST 型光纖接頭外殼呈圓形，而 ST 連接器的芯在接頭外面，如圖 4-6(a) 所示。符合 TIA/EIA-568-B 的標準佈線接頭。ST 型光纖接頭常用在光纖終端盒或光纖配線架上。

2. SC 型光纖接頭

SC 型光纖接頭的外殼呈矩形，是標準方型接頭，採用的塑料材質具耐高溫、不易氧化等優點。SC 連接器的芯在接頭裡面 (凹入式)，如圖 4-6(b) 所示。符合 TIA/EIA-568-B 的標準佈線接頭，常用來連接 GBIC 光籤模組，也常應用在光纖收發器，在路由器和交換器上使用最多。

圖 4-6(b)　SC 型光纖接頭

3. LC 型接頭 (路由器很常使用)

LC 型接頭特點是體積小，符合 TIA/EIA-568-B 的標準佈線接頭。LC 常用來連接 SFP 模組的接頭，如圖 4-6(c) 所示。

圖 4-6(c)　LC 型光纖接頭

NOTE

GBIC 是 Giga Bitrate Interface Converter 的縮寫，如圖 4-6(d) 所示，主要作用是提供通訊設備電的訊號與光纖傳輸的光波訊號的轉換，並將光訊號導入 / 導出至光纖。GBIC 的小型化的版本，稱為小封裝可插拔收發器 (Small Form-factor Pluggable；SFP)，如圖 4-6(e) 所示，又稱迷你 GBIC (mini GBIC)，尺寸大概只有原來的一半，成本省掉很多，網路設備的連接埠密度也可以增加一倍。

圖 4-6(d)　GBIC 裝置

圖 4-6(e)　SFP 裝置

(資料來源：Cisco)

4-2　網路傳輸設備

4-2-1　網路卡

網路卡又稱網路介面卡 (Network Interface Card；NIC)，它的功能是讓電腦能連接到網路上進行通訊的硬體，NIC 擁有 48 位元的 MAC 位址，屬於 OSI 模型的第 2 層。網路卡可以讓使用者透過電纜線或 Wi-Fi 相互連接。網路卡可由網路的傳輸速率、網路卡接頭與插在電腦內部擴充槽上的匯流排介面來區分。目前，LAN 的傳輸速率大緻上可區分為 10Mbps、100Mbps、1000Mbps 和 10G 四種，因此也就有這四種等級的網路卡。目前在市面上，支援 10/100Mbps 雙速的乙太網路卡已非常普遍。

網路卡上的接頭大致有 4 種：AUI 接頭 (佈線施工麻煩，很少被考慮)、BNC 接頭 (施工容易，但速率慢)、RJ-45 接頭和 GG-45 接頭。前兩種分別連接的網路線為 AUI 纜線與 RG-58 纜線，RJ-45 接頭和 GG-45 接頭都採用雙絞線 (留在第 5 章說明)。注意，GG-45 接頭採用的雙絞線類別較高，例如 CAT.7 或 CAT.7a。

網路卡的類型，主要分為四種：ISA、PCI、PCIe 和 USB。

◈ ISA 和 PCI 類型的 NIC：為早期類型的網路卡，它們已逐步退出市場。

◈ USB 類型的 NIC：主要應用於消費電子產品的領域。

◈ PCIe 類型的 NIC：主要應用在工業領域和伺服器。與早期的 PCI 網路卡相比較，PCIe 支持更高的傳輸數據速率。

另一方面，根據網路介面類型的不同，網路卡還可分為電介面 (RJ45) 和光介面 (SC、LC 等)。

◈ 電介面的網路卡：通過銅質雙絞線傳輸的電訊號，其最大距離可達 100 公尺。

◈ 光介面的網路卡：通過光纖電纜和光收發器傳輸的光訊號，在多模光纖系統上可達數百公尺，在單模光纖系統上可達數公里。

圖 4-7　LOM 晶片 (資料來源：維基百科)

　　值得一提，NIC 的網路功能現已常被整合至主機板上稱爲主機板內建晶片 (LAN On Motherboard；LOM)，其功能就是用來取代傳統的獨立 NIC，如圖 4-7 所示。

> **NOTE**
>
> 我們可以使用稱為「虛擬機器 (virtual machine)」的軟體，像是 VMware、Xen 等等，這些軟體可將自己模擬成一部電腦或硬體，所使用的軟體應用程式就稱為「虛擬機器」，像 VMware 軟體只要適當安裝 (可參考 http://www.vmware.com 網站)，就可利用它增加出多個虛擬網路介面卡，像 VMware Workstation Pro 17 可將 10 個虛擬網路介面卡新增至一個虛擬機器。

4-2-2　中繼器

　　訊號在網路上傳輸時，會因線路材質本身的阻抗關係，使得傳送的訊號受到衰減，而導致訊號失眞。另外，網路線的長度太超過時，也可能是訊號衰減的原因，訊號一旦衰減到無法辨識的時候，就必須想辦法恢復成原來的強度。中繼器 (Repeater) 正是這樣的設備，用來加強纜線上的訊號，使訊號可以傳得更遠，如圖 4-8 所示。中繼器的功能是對應到 OSI 模型中的實體層。

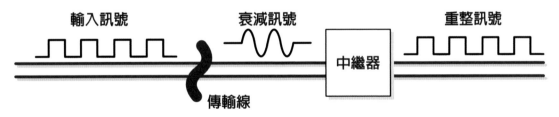

圖 4-8　使用中繼器恢復成原來的訊號強度

4-2-3　集線器

　　集線器 (Hub) 是運作在 OSI 模型中的實體層裝置，它可以看成多埠的中繼器，如圖 4-9 所示。Hub 之工作原理爲：當集線器其中的連接埠收到電腦 F 欲送出訊框給電腦 A，因集線器工作在實體層，只針對個別位元 0 或 1 進行操作。當這些 0 或 1 的位元到達 Hub 其中的介面時，集線器會再生這些位元的強度，然後再將這些位元傳送到所有的介面，再以廣播的方式將這些資料發送至相連的所有節點，當各節點上連接電腦的網路卡收到資料後，會比對發送端送出訊框中的目的端 MAC 位址 (即網路卡位址的 48 位元) 是否與本身相符，若符合，電腦 A 就知道電腦 F 要與它進行資料傳送，否

則，其它電腦收到的訊框全部丟進垃圾桶。注意，當兩台電腦同時要上傳資料時，可能會發生訊框碰撞，發生的話，必須執行重送 (留在下一章討論)。總之，Hub 具有一個廣播區域及一個碰撞區域，對使用者的效能影響非常不好。

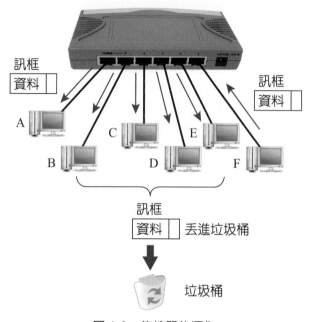

圖 4-9　集線器的運作

4-2-4　橋接器

橋接器是運作在 OSI 模型中的數據鏈路層。當乙太網路上的一部電腦送出訊框時，訊框是以廣播方式傳送至全部的電腦。然而，有的訊框只需要在某個「網路區段 (常稱為網段)」內傳遞，為避免訊框跑到其它區段傳遞而造成不必要的干擾，因此，越大型的區域網路就需要分割成多個小型的區域網路，這稱為網路分割 (network segmentation)，所用的設備正是所稱的橋接器 (Bridge)。

當橋接器收到訊框時，為了選擇要將訊框送往哪一個網路區段，橋接器必須事先建立一個橋接表 (Bridge table) 以便記錄所有跟它連接的電腦的 MAC 位址以及電腦所

屬的網路區段，接下來，橋接器會根據訊框中的目的端 MAC 位址來決定訊框需不需要傳送到另一網路區段，如果不需要 (即目的端 MAC 位址與訊框屬同一網路區段)，橋接器就把它擋掉，以減少網路的流量，這樣的功用稱為過濾 (filtering)，反之，會將訊框送到適當的網路區段，稱為轉送 (forwarding)。注意，即使橋接表已經建立完成，但是這個動作會一直持續維持，也就是說，若有新的電腦加入或移出，橋接表的內容也會跟著更新。

如圖 4-10(a) 所示的簡易橋接器，假設在區段 1 中的電腦 A 要將訊框傳給電腦 B 時，從圖中的橋接表發現，訊框是存在網路同個網段 (指區段 1) 內傳遞，橋接器就過濾此訊框，不讓它傳遞至區段 2。若電腦 A 要將訊框傳給電腦 D，橋接器便將訊框轉送至區段 2。若目的端的位址是廣播位址時，橋接器會將訊框廣播至每一相連的網路區段上，而收到此廣播的電腦都屬於在相同的廣播區域。

注意：橋接器新安裝時，對網路中各電腦的位址 (MAC 位址) 均無記錄，橋接器一旦運作後，電腦在傳遞訊框時，它會自動記錄其位址，此過程稱為學習 (learning)。一旦位址建立後，橋接器收到訊框時，會依據訊框上的目的端的 MAC 位址來判斷該訊框是否要送至其它網路區段，若是，就由橋接器轉送過去；否則，該訊框就在同區段中傳遞。

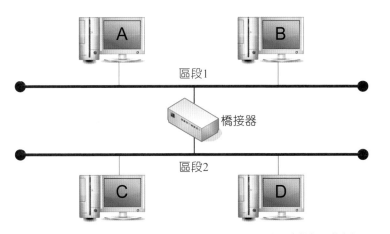

圖 4-10(a)　簡易橋接器典例

如果網路設計不當，如圖 4-10(b) 所示，圖中有兩部橋接器 X 與 Y，分別橋接兩個乙太網路，包括區段 1 與區段 2，當電腦 A 送出廣播訊框至區段 2 時，此訊框會再從另一個橋接器轉送回來區段 1，這樣來來回回如同形成迴路 (loop)，造成網路上都是廣播訊框 (broadcast frame)，此種現象稱為「廣播風暴 (broadcast storm)」。要解決第二層的廣播風暴問題，可以採取擴展樹 (spanning tree) 演算法來解決迴路造成的問題。

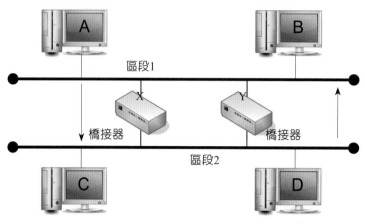

圖 4-10(b)　廣播風暴

4-2-5　第2層交換器

　　交換器可以分為兩種，即第 2 層交換器和第 3 層交換器。所謂「第 2 層交換器」，可以把它想像成是一個多埠的橋接器，或稱為交換式集線器。若一個 100Mbps 的第 2 層交換器有 N 埠，理論上的最大傳輸頻寬為 100 × N Mbps。

　　這種設備每埠具獨享頻寬的特點，對於改善網路的訊務流量很有幫助。傳送訊框時，它會記住哪一個位址接在哪一個埠，並將訊框送往該埠。第 2 層交換器，其每一埠皆具有學習能力與資料緩衝區 (buffer)。當訊框進入時，每一埠皆會將訊框暫存於緩衝區內，並解析其來源端與目的端位址，一旦目的端位址所在的埠號被找出後，訊框將由來源端的緩衝區內送往目的端埠的緩衝區內等待處理。由於有資料緩衝區，故可做全雙工的送收及多工處理，因此，效能較一般集線器佳。

　　另外，第 2 層交換器可同時處理多埠的訊框交換，也解決訊框碰撞問題之發生。注意，交換器的連接埠都是獨自的碰撞區域，而 Hub 的所有連接埠共享一個碰撞區域，因而集線器在同一個時間內，只允許每個網段上有一台裝置在傳輸。

　　但第 2 層交換器仍存在廣播訊框 (broadcast frame) 對網路的影響，甚至造成廣播風暴，因此，常使用虛擬區域網路 (Virtual LAN；VLAN) 的技術來改善這個問題。

　　圖 4-11 指出，第 2 層交換器可從網路上不同電腦的訊框中，學習到一些特定的資訊，交換器將利用這些資訊建立交換表 (或稱 MAC 表，如圖中的介面及對應的 MAC 位址)，以用來決定訊框從某一電腦交換至另一台電腦。假設某一個來源端位址的訊框抵達交換器介面，發現位址沒有在交換表中，這時候交換器會增加一筆新的資料到交換表裡面。

基本上，橋接器與第 2 層交換器是做一樣的事情，它們均可分割 LAN 上的碰撞區域，後者的埠數比前者多很多，運算及管理能力也強過橋接器。

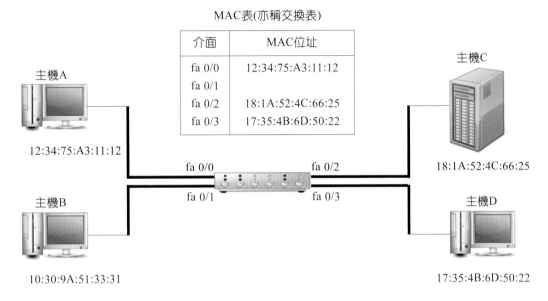

圖 4-11　第 2 層交換器

接下來，我們詳細說明圖 4-11 中的交換器扮演什麼樣的角色？交換器是接收到來的數據鏈路層的訊框 (第三層傳送過來的 IP 封包)，然後將這個訊框經過輸出的鏈路轉送出去以達成所謂的「交換」，換句話說，交換器是使用 MAC 位址來轉送 IP 封包。如同在前面提過橋接器需有過濾 (filtering) 和轉送 (forwarding) 過程。同樣的，交換器的過濾功能也是用來判斷是否應該將訊框轉送到某一個介面，如果判斷是同一個網段，就不需要再將訊框轉送到其它的任何介面，交換器就執行過濾功能，將該筆訊框直接過濾掉；否則，交換器的轉送功能會決定訊框要轉交至哪一個介面。

前面已提過，交換器為會建立一個包含介面及 MAC 位址內容的 MAC 表 (亦稱交換表) 使訊框可以快速的交換。再強調一下，交換器是使用 MAC 位址 (佔 48 位元)來轉送 IP 封包。一開始，MAC 表是空的，當主機 A 準備將收到的訊框開始交換出去之前，交換器會將主機 A 的來源 MAC 位址 12:34:75:A3:11:12 記錄到 MAC 表中，如圖中所示的 MAC 表已經學習到 3 筆資料 (目前尚未學習到主機 B 的 MAC 位址)，在此時間交換器會一直維持 MAC 表中的全部記錄 (爾後有改變也會跟著更新)，這一份MAC 表記錄著哪個介面連接到哪些 MAC 位址的電腦，當訊框從一個介面的連接埠進來之後，會檢查此訊框的目的端是哪一個 MAC 位址，然後會去 MAC 表找到這個MAC 位址對應的連接埠，並將訊框往該連接埠轉送過去。

當主機 A 要送訊框給主機 D 時，交換器收到此訊框的時候，會先查看 MAC 表中是否有 17:35:4B:6D:50:22，因此，交換器可以判斷主機 D 連接在 fa0/3 下，交換器收到主機 A 的訊框，就直接將此筆訊框送往 fa0/3 下的主機 D。特別注意，如果 MAC 表中找不到主機 A 要送至對方的目的端位址，交換器就會廣播該筆訊框至所有相連的網段，如果在某個網段回應了這個轉送的動作，交換表的內容也會更新這個新裝置的位址資料。值得一提的是，主機 A 傳送到主機 D 與主機 B 傳送到主機 C 時，它們都獨自擁有 100Mbps 的頻寬！如果主機 A 與主機 B 剛好都要傳給主機 C 時，則意謂著主機 A 與主機 B 必須互相競爭主機 C 節點的 100Mbps 來用 (留在第五章說明)。

NOTE

請記住，早期半雙工乙太網路是共享同一碰撞區域，並且提供較低效率的輸出速率。全雙工乙太網路則有各自獨立的碰撞網域，所以有較高效率的輸出。另一方面，半雙工只使用 1 對線路，全雙工乙太網路則是使用 2 對線路，這意謂著全雙工的訊框傳輸能夠提供比半雙工更快的訊框傳輸。值得一提，因為全雙工訊框的傳輸與接收是處於不同對的線路上，所以不會互相碰撞，像 10BASE-T 和 100FE (Fast Ethernet) 以及後來的標準皆是全雙工。注意，當全雙工乙太網路埠接上電源後，它會先連到遠端，再與 100FE 另一端協商，稱為自動偵測機制 (auto-detect mechanism)，這種機制會先決定交換器的交換能力，亦即先檢查交換器是否能以 100Mbps 運作，然後再檢查是否能以全雙工方式運作，如果不可以，它會自動轉為半雙工。

另外，在談到網路線時，我們知道 8 隻接腳的網路線實際上僅有發送與接收共佔 4 隻接腳被使用。如果兩端的主機同時支援全雙工時，表示訊框傳輸發送與接收均可達到 100Mbps，總頻寬則佔 200Mbps ！

NOTE

橋接器與第 2 層交換器只會分割碰撞區域，但所連接的電腦仍屬相同的廣播區域。因此，第 2 層交換器常以 VLAN 技術分割廣播區域。有些高階的第 2 層交換器就會支援 VLAN 功能。由於第 2 層交換器仍有廣播風暴的問題，雖然第 2 層交換器可以 VLAN 的方式嘗試降低廣播封包對網路的影響，但仍無法完全避免廣播風暴問題，因為同一 VLAN 內仍可能也會有廣播風暴之問題發生。

範例 1　以圖 4-11 爲例，若交換器掛上 Wireshark 的軟體，當主機 A 要送訊框給主機 D 時，此時主機 C 想要監聽主機 A 要送給主機 D 的資料時，是否可以達成？爲什麼？

解答　如果主機 C 想要監聽主機 A 送給主機 D 的資料的時候，因爲交換器的碰撞網域都是各自獨立的，所以訊框中的資料只能在主機 A 與主機 D 之間傳送，主機 C 沒有辦法監聽得到，這就是交換器的功能。

範例 2　若範例 1 改爲主機 A 要送訊框給主機 B 時，此時主機 C 想要監聽主機 A 要送給主機 B 的資料時，是否可以達成？爲什麼？這個動作可能造成的災難爲何？

解答　當主機 A 要送訊框給主機 B 時，此時在 MAC 表找不到對應主機 B 的 MAC 位址，則主機 A 會對所有連接於交換器的電腦連接埠 (亦即 fa0/1、fa0/2、fa0/3) 都送一份訊框，如同集線器的廣播操作方式。這樣的話，主機 C 就可以監聽到主機 A 送給主機 B 的資料，這種情況正是駭客攻擊的時間，因爲交換器瞬間變成集線器的傳送方式，駭客就可以監聽到所有網路各個電腦之間的資料傳送，很快地，MAC 表的內容很容易就被駭客有意灌爆溢出了。

範例 3　解釋第 2 層交換器如何改善區域網路的流量。

解答　圖 4-12(a) 是一個完全由集線器構成的網路，我們假設這些 Hub 與電腦是使用 100Mbps 的乙太網路。圖中一部 Server (伺服器) 與 7 部電腦共享 100Mbps 的頻寬，一旦網路的傳輸流量增加，網路上封包的碰撞機率也跟著增加，網路速度自然變慢了。爲減少網路的碰撞率，將最上層的 Hub 換成第 2 層交換器 (假設都爲 100Mbps)，這時圖 4-12(b) 上方的 Server 將獨享 100Mbps 的頻寬而不受干擾。圖 4-12(c) 每一部 Hub 都換成第 2 層交換器，因此，Server 與所有的電腦都獨享 100Mbps 的頻寬。

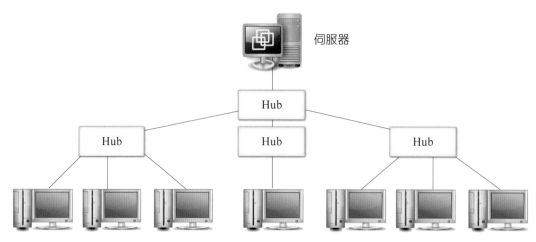

圖 4-12(a)　完全由 Hub 構成的網路

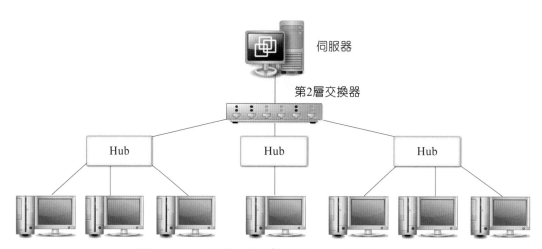

圖 4-12(b)　由第 2 層交換器與 Hub 構成的網路

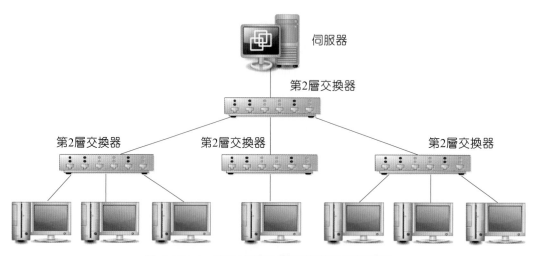

圖 4-12(c)　完全由第 2 層交換器構成的網路

範例 4　如果您在舊貨攤找到一個類似集線器或可能是交換式集線器 (第 2 層交換器) 設備，如何判斷出來？

解答　我們可以將「待測的設備」連接成如圖 4-13 所示，並將用戶端 A 及用戶端 C 分別設成 IP 10.1.1.1 及 IP 10.2.2.2，並用 Wireshark 軟體監看。如果 Wireshark 可以看到從用戶端 A 到用戶端 C 的 ping 流量，這代表集線器的特性，因集線器上的每部電腦的網路區段都連到同一個碰撞網域。如果 Wireshark 沒有看到 ping 流量，則因第 2 層交換器的每個埠都各自代表一個獨立的碰撞網域，則「待測的設備」就是一個第 2 層交換器。

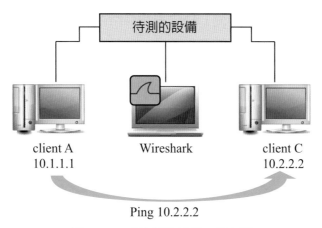

圖 4-13　「待測的設備」示意圖

 NOTE

Wireshark 算是目前全球最好的開源 (Open Source) 網路封包分析器，它能在多種平台上 (如 Windows、Linux 和 Mac 等等) 擷取和分析網路上的封包，在 IT 產業界的封包分析與應用是一個很大利器。透過 Wireshark 動手操作學習 TCP/IP 課程，已經是 IT 領域人員或準備踏入資訊這個行業的人，絕對不能沒有的一大工具。它提供從事資訊網路人員對於 TCP/IP 網路原理與分析有清晰觀念的驗證與更透徹的了解，並能動手實證 (如本書第 5 章以及第 8 ～ 16 章的圖示說明都是動手擷取出來的結果)。2020 年 7 月份台灣已經開始有 5G 的手機出現，它採用的關鍵技術就是 SDN (Software Defined Network) 的網路技術，從層的結構是跟 TCP/ IP 的網路截然不同，透過 Wireshark 也可擷取前章提過的在 SDN 網路裡面所用的 OpenFlow 的協定。對於 Wireshark 有興趣者，可參考筆者 2021 年三月出的專書《Wireshark 實戰演練與網路封包分析寶典》。

4-2-6　路由器

路由器顧名思義，它是運作在 OSI 網路層的網路設備。路由器的主要功能可解析封包上的標頭資訊，經計算並判斷找出哪條路徑最佳，封包再由來源端轉送至目的端網路。封包轉送的過程都必須個別查詢路由表 (routing table)，相當的沒有效率。注意：路徑選擇的判斷需考慮頻寬、成本、線路品質等因素，因此，路由器也常稱為路徑選擇器。

更詳細地說，路由器是藉由存取清單 (Access List；簡稱 ACL) 提供封包過濾，並利用邏輯位址達成封包交換；再透過路由表來選擇適當的路徑以遶送至另一個網路。以圖 4-14 為例，LAN 1 的訊框傳到 LAN 2 有兩條路徑可以選擇：一路徑是由 C 至 D，另一路徑是由 A 至 B，前者可能被優先考慮，因 2.0Mbps 比 768Kbps 快。但若考慮路由器的操作及數量，A 至 B 路徑似乎較佳。最後決定哪一條是最佳路徑還要取決於上面所說的頻寬、成本、線路品質等因素。此外，路由器會分割碰撞區域，也會分割廣播區域。

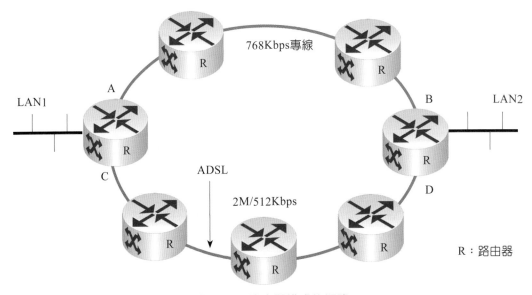

圖 4-14　路由器構成的網路

在此，我們可以簡單比較集線器與第 2 層交換器和路由器的主要不同點：

1. 第 2 層交換器是將訊框從一個埠交換到同一交換網路的另一個埠，主要目的是要讓 LAN 的使用者有較多的頻寬。而路由器是將封包遶送到另一個網路。

2. 集線器下的每部電腦都連到同一個碰撞網域與廣播區域。而第 2 層交換器的每個埠都各自代表一個碰撞區域，但所有電腦仍屬同一的廣播區域。

3. 路由器上的每個 LAN 介面不但分割廣播區域，而且分割碰撞區域。

4. 交換器是一種隨插隨用 (plug and play) 的一種裝置，這樣子對網管人員的網路管理非常方便。路由器就不能隨插隨用，而且路由器本身及與它連接的主機都需要設定 IP 位址。

5. 交換器對第二層訊框的廣播風暴它無法提供保護機制。路由器有提供防火牆的保護，對於對第二層的廣播風暴也提供一定的保護。

4-2-7　第3層交換器

第 3 層交換器又稱交換式路由器，它除具有第 2 層交換器的功能外，還能進行路徑選擇工作。在實際應用中，為使路徑的進行工作加速，可透過 ASIC 硬體技術來處理 (而傳統路由器是由軟體處理路由)。

另外，第 3 層交換器價格又比傳統路由器便宜，因此受到很多使用者歡迎，但它並不能取代傳統路由器，因為傳統路由器還具有第 3 層交換器所沒有的重要功能，如多重協定路由運算(IP、IPX、DEC Net等)，但第3層交換器通常只處理IP及IPX。此外，傳統路由器所擁有的安全管理、優先權控制等功能，第 3 層交換器大都不會提供，因此，第 3 層交換器通常與路由器一起互相配合使用。

第 3 層交換器雖運作於網路層通訊協定，但不需要實現太複雜的路由協定，像只著重在跨越至不同的區域網路或 VLAN 的 IP 路由。另外，如同路由器，它會分割碰撞區域，也會分割廣播區域。

4-2-8　數據機

數據機英文簡稱為「Modem」，全名是 modulation (調變) 和 demodulation (解調變) 兩個字的縮寫。數據機可透過電話線在電腦之間互相送收資料，簡言之，數據機就是用來將發送端 (電腦) 送出去的數位訊號轉換成類比訊號，然後經由電話線傳送出去，以完成遠距離的傳輸，接收端 (電腦) 再將電話線傳過來的類比訊號轉換成數位訊號。一旦電腦連上數據機之後，我們就可以利用電話線傳輸數據資料。根據不同的應用場合，數據機可以使用不同的方法來傳送類比訊號，比如使用光纖、射頻無線電或電話線等。像使用一般電話線音訊頻帶進行資料通訊的電話數據機便是人們最常接觸到的窄頻數據機。

窄頻數據機 (已過氣的產品) 的傳輸速率以 bps 來表示每秒可以傳送多少位元資料。早期市面上窄頻用的數據機的速率是 56000bps (即 56K)。

4-2-9　閘道器

閘道器 (Gateway) 用來連結兩個或多個不同網路系統的裝置，並做通訊協定轉換的工作。例如：兩個不同網路系統，一在 Internet，使用 IP 協定，另一在 Novell，使用 IPX 協定，當閘道器從一方收到 IP 協定格式的封包，必須在閘道器先轉換成 IPX 協定格式的封包，然後再轉送出去，反過來，當閘道器從另一方收到 IPX 協定格式的封包，必須在閘道器先轉換成 IP 協定格式的封包，然後再轉送出去。

閘道器是運作在 OSI 模型中七個層的網路設備。它和路由器均能連接多個 LAN 與 WAN，但路由器只可以使用相同通訊協定。換言之，閘道器能在不同協定間移動資料，而路由器則是在不同網路間移動資料。

4-2-10　CSU/DSU與DTE/DCE

CSU/DSU 通常包裝成在同一個裝置，主要提供 WAN 與 LAN 間的介面，並提供傳輸資料所需要的時脈。CSU 負責向 WAN 發送或從 WAN 接收訊號、也可以測試迴路連線是否正常，DSU 則用來管理傳輸資料線路功能與偵測。

若有一路由器作為連接至 WAN 的端點，在這種情況，路由器角色被看成 DTE，DCE 則是將來自 DTE 的資料轉換成提供 WAN 服務時所能接受的形式，如圖 4-15(a) 所示。

注意：WAN 兩端的資料傳輸同步化則與 CSU/DSU 有一定的關係。在一些互連網路例子中，例如，若路由器是直接互連的情況，其中一個路由器若設定為 DTE，則另一個路由器必須設定為 DCE，且 DCE 這一端必須提供時脈，如圖 4-15(b) 所示。

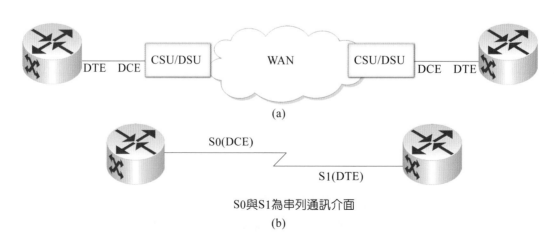

(a)

S0與S1為串列通訊介面

(b)

圖 4-15　CSU/DSU 和 DTE 及 DCE 的連結

重點整理

▶ 雙絞線有下列兩種：即無遮蔽式雙絞線 (Unshielded Twisted Pair；UTP) 與遮蔽式雙絞線 (Shielded Twisted Pair；STP)。

▶ 類別 5e (CAT.5e)：適用最高可達 1000Mbps 的資料傳輸，e 表加強型，傳輸頻率為 125MHz。例如，1000Base-T 乙太網路。

▶ 類別 6 (CAT.6)：適用最高可達 1Gbps 的資料傳輸，傳輸頻率為 250MHz。例如，10BASE-T/100BASE-T/1000BASE-T。

▶ 類別 7 (CAT.7a)：又稱為 Class FA (Class F Augmented)，適用最高可達 40Gbps 的資料傳輸，傳輸頻率為 1000MHz。

▶ 類別 8 (CAT.8)：適用最高可達 40Gbps 的資料傳輸，傳輸頻率為 2000MHz。 例如，40GBASE-T。

▶ 根據 EIA/TIA 568B 規格，雙絞線共分 4 對：即第 4 條線與第 5 條線屬第 1 對線 (保留給電話線使用)、第 1 條線與第 2 條線屬第 2 對線、第 3 條線與第 6 條線屬第 3 對線、第 7 條線與第 8 條線屬第 4 對線。

▶ 在區域網路中，10Base2 (最大傳輸距離 185 公尺) 採用的是 RG-58 A/U 同軸電纜。10Base5 (最大傳輸距離 500 公尺) 採用的是 RG-11 同軸電纜。

▶ 光纖的光源有發光二極體 (Lighting Emitter Diode；LED) 或雷射光源。

▶ 光波在光通道傳輸的方式有兩種型式：多模光纖與單模光纖。

▶ 級射率光纖名稱也因折射率是突變而得名，以致有大量訊號失真。

▶ GBIC 主要作用是提供通訊設備電的訊號與光纖傳輸的光波訊號的轉換，並將光訊號導入 / 導出至光纖。

▶ GBIC 的小型化的版本，稱為小封裝可插拔收發器 (Small Form-factor Pluggable；SFP)，又稱迷你 GBIC (mini GBIC)。

▶ NIC 的網路功能現已常被整合至主機板上稱為主機板內建晶片 (LAN On Motherboard；LOM)，其功能就是用來取代傳統的獨立 NIC。

▶ 中繼器是用來加強纜線上的訊號。

▶ 橋接器與第 2 層交換器是做一樣的事情，它們均可分割 LAN 上的碰撞網域，後者的埠數比前者多很多，運算及管理能力也強過橋接器。

▶ 閘道器和路由器均能連接多個 LAN 與 WAN，前者做通訊協定轉換的工作，路由器只可以使用相同通訊協定。

NETWORK

本章習題

選擇題

(　) 1. 適用於 1000Base-T 乙太網路的雙絞線類別為
(1) 類別 3　(2) 類別 5　(3) 類別 5e　(4) 類別 6。

(　) 2. 多模光纖規格若為 62.5/125 代表傳導核心為
(1) 125mm　(2) 125μm　(3) 62.5mm　(4) 62.5μm。

(　) 3. 當橋接器收到訊框時，會根據橋接表中的目的 MAC 位址來決定訊框需不需要送到另一網路區段稱為　(1) 過濾　(2) 轉送　(3) 路徑選擇　(4) 以上皆非。

(　) 4. 會分割廣播網域為
(1) 第 2 層交換器　(2) 第 3 層交換器　(3) 橋接器　(4) 集線器。

(　) 5. 閘道器是運作在 OSI 模型中
(1) 3 個層　(2) 4 個層　(3) 5 個層　(4) 7 個層 的網路設備。

(　) 6. 下列哪種設備可以分割碰撞區域，但不能分割廣播網域
(1) 第 2 層交換器　(2) TDM　(3) 集線器　(4) 路由器。

(　) 7. 下列哪種設備具有一個廣播區域及一個碰撞區域
(1) 第 2 層交換器　(2) MUX　(3) 集線器　(4) 以上皆可。

(　) 8. 下列哪種設備可以分割碰撞區域及廣播網域
(1) 第 2 層交換器　(2) TDM　(3) 集線器　(4) 路由器。

(　) 9. 第 2 層交換器常以什麼技術分割廣播區域
(1) VLAN　(2) LAN　(3) MAN　(4) WAN。

(　)10. 要解決廣播風暴問題，可以採取____方式來解決迴路造成的問題
(1) VLAN　(2) 擴展樹 (spanning tree) 演算法　(3) 第 2 層交換器　(4) 以上皆非。

簡答題

1. 寫出 EIA / TIA 568B 的每條芯線顏色與編號。
2. 簡單說明集線器與第 2 層交換器和路由器主要不同點？
3. 何謂廣播風暴 (broadcast storm)？
4. 說明 CSU/DSU 主要功能。
5. 第 2 層交換器使用 VLAN 的目的為何？
6. 比較級射率光纖 (Step Index Fiber；SIF) 與斜射率光纖 (Graded Index Fiber；GIF)。
7. 何謂 SFP？
8. 網路卡的類型，可分為哪幾種？請說明。
9. 根據網路介面類型的不同，網路卡還分為哪幾種？請說明。

CHAPTER 5

最主流的區域網路乙太網路

5-1　區域網路簡介

　　區域網路 (Local Area Network；LAN) 是指在同一個網域內所有連接的主機及網路設備。而這個網域的範圍可能是學校，或是某一區域的大樓，在這範圍內，纜線會將電腦、網路元件或其它裝置串接起來，以便達到網路資源分享與交換。區域網路的基本元件必須有網路卡、網路線、網路作業系統與網路主機，包括電腦、集線器、交換器或路由器等設備。最常見的區域網路稱為乙太網路。

5-2　區域網路相關標準

　　IEEE 802 委員會在區域網路相關標準制定上扮演著非常重要的角色。該委員會在 1980 年 2 月成立，主要負責區域網路、都會網路與高速網路等介面與協定標準的制定。其規範的內容是對照至 OSI 模型中的實體層與數據鏈路層。IEEE 802 的相關標準非常多，像 IEEE 802.3 又可以分支 IEEE 802.3ab、IEEE 802.3i、IEEE 802.3u.... 等一系列的標準，所以我們只列出至 2023 年 3 月，已經使用中比較重要的標準，如表 5-1 所示。有關 802.11 無線網路相關標準留在第 7 章說明。

表 5-1　IEEE 802 相關標準

IEEE 標準名稱	主要功能	備註
IEEE 802.2	指出邏輯鏈路控制 (Logic Link Control；LLC) 相關控制與規範。	
IEEE 802.3	指出 CSMA/CD 控制與規範。	
IEEE 802.3u	指出 100BaseT 控制與規範。	雙絞線：100 公尺
IEEE 802.ab	指出 1000BaseT 控制與規範。	雙絞線：100 公尺
IEEE 802.3z	指出 1000BaseSX 和 1000BaseLX 控制與規範。	光纖：5 公里
IEEE 802.3an	指出 10G BASE-T 控制與規範。	雙絞線：100 公尺
IEEE 802.3ah	針對 EPON 規範制定，以及在最後一哩採用乙太網路或 VDSL 提供寬頻服務的相關規範。	
IEEE 802.3av	指出 10 Gbps EPON 的標準。	光纖速率：10 Gbps
IEEE 802.3ae	指出 10 Gbps LAN 的乙太網路標準。	光纖速率：10 Gbps
IEEE 802.3bk	指出上下行 10/10G bps EPON 的對稱速率。	
IEEE 802.3ca	允許用戶於對稱或非對稱的操作。	下行速度為 25Gbps 或 50Gbps，上行速度 10Gbps、25Gbps 或 50 Gbps
IEEE 802.5	指出 Token Ring 控制與規範。	

5-3　10Mbps乙太網路(IEEE 802.3)

　　乙太網路 (Ethernet) 是由 Intel、Xerox 和 Digital 三家公司 (稱為 DIX 聯盟) 共同制定出來。1982 年，DIX 聯盟推出了 Ethernet Version 2 (簡稱 EV2) 規格，緊接著在 1983 年，EV2 規格經 IEEE 802.3 委員會稍做修改，正式公佈成為 802.3 CSMA/CD 規格。至今，IEEE 802.3 協定的網路標準幾乎已成為業界所採用的區域網路標準。而後，DIX 聯盟也將專利權轉移給 IEEE 協會，使得乙太網路不再是某一家廠商專屬使用的專利。以 10Mbps 的乙太網路來說，常見的乙太網路有下列 4 種型式 (表 5-2) 及網路特性 (表 5-3)。

表 5-2　10Mbps 各類型乙太網路

網路型式	10Base5	10Base2	10BaseT	10BaseF
佈線類別	同軸電纜	同軸電纜	雙絞線	光纖
接頭	AUI	BNC	RJ-45	ST
區段最大長度	500 公尺	185 公尺	100 公尺	2000 公尺
網路最大長度	2500 公尺	925 公尺	500 公尺	500 公尺
最大節點數目	100	30	1024	2 或 33
網路拓樸	BUS	BUS	STAR	STAR

註：10BaseF 雖然區段增加，總長度反而由 2000 公尺降至 500 公尺。

表 5-3　10Mbps 乙太網路特性

頻寬	基頻
網路拓樸	匯流排 (BUS)、星狀 (STAR)
線材	同軸電纜 (10Base5、10Base2)、雙絞線 (10BaseT)、光纖 (10BaseF)
傳輸速率	10Mbps
偵測碰撞	CSMA/CD
網路型態	廣播式網路

10Base5

連接成匯流排 (BUS) 型式的網路。10 代表網路速率可達到 10Mbps。佈放的纜線為 RG-11 粗同軸電纜，一網路區段最大傳輸距離為 500 公尺。在這裡，所謂「區段」是指網路兩端的終端電阻 (值為 50 歐姆) 至終端電阻之間的距離，如圖 5-1 所示，最多可連接 5 個區段和 4 個中繼器，以及只能有 3 個可用的區段稱為 5-4-3 規則。由 5-4-3 規則，傳輸距離可延伸至 2500 公尺，一區段可連接至 100 部電腦，3 個區段可連接 300 部電腦。

由於 10Base5 乙太網路佈線不易，施工成本較高，因此推出 10Base2 乙太網路後，10Base5 就慢慢被 10Base2 取代。

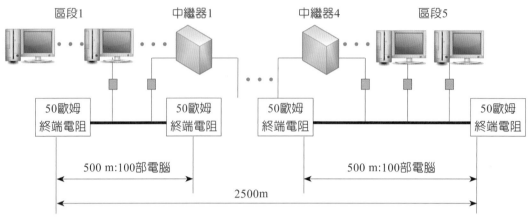

圖 5-1　10Base5 乙太網路

10Base2

　　也是連接成 BUS 型式的網路。佈放的纜線為 RG-58 A/U 細同軸電纜。一區段最大傳輸距離為 185 公尺，最多可連接 5 個區段及 4 個中繼器，可延伸至 925 公尺。由 5-4-3 規則，一區段可連接 30 部電腦，由於最多只能有 3 個區段可連接至傳輸媒介，故可連接 90 部電腦，如圖 5-2 所示。

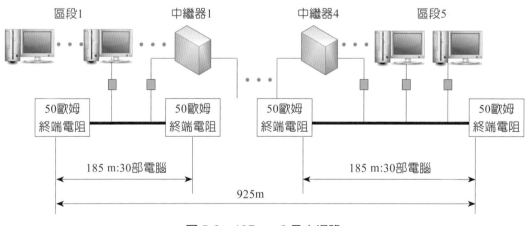

圖 5-2　10Base2 乙太網路

10BaseT

　　亦遵從 5-4-3 規則。T (twisted) 表雙絞線，可以 BUS 與星狀 (STAR) 拓樸方式架設。佈放的纜線為 CAT.3 等級以上的 UTP 雙絞線。在這裡每一對傳送訊號的雙絞線互相纏繞以減少電磁訊號的干擾造成的遠端串音 (Far End Crosstalk；FEXT) 和近端串音 (Near End Crosstalk；NEXT)。所有的電腦透過集線器 (Hub) 互相連接後，一區段最大傳輸距離為 100 公尺，如圖 5-3 所示。

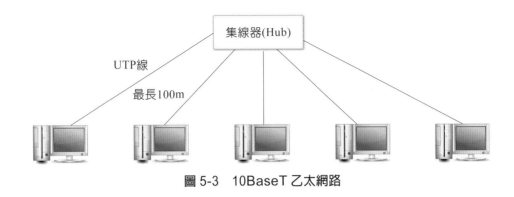

圖 5-3　10BaseT 乙太網路

10BaseF

F (Fiber) 代表光纖，一般連接成 STAR 型式的網路，佈放纜線以光纖電纜作為傳輸媒介。

10BaseF 乙太網路可分成 3 種：第一種是 10BaseFL，L 代表 Link，10BaseFL 是表示以光纖連接網路卡、Hub 等設備，每區段的最大連接距離可達 2000 公尺。第二種是 10BaseFB，B 代表 Backbone (骨幹)，作為兩個區域網路連接的骨幹通道。第三種是 10BaseFP，P 代表 Passive (被動式)，其不具有中繼器功能的光纖集線器，最多可接 33 部電腦。注意：光纖因本身特性關係，最大延伸範圍反而從 2000 公尺縮短為 500 公尺。順便提一下，10BaseF 連接器的接頭通常是 ST 類型的。

5-4　CSMA/CD原理

CSMA/CD 全名為載波感測多重存取 / 碰撞偵測 (Carrier Sense Multiple Access/ Collision Detection)。其工作原理：以圖 5-3 來說，當 10Mbps 的乙太網路上任一電腦 (或稱主機) 欲傳送訊框時，會先偵測網路傳輸通道內是否有其它的訊號正進行傳輸，並傾聽 (listen) 網路上是否有其它電腦也有送出此要求的訊號，當偵測到傳輸通道是閒置的狀態，並再等待 96bits 的時間才送出訊框。

注意：96bits 的時間為訊框與訊框之間的間隔時間 (Inter Frame Gap；IFG)，主要是安全起見，為了怕電腦偵測到傳輸通道雖呈現閒置的狀態，但可能剛好其它電腦正處在 IFG 內造成的誤判。由於乙太網路內的所有電腦均屬於同一廣播區域，並沒有優先權的問題，因此，萬一有兩部以上的電腦要傳送訊框，會導致碰撞 (collision) 的發生，一旦傳送訊框的電腦偵測到碰撞，會立即停止傳送，此時會送出一個 32bits 的壅塞訊號 (jam signal) 到整個網路，此時，網路上所有電腦都

　　會暫時停止傳輸訊框，並進入等待一段任意時間後再重新送出訊號，稱為 (二進制) 倒退重傳時間 (Binary Exponential Back off Time)，但重傳次數不能超過 16 次，如圖 5-4 所示。

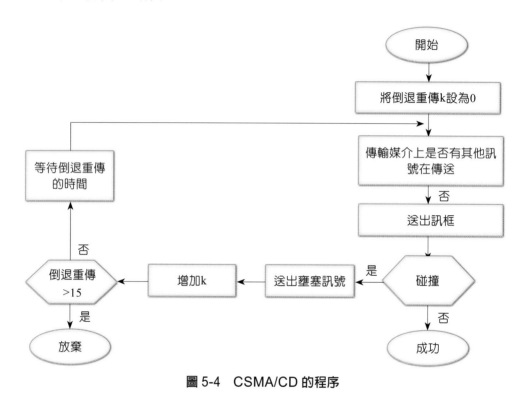

圖 5-4　CSMA/CD 的程序

圖中倒退重傳時間可由下面公式計算：

$$倒退重傳時間 = r \times 時槽$$

r 是一個介於 0 與 $2^k - 1$ 之間的隨機整數，k 是倒退重傳的參數。

　　由於 k 參數的屬性具有 k：min (n,10)，n 代表重傳次數，如果現在發生第 11 次碰撞，11 和 10 的最小值為 10，所以 r 最多就是 1023，等待時間為 51.2μs × 1023 = 52377.6μs，此值對從第 12 次碰撞到第 16 次碰撞都是如此。注意，由於 10Mbps 乙太網路的時槽時間是 51.2μs，因為乙太網路最小訊框長度為 512bits (即 64bytes)，故時槽時間可由 512bits ÷ 10Mbps = 51.2μs 得出 (範例 1 有說明)。當區域網路上的主機傳送訊框前，如果傾聽到傳輸通道有訊號，但仍繼續監聽，一直到訊號消失後，就立刻將其訊框送出，這個方法稱為「1- 堅持法」 (1-persistent)，圖 5-4 正是採用此最簡單

易懂的方法。另外，還有兩種較少被提的方法包括：如果訊框立刻送出的機率為 p，
$0 < p < 1$，這個方法稱為「p- 堅持法」 (p-persistent)。 如果傾聽到傳輸通道有訊號，
立刻退出，不繼續監聽，等待一段隨機延遲之後再重新開始，這個方法稱為「0- 堅持
法」 (0-persistent)。本書焦點放在「1- 堅持法」 (1-persistent) 的說明。

　為了使 CSMA/CD 能安全工作，我們需要對送出的訊框大小進行限制。也就是訊
框的位元在最後一個位元發送之前，發送端必須能偵測到是否碰撞，萬一有碰撞的發
生，就立刻中止傳輸。因此，訊框傳輸時間 T_f 至少必須是最大傳導時間 (propagation
time) T_p 的兩倍。

$$T_f = 2 T_p \tag{5-1}$$

範例 1　10Mbps 乙太網路的 CSMA/CD，如果最大傳導時間是 25.6μs (忽略設備的時
間延遲和發送壅塞訊號所需的時間)，那麼訊框的最小長度是多少？

解答　從 (5-1) 式可以知道 T_f 必須至少是最大傳導時間 T_p 的兩倍，我們可以寫成
$T_f = 2 T_p = 2 \times 25.6 = 51.2$μs。

所以 10Mbps 乙太網路的訊框的最小長度是

10×10^6 位元 / 秒 $\times 51.2 \times 10^{-6}$ 秒 = 512 位元 = 64bytes (位元組)。

值得一提，512 位元 (即 64bytes) 這個值，它也是標準乙太網路訊框的最小
長度值。

範例 2　如果一電腦感測到頻道是閒置的，該電腦就送出一個訊框，不過現在它偵測
出有碰撞發生；於是它又再試了 1 次，但又偵測到碰撞；還好，它在第 2 次
重試時終於成功。那麼，它的倒退重傳的時間為何？

解答　在第一次碰撞之後，k = 1，所以 $2^k - 1 = 1$。這表示說：r 是在 0 與 1 之間的
隨機整數；亦即 0 或 1。如果是 0，表示電腦不等待 ($0 \times 51.2 = 0$μs)。如果是
1，電腦要等待 51.2μs ($1 \times 51.2 = 51.2$μs)。在第二次碰撞之後，k = 2 ，所以
$2^k - 1 = 3$。這表示說：r 是在 0 與 3 之間的隨機整數；亦即 0、1、2 或 3；倒
退重傳的時間依序為 0μs、51.2μs、102.4μs、153.6μs。

5-4-1　乙太網路的訊框格式

OSI 第二層稱為數據鏈路層，負責乙太網路定址需要的訊框組成，而其格式分為 Ethernet II 及 IEEE 802.3 兩種，兩者的格式差異不大，在這裡先提醒，Ethernet II 訊框格式中的「Etype」佔 2 個 bytes 的欄位，IEEE 802.3 則是以「長度」欄位取代「Etype」。另外，IEEE 802.3 插入 3 個 bytes 的 LLC (Logical Link Control) 標頭到資料 (Data) 欄位的裡面 (換句話說，資料欄位的長度少了 3bytes)，如圖 5-5(a)-(b) 所示。值得一提，Wireshark 擷取到的封包都是以 Ethernet II 訊框格式為準。兩種訊框格式說明如下。

Ethernet II

前置位元 8bytes	DA 6bytes	SA 6bytes	Etype 2bytes	資料	FCS 4bytes

圖 5-5(a)　Ethernet II 格式

IEEE 802.3

前置位元 7+1(SFD)bytes	DA 6bytes	SA 6bytes	長度 2bytes	資料	FCS 4bytes

802.2	DSAP	SSAP	CRTL

圖 5-5(b)　IEEE 802.3 格式

◉ 前置位元(preamble)佔8bytes

前者 (指 Ethernet II) 連續 7 個 10101010 交錯的訊號，作為發送端與接收端之間的同步，第 8 個 byte 為 10101011，代表同步結束與訊框之開始。後者 (指 IEEE 802.3) 如同 Ethernet II 說明，只不過，第 8 個 byte 被稱為訊框的啟始界定 (Start Frame Delimiter；SFD)。

◉ 目的端位址(Destination Address；DA)佔6bytes

可能是某單一主機的 MAC 位址，或是廣播或多點傳播的 MAC 位址。注意，廣播用的 MAC 位址全部為 1 (0xFFFFFFFFFFFF)。

◉ 來源端位址(Source Address；SA)佔6bytes

為一主機的 MAC 位址，絕對不會是廣播位址。

● 上層類型欄位(Ether type；Etype)/長度欄位佔2bytes

Etype 在 Ethernet II 訊框中用來辨識網路層協定，Ether type 對上層使用的協定類型定義，如 0x0600 代表 XNS、0x0800 代表 IP、0x0806 代表 ARP、0x0835 代表 RARP、0x6003 代表 DECNet。此欄位若使用 IEEE 802.3 的格式是指長度欄位，只要此欄位值小於 0x0600 (十進位 1536) 就代表長度，若大於 0x0600，就代表如同 Ethernet II 所定義的 Etype 欄位。

● 資料欄位

由於乙太網路在偵測碰撞訊號時，其傳送訊框長度至少需 64bytes，扣掉標頭的 18bytes (不包含前置位元及 SFD 共 8bytes)，剩下 46bytes，此 46bytes 是「資料欄位」長度的最小需求，若資料小於 46bytes，則必須 0 填補 (padding)。而「資料欄位」的最大長度規定為 1500bytes，因此，「資料欄位」長度可能從 46 到 1500bytes。注意：訊框長度的最大值為 1518bytes，因此，「訊框長度」可能從 64 到 1518bytes。注意，如果使用到填補位元，則到達對方的網路層資訊會包含具有填補位元的 IP 資料包，網路層會利用 IP 標頭長度偵測知道有填補位元存在而將它清除。「資料欄位」是放置 IP 資料包的空間，也常稱為酬載 (payload) 長度。

● FCS (Frame Check Sequence)佔4bytes

利用 CRC-32 方式偵測整個訊框的正確性。注意：CRC-32 被除數不含前置位元與 SFD。

● 802.2佔3bytes

Ethernet II 的架構對應於 OSI 的第一層與第二層部分，IEEE 802.3 也是如此對應關係，但第二層包含兩個子層，下層是 MAC 子層，至於上層 LLC (Logic Link Control) 子層，則由 IEEE 802.2 所定義。LLC 標頭可分成 3 個欄，各佔 1octet (即 byte)，分別 為 DSAP (Destination Service Access Point)、SSAP (Source Service Access Point) 及 HDLC 控制欄。此標頭包含網路層通訊協定所需的資訊，而網路層通訊協定則是透過服務存取點 (Service Access Point；SAP) 與第二層做上下層的資訊傳送工作。注意，LLC 標頭中的 DSAP 或 SSAP 有兩個位元保留給其它用途，實際只能定義 64 種通訊協定。

LLC 子層提供三種類型服務：Type 1 (不回覆，免接模式)、Type 2 (連接導向模式)，及 Type 3 (回覆，免接模式)。

5-4-2　Ethernet 封包的擷取分析

　　Ethernet 封包的擷取方式，在這裡筆者利用自己的筆電 (其 IP 位址爲 192.168.1.8 及 MAC 位址爲 00:0c:f1:0a:4b:f8) 內的瀏覽器向 Google 網站連線並下載一些資料，並透過掛在線上的 Wireshark 工具程式擷取封包，再用滑鼠在封包內容列的第二層位置(即 ❷ 所示的紅框位置) 快速按兩下進行對 Ethernet 封包欄位分析，如圖 5-6 所示。

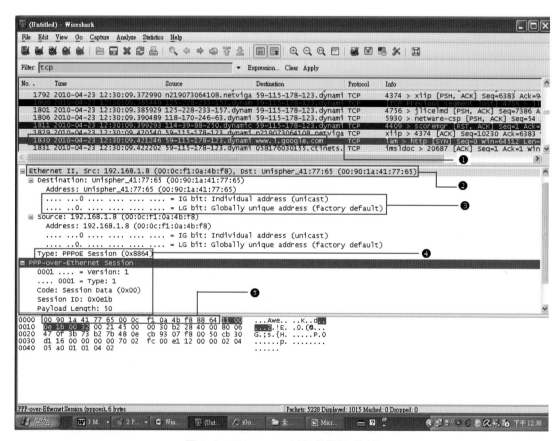

圖 5-6　Ethernet 封包的擷取分析

❶ 指出所連線到的 Google 網站。

❷ 及 ❺ 指出來源端 MAC 位址爲 00:0c:f1:0a:4b:f8 (IP 位址爲 192.168.1.8)；目的端 MAC 位址爲 00:90:1a:41:77:65。由於採用手動撥接連線，故此時的 Etype 如 ❹ 指出數字 0x8864 代表採用的協定類型爲 PPPoE (PPP over Ethernet)。

❸ 指出目的端 48 位元的 MAC 位址，如圖 5-7(a) 所示，其中第 47bit 與第 46bit 依序稱爲 IG (Individual/ Group) 位元與 LG (Local/Globally) 位元。IG 值爲 0 時，代表電

腦的 MAC 位址；若值為 1 時，代表乙太網路的廣播或多點傳播位址。LG (Local/
Globally) 位元值為 0 時，代表由 IEEE 統一管理的位址；若值為 1 時，代表位址由
本地管理。組織唯一識別碼 (Organizationally Unique Identifier；OUI) 是由 IEEE 指
定給各組織。注意，網路產品製造業者在 IEEE 管理之下接受 OUI 的配置與登錄，
就 ❷ 來說 00:0c:f1 即是 OUI。後 24 位元 0a:4b:f8 是本人 (筆電) 使用的網路卡位址，
其跟實際生產該網卡的廠商指定的流水號碼有關。

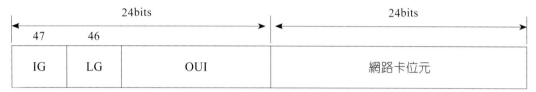

圖 5-7(a)　乙太網路定址方式

 NOTE

值得一提，MAC 位址是如何傳送到線路上？我們可以將圖 5-7(a) 的 48 位元由
左而右依序稱為第 1byte、第 2byte、…、第 6byte，其中第 1byte 中的最右位
元為 IG 位元會最先傳送，接著第 2bit (也是 LG) 會跟著傳送…至第 8bit 表示
第 1byte 傳送完畢。接下來，依照這個方式傳送第 2byte，第 3byte…一直到第
6byte，表示 48 位元的 MAC 位址傳送完畢，如圖 5-7(b) 所示。下面範例就以圖
5-6 所示來源端 MAC 位址 00:0c:f1:0a:4b:f8 共 48 位元的 MAC 位址傳送順序。

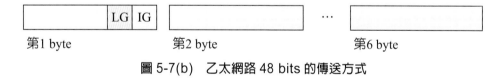

圖 5-7(b)　乙太網路 48 bits 的傳送方式

範例 3 　MAC 位址 00:0c:f1:0a:4b:f8 是如何傳送到線路上。

解答

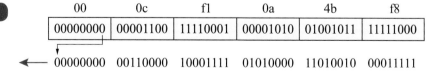

5-5　100Mbps乙太網路(IEEE 802.3u)

由於使用者對於網路的資料傳輸量需求愈來愈高，1995 年，IEEE 公佈 802.3 的延伸標準，稱爲 802.3u，這也導致 100Mbps 快速乙太網路 (Fast Ethernet；FE) 的出現。從 10Mbps 到 100Mbps 乙太網路的演進，存取方式一樣是採取 CSMA/CD。FE 可以分類爲 2 線式或 4 線式。2 線式稱爲 100BaseX，它可以是雙絞線 (100BaseTX) 或光纖纜線 (100BaseFX)。4 線式只使用雙絞線，稱爲 100Base-T4。注意，在全雙工快速乙太網路中是不需要 CSMA/CD，但實作上仍保留 CSMA/ CD 向下相容傳統的乙太網路。

◉ 100BaseTX

是目前最普遍使用的網路類型，它與 10BaseT 一樣是使用雙絞線來傳輸，然而，其傳輸訊號的頻率較快，所使用的雙絞線等級自然較高。採用的佈放纜線爲 CAT.5 等級以上的 UTP 雙絞線。

爲使資料傳輸速率達到 100Mbps，編碼是以兩個步驟來實現。首先，資料經 4B/5B 區塊編碼以維持同步，這種編碼的特點是將欲送出的資料流程每 4bits 爲一組，然後按照 4B/5B 區塊編碼規則將 4bits 轉換成相對應的 5bits 碼。5bits 碼共有 32 種組合，但只採用其中的 16 種，如表 5-4 所示。

注意：頻寬也從 100Mbps 的資料傳輸率，變成 125Mbps 的速率，接著使用三階多電位傳　輸 (Multilevel Transmit 3；MLT-3) 對訊號做編碼。MLT-3 的運作方式很簡單——遇 0 不改變電位狀態，遇 1 時依照三個訊號電位狀態順序 (0，+，0，−) 做改變 (參考第二章圖 2-26)，如圖 5-8 所示。最後也是以上述兩個步驟來實現解碼工作。多數 100BASE-TX 和後面將介紹的 1000BASE-T 裝置皆支援自動協商特性，即這些裝置透過訊號來協調需要使用的速率和雙工設定。

表 5-4　4B/5B 對應表

0	0000	11110
1	0001	01001
2	0010	10100
3	0011	10101
4	0100	01010
5	0101	01011
6	0110	01110
7	0111	01111
8	1000	10010
9	1001	10011
A	1010	10110
B	1011	10111
C	1100	11010
D	1101	11011
E	1110	11100
F	1111	11101

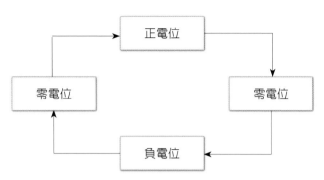

圖 5-8　MLT-3 遇 1 時，三個訊號電位狀態變化的順序

100BaseT4

　　此類型可以使用 CAT.3 或更高等級的 UTP 纜線，因為只有半雙工的傳輸模式，而且推出時間太晚，相關產品不多。100BaseT4 為了保持同步並同時減低頻寬，使用一種稱為 8B/6T (8 個二進位轉換成 6 個三進位) 三準位的線路編碼。如圖 5-9 所示，例如 16 進制資料值 32 為 00110010 經 8B/6T 編碼 (參考附錄 B) 變成 (0，+，−；0，−，+)，頻寬也從 100M baud 減低為 75M baud。

100BaseFX

　　使用光纖來傳輸，傳輸的距離與所使用的光纖類型及連接方式有關。在點對點的連接方式下，若使用多模光纖，傳輸距離可達 2 公里，若使用單模光纖，其距離可高達 10 公里。順便提一下，對於 100BaseFX 來說，連接器的接頭有 ST 或 SC，但大部分情況下是屬 SC 類型。

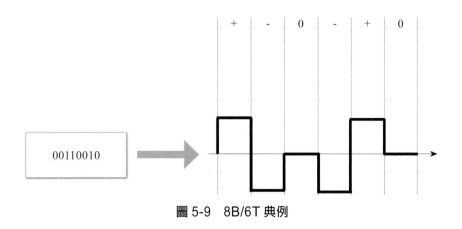

圖 5-9　8B/6T 典例

NOTE

100BaseT2 採用 CAT.3 等級雙絞線，就可達到 100Mbps 的頻寬，而且能以全雙工模式傳輸資料。可惜它的電路設計難度高，加上推出時間晚，已經失去市場主流地位。

5-6　1000Mbps乙太網路

乙太網路已成為全球應用最廣泛的企業通訊標準，企業網路的頻寬使用量，年年都出現大幅成長；除此之外，隨著大量的頻寬需求增加，設備製造商也開始投入，發展更高速的傳輸技術，以滿足高頻寬的要求。因此，在 100Mbps 乙太網路的規格宣佈後的短短 5 個月後，IEEE 就開始著手研究下一階段的計畫。

1996 年 6 月，IEEE 審核通過定義出來的 1000Mbps (1Gigabit) 乙太網路架構，在業界還造成許多不同的意見。IEEE 也建議，將 Gigabit 乙太網路歸類為高速網路家族的一份子。終於陸續在 1998 年、1999 年，IEEE 公佈了 802.3z Gigabit 乙太網路標準；它也分類為 2 線式或 4 線式 (參考表 5-5)。2 線式稱為 1000BaseX，要達到 1000Mbps 的資料傳輸，需先經 8B/10B 區塊編碼，使傳送的 0 和 1 數量保持一致，且連續的 1 或 0 基本上，不要超過 5 個；主要目的是在傳輸中達到直流平衡 (DC Balance)，接著使用 NRZ 對訊號編碼。值得一提，如果當高速串流的 1 或 0 有多個位元連續沒有產生變化時，訊號的轉換就會因為電位的關係容易造成訊號錯誤，直流平衡就是用來解決這樣的問題。1000BaseX 可以使用短波光纖，稱為 1000BaseSX；長波光纖稱為 1000BaseLX；或短銅跳線，稱為 1000BaseCX。1000BaseSX 和 1000BaseLX 都是使用兩條光纖纜線，前者使用短波雷射，而後者使用長波雷射。1000BaseCX 則是使用 STP 纜線。1000BaseT 也被稱為 IEEE 802.3ab，其為 4 線式，即是利用 4 條雙絞線達成 1Gbps 的傳輸速率。說明如下。

1000BaseSX

S 代表短 Short，為短波長 (850nm) 光纖乙太網路，只能以多模光纖作為傳輸媒介。若採用核心直徑為 62.5μm 的多模光纖，在全雙工模式下，最大的區段距離為 275 公尺，若是使用核心直徑為 50μm 的多模光纖，在全雙工模式下，最大的區段距離為 550 公尺。

1000BaseLX

L 表示 Long，為長波長 (1300nm) 光纖乙太網路，可採用單模或多模光纖來傳輸。使用多模光纖時，在全雙工模式下，最大的區段距離為 550 公尺；若是採用單模光纖，在全雙工模式下，傳輸距離可達 5 公里。

1000BaseCX

它的最大區段距離只可以至 25 公尺，並不適合架設網路，大部分用來連接鄰近的設備。

1000BaseT

當 1000BaseT 相關規格公佈後，UTP 使用者也慢慢轉移至 Gigabit 等級。它完全相容於 100BaseTX 網路，使用者可以在原 100BaseTX 網路直接升級至 1000BaseT。為了確定能達到 1000Mbps 的傳輸速率，可以使用 CAT.5e 或 CAT.6 的雙絞線。最長傳輸距離為 100 公尺。

表 5-5　1000 Mbps 各類型乙太網路

網路型式	1000BaseSX	1000BaseLX	1000BaseCX	1000BaseT
佈線類別	光纖	光纖	特殊同軸電纜	雙絞線
接頭	SC	SC	DB9	RJ-45
區段最大長度	275/550 公尺	550/5000 公尺	25 公尺	100 公尺
網路拓樸	STAR	STAR	STAR	STAR

NOTE

一般的乙太網路傳輸時在第 2 層的資料欄位最大的封包長度為 1500bytes 稱為 MTU (Maximum Transmission Unit，最大傳輸單位)，GbE (即 1000Mbps 乙太網路) 則是有個備選的 Jumbo Frame (MTU 可達 9000bytes) 規格，換言之可讓超過 1500bytes 的封包在網路上直接傳送。可惜這項規格並非所有 GbE 裝置都支援，若裝置有支援，其 MTU 大小也不一定相同。

5-7　10Gigabit乙太網路的類型

10Gigabit 乙太網路的佈線方式如表 5-6 所示，包括 10G BASE-SR，採用多模光纖，為短波雷射 (850nm) 光纖乙太網路；10G BASE-LR，採用單模光纖，為長波雷射 (1310nm) 光纖乙太網路；10G BASE-ER 採用單模光纖，為超長距離雷射 (1550nm) 的光纖乙太網路，以及 10G BASE-L，若為 LX4 是採用多模光纖，其各區段的上限為 0.3 公里；若為 LW 則是採用單模光纖，其各區段的上限為 10 公里， 典型應用像寬分波多工 (Wide WDM；WWDM) (1310nm) 光纖乙太網路。

值得一提的是，10G BASE-SR 若採用現有多模光纖 (依不同型態) 如 MMF 62.5/125μm [160MHz km]，其各區段的上限為 22 公尺，MMF 50/125μm [500MHz km]，其各區段的上限為 82 公尺。新型 MMF 50/125μm [2000MHz km]，其各區段的上限為 300 公尺。注意：MMF (Multi Mode Fiber) 代表多模光纖。

NOTE

在 10Gb 乙太網路之後，IEEE 802.3 委員會成立高速乙太網路研究小組 (Higher Speed Ethernet Study Group; HSSG) 開始研究更高速的乙太網路規格，並於 2010 年正式發表 802.3ba-2010 標準。此標準推出 40Gbps 乙太網路 (40GbE) 和 100Gbps 乙太網路 (100GbE) 兩種不同速率。

表 5-6　10GbE 各類型乙太網路

網路型式	10G Base-SR	10G Base-LR	10G Base-ER	10G Base-L	10G Base-T
佈線類別	光纖	光纖	光纖	光纖	雙絞線
接頭	SC	SC	SC	SC	GG-45
區段最大長度	22~82 或 300 公尺	10 公里	40 公里	0.3 或 10 公里	100 公尺
網路拓樸	STAR	STAR	STAR	STAR	STAR

NOTE

對於 10GbE 來說，連接器的接頭，大部分情況下是屬 SC 類型，如表 5-6 所示，另一方面，表 5-6 的最右邊，10G Base-T 連接器的接頭為 GG-45，它是銅纜連接器的另一種接頭，在 2001 年由 Nexans 發展出來是 CAT.7、CAT.7a 或 CAT.8 佈線所採用的連接器類型。一般而言，RJ-45 連接器的接頭大致只能工作在傳輸 500MHz 以下的頻寬，採用 GG-45 連接器的接頭就是為了傳輸可以超過 500MHz 的頻寬限制，因而它是在 RJ45 上增加 4 個連接腳，形成一個 12 個接腳的連接器。如圖 5-10 所示，現在如果插入 RJ-45 插頭，GG-45 插座的編號 1、編號 2、編號 3、編號 4、編號 5、編號 6、編號 7、編號 8 的接腳工作，傳輸可達 500MHz 的頻寬。如果插入 GG-45 插頭，GG-45 插座會切換到編號 1、編號 2、編號 3'、編號 4'、編號 5'、編號 6'、編號 7、編號 8 的接腳工作，傳輸可達 2000MHz 的頻寬。

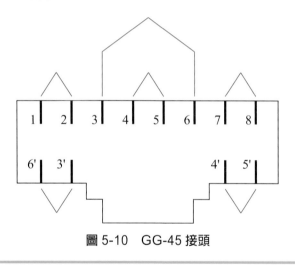

圖 5-10　GG-45 接頭

5-7-1　IEEE 802.3ae

2002 年 6 月，IEEE 通過 10 Gigabit 乙太網路的標準，稱為 802.3ae 10GbE。10GbE 保留了乙太網路的關鍵架構，像媒體存取控制 (MAC) 通訊協定、乙太網路的訊框格式，以及最小與最大的訊框大小。由於封包格式相同，故在不同的高速乙太網路及 10GbE 之間，均可互相溝通，且不需轉換協定。

目前最熱的雲端運算，10 Gigabit 乙太網路交換器正可滿足其需要高傳輸速率 的要求。10 Gigabit 乙太網路規格的特點如以下幾點。

◈ 若使用單模光纖，最大傳輸距離可達 40 公里；若使用多模光纖，最大傳輸距離只有 300 公尺。

◈ 實體層規格分為 LAN 與 WAN，前者採用寬分波多工 (Wide WDM；WWDM) 技術，後者很適合使用於 SONET/SDH 網路技術。

◈ 為了高速傳輸的需求，不允許工作在半雙工模式，換句話說，10 Gigabit 乙太網路規格不需要 CSMA/CD 協定，只會以全雙工模式運作，完全將發送與接收的訊號分開，省掉碰撞的發生及偵測。

◈ 由於光纖的施工與相關設備花費昂貴，於是在 2006 年 6 月 8 日，IEEE 802.3an 小組在美國加州聖地牙哥通過 UTP 的 10 Gigabit 乙太網路標準，稱為 10G BASE-T。至於佈線則選擇 CAT.6、CAT.6a 或 CAT.7。CAT.6a 為無遮蔽纜線，而 CAT.7 則是有遮蔽。注意：以 GG-45 接頭取代 RJ-45 接頭。

5-7-2　IEEE 802.3an

802.3an 是在 2006 年發佈，其規範 RJ-45 接頭和通過雙絞線的連接速率在乙太網路可達 10 Gbps，其傳輸距離可達 100 公尺。一般而言，除非不在乎較短距離的傳輸，可以使用 CAT-6 (傳輸距離僅達 55 公尺)，若為了達到 100 公尺可考慮 CAT-6a 或 CAT-7。10GBASE-T 也可採用在 1000BASE-T，其允許使用自動協商來選擇要使用的速度。10GBASE-T 採用 RJ-45 介面，工作在傳輸 500MHz 以下的頻寬，其實已經廣泛使用在各種乙太網路中。

5-7-3　IEEE 802.3ah

2004 年，EFMA (Ethernet in the First Mile Alliance) 聯盟支持由 IEEE 的 802.3ah 工作組主導的乙太網路在最後一哩的標準規格。換句話說，IEEE802.3ah 就是有關 Ethernet in the First Mile (EFM) 技術的規格。其實「First Mile」（第一哩）往用戶接取端的方向看過去也是所謂的「Last Mile」（最後一哩），也就是骨幹網路到家庭的最後一段的接取線路，一般不是採用雙絞線，不然就是採用光纖連接，而 IEEE802.3ah 則是強調在最後一哩這段線路上採用乙太網路來提供寬頻服務。業者認為，在骨幹網路以及接取網路上採用乙太網路服務的話，不但可以讓 ISP 有更多彈性的選擇方案，成本也會降低。一旦採用 802.3ah 標準就能解決一些相容的問題，這樣可讓 ISP 專心針對服務方面上的經營，同時讓乙太網路的應用範圍擴大發展，目前常延伸至 VDSL 的一些應用。

5-7-4　IEEE 802.3av/ 802.3bk/802.3ca

　　IEEE 802.3 標準委員會也於 2004 年發佈了包含 PON 的標準。到 2006 年 9 月，IEEE 802.3 成立了 802.3av 10G-EPON 工作小組開始制定標準草案。2009 年 9 月，IEEE 802 Plenary 批准了 802.3 修正案，將 802.3av 修正案作爲標準 IEEE Std 802.3av-2009 發佈。802.3av 標準非常重視在同一室外設備上同時運行 1Gps 和 10 Gbps EPON 系統。

　　802.3bk 修正案於 2013 年 8 月獲得 IEEE-SA SB 的批准並快速成爲標準稱爲 IEEE Std 802.3bk-2013。談到這裡，就 EPON 的速度而言，都是著重 10/10G EPON 的對稱速率，主要用來提供下行和上行相等的速率以支持住宅建築稱爲多住宅單元或 MDU (Multi-Dwelling Unit) 的用戶。一般而言，一個 EPON 中的 ONU 可以連接到一千個用戶上下。

　　2020 年 6 月，IEEE 公佈 802.3ca，允許用戶申請使用於對稱或非對稱的操作，下行速度爲 25Gbps 或 50 Gbps，上行速度爲 10 Gbps、25 Gbps 或 50 Gbps。

5-8　架設乙太網路

　　接下來，我們選擇目前蠻普遍使用的 100BaseTX 乙太網路來動手架設實作。目前網路卡都已內建於主機板內，因此我們將分別討論與其有關的 RJ-45 接頭及網路線製作，如下說明。

5-8-1　RJ-45接頭

　　RJ-45 接頭是電腦連接到網路，用來建立連線的透明插頭。RJ-45 接頭前端有 8 個凹槽，每個凹槽各有一金屬片接點，共 8 個接點，因而稱爲 8P8C。RJ-45 依金屬片的形狀又可區分雙叉式 RJ-45 和三叉式 RJ-45，後者導通的效果較好，更適用於高速網路。回想 4-1-3 節已提過的 EIA/TIA 568B/568A，如表 5-7 指出，RJ-45 接頭會因爲每條接線的對應不同而有不同的對應芯線。事實上，乙太網路線有 8 條線，但實際只用到 1、2、3、6 接腳，前 2 支接腳爲發送端，後 2 支接腳爲接收端，如表 5-8 所示。

表 5-7　RJ-45 接頭所對應不同的對應芯線

RJ-45 接頭	1	2	3	4	5	6	7	8
568B	白橙	橙	白	綠	白藍	綠	白棕	棕
568A	白綠	綠	白橙	藍	白藍	橙	白棕	棕

表 5-8　RJ-45 接腳與功能

RJ-45 接腳	功能
1	Tx+ (發送 +)
2	Tx-(發送 -)
3	Rx+ (接收 +)
4	未使用
5	未使用
6	Rx-(接收 -)
7	未使用
8	未使用

5-8-2　網路線製作

網路線又可分為平行線與交叉線兩種，如圖 5-11(a) 及 5-11 (b) 所示：像電腦連接到集線器、電腦到交換器、路由器到交換器，或路由器到集線器，就要選用平行線。您可以選兩邊接頭同為 568A 或同為 568B，若電腦與電腦連接 (即直接連結兩部主機的網路卡)、交換器到交換器、集線器到集線器、集線器到交換器或電腦連到路由器，就要選用交叉線 (又稱跳線)，您可以選一邊接頭為 568A，一邊為 568B 的接頭。目前，10BaseT 及 100BaseTX 雙絞線普遍採用 EIA/TIA 568B 的標準來製作。

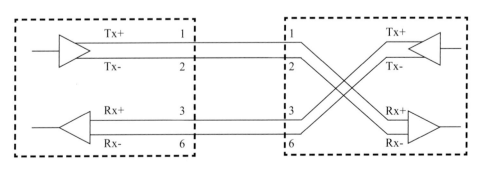

(a) 平行線

圖 5-11　網路線種類

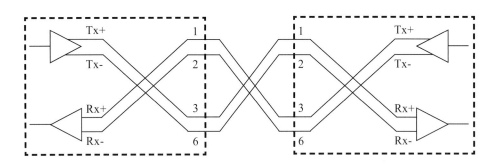

(b) 交叉線

圖 5-11　網路線種類 (續)

　　現在，無論您想利用 ADSL 寬頻上網，或是其它電腦連線，都一定會使用到平行線及交叉線。這條網路線可能是由廠商隨機附贈或買現成的，但最好您可以自己 DIY，既省錢又有成就感。既然要自己做，就來談工具 (如圖 5-12 及圖 5-13 所示) 與材料，以及製作步驟。

◈ 工具

1. RJ-45 壓線鉗。
2. 專業的剝線鉗。
3. 剪刀。

◈ 材料

1. CAT.5 網路線。
2. RJ-45 接頭與插座。

◈ **製作步驟**

1. 先用剝線鉗將網路線剝開。
2. 將成對的雙絞線鬆開。
3. 依照網路線規格排好接腳順序。
4. 將線整理好，以剪刀或剝線鉗剪齊。
5. 將已剪齊的線插入 RJ-45 接頭，並以壓線鉗壓製完成。
6. 若以 568B 製作 RJ-45 接頭的色碼編排來說，我們可以利用剝線鉗將雙絞線外皮剝掉約 2 公分左右，一旦線的外皮剝掉後，先將線分成 4 對線，由左到右依順時鐘

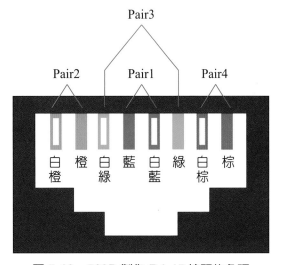

圖 5-12　568B 製作 RJ-45 接頭的色碼

為白橙 / 橙、白藍 / 藍、白綠 / 綠及白棕 / 棕，再將白綠與白藍兩線對調即完成。用剪刀剪齊這些芯線後，套上 RJ-45 接頭，再以壓線鉗壓製就大功

告成。重複上述步驟,製作另一端的 RJ-45 接頭後,這條網路線就形成了。
回憶一下:只要將 568B 的編號 1、2 (Pair 2) 與編號 3、6 (Pair 3) 對換,就
是 568A 的顏色。

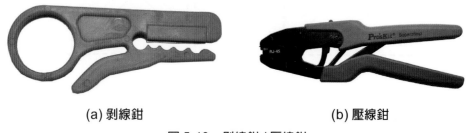

(a) 剝線鉗   (b) 壓線鉗

圖 5-13   剝線鉗 / 壓線鉗

5-9   虛擬區域網路

當 LAN 的規模越來越大時,並非好現象,因為它會衍生出很多問題,這時候我們
會把過大的 LAN 分割成較小的 LAN。採取的方法可以透過路由器切割網段來完成,
但路由器花費成本較高,加上路由器通常不會有太多的 LAN Port 介面,所以最常用的
方式就是在交換器上切割虛擬區域網路 (Virtual LAN;VLAN)。

VLAN 是利用特定的技術將 LAN 以邏輯的方式進行分割,連結在 LAN 上的主機
實際上並不一定需要連結在一起,但這些主機相互之間通訊的行為如同實際連結在一
起。IEEE 強調,購買的交換器只要符合 802.1Q 標準,即使交換器廠牌不同,也可以
使用 VLAN 互連。所有 IEEE 802 下的連結設備包含集線器、橋接器、交換器及區域
網路型態 (如乙太網路、記號環、FDDI、802.11 無線區域網路等等),VLAN 均一致
適用。

每一個虛擬網路有一個識別碼,稱為 VLAN ID,由於網路可存在多個虛擬網路,
透過識別碼才能辨認訊框是屬於哪一個 VLAN。相同的 VLAN ID 代表相同的 VLAN
群組。群組上的主機可以動態的加入或退出某一個 VLAN,這對網路規劃增加了不少
的彈性。VLAN 是一個獨立的廣播網域 (broadcast domain),也就是位於 VLAN 中的
任何主機送出的廣播或群播訊框都只會送給該 VLAN 的所有成員。一旦將多個交換
器分割成不同的群組,並且限制不同群組間的資料存取權限,這將使 VLAN 如同具
防火牆之效果。如圖 5-14 所示 PC0 ~ PC3 分別接到交換器的乙太網路介面,我們把
PC0~PC1 設定為 Vlan 10,PC2 ~ PC3 設定為 Vlan 20。注意:不同 VLAN 間的主機彼
此之間不能直接通訊,如有需要通訊,必須透過路由器來達成。

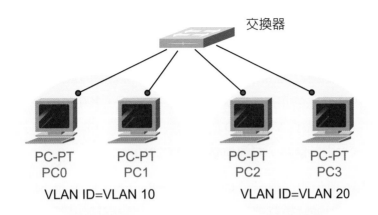

圖 5-14　PC0 ～ PC3 分別接到交換器的乙太網路

5-9-1　VLAN如何跨越交換器

　　首先，介紹 802.1Q VLAN 的重要觀念：VLAN 可以跨越一個以上互相連結的交換器，它需要在一條實體連線中使用 802.1Q VLAN 主幹 (Trunk) 協定以便傳送不同 VLAN 的訊框。然而要注意的是，在乙太網路標頭資訊中並沒有辦法識別任何 VLAN 的相關資訊。所以必須要有一個方法讓訊框經過這些 VLAN 時，能夠記錄所有使用者與訊框的資訊。所以在訊框上的標頭加入標籤 (Tag) 是常用的一種方式，802.1Q 協定就是用來執行這件事情；一旦有標籤的資訊，表示已將 VLAN ID 資訊標記到乙太網路標頭資訊中，如此當訊框經過主幹實體連線時，就能識別訊框是要傳到哪一個目的 VLAN 中。當乙太網路訊框中有 802.1Q 標頭時就代表 VLAN Tag 已產生，此欄位值共佔 32 bits，其組成如圖 5-15 所示。

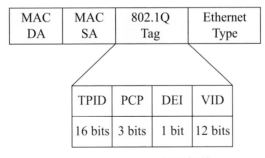

圖 5-15　802.1Q 標頭欄位

　　802.1Q 標頭欄位是由 TPID (Tag Protocol Identifier) 佔 16bits，PCP (Priority Code Point) 佔 3bits，DEI (Drop Eligible Indicator，以前稱 CFI，Canonical Format Indicator) 佔 1bit 和 VID (VLAN ID) 佔 12bits 共 32bits 組成，其中 PCP (3 bits) + DFI (1 bit) + VID (12bits) 共 16bits 稱爲 TCI (Tag Control Information)。當 TPID 的欄位值被設定在

0x8100，就是用來識別某個「已被標記的 IEEE 802.1Q 的訊框」。PCP 佔 3bits，從 0 (最低) 到 7 (最高)，用來對資料流 (音訊、影像、檔案等) 定義傳輸的優先等級。DEI (以前稱為 CFI) 可以單獨使用，也可以與 PCP 結合使用，以指示在出現網路壅塞時有資格丟棄哪一些訊框，通常此位元預設為 0。VID 佔 12 位元，其中 0x000 和 0xFFF 為保留值，其它的值 0~4093，做為 VLAN ID 的識別號碼。注意，802.1Q 可以讓不同廠牌的交換器之間得以建立主幹鏈路。有興趣參考 RFC2960。

範例 4　如圖 5-16 所示的交換器是 Cisco 廠牌，Switch01 與 Switch1 中的兩個 VLAN 使用主幹 (Trunk) 進行連接，說明 802.1Q 協定的操作情形。

解答

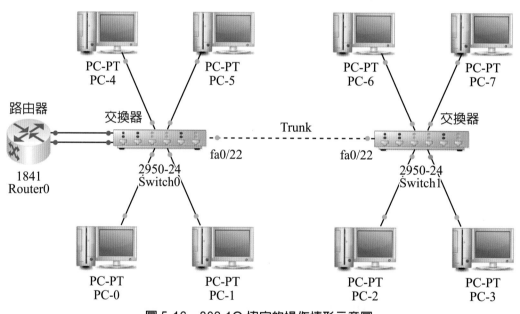

圖 5-16　802.1Q 協定的操作情形示意圖

Switch0 與 Switch1 中的兩個 VLAN 使用主幹進行連接，其中 Switch0 的 fa0/22 與 Switch1 的 fa0/22 是透過一條實體連線連接而成，實體連線設定要從 fa0/22 的介面執行 switch mode trunk 指令，則 fa0/22 就變成 trunk port，Trunk 協定就可以在這一條實體連線上執行。接下來，當訊框要從 Switch0 的 trunk port 離開時，802.1Q 協定就會將 VLAN ID 標籤(tag)加入到乙太網路標頭資訊中，當資料要進入 Switch1 的 trunk port 時，802.1Q 協定就會將 VLAN ID 從訊訊中移除稱為 unTag。有關 Cisco 交換器之間的相關指令設定仍是讀者進入電腦網路另一階段要瞭解的課題。

NOTE

在業界上課中常常碰到學員在實作的時候，他們會問說用 Wireshark 如何擷取
VLAN 上主幹 (Trunk) 埠的訊框。首先，您一定要先確認 Wireshark 主機所配備
的網卡是否支援能擷取帶有 VLAN Tag 的訊框？答案是取決於安裝 Wireshark
的作業系統、用來擷取訊框的網卡以及實際網卡的驅動程式。

更進一步，802.1Q 有關的 VLAN Tag 的一些設定已超過本書範圍，有興趣者，
可參考本人 2021 年三月出的專書《Wireshark 實戰演練與網路封包分析寶典》。
我們就來看利用 Wireshark 擷取 802.1Q 的訊框帶有 VLAN ID 的訊框結果，如
圖 5-17 所示。

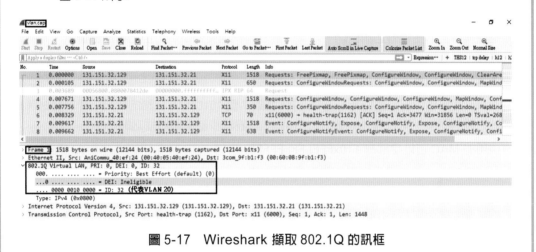

圖 5-17　Wireshark 擷取 802.1Q 的訊框

重點整理

▶ IEEE 802.3 協定的網路標準，幾乎已成為業界所採用的區域網路標準。

▶ IEEE 802.3 指出 CSMA/CD 控制與規範。

▶ 雙絞線互相纏繞以減少電磁訊號的干擾造成的遠端串音 (Far End Crosstalk；FEXT) 和近端串音 (Near End Crosstalk；NEXT)。

▶ 最多可連接 5 個區段、4 個中繼器，以及只能有 3 個可用的區段，稱為 5-4-3 規則。

▶ CSMA/CD 全名為多重存取 / 碰撞偵測 (Carrier Sense Multiple Access/Collision Detection)。

▶ 倒退重傳時間 = r × 時槽。r 是一個介於 0 與 2^k - 1 之間的隨機整數，k 是倒退重傳的參數。

▶ 當區域網路上的主機傳送訊框前，如果傾聽到傳輸通道有訊號，但仍繼續監聽，一直到訊號消失後，就立刻將其訊框送出，這個方法稱為「1- 堅持法」(1-persistent)。

▶ 標準乙太網路訊框的最小長度值為 512 位元。

▶ Ethernet II 訊框中的前置位元 (preamble) 連續 7 個 10101010 交錯的訊號，作為發送端與接收端之間的同步，第 8 個 byte 為 10101011，代表同步結束與訊框之開始。

▶ 廣播用的 MAC 位址全部為 1 (0xFFFFFFFFFFFF)。

▶ Etype 在 Ethernet II 訊框中用來辨識網路層協定。此欄位若使用 IEEE 802.3 的格式是指長度欄位。

▶ 訊框長度的最大值為 1518bytes。訊框長度可能從 64 到 1518bytes。「資料欄位」長度可能從 46 到 1500bytes。

▶ 0x8864 代表採用的協定類型為 PPPoE。

▶ 主機的 MAC 位址佔 48 bits。

▶ MAC 位址其中第 47bit 與第 46 bit 稱為 IG (Individual/ Group) 位元。IG 值為 0 時，代表電腦的 MAC 位址。若值為 1 時，代表乙太網路的廣播或多點傳播位址。

▶ RJ-45 連接器的接頭大致只能工作在傳輸 500MHz 以下的頻寬，採用 GG-45 連接器的接頭就是為了傳輸可以超過 500MHz 的頻寬限制。

▶ 電腦與集線器連接時，就要選用平行線，您可以選兩邊接頭同為 568A 或同為 568B。若電腦與電腦連接時 (即直接連結兩部主機的網路卡)，就要選用交叉線。

▶ 虛擬區域網路 (Virtual LAN，簡稱 VLAN) 是利用特定的技術將區域網路以邏輯的方式進行分割，連結在區域網路上的電腦實際上並不一定需要連結在一起。

▶ 802.1Q 協定可將 VLAN ID 資訊標記到乙太網路標頭資訊中，如此當訊框經過主幹實體連線時，就能識別訊框是要傳到哪一個目的 VLAN 中。

▶ 802.1Q 標頭欄位是由 TPID (Tag Protocol Identifier) 佔 16bits，PCP (Priority Code Point) 佔 3bits，DEI (Drop Eligible Indicator；以前稱 CFI，Canonical Format Indicator) 佔 1bit 和 VID (VLAN ID) 佔 12 bits 共 32bits 組成。

本章習題

選擇題

( ) 1. 區域網路的基本元件必須有 (1) 網路卡 (2) 網路線 (3) 網路主機 (4) 以上皆是。

( ) 2. CSMA/CD 控制與規範為何類標準
(1) IEEE 802.2 (2) IEEE 802.3 (3) IEEE 802.5 (4) IEEE 802.11。

( ) 3. 10Base2 佈放的纜線為
(1) RG-11 粗同軸電纜 (2) RG-58 A/U 細同軸電纜 (3) CAT.5 (4) CAT.6。

( ) 4. 10BaseT 的最大傳輸距離 (1) 100 公尺 (2) 185 公尺 (3) 500 公尺 (4) 2000 公尺。

( ) 5. RJ-45 接頭其有幾個接點 (1) 4 (2) 6 (3) 8 (4) 12。

( ) 6. 一個乙太訊框的最大長度為多少位元組 (byte)
(1) 64bytes (2) 256bytes (3) 1024bytes (4) 1518bytes。

( ) 7. 一個乙太訊框中的最大酬載 (payload) 長度為何？
(1) 1064bytes (2) 1360bytes (3) 1512bytes (4) 1500bytes。

( ) 8. Ether type 上層使用的協定若為 IP，其對應值為
(1) 0x0600 (2) 0x0800 (3) 0x0806 (4) 0x8864。

( ) 9. 廣播用的 MAC 位址其對應值為
(1) 全部為 1 (0xFFFFFFFFFFFF) (2) 全部為 0 (0x000000000000)
(3) 任何值皆可 (4) (0x000000FFFFFF)。

( )10. Ethernet II 連續 7 個交錯的訊號，作為發送端與接收端之間的同步，其值為
(1) 00000000 (2) 01010101 (3) 01010100 (4) 00001111。

( )11. 指出 10 Gbps EPON 的標準為
(1) IEEE 802.3z (2) IEEE 802.3u (3) IEEE 802.3av (4) IEEE 802.3an。

( )12. 乙太網路訊框中的資料欄位最小長度值為多少位元組
(1) 46bytes (2) 64bytes (3) 1500bytes (4) 1518bytes。

( )13. GG45 連接器的接頭是一個____支接腳的連接器 (1) 8 (2) 10 (3) 12 (4) 16。

( )14. 802.1Q 標頭欄位中的 VLAN ID 佔____bits (1) 8 (2) 9 (3) 10 (4) 12。

( )15. RJ-45 接頭的色碼編排，只要將 568B 的編號 1、2 與____對換，就是 568A 的顏色
(1) 編號 1、2 (2) 編號 3、6 (3) 編號 4、5 (4) 編號 7、8。

( )16. 10Base5 佈放的纜線為
(1) RG-11 粗同軸電纜 (2) RG-58 A/U 細同軸電纜 (3) CAT.5 (4) CAT.6。

簡答題

1. 如果一電腦感應到頻道是閒置的，該電腦就送出一個訊框，不過現在它偵測出碰撞；於是它又再試了 2 次時終於成功。如果 10M 乙太網路的時槽是 51.2ms，那麼它的最大倒退重傳的時間為何？

2. 不同 VLAN 間的主機如何通訊？

3. MAC 位址 48 bits 代表意義？

4. 802.1Q 標頭欄位中的 VID 欄位功能為何？

5. 802.1Q 標頭欄位中的 TPID 的欄位值 0x8100 代表什麼意義。

6. 1000BaseX 要達到 1000Mbps 的資料傳輸，需先經 8B/10B 區塊編碼，主要目的為何？

7. 重做第 1 題，如果改為 100M 乙太網路，那麼它的最大倒退重傳的時間為何？

8. 請描述與繪出 GG45 連接器的接頭？

9. 請分析下圖的代表意義。

```
Frame 1292: 66 bytes on wire (528 bits), 66 bytes captured (528 bits) on interface 0
Ethernet II, Src: asus.Home (80:a5:89:a7:3d:5d), Dst: ZyXEL.Home (c8:6c:87:02:2a:4d)
  Destination: ZyXEL.Home (c8:6c:87:02:2a:4d)
    Address: ZyXEL.Home (c8:6c:87:02:2a:4d)
    .... ..0. .... .... .... .... = LG bit: Globally unique address (factory default)
    .... ...0 .... .... .... .... = IG bit: Individual address (unicast)
  Source: asus.Home (80:a5:89:a7:3d:5d)
    Address: asus.Home (80:a5:89:a7:3d:5d)
    .... ..0. .... .... .... .... = LG bit: Globally unique address (factory default)
    .... ...0 .... .... .... .... = IG bit: Individual address (unicast)
  Type: IP (0x0800)
```

10. 802.1Q 協定主要功能為何？

CHAPTER

6

廣域網路

簡介

　　廣域網路 (WAN) 與區域網路最大的不同，在於前者因為傳輸距離較遠，網路的服務品質必須控制在一定的程度，而且以有線傳輸媒介來建置這廣大地理範圍的網路，架設成本自然花費許多。顯然地，網路訊息在進出交換系統前後必須經過傳輸系統，因此本章先介紹廣域網路所採用的基本交換型態。接下來，筆者將從傳輸的觀點對傳統的數位階層架構、同步數位傳輸做說明。至於廣域網路所採用的交換器，則以非同步傳送模式 (Asynchronous Transfer Mode；ATM) 及多重協定標籤交換 (Multi-Protocol Label Switching；MPLS) 做簡單介紹。

交換型態

　　主要常用的廣域網路已在 1-3-3 節說明。基本上，WAN 所採用的交換型態可分為三種。

6-2-1　電路交換

　　所謂電路交換，即在兩用戶端之間建立一條實際電路連接以達成通訊。此通訊由發送端經過傳輸與交換系統往目的端連接起來，一旦兩端之間的連接建立後，通路一直維持使用狀態，直到任何一端中止 (即結束) 此通訊。像目前家庭使用的電話交換系

統就是使用這種技術。當您在家拿起話機撥號，電信局的交換器機房立即往接收端建立一條專屬的電路連接，送收兩端之間可能需要經過傳輸系統及多個端局、長途中心局⋯⋯ 等等的交換器。連接一旦建立完成後，兩端的通訊會一直維持，直到某一端掛掉電話，此電路連接才會釋放掉。

　　電路交換最典型代表就是 PSTN 網路交換系統。PSTN 是一種傳統的電路交換網路，它使用於即時語音通訊。如圖 6-1 為一典型的電話系統，其中用戶端設備為電話機，或許還可包含傳眞機或音頻數據機，這些設備正是常稱的「純舊式電話服務 (Plain Old Telephone Service；POTS) 裝置」，有的還會有數位專屬交換器 (PBX)，當電話機透過用戶迴路連接至電話交換設備時，此設備允許一端用戶經過各交換局呼叫另一端的用戶，以便建立一條電話的實際電路。

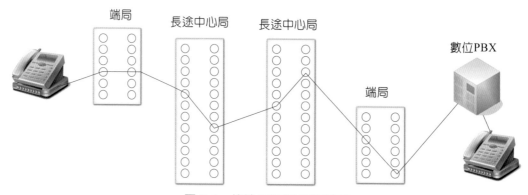

圖 6-1　傳統 PSTN 電話系統

　　由於人們對上網連線的需求已經是必然的驅勢，因此不論交換設備及終端裝置，都希望能在既有的語音訊號系統下，還要能上網連線，這也意謂著連線的系統必須與原有的電話系統共用相同的用戶迴路，但彼此的訊號不能互相干擾。這樣的應用說明，正是前面第一章提到的 ADSL 技術，請參考圖 1-9 ADSL 寬頻連線的基本架構。我們將它再表示於本章的圖 6-2(a)，並將其中裝置對應業界所用的專門術語，如圖 6-2(b) 所示，其指出用戶端的數據連線的高頻訊號經 ADSL 數據機 (業界稱為 ADSL Terminal Unit Remote；ATU-R) 至用戶端分岐器 (Splitter)，與電話用戶線上的低頻訊號匯合後一起送出，這些語音及數據連線的訊號經過用戶迴路送到另一端 (指電信局端) 的分岐器，詳細原理已在前面第一章分析過，不再贅述；換言之，此時在這段電話線上產生了 3 個資訊訊號通道：即用戶下載用的資訊、用戶上傳的輸出資訊，以及 POTS 的電話服務，一旦到達電信局端的分岐器，它會將語音訊號經低通濾波器過濾，送至 PSTN，數據連線的高頻訊號則經高通濾波器過濾送至 ATU-C (稱為 ADSL Terminal

Unit Central)，再送至數據網路 (Data Network)。注意，業界稱為 ATU-C 可以對應至圖 6-2(a) 機房端的 DSLAM。

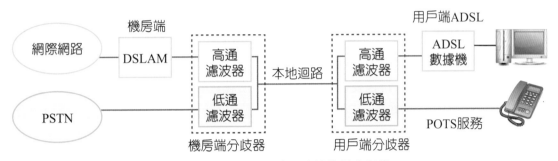

圖 6-2(a)　ADSL 寬頻連線的基本架構

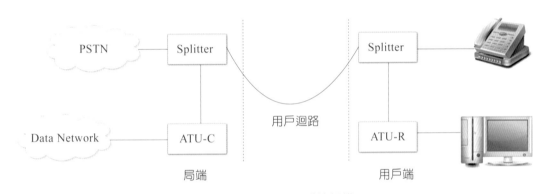

圖 6-2(b)　ADSL 系統架構

6-2-2　封包交換

　　在電腦網路的應用中，終端系統彼此互相交換訊息 (messages)，因此，來源端事先需要把很長的訊息切割成小型的資料塊，也就是所謂的封包 (packets)，這樣才可以進行通訊。換言之，封包交換 (Packet Switching) 是把要傳送的訊息分成若干段，每段需加上包括接收端位址及控制與偵錯資料的標頭封裝而成的封包，每一封包經由封包交換網路傳送到接收端後，再將各封包予以解封裝，重新組合成原來的訊息。訊息傳送的整個過程是採用儲存再轉送 (Store and Forward) 的技術，封包交換技術只有在真正傳送訊息時才佔用電路，這不但提高了電路的利用率，而且減輕用戶在費用上的負擔，它不像電路交換會一直佔用一條電路。注意：在訊息來源端和目的端之間，這些封包每個都會通過通訊鏈路的連結和封包交換器 (packet switch) 來運作，其中有兩種主要的型態，即路由器 (routers) 和數據鏈路層交換器。

　　封包在每個通訊鏈路的連結上，都會以相當於該連結最高的傳輸速率進行傳輸。本章節主要介紹的封包交換網路是由路由器構成的封包交換器。

　　如圖 6-3 所示，指出封包如何從來源端的主機送至目的端，當封包經過封包交換器，將遭遇到各種不同型式的延遲，這些延遲即所謂的節點處理延遲、佇列延遲、傳輸延遲及傳導延遲之總和，如圖 6-4 所示。例如：當一個封包的位元從某一節點到路由器的處理、標頭檢查與封包要往哪邊導引出去所花費的時間稱為「節點處理延遲」。當封包欲由某個路徑來傳送，但發現該連結路徑正忙著傳送其它封包，此時該封包就必須在緩衝區等待，而產生「佇列延遲」。而佇列內的封包在送出之前，必須從緩衝區讀至封包交換器的輸出埠，這段時間稱為「傳輸延遲」。接著，封包送出至對方的封包交換器的輸入埠，所經過的時間稱為「傳導延遲」。

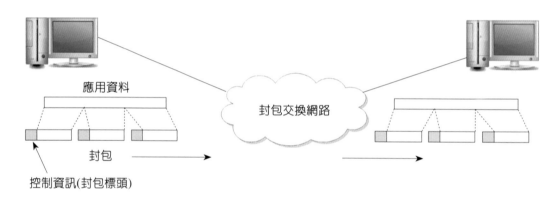

圖 6-3　封包交換示意圖

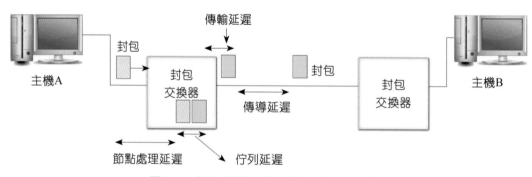

圖 6-4　封包將遭遇到各種不同型式的延遲

　　封包交換網路可分為虛擬電路 (Virtual Circuit；VC) 網路和資料包 (datagram) 網路，前者根據 VC 識別號碼 (ID number) 來傳送封包，如 X.25、訊框交換 (Frame Relay；FR)、ATM 或後面章節介紹的 MPLS 均屬連接導向服務，後者則根據主機的目的端位

址，例如：IP 通訊協定在某路由器傳送封包時，就是依據目的位址而定，屬免連接服務。因此，IP 網路可歸類為資料包網路。

VC 的組成包含：

◈　由很多鏈路及封包交換器構成的路徑。

◈　沿此路徑的每一鏈路上的 VC 識別號碼。

◈　每一封包交換器上的 VC 識別號碼轉換表。

　　一旦來源端與目的端的 VC 建立起來，每一鏈路均有不同的 VC 識別號碼。如圖 6-5 所示，一主機 A 向主機 B 請求建立 VC，假定網路選出路徑為主機 A 經封包交換器 1 及交換器 2 再至主機 B，VC 識別號碼值是在 VC 建立過程中被指定出來，如圖中的 ID 號碼值分別為 10、20 和 30。注意：封包交換器 1 相關的介面號碼為 1 和 3，每個介面均各有入 / 出的 VC 識別號碼。本例所示，路徑包含封包交換器 1 及 2，每個封包交換器均含有 VC 識別號碼轉換表，就以圖中封包交換器 1 來說，封包由主機 A 進入介面 1 時，其 VC 識別號碼值為 10，並從介面 3 出去 (表示已經通過封包交換器 1)，此時的 ID 號碼值會改變成 20。同樣情況，當封包離開封包交換器 2，此時 VC 識別號碼值改變成 30。注意：只要封包經封包交換器出去，則 VC 識別號碼值就會改變，另外，當新的 VC 建立起來後，新的 ID 號碼值將被加入至表格內。相對地，一旦 VC 中止，則這些 ID 號碼值也會從表格中移除。這說明 VC 上的交換器必須保有進行連接中 (ongoing connection) 所有的狀態資訊。或許您會疑惑，為何 VC 識別號碼值一定要這樣改變？為何每一鏈路不能用同一號碼值？其實答案很簡單，因為在每一鏈路間用不同的 ID 號碼值，可使封包標頭的 VC 欄位長度減少，VC 的建立過程便可以簡化，而不用理會路徑上的其它連結所選的 VC 編號為何，因此網路管理也較簡單。

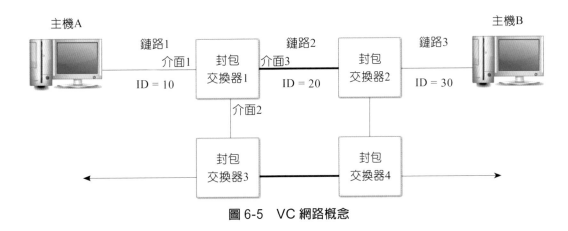

圖 6-5　VC 網路概念

接下來說明資料包網路。其與 VC 網路最大不同處，在於它不需要事先做連接建立，因此也省掉在各個交換器上必須保持連接狀態的資訊，且路徑選擇是由各個封包做決定，故遇壅塞時的反應也較 VC 網路來得迅速，但資料包網路沒有 VC 網路僅只需要選擇一條路徑之優點，另外 VC 為保持所連接狀態的資訊，會使網路更為複雜化，這在資料包網路就顯得簡單多了。

現在就舉例說明封包如何在資料包網路上傳送。由於每個封包都含有目的端位址，此位址具有階層特點，猶如寫信給友人的地址，包括哪個市 (如台北市)、什麼路 (如台北市的桂林路)、幾號 (桂林路的第 12 號)，郵局再根據地址將該信件由發送端送至目的端。此信有可能是由世界任何地方送過來，例如由美國送來的信件，會先送給台灣的郵政總局，然後再送至負責台北市桂林路的郵政支局，最後才將信送到目的地端位址。這可對應至資料包網路內的封包 (標頭含有目的端位址)，當封包送到封包交換器時，交換器先檢查目的端位址，然後轉送該封包至其它交換器。注意：每個交換器具有對應該目的位址的路由表，當封包到達交換器時，交換器會透過路由演算法決定較適合的出鏈路 (outbound link) 路徑，然後封包再由此鏈路送出去。

資料包網路對路徑選擇，如同想從台北開車至高雄某友人住所喝喜酒 (此例不適用由地圖路線得知)，駕駛可能會先將車子開到某加油站 (想成封包交換器)，詢問往高雄的高速公路，到了交流道再至加油站 (另一封包交換器)，詢問往友人住家方向，加油站的人在決定哪個方向時，會看開車者所示地址 (如同封包中的目的端位址) 後，再告知該往哪個方向，依此方式終於可到達目的地。

注意：資料包網路若遇封包交換器故障時，封包可往另一封包交換器送出，這比 VC 網路來得有彈性，又 VC 一旦建立連線，最怕中途遇到封包交換器故障，但 VC 網路的 VC 建立對大量資料傳送時較有利，其成本也會整個降低，同時它所能提供的網路應用服務也較多樣性。當然，採用資料包網路，效率會高於 VC 網路模式，但送到目的端的封包較不可靠，換言之，並不能保證可送達對方，封包也可能會因到達順序亂掉而需重新整理。注意：VC 到達目的地端的封包具有順序的整體性。

6-2-3　細包交換

傳統上，大多數的交換網路系統都使用長度不定的封包來傳遞資料。為了提高封包的傳輸效能，在 1998 年就有以固定長度封包來傳遞資料的技術，最典型代表就是

ATM 網路技術。固定長度封包是由 53 位元組組成的細包 (cell)，其中 48 個位元組載送聲音、影像與數據資訊，前面 5 個位元組稱為「細包標頭」，主要功能指出 48octets 的資訊要送往何處、細包屬於哪一種類型等等。有關 ATM 網路技術，將留在 6-5 節會再做簡單說明。

6-3　傳統的數位階層架構

　　傳統的數位階層架構是由北美系統的貝爾實驗室和 ITU-T 所制定，其稱為近乎同步數位階層 (Plesiochronous Digital Hierarchy；PDH)。嚴格來說，PDH 應屬於非同步的，因此，「Plesiochronous」意謂著「Asynchronous」(非同步)。

　　北美採用的 PDH 可由 DS-1 或稱 T1 (1.544Mbps)、DS-2 或稱 T2 (6.312Mbps)，以及 DS-3 或稱 T3 (44.736Mbps) 組成，歐洲的 PDH 則採用 DS-1E 或稱 E1 (2.048Mbps)、DS-2E 或稱 E2 (8.448Mbps)、DS-3E 或稱 E3 (34.368Mbps)，以及 DS-4E 或稱 E4 (139.264Mbps) 組成。如表 6-1 所示，北美 PDH 所列出的 DS-1 (1.544Mbps)、……、DS-4 (274.176Mbps) 代表各階層中的速率，而這些速率是經由多工得出來的，各階層的速率較不規則，例如：DS-2 由 4 路 DS-1 多工成 DS-2、7 路的 DS-2 多工成 DS-3、6 路的 DS-3 多工成 DS-4，但其最低階均是以 DS-0 (64Kbps) 為基準。注意，24 路的 DS-0 組成 DS-1，672 路的 DS-0 組成 DS-3。歐洲 PDH 所列出的多工架構，各階層的速率則比北美 PDH 有規則，例如：4 路的 DS-1E 多工成 DS-2E、4 路的 DS-2E 多工成 DS-3E、4 路的 DS-3E 多工成 DS-4E、4 路的 DS-4E 多工成 DS-5E，這也是歐規的優點之一。另外，日本也發展出類似的 PDH 架構。

表 6-1　各國的 PDH 階層速率　　　　單位：Mbps

數位位階	語音通路數目	北美	歐洲	日本
0	1	0.064	0.064	0.064
1	24	1.544		1.544
	30		2.048	
	48	3.152		3.152
2	96	6.312		6.312
	120		8.448	

數位位階	語音通路數目	北美	歐洲	日本
3	480		34.368	32.064
	672	44.736		
	1344	91.053		
	1440			97.728
4	1920		139.264	
	4032	274.176		
	5760			397.200
5	7680		565.148	

6-4　同步數位傳輸

同步數位傳輸的觀念是在 1980 年初開始萌芽，經過數十年多的光景，較新的傳輸技術標準如同步光纖網路 (Synchronous Optical Network；SONET) 及同步數位階層 (Synchronous Digital Hierarchy；SDH)，這些技術跟後來發展出來的 BISDN (寬頻整體服務數位網路) 的實體層息息相關。

6-4-1　SONET簡介

1985 年，北美 T1X1 委員會提出光纖通訊介面標準，主要目的是將不同廠商之終端設備連接起來。1986 年，CCITT (ITU-T) 開始建立 SONET 觀念，在 1988 年 3 月，CCITT 提出 SONET 之修正提議，以配合 2Mb/s 和 34Mb/s 介面，T1X1 委員會同意這樣的修正，並宣佈為 SONET 第一階段之標準。同年 11 月，SDH 的傳輸速率、訊號格式、多工結構及支路對應 (tributary mapping) 等標準也被認可。

6-4-2　SDH簡介

1986 年 7 月，CCITT 開始主導 SDH 標準之制定，以便使用於網路節點間介面 (Network Node Interface；NNI)，這也是開啟 SDH 標準邁入全面化的開始步驟，同時也使 T1 委員會與 CCITT 渡過了一段蜜月期。ANSI 於 1987 年 2 月在巴西首都開會，建議以 STS-1 訊號 (51.84Mbps) 作為 SONET 基礎，然而，CEPT (Conference of European Post and Telecommunication Administrations) 卻堅持以 155.52Mbps 為標準，其所持的理

由是符合北美與歐洲所使用的數位階層。同年 7 月於漢城會議，美國建議改成以 STS-3c 訊號 (155.52Mbps) 為基礎，但最後與 CEPT 討論後，終於在 1988 年漢城會議決定採用 CEPT 所建議，以 STM-1 訊號 (155.52Mbps) 作為 SDH 基礎，其訊框結構共具 9 × 270 位元組，如圖 6-6 所示。圖中標頭可分成路徑標頭 POH (Path over Header)，佔 9 × 1 = 9bytes，以及區段標頭 SOH (Section over Header)，佔 9 × 9 = 81bytes。SOH 和 POH 主要做維護、效能指示及一些操作上的功能。當 STM-1 訊號為 155.52Mbps 時，其 STM-1 酬載 (Payload) 即可用來載送 VC-4 或 VC-3 訊號，因此，STM-1 酬載的容量即為 155.52Mbps × 260/270 = 149.76Mbps。

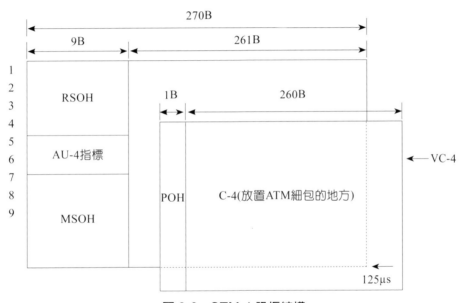

圖 6-6　STM-1 訊框結構

6-4-3　PDH與SDH

將 PDH 的訊號多工起來，會形成 SDH 中的 STM (Synchronous Transport Module) 訊號，如圖 6-7 所示，輸入端為 PDH 的訊號，經一同步多工架構後，得出 STM-N 訊號，N 表 1、4、16 及 64，例如：STM-1 表 155.520Mbps、STM-4 表 622.082Mbps、STM-16 表 2488.320Mbps、STM-64 表 9953.280Mbps。同步多工架構所提供的優點為：

◈ 簡化多工 / 解多工技術。

◈ 可直接接取低速率的訊號。

◈ 增加 OAM (Operation Administration and Maintenance) 能力。

◈ 很容易配合未來的傳輸技術之發展。

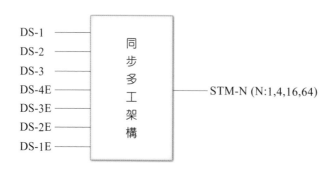

圖 6-7　同步多工架構示意圖

前面曾談過，PDH 訊號構成數位階層為非同步方式，其方塊圖，如圖 6-8 所示。由圖中可看出：DS-1 訊號經 M12 多工機成為 DS-2 訊號，DS-2 訊號經 M23 多工機成為 DS-3 訊號……依此類推，可得出 PDH 的數位階層是將某一低位元（業界常稱比次）速率的支路 (tributary) 訊號多工成較高比次速率的支路訊號，換言之，DS-m 的訊號階高於 DS-(m-1) 訊號，但是這種情況（指支路訊號）在圖 6-7 所示 SDH 的數位階層來說不太一樣，其所有 DS 支路訊號是經由同步多工而形成的 STM-N 訊號。

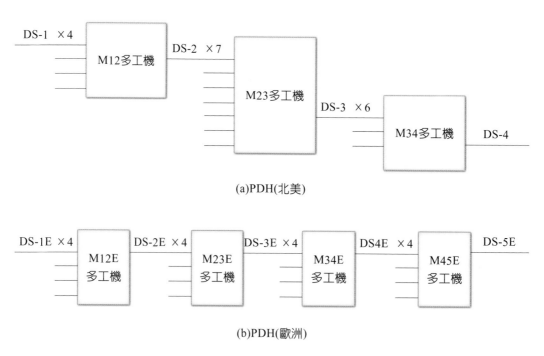

圖 6-8　PDH 構成的數位階層

6-4-4 SONET與SDH

前面談過的 PDH 為非同步數位架構,同步式的數位架構可分北美 SONET 及歐洲 SDH。北美的 SONET 訊號是以 STS-1 (51.84Mbps) 或 STS-3c (155.52Mbps) 為基準,c 表串連結 (concatenated),即將 3 個 STS-1 串連結成 STS-3c,而 SDH 則以 STM-1 訊號 為基準。SONET 的訊號格式是以 N 倍的 STS-1 速率來建立同步傳遞訊號 (Synchronous Transport Signal;STS),可以 STS-N 表示。STS-N 表電訊號的速率,若轉成光載波 (Optical Carrier) 速率,稱為 OC-N,N 表第 n 階的光載波,如表 6-2 所示。同樣情形, STM-N 表第 n 階的同步傳遞模組。

表 6-2　SONET/SDH 與 STS-N 速率對照表

OC-N/STM-N 階層	STS-N 階層	速率	DS-3 的數目	DS-1 的數目	DS-0 的數目
OC-1	STS-1	51.84Mbps	1	28	672
OC-3/STM-1	STS-3	155.52Mbps	3	84	2,016
OC-12/STM-4	STS-12	622.08Mbps	12	336	8,064
OC-24	STS-24	1.244Gbps	24	672	16,128
OC-48/STM-16	STS-48	2.488Gbps	48	1,344	32,256
OC-192/STM-64	STS-192	9.953Gbps	192	5,376	129,024

接下來我們比較 OC-N 及 STM-N 的多工方式。SONET 訊號會由最低階 OC-1 多 工成高階訊號 OC-N。例如:以 OC-48 訊號 (2.488Gbps) 為例,首先將三路的 STS-1 訊 號多工成一路的 STS-3 訊號,然後再將十六路的 STS-3 訊號多工起來成一路的 STS-48 訊號,其順序依次為 1、4、7、10、13、16……46;2、5、8、11、14、17、20…… 47;3、6、9、12、15、18……48。然後再將 STS-48 電訊號速率轉換成 OC-48 光載 波訊號,如圖 6-9 所示。同理,SDH 的 STM-N 則是由 n 個 STM-1 多工而成,例如 STM-16 可將 4 個 STM-1 多工成 STM-4,然後再將 4 個 STM-4 多工成 STM-16,而 N 為 4 的倍數,相對應的 OC-N 是由 OC-3 多工而成,3 個 OC-1 多工成 1 個 OC-3,4 個 OC-3 多工成 1 個 OC-12,如圖 6-10 所示。

　　舉例來說：OC-3 (155.52Mbps)，則 OC-12 為 155.52Mbps × 4 = 622.08Mbps；STM-1 (155.52Mbps)，則 STM-16 為 155.52Mbps × 16 = 2488.32Mbps，STM-N 相當於 STS-3Nc，例如：STM-1 的速率等於 STS-3c 的 155.52Mbps，STM-4 的速率等於 STS-12c 的 622.08Mbps。另外，表 6-3 列出 SDH 與 SONET 速率對照表。注意：STS-3 訊號可被解多工成 3 路的 STS-1 訊號，而 STS-3c 訊號是無法被解多工的。

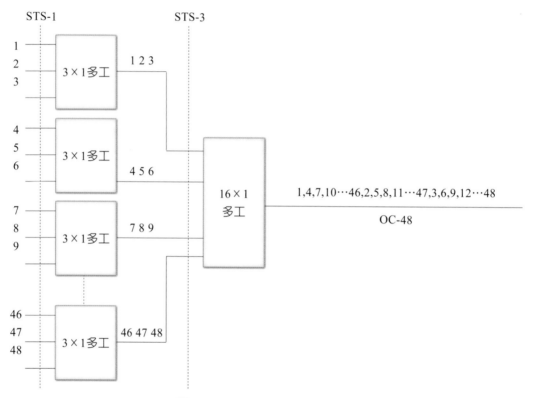

圖 6-9　SONET 多工方式典例

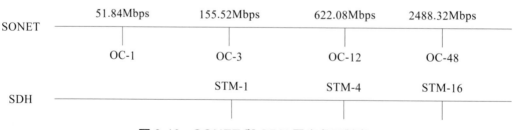

圖 6-10　SONET 與 SDH 同步多工對應

表 6-3　SDH 與 SONET 速率對照表

SDH		SONET	
N（位階）	STM-N	N	STS-N
		1	51.840Mbps
1	155.520Mbps	3	155.520Mbps
		9	466.560Mbps
4	622.080Mbps	12	622.080Mbps
		18	933.120Mbps
		24	1,244.160Mbps
		36	1,866.240Mbps
16	2,488.320Mbps	48	2,488.320Mbps
		⋮	⋮
64	9,953.280Mbps	192	9,953.280Mbps

6-5　ATM網路技術簡介

　　ATM 標準是遵循 ITU-T 之建議，但一開始，標準是由廠商發展出來的，稱爲 ATM Forum。ATM Forum 一開始就設定至少需滿足四種假定才可以。

- ◈ ATM 傳遞網路 (transport network) 內的位階具有階層式的關係 (hierarchical layer-to-layer relationship)。

- ◈ ATM 的連接建立是以連接導向模式，亦即 ATM 細包是在連接建立後的通道上傳送。

- ◈ ATM 的實體媒介以光纖爲主。

- ◈ 希望能提供低價位的產品。

　　ATM 相當於快速封包交換網路，它跟傳統的封包交換仍不大一樣，其不同的地方可歸納幾點：

- ◈ ATM 細包長度爲一固定的 53bytes 封包，比傳統封包短，以使延遲變化在一合理範圍。

◈　ATM 在空閒期間所傳送的細包為閒置細包 (idle cell)，而一般封包網路此時將傳送固定數碼 (pattern)。

◈　送達接收端的細包順序相同於發送端，亦即 ATM 提供細包順序的整體性 (cell sequence integrity)，而傳統的封包網路則與封包送收方式 (指採用 VC 或資料包網路) 有關。

◈　ATM 細包標頭盡量簡單，以便在高速率傳送有最佳效率，但是細包開銷 (cell overhead) (5/53) 仍佔 1 成；而傳統封包標頭與整個封包比值則較 ATM 細包佳。

6-5-1　ATM與STM區別

在 2-7-2 節已介紹過同步式 TDM，為了說明其與 ATM 的不同，在此也稱為同步傳輸模式 (STM)。一般而言，STM (Synchronous Transfer Mode) 是以 TDM 為基準的傳送模式，典型應用於 AT&T/Bell 公司所推出的數位電話系統 (稱為 T1 線路系統)，從 TDM 的特性看出，各輸出輸入時槽有一定的對應關係，服務品質也在一定水準，但這點只針對具固定速率特性的語音服務。如果速率為可變性，則通道利用率顯然不好。STM 最初也被考慮應用至 BISDN，然而，以 150Mbps 的通道而言，會帶來通道管理、時槽對應等困難，若速率高至 600Mbps，那更不用說了。如果您已研讀過 ISDN 的傳送模式，其實它就是 STM 模式。從實用觀點將 6 個 B 通道 (64Kbps) 多工成 $6 \times 64 = 384Kbps$ 的 HO 通道非常普通，若希望更高的速率，還可以將 H21、H12、B 及 D 通道多工起來。例如：$3H21 + nH12 + mB + D$ (16K 或 64Kbps)，$0 \leqq n \leqq 5$，$0 \leqq m \leqq 30$，這種方法雖可達到所要的速率，但多工至更高的速率，像 155.52Mbps，造成的延遲不在話下，也增加了交換系統的複雜度，這也是採用 ATM 的重要因素。注意，這裡的 STM 與之前所說的 STM-1 的英文縮寫剛好相同，但字義是不同的。

ATM 在可變位元傳輸率 (Variable Bit Rate；VBR) 服務時，是採用非同步式 TDM，主要可以讓很多個 ATM 連接，同時使用網路的動態頻寬。網路的頻寬增益則與 ATM 連接數量成正比，雖然頻寬增益高，代表多個 ATM 連接，但同時有高量的資訊要傳送時，也可能造成訊務壅塞。

若 ATM 提供固定位元傳輸率 (Constant Bit Rate；CBR) 服務，如 64Kbps 的語音時，其仍屬 TDM 方式，並不具有統計多工的優點，當然，如果讓語音具有統計式的多工連接，則語音會使用 VBR 即時服務特性，即 VBR-rt (real time)。舉例來說，一般講話的人每講一句話，接下一句話時，中間可能會停頓一陣時間，諸如此類的靜音在 CBR 時仍佔用頻寬，若採用 VBR-rt 時，則靜音期間並不會佔用頻寬，必要時，該頻寬可用來做其它的數據傳送，這也是統計式多工特性之一。

圖 6-11 為 SDH 多工架構，其中 C-11、C-12、C-2、C-4 稱為櫃 (container)，用來收容各類 PDH 訊號之資訊，VC-11、VC-12、VC-2、VC-3、VC-4 稱為虛擬櫃，用來支援路徑 (path) 層和區段 (section) 層之間的連接，TU-11、TU-12、TU-2、TU-3 為支路單元，主要提供較高階路徑層與較低階路徑層之間的調適能力；TUG-2、4 ×U-11、3 × TU-11、3 × TU-12、1 × TU-2、TUG-3、7 × TUG-2、1 × TU-3 為支路單元群；AU-3 和 AU-4 為管理單元群，STM-N 相當 N × AUG + SOH。值得注意的是：ATM 細包所走的路徑跟其它同步多工方式截然不同。

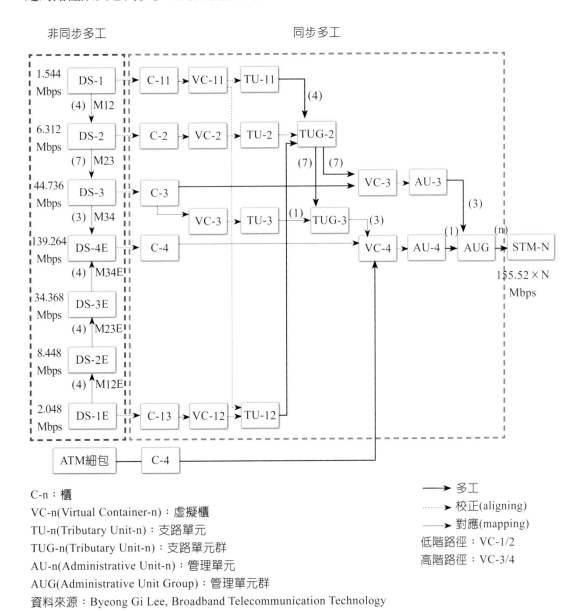

圖 6-11　SDH 同步多工架構

6-5-2　ATM基本交換技術

　　ATM 技術主要能提供多樣性的服務，例如：電路模式、封包化 (Packetization) 模式、固定位元傳輸率或可變位元傳輸率服務。任何服務資訊均需經切割 (segmenting) 程序，形成一固定封包大小 (48 個位元組)，然後產生一 5 個位元組的標頭，組成 53 (48 + 5) 個位元組，稱爲「細包」，這些 ATM 細包再透過多工成一細包流 (如圖 6-12 所示) 送至實體層。注意：48 個位元組所屬的層稱爲「ATM 調適層」，又稱爲 AAL (ATM Adaptive Layer) 層，53 個位元組所屬的層稱爲「ATM 層」。圖 6-12 中的標頭含有網路資訊，例如：跟路徑選擇有關的資訊像虛擬路徑識別碼，稱爲 VPI (Virtual Path Identifier) 和虛擬通道識別碼 VCI (Virtual Channel Identifier) 的值，用來識別多個 ATM 連接的細包中，哪些是屬於同一連接，至於送收於該連接上的細包順序是一致的，也是所謂的細包順序整體性。

5 octets　48 octets

標頭　資訊欄　　　　　　　　　　　　　　　　　細包流

圖 6-12　基本 ATM 細包格式

　　因爲 ATM 交換器採用連接導向模式，所以用戶在交換資訊之前必須先建立一連接路徑，這可透過連接建立程序 (set-up procedure) 來完成。此程序是利用交換式虛擬電路 (Switch Virtual Circuit；SVC) 訊號方式的請求，所建立的連接，也可利用網路管理程序做永久式連接 (即固接)。當然，要結束所建立好的路徑也需要有一中止程序來完成。

　　ATM 上的每個連接會依用戶所需來配置頻寬，通常這在連接建立程序期間是利用連接允入控制 (Connection Admission Control；CAC) 達成，CAC 在達成之前，網路端會依用戶請求參數決定是否接受該連接請求，一旦連接成功，使用參數控制 (Usage Parameter Control；UPC) 則用來監視連接情形。

　　上面所提到的連接路徑即是虛擬通道 (VC)，一旦 VC 建立起來，VPI/VCI 值也就設定出來，當然，連接取消時，VPI/VCI 值也跟著消失。至於在虛擬通道 ATM 細包順序是依靠 ATM 層維持其整體性。注意：建立一呼叫中的訊號方式就是遵循 ATM Forum UNI 4.0 或 ITU-T Q.2931 之規定。如圖 6-13(a) 中的虛線是利用 SVC 訊號方式建立連接導向路徑，此時 VPI 及 VCI 值尚未定出，透過連接建立程序後，VPI 及 VCI 值就由目的端往呼叫端方向依序將它們的值填入路由表，如圖 6-13(b) 所示。

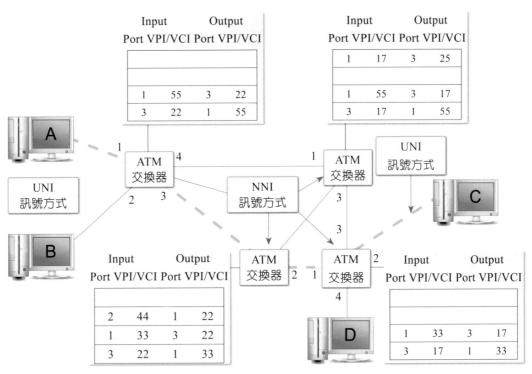

圖 6-13(a)　利用 SVC 訊號方式建立連接導向路徑（如虛線所示）

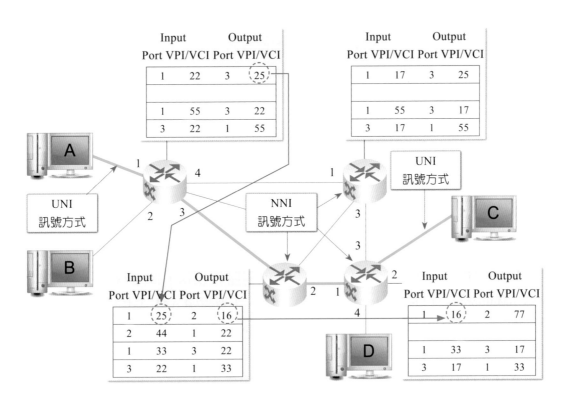

圖 6-13(b)　SVC 連接建立程序後，VPI 及 VCI 值就填入路由表（如實線所示）

註：前一個ATM交換器的Output VPD/VCI值，將為下一個ATM交換器Input VPI/VCI值，
　　例如如圖中的VPI/VCI：25及16。

6-6　MPLS 封包交換的特性

　　MPLS 交換器構成的網路是一種封包交換式的虛擬電路網路。它擁有自己的封包格式與轉送行為。MPLS 就如同 PSTN 與交換式乙太網路一樣，我們也可以將 MPLS 看成用來連接 IP 網路裝置的一種第二層技術。它是採用以固定長度標籤為基礎的虛擬電路。

　　當 IP 資料包進入 MPLS 交換器構成的網路之後，加入成為可選擇性的標籤的資料包，並且允許路由器根據固定長度的標籤來轉送資料包。有關 MPLS 技術會使用 IP 的定址與繞送，如何有效地將 VC 技術整合在資料包繞送網路，可參考 RFC 3031，RFC 3032。值得一提，MPLS 的優點，除了它可以高速增加交換能力外，對於資料流管理能力才是重點，這是透過 MPLS 特有的流量工程 (Traffic Engineering) 能力才能做到。總之，流量工程有可能為了有一更佳路徑選擇前提下，決定捨棄正常的 IP 路由，讓某些前往特定目的端的資料流改選操作者所設定的另外一條路徑，這也正是所謂的虛擬私人網路 (Virtual Private Network；VPN)。

　　一般而言，MPLS 使用的交換器提供支援 MPLS 功能的訊息控制協定，例如 CR-LDP (Constrain-based Routing Label Distribution Protocol)，此種協定是建立於 TCP 協定上，具有處理流量工程和 QoS 的能力。因此我們可能為了滿足網路品質服務等級 (Quality of Service；QoS) 的需求，常以 CR-LDP 透過 ER (Explicit Routing) 的路徑設定，建立不一定為最短路徑，但它卻可以滿足特定 QOS 的 LSP。尤其在大型網路中 MPLS 常利用 CR-LDP 依特定的流量工程來完成特定的虛擬電路，這正是傳統 IP 網路所欠缺的。

6-6-1　MPLS基本交換技術

　　ATM 交換器 (包括核心網路與接取網路) 仍是 WAN 的主要選擇之一，主要原因是在可擴展性、多類型的 QoS 選擇，以及實體層採用 SDH 可維護性與強大的管理等優點，並同時使用 ATM 來搭配 IP 網路的技術，像這樣的標準如 RFC 1483「Multiprotocol Encapsulation over AAL 5」，主要說明 AAL 5 上面的多重協定封裝的方法，以及 1996 年 IETF 公佈 RFC 1577「Classical IP and ARP over ATM」，主要說明如何使用 RFC 1483 所制定的 LLC/SNAP 封裝技術來載送 IP 封包，並將 IP 封包封裝至 AAL 5 PDU 訊框，再切割成 ATM 細包格式並在 ATM 網路上傳送。

　　然而，ATM 交換器形成的 ATM 交換網路一旦進入 IP 網路的領域，當進行傳遞 IP 封包時，路由器會對進入封包做儲存、選擇路徑，然後再轉送，這樣的動作稱為「Store and Forward」。這樣的動作一直重複發生在往目的端的路由器。顯然地，這對整個 IP over ATM 網路效能非常不利。還好，後來 IETF 制定了多重協定標籤交換 (MPLS) 標準，其中之一的標準是結合了 ATM 與 IP 技術而形成 MPLS 網路技術。

　　MPLS 在傳遞封包前，先提供 IP 封包一個佔 20bits 的標籤 (label)，並由標籤內容決定封包的路徑、優先權等控制。封包是根據標籤內的 VPI/VCI 值就可進行封包轉送，而無需讀取每個封包的 IP 標頭，如此，直接形成一標籤交換路徑，或稱 MPLS 隧道 (tunnel)，封包的傳送速率也就非常快速。

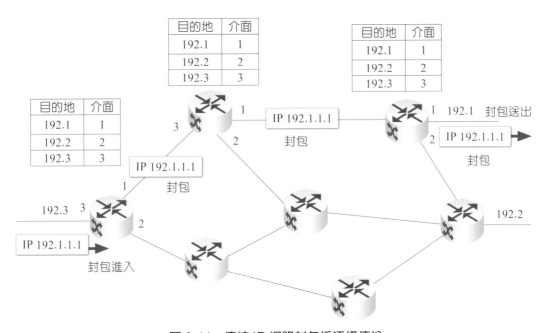

圖 6-14　傳統 IP 網路封包採逐級傳送

　　如圖 6-14 所示，傳統 IP 網路封包根據路由表 (IP 網段及介面) 採逐級傳送至目的端，轉送速度很慢；反之，如圖 6-15(a) 指出放置在第 2 層標頭與第 3 層標頭之間加入一個夾層標籤 (Shim Label)，在此稱為第 2.5 層的 MPLS 標頭共佔 32 bits，其包含佔 1 位元的 S (Bottom of stack)：用來指出此標籤是否堆疊中的最後一個標籤。換言之，此位元用來指示其下方 (後面) 還有沒有其他標籤，如果有，其值為 1；否則值為 0。注意，MPLS 中的封包可以攜帶多個標籤，這些標籤是以「堆疊」的形式存在，對標籤堆疊的操作按照「後進先出」的原則，至於決定如何轉送封包的標籤都是以堆疊最上方的標籤為主。另外，COS 欄位 (亦稱 Exp 欄位) 佔用 3 位元，留給實驗用，但在 DiffServ 網路，常作為服務類別 (Class of Service；COS) 的選擇，主要提供服務品質的

保證，透過 MPLS 封包標頭中的 Exp 欄位，利用在 Diffserv 中所定義的 DSCP 欄位，對應到 Exp 欄位，也就是 COS 值，以使 MPLS 交換器可以提供優先權佇列、封包排程及封包丟棄等功能。另一方面，使用 TTL 欄位 (佔 8 bits) 與 IP 標頭的 TTL 功能相同 (參考第八章)，當 TTL 減至 0 時，則此封包將被丟棄。MPLS (Multiprotocol Label Switching) 網路的封包在直接建立一條透通路徑稱為標籤交換路徑 (Label Switch Path；LSP 或稱 MPLS 隧道)，它可將封包直接傳送至目的地端。

圖 6-15(b) 所示的 LSP 這條路徑建立是透過 MPLS 網路中使用的訊號方式稱為 LDP (Label Distribution Protocol；標籤分散協定) 建立標籤交換路徑來載送封包。值得一提，圖 6-15(a) 指出放置在第 2 層標頭與第 3 層標頭中間的第 2.5 層的 MPLS 標頭，在這裡的第二層標頭可能是 PPP 標頭、乙太網路標頭、訊框交換 (Frame Relay；FR) 標頭或 ATM 標頭。下一節將以 ATM 標頭中的 VPI/VCI 值為例，作更進一步的分析 MPLS 封包交換所有步驟。

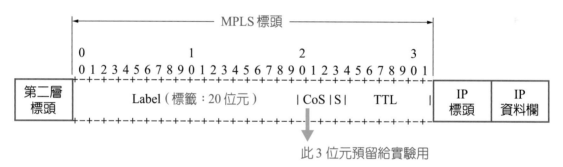

圖 6-15(a)　放置在第 2 層標頭與第 3 層標頭中間的第 2.5 層的 MPLS 標頭

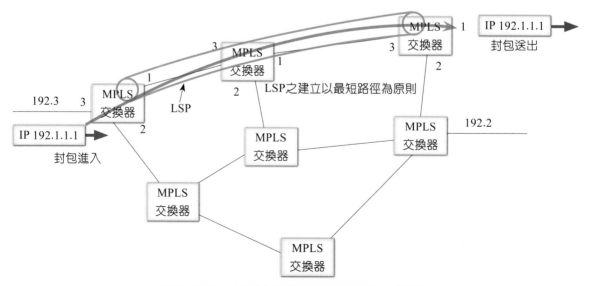

圖 6-15(b)　MPLS 網路封包透通路徑方式轉送

6-6-2　MPLS 網路中的專門術語介紹

　　首先，我們對 MPLS 網路中的交換器 (或稱 MPLS 路由器) 的一些術語與基本運作程序，簡單介紹：

1. LSR (Label Switching Router；標籤交換路由器)：是位於 MPLS 網路中的交換器。

2. LER (Label Edge Router；標籤邊緣路由器)：此設備位於 MPLS 網路的邊緣位置，因而亦稱 ELSR (Edge LSR) 負責將未標籤的 IP 封包加上標籤或是將已標籤的封包去掉標籤。

3. Ingress LSR (入口 LSR)：指 IP 封包進入 MPLS 網路時的 LER，主要負責將未標籤的 IP 封包加上標籤。將未標籤的 IP 封包加上標籤的動作稱為 PUSH。

4. Egress LSR (出口 LSR)：指封包離開 MPLS 網路時的 LER，主要負責將已標籤的封包去掉標籤。將已標籤的封包去掉標籤的動作稱為 POP。

5. LFIB (Label Forwarding Information Base；標籤轉送訊息庫)：指在 MPLS 網路中的路由器會建立一個 LFIB，其內容包括 Intf In (入介面)、Intf Out (出介面)、Dest (目的地)、Label In (入標籤) 和 Label Out (出標籤)。

6. SWAP：指 MPLS 網路中的 LSR，當它收到一個已標籤的封包時，會依據該封包內的標籤值到 LFIB 去做查詢，再產生一個出標籤值，然後將新的標籤值取代原標籤值，此置換標籤值的動作稱為 SWAP。 換句話說，封包每經過一個 LSR 都會做一次 Label 轉換的動作。

7. LDP (Label Distribution Protocol；標籤分散協定)：指在 MPLS 網路中，LSR 使用的訊號方式。LDP 可規範處理標籤的核心程序 (Core set Procedure)，核心程序就是指各種標頭的指定 (Assignment)、對應 (Mapping) 與分配 / 轉送 (Distribution & Forwarding)。基本上，標籤分散協定除了 LDP 外，還有 RSVP-TE 和 CR-LDP，後兩者均具有流量工程 (Traffic Engineering) 的能力。

8. LSP (Label Switched Path；標籤交換路徑)：指經由 LDP 訊號方式進行的結果，一資料流將可通過 MPLS 網路的使用標籤建立起來的透通路徑稱為 LSP。

9. FEC (Forwarding Equivalence Class；轉送相同等級)：指同一等級的資料流，將使用相同的 LSP，以便在 Ingress LSR 和 Egress LSR 之間的轉送。

6-6-3　MPLS 網路中的封包交換分析

　　MPLS 技術是由標籤交換技術所演變而來的，網路在傳送 IP 封包前會加上一固定長度的標籤 (稱為 Label，用來交換封包)，主要作用是提供整合第 2 層標頭快速交

換及第 3 層彈性路由選擇之優點。網路中的每一個 LSR 在傳輸資料時均會建立起「資料串 (Stream) 與標籤 (Label)」的對應關係，LSR 只對此標籤作比對、交換的動作，並不對封包內的各欄位資料作處理，這樣的目的用來提供第 2 層標頭快速交換方式。本文介紹的 LSR 是以 ATM 交換器與傳統路由器相結合而成的裝置，LSR 的功能是藉由標籤的引入，加速整個網路的運作。另一方面，LSR 採用的訊號方式稱為 LDP (Label Distribution Protocol)，用來規範處理標籤的核心程序，以取代複雜的 ATM 訊號通訊協定。MPLS 封包交換的分解步驟，如圖 6-16(a) 所示。說明如下：

步驟 1 當 MPLS 的入口 LSR (指 ELSR 或稱 LER) 接收到一個 IP 封包，注意，其接收到的是不含 MPLS 標籤的 IP 封包，所以 LER 先以傳統的 IGP (Interior Gateway Protocol) 路由協定，例如廣泛使用的一種路由協定稱為開放式最短路徑優先 (Open Shortest Path First；OSPF) 建立起整個網路的基本資料，根據這些資料執行 LDP，用以指定 (Assignment)、對應 (Mapping) 與分配 / 轉送 (Distribution & Forwarding)，並將其資料存放於 LFIB。

步驟 2a LER 接收到 IP 封包時，會根據其第 3 層標頭的內容來搜尋 LFIB，並決定是否加入標籤 (Label)，若有此 IP 封包的標頭，則 LER 負責在 IP 封包前加入標籤，即所謂的 PUSH。

步驟 2b 在步驟 1 中使用的訊號方式 LDP 已建立起整個網路的標籤交換路徑 (LSP) 來載送 IP 封包。在這條透通的 LSP 可以分別指出標籤內容值，內容包括 Intf In (入介面)、Intf Out (出介面)、Dest (目的地)、Label In (入標籤) 和 Label Out (出標籤)。例如，以 ATM 鏈路為例的各入 / 出介面、目的地以及與入 / 出標籤有關的 VPI/VCI 值。

步驟 3 接收的 LSR 收到封包後，將對封包的標籤內容做檢查，以確定下一個傳送的 LSR；當一個封包被掛上標籤後，網路中的 LSR 就只對此一封包做標籤交換 (Label Switching) 的動作，每一個標籤值只與傳送及接收的 MPLS 路由器有關，這意謂每一個標籤值只對本地區域發生作用。注意，LSR 將入標籤 (Label In) 置換成為出標籤 (Label Out) 的動作稱為 SWAP。

步驟 4 在 MPLS 出口的路由器上稱為出口 LSR (Egress LSR)，它會將所收到的封包的標籤檢查 LSR 中的 LFIB。一旦 LFIB 內相對應的入標籤，但無出標籤，該 Egress LSR 便會將此 IP 封包的標籤移除，再將它送出 MPLS 網路並送至下一個路由器。LSR 將進入標籤移除的之動作稱為 POP。

根據上面的四個步驟，我們就以圖 6-15 為例，繪出 MPLS 封包交換的整個流程，如圖 6-16(b) 所示。注意圖中 MPLS 封包的 request 的請求方向與 mapping 的對應方向，都是來自 LDP 訊號方式的控制。

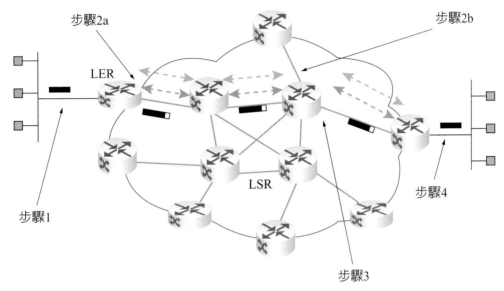

圖 6-16(a)　MPLS 封包交換步驟

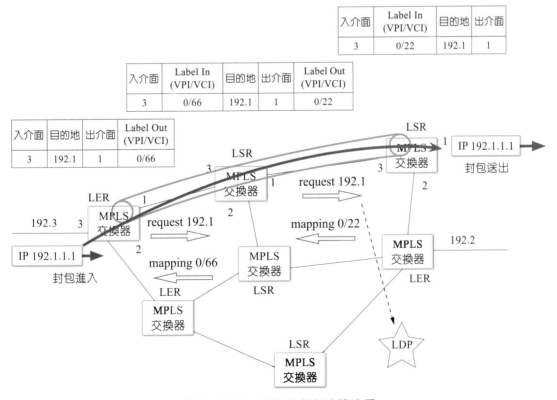

入介面	Label In (VPI/VCI)	目的地	出介面
3	0/22	192.1	1

入介面	Label In (VPI/VCI)	目的地	出介面	Label Out (VPI/VCI)
3	0/66	192.1	1	0/22

入介面	目的地	出介面	Label Out (VPI/VCI)
3	192.1	1	0/66

圖 6-16(b)　MPLS 封包交換流程

重點整理

▸ 廣域網路所採用的交換型態可分為電路交換、封包交換與細包交換。

▸ 電路交換是在兩用戶端之間建立一條實際通路。一旦兩端之間的連接建立後,電路一直維持使用狀態,直到任何一端中止通訊。

▸ 封包交換技術只有在真正傳送訊息時才佔用電路,這不但提高了電路的利用率, 而且減輕用戶在費用上的負擔。不像電路交換會一直佔用一條電路。

▸ 封包將遭遇到各種不同型式的延遲,這些延遲即所謂的節點處理延遲、佇列延 遲、傳輸延遲及傳導延遲之總和。

▸ ATM 封包是由 53bytes 組成的細包 (cell),其中 48bytes 載送聲音、影像、數據之資訊,前面 5bytes 稱為細包標頭。

▸ 北美採用的 PDH 可由 DS-1 或稱 T1 (1.544Mbps)、DS-2 或稱 T2 (6.312Mbps) 及 DS-3 或稱 T3 (44.736Mbps) 組成;歐洲 PDH 所採用的 DS-1E 或稱 E1 (2.048Mbps)、DS-2E 或稱 E2 (8.448Mbps)、DS-3E 或稱 E3 (34.368Mbps),以及 DS-4E 或稱 E4 (139.264Mbps) 組成。

▸ ISDN (Integrated Digital Service Network) 是將語音、數據和影像等多種不同服務的資料傳輸,都整合到同一條數位線路上。

▸ STS-3 訊號可被解多工成 3 路的 STS-1 訊號,而 STS-3c 訊號無法被解多工。

▸ ATM 採用連接導向模式,所以用戶在交換資訊之前必須先建立一連接路徑,這可透過連接建立程序 (set-up procedure) 來完成。此程序是利用交換式虛擬電路 (Switch Virtual Circuit;SVC) 訊號方式的請求,所建立的連接,也可利用網路管理程序做永久式連接 (即固接)。

▸ MPLS 以標籤分散協定 (Label Distribution Protocol;LDP) 建立標籤交換路徑 (Label Switch Path;LSP 或稱 MPLS 隧道) 來載送 IP 訊務。

▸ MPLS 的優點,除了它可以高速增加交換能力外,對於資料流管理能力才是重點,這是透過 MPLS 特有的流量工程 (Taffic Engineering) 能力才能做到。

▸ 在大型網路中 MPLS 常利用 CR-LDP 依特定的流量工程來完成特定的虛擬電路,這正是傳統 IP 網路所欠缺的。

▸ LDP 用以指定 (Assignment)、對應 (Mapping) 與分配 / 轉送 (Distribution & Forwarding),並將其資料存放於 LFIB。

▸ LER 負責在 IP 封包前加入標籤,即所謂的 PUSH。

▸ LSR 將進入標籤移除的之動作稱為 POP。

▸ LSR 將入標籤 (Label In) 置換成為出標籤 (Label Out) 的動作稱為 SWAP。

本章習題

(　) 1. 資訊傳送過程是採用儲存再轉送 (store and forward) 的技術稱為
(1) 電路交換　(2) 分封交換　(3) 細包交換　(4) 以上皆是。

(　) 2. 分封交換網路需要事先做連接建立才開始傳送封包稱為
(1) 虛擬電路網路　(2) 資料包 (datagram) 網路　(3) 以上皆是　(4) 以上皆非。

(　) 3. 分封交換網路不需要事先做連接建立，省掉在各個交換器上必須保持連接狀態的資訊，且路徑選擇是由各個封包做決定稱為
(1) 虛擬電路網路　(2) 資料包 (datagram) 網路　(3) 以上皆是　(4) 以上皆非。

(　) 4. 每個封包都含有目的端位址，此位址具有階層特點稱為
(1) 虛擬電路網路　(2) 資料包 (datagram) 網路　(3) 以上皆是　(4) 以上皆非。

(　) 5. 由 53 位元組組成的細包 (cell) 之相關技術稱為
(1) 電路交換　(2) 分封交換　(3) ATM 交換　(4) MPLS 交換。

(　) 6. 24 路的 DS-0 組成　(1) E1　(2) OC-1　(3) STM-1　(4) DS-1。

(　) 7. STM-1 酬載的容量為
(1) 155.52Mbps　(2) 622.08Mbps　(3) 149.760Mbps　(4) 1.544Mbps。

(　) 8. STM-4 的容量為
(1) 155.52Mbps　(2) 622.08Mbps　(3) 149.760Mbps　(4) 2.048Mbps。

(　) 9. 無須讀取每個封包的 IP 位址以及標頭，而是直接形成一標籤交換路徑，封包的轉送速度也就加快很多，這樣的技術為
(1) 電路交換　(2) 分封交換　(3) ATM 交換　(4) MPLS 交換。

(　)10. MPLS 的標籤 (label) 佔　(1) 20 bits　(2) 24 bits　(3) 40 bits　(4) 48 bits。

(　)11. 在 MPLS 網路中，LSR 所採用的訊號協定稱為＿＿＿
(1) LSR　(2) LSP　(3) LDP　(4) LER。

(　)12. LSR 於封包加入標籤的動作稱為＿＿＿
(1) POP　(2) PUSH　(3) SWAP　(4) ADD。

(　)13. LSR 將入標籤 (Label In) 置換成為出標籤 (Label Out) 的動作稱為＿＿＿
(1) POP　(2) PUSH　(3) SWAP　(4) ADD。

(　)14. LSR 將入標籤移除的之動作稱為＿＿＿　(1) POP　(2) PUSH　(3) SWAP　(4) ADD。

(　)15. 在 MPLS 網路中，指同一等級的資料流在 Ingress LSR 和 Egress LSR 之間的轉送稱為＿＿＿　(1) LER　(2) LSP　(3) LDP　(4) FEC。

簡答題

1. 簡單說明電路交換技術？

2. 簡單說明分封交換技術？

3. 寫出 STS-1、 STM-3、 OC-1、0C-3、STM-1 與 STM-4 傳輸速率為何？

4. 比較 PDH 與 SDH ？

5. 何謂連接導向模式？

6. 傳統網路傳遞封包時，路由器會以「Store and Forward」進行，這跟利用 ATM 與 IP 技術結合而成的 MPLS 交換器傳遞封包會有何不同？

7. 請說明 LSP 路徑的一開始的基本運作，如何進行。

8. 當 MPLS 的入口 LSR 亦稱入口 LER (Label Edge Router；標籤邊緣路由器) 接收到一個 IP 封包時會如何處理封包？

9. LSR 功能為何？

10. 指出 LFIB (Label Forwarding Information Base；標籤轉送訊息庫) 內容為何？

CHAPTER 7

無線網路技術

7-1 無線網路簡介

網路通訊的趨勢除了往 IP 化、寬頻化、個人化發展外，無線接取也由窄頻走向寬頻，訊務之服務也迅速地由語音往數據、影像發展。隨著多媒體服務在整體電信網路服務中的角色愈來愈加吃重，特別是隨著今日的 Internet 技術的快速發展，現有的有線接取已無法滿足人們對寬頻服務的渴求，因此，寬頻無線接取應運而生。

無線網路與有線網路最大不同點，在於傳輸資料的媒介不同──前者使用的是無線電波；後者則使用實體線路。利用無線電波來傳送資料，省掉很多所必須的硬體架設及佈線的施工，機動性也比有線網路要方便許多。換言之，無線網路係用戶端設備 (Customer Premise Equipment；CPE) 以無線傳輸方式來達成兩方的通訊。

無線網路通訊技術包括無線個人網路 (WPAN，如藍牙技術)、無線區域網路 (WLAN，如 802.11 系列標準)、無線都會網路 (WMAN)，以及隨時隨地都可以連結使用的行動網路，像手機等等。應用在無線網路上的無線資料傳輸技術，可以分為下列兩大類：

- ◈ 光傳輸：紅外線 (Infra-Red) 與雷射 (Laser)。
- ◈ 無線電波傳輸：窄頻微波技術 (narrowband microwave)、展頻技術 (spread spectrum)、無線區域網路、藍牙技術、HomeRF 及 HiperLAN 等技術。

> **NOTE**
>
> HiperLAN 技術是由「歐洲電信標準協會 (European Telecommunications Standards Institute；ETSI)」所制定出來的高效率無線網路標準。

7-2 紅外線

紅外線的技術已經存在你我日常生活中的日子很多年，例如：電視機、冷氣機、床頭音響等使用的遙控器，均是利用紅外線技術來控制，只要功能再稍加增添，可建立起低成本、低功率的資料傳輸，像手提電腦也在前些年使用紅外線來通訊。紅外線共有三種傳輸模式：

◈ 直接式連接：紅外線由於指向特性關係，應用上只能做點對點間的傳輸，例如，應用在兩個通訊埠 (中間不能有障礙物) 直接建立連線，如圖 7-1 所示，可惜傳輸距離很短 (1.5 公尺之內)。

通訊埠　　　　通訊埠

圖 7-1　直接式紅外線傳輸

◈ 散射式連接：此連接的紅外線裝置散佈在同一個封閉的空間內，不需要通訊埠面對面就可建立連線，但很容易受到空間內干擾源的影響。

◈ 全向性連接：具有直接式和散射式連接之特性，以圖 7-2 來說，各電腦的紅外線通訊埠均指向一個散射式的紅外線基地台，彼此之間都建立連線。

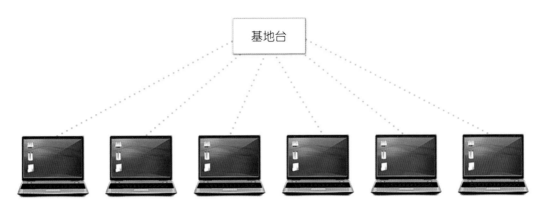

圖 7-2 全向性連接

NOTE

上述 3 種傳輸模式在架設 LAN 時，還是會有傳輸距離短，以及傳輸時容易遭障礙物阻擋等問題。紅外線技術定義了三種傳輸速率，第一代提供資料傳輸速率標準為 115.2Kbps；第二代規格則擴展至 4Mbps；目前最新的技術進展到 16Mbps 的資料傳輸速率。當傳輸距離在 1 公尺以內時，傳輸速率可達到 16Mbps；提高到 5 公尺時，速率將會隨傳輸距離增加而降低 (約至 75Kbps)。雖然新的 VFIR、UFIR、以及 Giga-IR(可達 1Gbps) 等標準已經發表，但新的短距射頻通訊技術也被開發出來之後，像 NFC(Near Field Communication，近場通訊；參考 7-16 節)，新款的智慧型手機已用它來作為新一代的資料傳輸等應用。紅外線通訊在主流產品的應用上，已經逐漸式微。

7-3 雷射

　　雷射無線網路的連接模式不像紅外線有三種傳輸模式，它只有直接式連接一種。雷射是將光集合起來 (不會產生散射現象) 成為一道光束並射向遠端，非常適合用在兩個 LAN 間的連結。以圖 7-3 來說，若路面因一些原因不適合挖掘埋設管線時，就可考慮採用雷射技術。

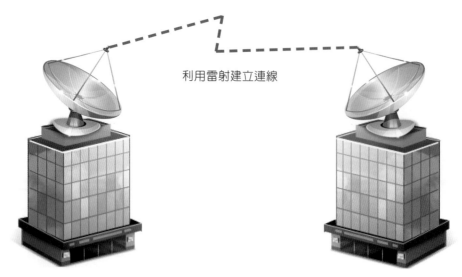

利用雷射建立連線

圖 7-3　雷射直接式連接

7-4　無線電波

　　無線電波是波長為 15 公分至 2 公里的電磁波,穿透力很強,而且是全方向性傳輸,很適合用於長距離的點對點通訊。例如:我們常聽的收音機頻道,具有不易被阻擋、折射、變頻等特性。然而,無線電波是有管制的,要申請頻道愈來愈困難。因此,無線網路所採用的無線電波頻率大都採用無需執照的公用頻帶,包含工業、科學與醫學用的無線頻帶稱為 ISM (Industry Science and Medical),例如微波爐、藍牙、802.11b、802.11g、802.11n、802.11ax 無線網路、數位無線話機、對講機以及無線滑鼠等等,皆是使用 2.4GHz (2.4GHz～2.4835GHz) 頻帶。

　　另外,微波 (頻帶範圍約介於 3～30 GHz 之間) 也屬無線電波的一種,它很容易遭受大雷雨或相鄰頻道的串音 (crosstalk) 干擾,為避免串音干擾,微波裝置通常以很窄的頻寬來傳輸訊號。一般無線通訊用的訊號特性,大都具較窄的頻率範圍及較高功率的電波,前者容易洩密,後者容易受干擾,於是展頻技術被發展出來。

7-5　展頻基本技術

　　IEEE 802.11 於 1997 年正式發表實體層,規範了 3 種傳輸技術:即直接序列展頻 (Direct Sequence Spread Spectrum;DSSS)、跳頻式展頻 (Frequency Hopping Spread

Spectrum；FHSS)，以及紅外線。如 7-2 節描述的紅外線的一些限制，以紅外線為傳輸介質已慢慢不再使用。展頻主要目的是組合來自不同的來源訊號以適應更大的頻寬。以無線電波為傳輸介質的展頻傳輸技術，現今如 DSSS 和 FHSS 已非常普遍，兩者說明如下：

⊘ DSSS

　　DSSS 主要是將每個窄頻寬、高功率的位元 0 與 1 訊號與擴展頻寬使用的擴展碼 (spreading code) 做「互斥或閘」(Exclusive-OR；XOR) 運算，以使原始訊號的頻寬可以擴展成數倍，並將訊號功率降低到低於背景雜訊，再把訊號傳送出去，簡單說，DSSS 主要提供較寬頻率範圍及功率較小的無線電波，如圖 7-4 所示，電波的頻率範圍變寬，功率波形也由窄高變成寬扁。由於 DSSS 展頻後的功率訊號比雜訊訊號還低，會被一般的接收器視為雜訊，因此增加了抗干擾能力和增強隱密性。值得一提，各國 DSSS 實際使用的頻道，如表 7-1 所示。為避免展頻後的訊號會涵蓋其它頻道，一般採用 1、6 或 11 頻道，以免互相干擾。

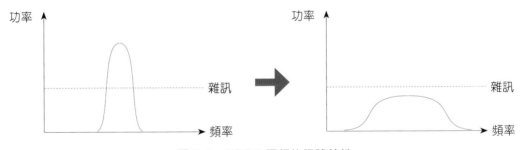

圖 7-4　DSSS 展頻的訊號特性

表 7-1　DSSS 各國直接序列展頻實際使用的頻道

Frequency	美國	加拿大	歐洲	西班牙	法國	台灣	日本
1 (2412MHz)	○	○	○	×	×	○	×
2 (2417MHz)	○	○	○	×	×	○	×
3 (2422MHz)	○	○	○	×	×	○	×
4 (2427MHz)	○	○	○	×	×	○	×
5 (2432MHz)	○	○	○	×	×	○	×
6 (2437MHz)	○	○	○	×	×	○	×
7 (2442MHz)	○	○	○	×	×	○	×

Frequency	美國	加拿大	歐洲	西班牙	法國	台灣	日本
8 (2447MHz)	○	○	○	×	×	○	×
9 (2452MHz)	○	○	○	×	×	○	×
10 (2457MHz)	○	○	○	○	○	○	×
11 (2462MHz)	○	○	○	○	○	○	×
12 (2467MHz)	×	×	○	○	○	×	×
13 (2472MHz)	×	×	○	×	○	×	×
14 (2484MHz)	×	×	×	×	×	×	○

◈ DSSS 的基本技術介紹：首先，原始訊號 S (t) 和片碼產生器 (Chip generator) 中的片碼序列 PN (t) 經過調變器，再利用 XOR 的邏輯運算，得出擴展訊號 S (t) ⊕ PN (t)，如圖 7-5 所示；接收端以同樣的片碼序列解調變為：PN (t) ⊕ S (t) ⊕ PN (t) = S (t)。

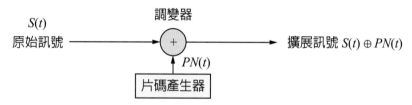

圖 7-5　DSSS 基本概念圖

範例 1　在無線 LAN 使用的著名的巴克序列 (Barker sequence)，n = 11；若片碼序列的 11 個碼為 10110111000，片碼產生器中的片碼序列是使用極性 NRZ-L 編碼，請繪出擴展訊號圖。

解答　若片碼序列的 11 個碼為 10110111000，利用，如圖 7-5 中的 S (t) ⊕ PN (t) 得出擴展訊號。亦即用 10110111000 這一組擴展訊號碼代表所要傳的二進制資料為 0；而 01001000111 這一組擴展訊號碼代表所要傳的二進制資料為 1。顯然地，如果原始訊號速率為 N，則擴展訊號的速率為 11N。換句話說，擴展訊號所需的頻寬比原始訊號頻寬大 11 倍。注意，片碼序列的 11 個碼也常稱為擴展碼 (spreading code)。

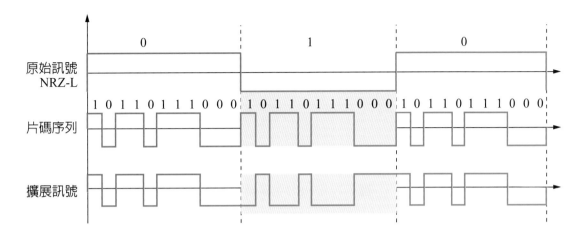

FHSS

　　FHSS 的基本技術介紹：首先，有一個偽亂數碼產生器在每個跳躍週期會產生一個 k 位元的型碼 (pattern)，在此稱為 PN (Pseudorandom Noise) 碼；頻率表再利用 k 位元的型碼來查找這個週期要用的頻率，並將其傳遞給頻率合成器。頻率合成器會產生該頻率的載波訊號，來源端的原始訊號就對載波訊號進行調變，得出擴展訊號，如圖 7-6 所示。

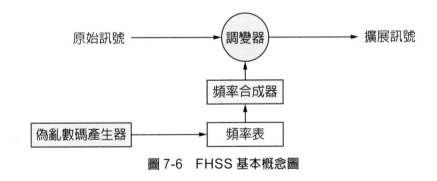

圖 7-6　FHSS 基本概念圖

　　圖 7-7 指出假設有 8 個跳躍頻率，M = 8，所以 k = 3，代表 3 位元的型碼 (pattern)。偽亂數碼產生器會隨機產生 8 個不同的 3 位元的 PN 碼。這些 PN 碼會對應到頻率表中的 8 個不同的頻率。如果 3 位元的 PN 碼是 110、000、101、111、001、011、010、100。請注意，它在 8 次跳躍後又會重複。圖中指出跳躍週期 1，PN 碼為 110，選擇的頻率為 300 kHz；表示來源端的訊號對該載波頻率進行調變。接下來，選擇的第二個 PN 碼為 000，選擇的頻率為 900 kHz；一直到第 8 個 PN 碼為 100，選擇的頻率是 500kHz。然後，再次從 PN 碼 110 開始。

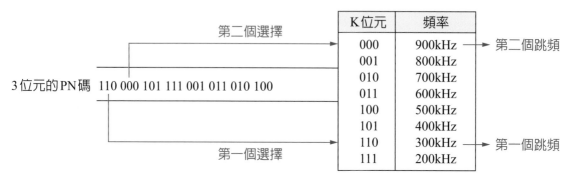

K位元	頻率
000	900kHz
001	800kHz
010	700kHz
011	600kHz
100	500kHz
101	400kHz
110	300kHz
111	200kHz

3位元的PN碼 110 000 101 111 001 011 010 100

第二個選擇 → 第二個跳頻
第一個選擇 → 第一個跳頻

圖 7-7　FHSS 的跳頻選擇

7-5-1　展頻技術的後續發展

　　展頻傳輸技術在速率方面吸引力仍然不足，因此，IEEE 於 1999 年制定了較高傳輸速率的 IEEE 802.11b 及 IEEE 802.11a。IEEE 802.11b 傳輸速率可同時支援 1Mbps、2Mbps、5.5Mbps 及 11Mbps，發射功率應小於 100mW，有的設備可加掛高增益天線。

　　IEEE 802.11a 使用了正交劃頻多工技術 (Orthogonal Frequency Division Multiplexing；OFDM)；OFDM 可將一個頻道切割成許多個子頻道，訊號從這些子頻道同時傳送出去，由於訊號互為正交，不會有干擾的問題產生，傳輸速率可提升至 54Mbps，使用的載波頻帶是 5GHz。

　　IEEE 802.11b 可視為 802.11 標準的擴展版，仍沿用 DSSS 及 2.4MHz 頻帶，但捨棄了 FHSS 展頻技術，主要原因是 FCC 規定使用跳頻式展頻，其每個使用波道頻寬不得超過 1MHz，因而限制其傳輸速率，也因此才有較低速率的藍牙及 HomeRF 技術之發展。DSSS 典型應用如 802.11b 無線區域網路 (WLAN)；而 FHSS 典型應用如藍牙裝置。

NOTE

　　HomeRF 主要是 IEEE 802.11 與 DECT(Digital Enhanced Cordless Telephone) 技術的結合。HomeRF 也採用了 FHSS 展頻技術，工作在 2.4GHz 頻帶。1998 年 12 月發展出來的 HomeRF 技術，不單單只是著重在單純資料的傳送上，更擁有將一般類比語音整合的能力，為消費性電子產品用的家庭網路提出一個較佳的解決方案。多年來，雖然美國聯邦通訊委員會 (FCC) 很早就建議應該增加到 10Mbps，但來自藍牙及 Wi-Fi 兩邊的夾擊，以致 HomeRF 的資料傳輸速率一直停滯不前，有走入歷史的可能。

7-6　802.11的網路架構

　　802.11 無線區域網路 (WLAN) 的拓樸模式有二種：即基礎架構稱為 Infrastructure 模式與無基礎架構稱為 Ad Hoc 模式。802.11 架構的基本區域稱為基本服務集合 (Basic Service Set；BSS)。一個 BSS 通常包含一或多個行動台，以及一個基地台。在 802.11 就將基地台稱為存取點 (Access Point，AP)。使用 AP 的 WLAN 通常會被稱為 Infrastructure 模式，其中「Infrastructure」是指 AP 本身，以及連接 AP 與路由器的有線乙太網路的基本設施，如圖 7-8 所示。利用 Infrastructure 模式，AP 可搭配路由器，提供不同網域互連，透過 AP 還可以將無線網路與乙太網路連接起來，並做頻道管理、漫遊 (roaming) 等工作。

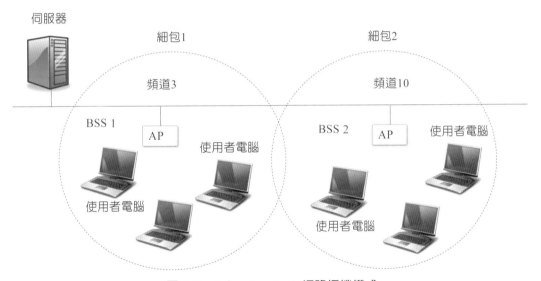

圖 7-8　Infrastructure 網路拓樸模式

　　事實上，IEEE 802.11 的行動台也可以自己構成一個群組，群組中沒有 AP，也沒有連接到外面的網路，沒有 AP 的 WLAN (無基礎架構) 通常被稱為 Ad-Hoc 模式。換言之，Ad-Hoc 模式是以若干個無線行動裝置形成一個獨立的無線區域網路，如圖 7-9 所示。其特點包括不使用 AP，以及用戶間可直接點對點 (peer to peer) 通訊。

圖 7-9　Ad-Hoc 網路拓樸模式

　　一般而言，每個 BSS 都有一個具唯一性的辨識碼 (BSSID)，長度為 48 位元。對於基礎架構模式的 BSS，此 ID 識別碼即為 AP 的 MAC 位址。對於 Ad-Hoc 模式的 BSS 也稱為 Independent BSS (IBSS)，此 ID 識別碼最左邊兩個位元為 01 即代表 IL (Individual/Group bit = 0，所以取最前面的字母 I 代表目的端為單播位址；Local/Global bit = 1，所以取最前面的字母 L 代表本地唯一位址) 而其它的 46 位元則以亂數產生。現在就以下面範例說明。

範例 2 　請利用命令列模式找出您目前筆電使用的 BSSID，亦即 AP 的 MAC 位址。

步驟 1 　在開始功能表的最左下方敲入「cmd」進入命令列模式。

步驟 2 進入命令列模式的畫面，請在 C:\Windows\System32> 敲入 ipconfig/all，拉下清單找出筆電正使用的 Wi-Fi 網卡的 MAC 位址 80-A5-89-A7-3D-5D。

```
C:\Windows\System32\cmd.exe

DNS 伺服器 . . . . . . . . . . . : fec0:0:0:ffff::1%1
                                   fec0:0:0:ffff::2%1
                                   fec0:0:0:ffff::3%1
NetBIOS over Tcpip . . . . . . . : 啟用

無線區域網路介面卡 Wi-Fi:

連線特定 DNS 尾碼 . . . . . . . :
描述. . . . . . . . . . . . . . : Qualcomm Atheros AR956x Wireless Network Adapter
實體位址. . . . . . . . . . . . : 80-A5-89-A7-3D-5D
DHCP 已啟用 . . . . . . . . . . : 是
自動設定啟用 . . . . . . . . . : 是
連結-本機 IPv6 位址. . . . . . . : fe80::ddbf:333:cae6:1527%27(偏好選項)
IPv4 位址 . . . . . . . . . . . : 192.168.0.105(偏好選項)
子網路遮罩 . . . . . . . . . . : 255.255.255.0
租用取得. . . . . . . . . . . . : 2023年1月2日 上午 08:04:43
租用到期. . . . . . . . . . . . : 2023年1月2日 下午 09:04:44
預設閘道. . . . . . . . . . . . : 192.168.0.1
DHCP 伺服器 . . . . . . . . . . : 192.168.0.1
DHCPv6 IAID . . . . . . . . . . : 75539849
DHCPv6 用戶端 DUID. . . . . . . : 00-01-00-01-21-3C-F6-C4-1C-B7-2C-8B-6A-54
DNS 伺服器 . . . . . . . . . . : 168.95.1.1
NetBIOS over Tcpip . . . . . . : 啟用

C:\Windows\System32>_
```

步驟 3 開始跟您的分享器溝通一下吧！在命令列模式 C:\Windows\System32>ping 192.168.1.1。注意，有的分享器的 IP 位址為 192.168.0.1。

```
C:\Windows\System32\cmd.exe

Microsoft Windows [版本 10.0.17134.765]
(c) 2018 Microsoft Corporation. 著作權所有，並保留一切權利。

C:\Windows\System32>ping 192.168.1.1

Ping 192.168.1.1 (使用 32 位元組的資料):
回覆自 192.168.1.1: 位元組=32 時間=3ms TTL=64
回覆自 192.168.1.1: 位元組=32 時間=5ms TTL=64
回覆自 192.168.1.1: 位元組=32 時間=17ms TTL=64
回覆自 192.168.1.1: 位元組=32 時間=2ms TTL=64

192.168.1.1 的 Ping 統計資料:
    封包: 已傳送 = 4，已收到 = 4，已遺失 = 0 (0% 遺失)，
大約的來回時間 (毫秒):
    最小值 = 2ms，最大值 = 17ms，平均 = 6ms
```

步驟 4　找出筆電所使用的 BSSID，請在命令列模式 C:\Windows\System32> netsh wlan show interfaces。

```
⬛ C:\Windows\System32\cmd.exe

   DHCPv6 用戶端 DUID . . . . . . . . . : 00-01-00-01-21-3C-F6-C4-1C-B7-2C-8B-6A-54
   DNS 伺服器 . . . . . . . . . . . . : 168.95.1.1
   NetBIOS over Tcpip . . . . . . . . : 啟用

C:\Windows\System32>netsh wlan show interfaces

系統上有 1 個介面:

      名稱                    : Wi-Fi
      描述                    : Qualcomm Atheros AR956x Wireless Network Adapter
      GUID                    : ef015097-8442-4124-adaf-ff460817101a
      實體位址                : 80:a5:89:a7:3d:5d
      狀態                    : 連線
      SSID                    : Yunlong
      BSSID                   : b0:a7:b9:5c:58:c1
      網路類型                : 基礎結構
      無線電波類型            : 802.11n
      驗證                    : WPA2-Personal
      加密方式                : CCMP
      連線模式                : 自動連線
      通道                    : 4
      接收速率 (Mbps)         : 150
      傳輸速率 (Mbps)         : 150
      訊號                    : 100%
      設定檔                  : Yunlong

   主控網路狀態   : 無法使用


C:\Windows\System32>
```

7-7　802.11 b/g/a

　　目前 WLAN 的規格書是源自 IEEE 的 802.11，通稱為 IEEE 802.11 無線 LAN，它屬於 1997 年所推出的第一份標準，使用的是 FHSS 和 DSSS 展頻技術。802.11 在 1999 年推出擴充版的 802.11b 規格，這也造就今天 WLAN 的發展。相關廠商也共同組成 WECA (Wireless Ethernet Compatability Alliance) 聯盟採用 OFDM 技術，不同廠商的產品必須經 SVNL (Silicon Valley Network Laboratory) 實驗室做互通性測試，測試通過才確定產品的認證，此認證稱為 Wi-Fi (Wireless Fidelity)，可參考 www.wi-fi.org，典型標誌，如圖 7-10 所示。2000 年以後陸續推出的第二份標準與第三份標準，即是 802.11a 和 802.11b；後來又有 802.11g 的出現。

圖 7-10　Wi-Fi 典型標誌

　　802.11b 在不同的傳輸速率分別有不同的調變方式，即 1Mbps 採用 DBPSK (Differential BPSK；差分 BPSK) 調變技術，2Mbps 採用 DQPSK 調變技術，為了讓速率有所提升，5.5Mbps 和 11Mbps 均採用 CCK (Complementary Code Keying；互補碼) 調變技術。

　　802.11g 可以想成是 802.11b 的加強版，因它也採用 2.4GHz 頻帶，因此 802.11g 產品能相容於 802.11b，但前者採用 OFDM 技術，傳輸速率可達 54Mbps。802.11a 也採用 OFDM 技術，但採用 5GHz 頻帶，提供 6 ～ 54Mbps 等 8 種傳輸速率。一般情況，802.11a 設備都必須提供 6、12、24Mbps，這三種傳輸速率。

　　由於 802.11a 設備與 802.11b 設備彼此不相容，且前者產品價格比 802.11b 高很多，較不受個人使用者的喜歡。顯然地，802.11g 兼具 802.11a 的高傳輸速率及與 802.11b 相容之優點，所以 802.11g 已是 WLAN 的熱門選擇。

　　在討論 802.11 之前，我們必須來認識已稍提過的 ISM 頻帶 (Industrial Scientific Medical)，其主要開放給工業、科學和醫學機構使用的頻帶，應用這些頻帶必須支付費用，除非原屬免執照頻帶 (例如 2.4GHz) 才不用付費。802.11b 使用 ISM 2.4GHz 頻帶 (為各國共同的 ISM 頻帶)，實體層使用的傳輸技術為 DSSS，由於價格很低，覆蓋範圍在當時狀況讓使用者感覺驚喜，所以一開始 802.11b WLAN 所使用的人口就遍及世界各角落，不過它的傳輸速率 (11Mbps) 實在不夠快，抗訊號干擾的能力很差，很快因為 802.11g 的出現 (也使用 2.4GHz 頻帶)，加上實體層使用的傳輸技術為 OFDM，因此能有效利用頻寬及提升傳輸速率。這意謂著 802.11b 產品能相容於 802.11g，所以很快被 802.11g (54Mbps) 取代。由於 2.4GHz 頻帶已經被到處使用，像無線滑鼠、藍牙、玩具遙控器，還有家用電器如微波爐、電磁爐等等，互相之間干擾嚴重；因此採用 5GHz 的頻帶使得 802.11a 可以避免這樣的衝突，然而高載波頻率也帶來了一些缺點，因為訊號更容易受到牆壁或障礙物的影響，使得 802.11a 只能被限制在直線範圍內使用，也意謂著 802.11a 傳輸距離沒有 802.11b/g 傳送的遠。

7-8　802.11n/802.11ac/802.11ad /802.11ax

　　在 2009 年 802.11n 也被正式批准發展，它的目標主要放在改善先前的無線網路標準，包括 802.11a 與 802.11g，在網路流量上的不足等等。終於 802.11n 在 IEEE 批准一些修訂，並在 2009 年 10 月正式發表。在 802.11 標準修訂之下增加一核心技術──多

輸入多輸出天線 (Multiple Input Multiple Output；MIMO) 來改善傳輸品質。802.11n 可以工作在 2.4GHz 和 5GHz 頻帶。802.11n 實體層使用的傳輸技術為 OFDM，它的最大淨數據速率從 54Mbit/s ～ 600Mbit/s，與 802.11a 或 802.11g 的 54Mbps 相比有大幅提升，傳輸距離也跟著增加，當時 iPhone、Android 智慧型手機以及筆電也立刻套用 802.11n 這個新標準技術。

　　IEEE 又在 2013 年時緊急推出以 802.11n 為基礎的 802.11ac 及 802.11ad。以 802.11ac 來說，提供實現 80MHz 的通道，三個空間流 (spatial stream)，和 256-QAM，每個空間流高達 433.3 兆 b/s，1300 兆 b/s 的總數據率，其透過 5GHz 頻帶提供高輸通量的 WLAN。後來，供應商又宣布 160MHz 通道，四個空間流，使用 MU-MIMO (multi-user MIMO) 技術，並在 2014 年和 2015 年發布支援所謂的「第二波」的設備。一般而言，802.11n 工作在 MIMO 系統中，MIMO 通常用 M × N 來表示 M 個發送天線和 N 個接收天線，所有的天線同時處在啟用狀態，每個 MIMO 發送器的天線會將自己的資料串流當成輸入送到頻道，這就是所謂的多重輸入；然而每個在 MIMO 接收器的天線會在頻道蒐集自己的資料串流當成輸出，就是所謂多重輸出；同一時間 AP 僅能和 1 個終端通訊，所以也稱為單一用戶 MIMO (Single-User MIMO；SU-MIMO)。換言之，MIMO 它是以單一個多天線發射器與單一個多天線接收器進行通訊，以提高所有終端的通訊能力。而 MU-MIMO 實現了多個用戶 (Multi-User) 的通訊，一般用 M × N:U 表示。其中的 M × N 同指 MIMO 的天線數目，U 則表示 MU 數量，代表同時通訊最大的終端數量。換言之，MU-MIMO 允許多個用戶在多個發射器來發送單獨的訊號，並以多個接收器同時接收在同一頻帶分開的訊號。

　　後來在 2019 年，IEEE 802.11 WLAN 的新標準推出 802.11ax，IEEE 802.11ax 是 WLAN 的標準，Wi-Fi 聯盟稱它為 Wi-Fi 6，又稱為高效率無線區域網路 (High Efficiency WLAN；HEW)。而以前的標準，從 802.11、802.11b、802.11a、802.11g、802.11n、802.11ac 依序分別稱為 Wi-Fi 0、Wi-Fi 1、Wi-Fi 2、Wi-Fi 3、Wi-Fi 4、Wi-Fi 5，如表 7-2 所示。注意，Wi-Fi 6 可以使用 6GHz 頻帶 (美國 FCC 開放頻帶為 5.925 ～ 7.125 GHz) 的 IEEE 802.11ax 稱為 Wi-Fi 6E。再強調一次，802.11ac、802.11ad 及 802.11ax 已可以說是 802.11n 的繼承者，它們採用並擴展了源自 802.11n 的空中介面概念，包括更寬的 RF 頻寬 (提升至 160MHz、256 QAM、8 個空間串流)。其實從 802.11n 開始及後來的 802.11ac、802.11ad 以及 802.11ax 等標準皆是使用多重輸入多重輸出 (MIMO) 天線，也就是說發送端和接收端都會有兩支以上的天線來傳送及接收不同的訊號，如圖 7-11 所示。

表 7-2　Wi-Fi 世代發展

Wi-Fi 世代名稱	IEEE 標準	速率範圍 (Mbit/s)	上市時間（年）	頻帶 (GHz)
Wi-Fi 7	802.11be	1376 ～ 46120	(2024)	2.4/5/6
Wi-Fi 6E	802.11ax	574 ～ 9608	2020	6
Wi-Fi 6			2019	2.4/5
Wi-Fi 5	802.11ac	433 ～ 6933	2014	5
Wi-Fi 4	802.11n	72 ～ 600	2008	2.4/5
Wi-Fi 3	802.11g	6 ～ 54	2003	2.4
Wi-Fi 2	802.11a	6 ～ 54	1999	5
Wi-Fi 1	802.11b	1 ～ 11	1999	2.4
Wi-Fi 0	802.11	1 ～ 2	1997	2.4

(資料來源：維基百科)

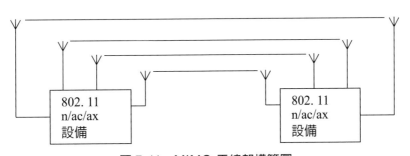

圖 7-11　MIMO 天線架構簡圖

　　剛已稍微提過，MIMO 若有多個用戶同時使用稱爲 MU-MIMO，其最先出現在 802.11ac (WiFi 5)，但只允許在下行使用；後來的 802.11ax (WiFi 6)，更進一步強化上下行皆可使用。注意，802.11ac 與 802.11ax 的基地台可以同時傳送至多個基地台，並且使用智慧型的天線對準所要的接收目標做傳輸，這不但減少不必要的干擾也增加傳輸到達的距離。

　　值得一提，IEEE 802.11ad 是對 IEEE 802.11 無線網路標準的一種修正，採用的頻帶是 60GHz，傳輸速率可達近 7Gbps，但通訊範圍相當有限 (不超過 10 公尺遠，難以穿越障礙物 / 牆壁)，比較適合高速傳輸但短距離的環境。原以爲下個 Wi-Fi 標準一定是 802.11ad 非它莫屬，但結果是 802.11ax 雀屛中選，因爲 802.11ax 採用的頻帶是目前 Wi-Fi 通用的頻帶：2.4GHz 和 5GHz，可延續目前的 802.11ac 和 802.11n 網路，所以 802.11ax 可說是新一代非常重要的標準。注意，802.11be 預計會被稱爲 Wi-Fi 7。它是

針對 802.11ax 的修訂，專注在室內外的 WLAN 運作，面向固定的或行人速度的裝置。
預計最終標準定於 2024 上半年發佈。在此，我們也針對 802.11n、802.11ac 和 802.11ax
做比較，如表 7-3 所示。注意，表 7-3 中的分頻多工，802.11ax 採用 OFDMA (Orthogonal
Frequency Division Multiple Access) 是無線通訊系統中的一種多重接取技術。自從 2020
年 5G 已慢慢開始商轉，Wi-Fi6 就是與 5G 搭配，透過 OFDMA 這項技術，可以讓頻寬
需求不同的多部裝置，可以不需透過競爭，同時享用所提供的服務；加上各裝置可以
同時排程，不同用戶也可以同時傳輸資料。資料封包太長的話也可以先經過分割並立
刻傳送出去，對於頻寬的負擔減輕，資料傳輸的效率自然提高。

表 7-3　802.11n、802.11ac 和 802.11ax 比較

Wi-Fi 類型	Wi-Fi 4	Wi-Fi 5	Wi-Fi 6
標準	802.11n	802.11ac	802.11ax
工作頻段	2.4 GHz 5 GHz	5 GHz	2.4 GHz 5 GHz
最大頻寬	40 MHz	80 MHz ~ 160 MHz	160 MHz
最高調變	64QAM	256QAM	1024QAM
MIMO	4x4	8x8	8x8
MU-MIMO	無	只有下行	上行 下行
分類多工	OFDM	OFDM	上下行皆用 OFDM

 NOTE

OFDM 有時又稱為離散多音頻調變 (Discrete Multitone Modulation；DMT) 這是
1-3-3 節介紹過的技術，而 OFDM 可以看成多載波傳輸的一個特例。在 7-5-1
節曾簡單定義 OFDM，此處對 OFDM 與 OFDMA 做較詳細說明。
OFDM 是將頻段分割成數個子載波 (sub-carrier)，而且讓每個子載波互為正交，
減少子載波間的相互干擾，且頻譜可以互相重疊，增加不少的頻寬效益。另一
方面，OFDMA 可說是 OFDM 數位調變技術的進階版本。透過 OFDMA 這項
技術，可以讓頻寬需求不同的多部裝置，可以不需透過競爭，同時享用所提供
的服務；加上各裝置可以同時排程，不同用戶也可以同時傳輸資料。資料封包
太長的話也可以先經過分割並立刻傳送出去，對於頻寬的負擔減輕，資料傳輸
的效率自然提高。值得一提，在 Wi-Fi 6(802.11ax) 標準中，OFDMA 對於網路
效能的提升非常顯著，例如當用戶下載資料時，路由器會使用不同的子載波傳
輸資料給不同的用戶，這樣可以改善以往同時傳輸資料時所產生的延遲。

接下來，在此做一總整理：不同的 802.11 標準像 802.11a/b/g/n/ac/ax 也會有一些共同的特徵，包含 802.11 訊框格式，使用相同的 CSMA/CA 媒介存取協定；以及讓 802.11 的產品可以是向下相容，例如原使用於 802.11g 的行動裝置仍然可以與後來的新標準 802.11ac 或 802.11ax 的基地台互相作用，換句話說，802.11ax 可以向下相容 802.11a/b/g/n/ac。另外，802.11 標準在實體層上的工作頻率也有一些差異，特別是 802.11n 可工作在 2.4 GHz 及 5 GHz 兩個不同的頻率範圍。注意，802.11WLAN 欲運行高位元傳輸率的傳輸時，就必須使用在較高的頻率運作，例如 802.11a 或 802.11n 運作在 5 GHz 的時候，在同樣的功率等級下，802.11a 或 802.11n LAN 的傳輸距離會變短而且會遭遇到比較嚴重的多種路徑傳播問題。

NOTE

Wi-Fi 直連 (Wi-Fi Direct) 先前曾被稱為 Wi-Fi 點對點 (Wi-Fi Peer-to-Peer)，是一套軟體協定，主要目的是讓 Wi-Fi 裝置可以不必透過 AP 裝置，而是以點對點的方式直接與另一個 Wi-Fi 裝置連線，進行高速資料傳輸。這個協定由 Wi-Fi 聯盟發展、支援與認證，只要通過這項認證，WFDS (Wi-Fi CERTIFIED Wi-Fi Direct Services) 的產品都可以互相搭配使用。換言之，只要是獲得 Wi-Fi 認證的 Wi-Fi Direct 標誌產品都可以在 802.11a、802.11g 及 802.11n 標準下進行連線。Wi-Fi 聯盟在 2010 年 10 月 25 日正式開始公開認證，目前已經有 Atheros、Broadcom、Intel、Ralink、Realtek 等廠商通過認證。注意，Wi-Fi Direct 架構在原有的 802.11a、802.11g、802.11n 之上，不支援 802.11b，比既有的 Ad-hoc 模式更快，同時也支援 WPA2 加密機制。最大傳輸距離是 200 公尺，最大傳輸速度為 250Mbps，使用 2.4GHz 與 5GHz 頻帶。它支援一對一，以及一對多模式。它的主要競爭對手是藍牙技術的競爭。

7-9　USB wireless 802.11n適配器的應用實例

筆者想在 Windows 10 上的環境透過 Wireshark 直接擷取 802.11 的封包，因而必須搭配適配器才能達成。我們可以使用 USB wireless 802.11n 適配器，並在 Windows 10 的電腦上建立 Linux 環境與虛擬機器，以使 Wireshark 能擷取 802.11 的封包。接下來，我們插入一種 USB 2.0 wireless 802.11n 適配器，例如聯發科 RT5370 USB 無線網卡 802.11n、Ralink USB 無線網卡、華碩 USB 無線網卡等等，如圖 7-12 所示。

圖 7-12　802.11n 適配器

步驟說明：

步驟 1　先恭喜您已在 Windows 10 的電腦上建立 Linux 環境成功。接下來，請在 $ 後面敲入指令 iwconfig，以查詢網卡狀態，如圖 7-13(a) 所示。為了擷取 802.11 封包需將網卡設定為監控模式，但是構建的虛擬機器裡，圖 7-13(a) 內建的兩個網卡都必須設定為混雜模式，如圖 7-13(b) 所示。

圖 7-13(a)

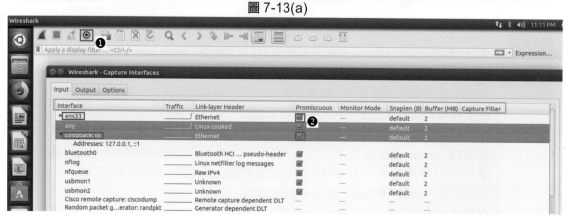

圖 7-13(b)

步驟 2　現在請將 Ralink USB 2.0 802.11n 無線網卡插入至您的電腦，並立刻引出一個對話方塊，點選 Connect to a virtual machine 選項，準備將無線網卡連接到虛擬機器中，如圖 7-13(c) 所示的 uv。換句話說，想要擷取 802.11 的封包，我們必須將 Ralink USB 2.0 802.11n 無線網卡連接到虛擬機器。

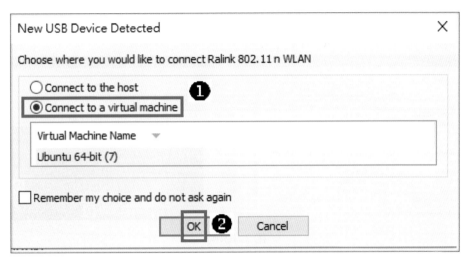

圖 7-13(c)

步驟 3　現在請您再敲 iwconfig 一次，網卡狀態已經有改變，如圖 7-13(d) 所示。其中 wlx000f0201b2ed 為無線網卡的名稱。

```
powerful@ubuntu: ~
powerful@ubuntu:~$ iwconfig
ens33     no wireless extensions.

lo        no wireless extensions.

wlx000f0201b2ed  IEEE 802.11  ESSID:off/any
          Mode:Managed  Access Point: Not-Associated   Tx-Power=20 dBm
          Retry short  long limit:2   RTS thr:off   Fragment thr:off
          Power Management:off

powerful@ubuntu:~$
```

圖 7-13(d)

步驟 4　請您敲入

powerful@ubuntu:~$ sudo iw dev wlx000f0201b2ed interface add mon0 type monitor // 設定虛擬網卡 mon0 為監控模式，如圖 7-13(e) 所示的 ❶。接下來，powerful@ubuntu:~$ sudo ifconfig mon0 up// 開啟網卡，如圖 7-13(e) 所示的 ❷。接著，網路介面新增加一個虛擬網卡 mon0，勾選它準備擷取 802.11 的封包，如圖 7-13(e) 所示的 ❸。

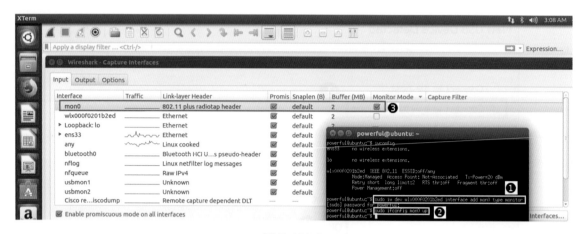

圖 7-13(e)

步驟 5 現在請啟動 Wireshark → 點選 mon0 介面，就可以進行擷取 802.11 的封包，如圖 7-13(f)。

圖 7-13(f)

7-10 IEEE 802.11訊框

802.11 的訊框主要分成管理訊框 (management frame)、控制訊框 (control frame) 和資料訊框 (data frame) 三種：

1. 管理訊框：用於建立 MAC 層連接，Associate 請求 / 回應，Probe 請求 / 回應和信標訊框 (Becaon frame) 都屬管理訊框，其它還包括認證用的 Authentication 訊框，中止認證用的 Deauthentication 訊框，重新連結的 ReAssociate 訊框或中止連結的 DisAssociate 訊框。

2. 控制訊框：用於啓動資料訊框和管理訊框的傳輸；像請求發送 (Ready to Send；RTS) 和清除發送 (Clear to Send；CTS) 和 ACK 皆屬這類型的訊框。

3. 資料訊框：用於 WLAN 資料的傳送。

7-10-1　MPDU訊框格式

IEEE 802.11 的 MPDU (MAC Protocol Data Unit) 訊框格式是由 MAC 標頭 (MAC Header)，訊框內容 (亦即 MSDU) 和 FCS (Frame Check Sum) 組成，如圖 7-14(a) 所示。如下說明：

									MSDU 0~2312	
Octets 2	2	6	6	6	2	6	2	4		4
Frame Control	Duration / ID	Address 1	Address 2	Address 3	Sequence Control	Address 4	Qos Control	HT Control	Frame Body	FCS

MAC Header

圖 7-14(a)　802.11 訊框欄位格式

1. 訊框標頭 (佔 36 bytes)：包含佔 2 bytes 的訊框控制 (Frame Control)、佔 2 bytes 的傳輸時間 / 連結識別碼 (Duration/ID)、佔 24 bytes 的位址 (Address 1 ～ 4)、佔 2 bytes 的序號控制 (Sequence Control)、佔 2 bytes 的 QoS 控制 (Quality of Service Control) 和佔 4 bytes 的 HT 控制。

2. 訊框內容 (Frame Body，0 ～ 2312 bytes 的不定長度)：欄位中的內容包括資料或控制訊息，依訊框型態而有所不同。

3. FCS (佔 4 bytes)：錯誤檢查用。

7-10-2　訊框控制欄位

如圖 7-14(b) 所示爲訊框控制 (Frame Control) 欄位格式，其包含 11 個子欄位，功能如下：

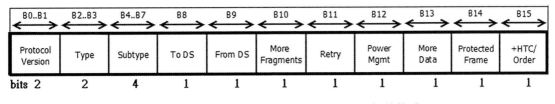

B0..B1	B2..B3	B4..B7	B8	B9	B10	B11	B12	B13	B14	B15
Protocol Version	Type	Subtype	To DS	From DS	More Fragments	Retry	Power Mgmt	More Data	Protected Frame	+HTC/ Order
bits 2	2	4	1	1	1	1	1	1	1	1

圖 7-14(b)　訊框控制 (Frame Control) 欄位格式

1. Protocol Version (佔 2 bits)：802.11 協定版本。

2. Type and Subtype (分別佔 2 bits 和 4 bits)：Type 欄位表示管理訊框，控制訊框和資料訊框 (data frame) 其中之一種，每一種類型都包含若干種子類型。

3. To DS (佔 1 bit)：此位元為 1 表示資料訊框 (包含廣播與群播訊框) 透過 AP 傳送至分散式系統 (Distribution System；DS)。若為其它種類訊框，則其值為 0。

4. From DS (佔 1 bit)：此位元為 1 表示資料訊框是由分散式系統透過 AP 傳送過來的；若為其它種類訊框，則其值為 0。To DS 與 From DS 之間有 4 種組合，表示不同的意義，如表 7-4 所示。

表 7-4　To DS 與 From DS 關係

TO DS	From DS	意義
0	0	表示資料訊框由一個行動台直接傳送給另外一個在相同 BSS 中的行動台。
1	0	行動台將資料訊框透過 AP 傳送給 DS。
0	1	資料訊框由 DS 透過 AP 傳給行動台。
1	1	一個 AP 傳給另外一個 AP 的 WDS (wireless DS) 訊框。

5. More Fragments (佔 1 bit)：此位元為 1 時，表示此訊框後面還有其它分段 (Fragment) 會繼續傳送過來。位元 0 時，表示後面不會有其它分段訊框。

6. Retry (佔 1 bit)：此位元為 1 時，表示資料訊框或管理訊框為重送 (Retransmission) 的訊框。

7. Power Mgmt (佔 1 bit)：此位元為 1 時，表示行動台正處於休眠 (省電) 模式；其值為 0，表示行動台處於正常工作狀態。值得一提，當行動台處於休眠狀態，AP 在這段時間不會傳送任何訊框給這個行動台，因此會將所有前往休眠中主機的訊框都先暫存起來，以便稍後再進行傳輸。

8. More Data (佔 1 bit)：在管理訊框此位元為 1 時，AP 用來通知處於休眠模式的行動台，告知 AP 有 MSDUs 資料準備傳送給它；另一種使用，如果在資料訊框上，此位元為 1 時，表示至少還有一個 MPDU 準備傳送。若為其它種類的訊框，該值為 0。

9. Protected Frame (佔 1 bit)：此位元為 1 時，表示該訊框所攜帶的資料已經使用加密處理，否則位元值為 0。

10. Order：此位元為 1 時，必須嚴格按順序處理接收的訊框。如果順序亂掉，訊框將被丟棄。

7-10-3　Duration/ID

　　Duration/ID 欄位共佔 16 bits，依照訊框格式分成兩種，一為連結識別碼 (Associate Identifier，AID)，用來指出行動台和 AP 之間所建立的連結號碼，另一為持續時間 (Duration)，其用法如下說明：

1. 若訊框為控制訊框，其最左邊兩個位元都是 1，其它的 14 位元則是傳送此訊框的行動台的 AID。AID 值的範圍由 1 到 2007。

2. 若為其它訊框，則此欄位代表一個 Duration，其值依各訊框型態而定。802.11 協定允許進行傳輸的行動台預約一段通道的時間，這段時間值會被包含在訊框的持續時間 (duration) 欄位。繼續談之前，我們先介紹 CSMA/CA (Carrier Sense Multiple Access with Collision Avoidance) 的基本原理。

◉ CSMA/CA動作流程

　　一般而言，為了避免同時可能會有多個行動台 (或 AP) 會在相同的通道進行資料訊框的傳送造成碰撞，我們需要採用 CSMA/CA 來解決。此處 CSMA/CA 中的「CSMA」稱為「載波感測多重存取」，如同第五章說明的 CSMA/CD 中的「載波感測多重存取」，皆指乙太網路的工作站或 802.11 的行動台 (或 AP) 在進行傳輸前都會先感測通道的狀態，若在感測到通道為忙碌狀態時，就禁止傳輸。但是 CSMA/CD 是使用碰撞偵測；而 802.11 使用的並不是碰撞偵測，而是避免碰撞的技術。另外，802.11 和乙太網路的作法不一樣，為了解決可能存在隱藏終端 (hidden terminals) 的行動台或 AP 可能造成的碰撞問題，就會使用到 RTS/CTS 的技術。

　　假設行動台要傳送訊框，其 CSMA/CA 流程，說明如下：

1. 一開始行動台感測到通道是閒置的，它還會等待一段時間稱為分散式訊框間隔 (Distributed Inter-frame Space；DIFS)，然後發送 RTS (Ready to Send；請求發送) 控制訊框。

2. 收到 RTS 後，會等待一段短暫時間稱為短訊框間隔 (Short Inter-frame Spacing；SIFS)，目的端的行動台會回送一個 CTS (Clear to Send；清除發送) 控制訊框，表示目的端的行動台已經準備好開始要接收資料。

3. 來源端等待 SIFS 的短暫時間後，開始傳送訊框。

4. 目的端行動台等待 SIFS 的短暫時間後，會傳送一個 ACK 訊息給來源端作為確認。如果收到 ACK 訊息，代表訊框已經為目的端所接收。反之，如果沒有收到 ACK

訊息，行動台會選擇一個隨機的倒退值，重新進入步驟 1。有關倒退值的說明，參考第五章。注意，只要感測到通道目前是忙碌狀態，計數器的數值會保持不動；當計數器的值遞減至零時代表通道已在閒置狀態，行動台就開始傳送訊框，並等待 ACK 訊息的確認。

5. 為了更清楚整個 CSMA/CA 流程，如圖 7-15 所示。

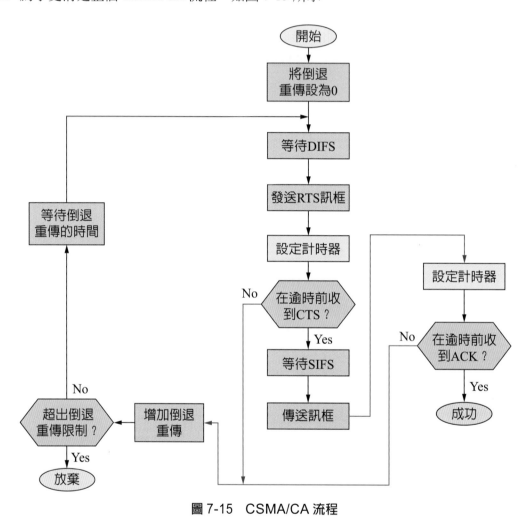

圖 7-15　CSMA/CA 流程

接下來，繼續討論 Duration/ID 這個欄位的重要說明。如果行動台取得傳送訊框權限的時候，其它的行動台應該要等多久的時間以避免發生碰撞，這就跟一個「網路配置向量」(Net Allocation Vector；NAV) 有關。IEEE 802.11 解決的方法是利用所謂的「虛擬載波偵測」，如下說明：虛擬載波偵測利用一個「網路配置向量」(Net Allocation Vector；NAV) 的計時器，此向量記載其它行動台還需要多久的時間來傳送訊框，而使

這些行動台根據這些資訊能知道傳輸媒介現在是否忙碌。更詳細的說，當某一行動台傳送 RTS 訊框的時候，其中包含需要佔有這個通道的持續時間，而被這個傳輸影響到的其它行動台則會建立 NAV 的計時器，並將 RTS 訊框裡面記載的持續時間登錄到自己的 NAV，以便知道其它行動台要經過多少時間才允許檢查閒置的通道。NAV 只要時間未歸零前，就表示其它行動台目前不能傳送訊框。值得一提，當第 15 個 bit 被設定為 0 時，Duration/ID 欄位就被用來設定 NAV。

注意，NAV 有人稱它是 NAV Counter，其以均勻的速率倒數計時。當 NAV Counter 為 0 時，虛擬載波偵測指出傳輸媒介是空閒狀態；不等於 0 時，指示傳輸媒介正忙碌當中。在 IEEE 802.11 中，NAV 最大值為 32767us。圖 7-16 是使用 RTS/CTS 訊框時，行動台 NAV 的進行過程。其中 RTS 訊框所攜帶的持續時間值 (單位為 us) 為預估其本身傳送完畢至下一筆傳送訊框收到回應訊框為止。由圖中可以看出，所有聆聽到此 RTS 訊框的其它行動台都將其 NAV 設為該時間值。同樣的，接收端 (通常是 AP 擷取點) 回送的 CTS 訊框中也攜帶這樣的持續時間值，其內容也是其本身 (CTS 訊框) 傳送完畢至下一筆傳送訊框收到回應訊框為止的預估時間。其它行動台在 NAV 值不為 0 之前不可以傳送訊框。

當 NAV 值等於 0 後，就以 DCF (Distributed Coordination Function) 競爭方式進行訊框的傳送。注意，對於所有在免競爭期間所傳送的訊框來說，Duration/ID 欄位之值應設為 32768。注意，802.11 利用不同長度的訊框間隔 (Interval Frame Space；IFS) 時間，來識別兩種傳輸媒介的接取方式：一為 DIFS (DCF IFS)：此間隔時間是在競爭傳輸模式下，DCF (分散式協調功能) 行動台傳送訊框前必須等待的時間。DCF 是所有行動台利用 CSMA/CA 協定得傳輸媒介的機制。另一為 PIFS (PCF IFS)：此間隔時間是在無競爭傳輸服務時，行動台傳送訊框前所必須等待的時間。PCF (集中式協調功能) 是表示網路上有一個集中協調站 (Point Coordination)，由它來輪詢 (Polling) 所有行動台，查詢是否有資料準備傳送。至於，短訊框間隔 (Short Interval Frame Space；SIFS)：此間隔時間用來做回應訊框，此類訊框有：CTS、ACK 或輪詢回應 (Poll Response) 等等。

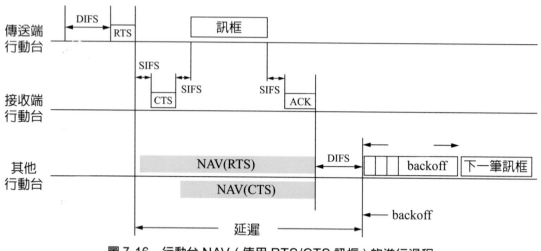

圖 7-16　行動台 NAV（使用 RTS/CTS 訊框）的進行過程

7-10-4　位址欄位

802.11 訊框格式中共有 4 個位址欄位，分別是 Address 1、Address 2、Address 3 和 Address 4。這些欄位用來記錄 BSSID (BSS Identifier)、來源端位址 (Source Address；SA)、目地端位址 (Destination Address；DA)，發送端位址 (Transmitter Address；TA)，及接收端位址 (Receiver Address；RA)。如下說明：

位址 1：接收該筆訊框的行動台或 AP 的 MAC 位址。如果行動台傳送該筆訊框，位址 1 將填入 AP 的 MAC 位址；如果是 AP 傳送該筆訊框，位址 1 將填入行動台的 MAC 位址。

位址 2：如果行動台傳送該筆訊框，位址 1 將填入行動台的 MAC 位址；如果是 AP 傳送該筆訊框，位址 1 將填入 AP 的 MAC 位址。

位址 3：BSS（由 AP 與行動台構成）是子網路的一部分，這個子網路會透過某個路由器介面連接到其它子網路。位址 3 所指的即是此一路由器介面的 MAC 位址。

位址 4：使用於 Ad-hoc 模式。

DA（佔 6 bytes）：可以是個別位址或群播位址，也可以是該訊框的目的端位址。

SA（佔 6 bytes）：是產生此訊框的行動台位址。

TA（佔 6 bytes）：是指傳送此訊框的行動台位址。

RA（佔 6 bytes）：是指接收此訊框的行動台位址。

7-10-5　順序控制欄位

順序控制欄位包含兩個子欄位：佔 12 bits 的順序號碼 (Sequence Number) 及佔 4 bits 的區段號碼 (Segment Number)，如圖 7-17 所示。其中順序號碼為 MSDU 的序號。每一個 MSDU 都有一個順序號碼，其值由 0 至 4095。區段號碼是指由 MSDU 分割出來的區段順序號碼，其值依序加 1，一直到 15 為止，可重複使用。同一個 MSDU 分割出來的區段都應該使用相同的順序號碼。區段號碼則是指該區段在原來 MSDU 所分割出來的區段順序。第一個區段 (或原就沒有分割的 MSDU) 它的值為 0。

圖 7-17　順序控制欄位

7-10-6　QoS Control

佔 16 bits 的 QoS 控制欄位，用於標識資料訊框的服務品質等級 (QoS) 參數 (僅存在於資料訊框類型 QoS Data)。

7-10-7　HT Control

在 802.11n 的修正案有提到 802.11 MAC 標頭添加了一個 4bytes 的 HT 控制欄位。最大 MAC 標頭長度可以增加到 36 bytes。HT 控制欄位是存在於控制訊框的子類型稱為 Control Wrapper (0x0017) 訊框中，並且也存在於 QoS 資料訊框和管理訊框中，它們需經由訊框控制欄位中的「order」位元的確定。

7-11　藍牙標準介紹與應用

1994 年時，Ericsson 行動通訊公司進行了一項低功率、低成本的射頻介面研究計畫，主要目標是希望不要再以有線方式連結行動電話、PC 卡、頭戴式耳機組和桌上型設備。1998 年 5 月，Ericsson 與 Nokia、IBM、Toshiba 和 Intel 共同組成了一個 Bluetooth SIG 小組 (Bluetooth Special Interest Group)，目標是制定一套短距離射頻無線連結技術的標準。

　　至 1999 年 6 月，SIG 的會員規模也包括 Motorola、Compaq、Dell、Qualcom、BMW 和 Casio 等公司。小組會員均同意合作定出一套免付執照費用的標準，使得技術的成本降低，並迅速普及至各角落。SIG 小組於 1999 年第二季宣布 1.0 版本的基本規格，主要讓移動式裝置可在公共場所如機場、旅館或汽車內進行通訊。2001 年 2 月公布 1.1 版的規範。SIG 也在後來的幾年也推出 1.2 及 2.0 版以及其它附加功能，並將最大傳輸速率提高至 3Mbps。藍牙的 3.0 標準在 2009 年速率更提升至 24Mbps；2010 年～2014 年之間藍牙標準依序增加為 4.0、4.1、4.2 版；2016 年 6 月，藍牙 5.0 版的標準，一直到今天 (筆者現在時間，2023 年的元旦) 已到 5.3 的標準，如表 7-5 所示。

　　注意：藍牙技術的標準是定義在 IEEE 802.15.1，其工作在無需許可的 ISM 頻帶 2.4 ～ 2.485GHz。因此，在規劃無線個人區域網路時，就必須先瞭解藍牙技術。藍牙協議 IEEE 802.15 TG1 所制訂的 WPAN 標準正是由藍牙 1.1 版所發展而來的。當範圍達 10 公尺時，是透過 1mW 的傳送功率，並使用跳頻式的技術以避免干擾。如果接收設備偵測到傳送距離不超過 10 公尺，會自動調整適合此距離的傳送功率。當傳送量變低或完全停止時，接收設備可以很快地切換至待機 (低功率) 模式。注意：FHSS 調變技術為 1600 次 / 秒。

表 7-5　歷代藍牙版本發展

藍牙版本	發布時間	最大傳輸速度	傳輸距離
藍牙 5.3	2021	48 Mbit/s	300 公尺
藍牙 5.2	2020	48 Mbit/s	300 公尺
藍牙 5.1	2019	48 Mbit/s	300 公尺
藍牙 5.0	2016	48 Mbit/s	300 公尺
藍牙 4.2	2014	24 Mbit/s	50 公尺
藍牙 4.1	2013	24 Mbit/s	50 公尺
藍牙 4.0	2010	24 Mbit/s	50 公尺
藍牙 3.0+HS	2009	24 Mbit/s	10 公尺
藍牙 2.1+EDR	2007	3 Mbit/s	10 公尺
藍牙 2.0+EDR	2004	2.1 Mbit/s	10 公尺
藍牙 1.2	2003	1 Mbit/s	10 公尺
藍牙 1.1	2002	810 Kbit/s	10 公尺
藍牙 1.0	1998	723.1 Kbit/s	10 公尺

　　藍牙定義了兩種類型的網絡：一為小型的 Piconet（微網路）和兩個或以上的微網路構成大型的 Scatternet。一個 Piconet 在活動狀態最多可以有 8 個裝置，其中一個稱為主裝置 (master)，另外 7 個從裝置 (slave)。在一微網路內設定為主裝置者決定頻道與相位 (timing offset，亦即何時傳輸)；而從裝置都會與主裝置同步跳頻。每一個 Piconet 的從裝置，只能與主裝置通訊，且只能在主裝置允許時通訊。注意，主裝置和從裝置之間的通訊，可以是一對一或一對多。

　　一般而言，每一個 Piconet 最多可支援 256 個從裝置，雖然一個 Piconet 最多可以有 7 個從裝置，但額外的從裝置可以處於停機 (Park) 狀態，然而處於停機狀態的從裝置會與主裝置同步，但在停機狀態移動到活動狀態之前不能參與任何通訊；換句話說，其它從裝置處於待機模式。

　　藍牙標準中有一與 LAN 中的 MAC (Media Access Control；媒體存取控制) 子層類似的層稱為基帶層 (baseband layer)。此層採用 TDMA 方式以使主裝置和從裝置利用時槽相互通訊。時槽的長度與駐留時間完全相同，均為 625us。這也意謂著在使用一個頻率期間，主裝置可以發送一個訊框到從裝置，或是從裝置發送一個訊框到主裝置。事實上，藍牙使用一種稱為 TDD／TDMA 的一種半雙工通訊，發送方將發送資料，接收方也接收從對方傳送過來的資料，但不是同時進行 (半雙工)；如果微網路只有一個從裝置，則 TDMA 操作非常簡單：　時間

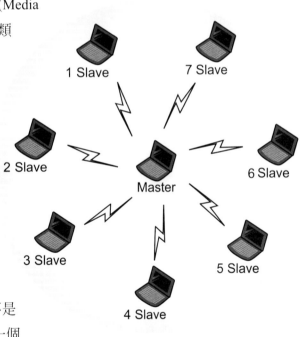

圖 7-18　一個微網路

被分成 625 us 的時槽，主裝置是使用偶數時槽 (0、2、4、6) 做傳輸，而從裝置是使用奇數時槽 (1、3、5、7) 做傳輸。再次提醒，在微網路內任何裝置都可擔任主裝置或從裝置，如圖 7-18 所示，以筆電做主裝置與從裝置之間的通訊；一般而言，最先提出連線要求者設定為主裝置設備。在一微網路內主裝置最多可與 7 個活動 (active) 狀態的從裝置通訊，而從裝置之間不能互傳資料。微網路可以延伸出去，形成一個更大的藍牙區域網路，即所謂的 Scatternet。

7-12　ZigBee 概述

　　ZigBee 主要由 Honeywell 公司組成的 ZigBee Alliance 制定，從 1998 年開始發展，於 2001 年向電機電子工程師學會 (IEEE) 提案納入 IEEE 802.15.4 標準規範之中，自此 ZigBee 技術漸漸成為各業界共同通用的低速短距無線通訊技術之一。ZigBee (也稱紫蜂) 是一種低速短距離傳輸的無線網路協定，底層是採用 IEEE 802.15.4 標準規範的媒體存取控制層 (MAC) 與實體層。在 802.15.4 標準中指定了兩個頻帶和直接序列擴頻 (DSSS) 實體層頻帶：868/915MHz 和 2.4GHz。2.4GHz 的實體層支援 250kb/s 的速率，而 868/915MHz 的實體層支援 20kb/s 和 40kb/s 的傳輸速率。因而 ZigBee 的速率介於 20 ～ 250 kbps 之間，最長傳輸距離 100 公尺；根據標準，一個 ZigBee 網路內最高可以有 65535 個節點，所以其特點在於低速、低耗電、低成本、支援大量網路節點、支援多種網路拓撲、低複雜度、快速、可靠、安全。

7-12-1　ZigBee應用

　　ZigBee 協定又稱 IEEE802.15.4 協定，它是 IEEE802.15.4 工作群組為低速率無線個人區域網 (WPAN) 制定的標準，該工作群組成立於 2002 年 12 月，致力於定義一種廉價的，固定、便攜或行動裝置使用的，低複雜度、低成本、低功耗、低速率的無線連線技術，並於 2003 年 12 月通過了第一個 802.15.4 標準。

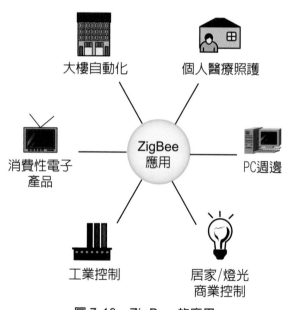

圖 7-19　ZigBee 的應用

　　目前 Zig Bee 技術主要使用於無線感測網路 (Wireless Sensor Network；WSN)，由於感測器電力來源通常來自電池，每次傳輸的資料量不會很多，所以低速、低耗電的 ZigBee 非常適合使用在 WPAN 中通過射頻方式在裝置間進行互連的方式與協定，該標準使用 CSMA/CA 之碰撞避免機制作為 MAC (媒體存取控制) 機制，同時支援星型與對等型拓撲結構。另一方面，無線感測網路還可以延伸出「物聯網」(Internet of Things；IoT) 的相關概念，IoT 就是「物體與物體相聯的網際網路」，只要規則制定完整，然後交給物體與物體之間的溝通完成、經過運算後，再將結果傳送到網際網路。ZigBee 有關它的應用，如圖 7-19 所示。

7-13 行動通訊系統

　　隨著類比式行動電話 (Advanced Mobile Phone Service；AMPS)、泛歐數位式行動電話系統 (Global System for Mobile Communication；GSM)、一般封包擷取服務 (General Packet Radio Access；GPRS)、第三代行動通訊系統 (3G；包括 UMTS 以及 CDMA2000) 以及其延伸技術的興起，行動通訊服務已成為目前最熱門的新興行業與研究主題。行動電話系統技術的演變，如下說明。

- AMPS (Advanced Mobile Phone Service) - 1G
  世界上第一套類比蜂巢式電話系統，採用 FDMA 技術。

- GSM (Global System for Mobile Communications) - 2G
  一種數位蜂巢式電話系統，採用 TDMA 技術，其數據通訊服務系統為 HSCSD (High Speed Circuit Switched Data)。

- IS-95 CDMA System - 2G
  為第二代數位蜂巢式電話系統，採用 CDMA 技術。

- GPRS (General Packet Radio Service) - 2.5G
  如同 GSM 系統，但是利用封包的方式來傳送通訊的內容。

- WCDMA - 3G
  為歐規第三代數位蜂巢式電話系統。

- CDMA2000 - 3G
  為美規第三代數位蜂巢式電話系統。

- 3G 的延伸技術
  為 3.5G WAP、Wimax 與 4G 以及 5G 的通訊系統。

　　多重接取 (Multiple Access；MA) 技術，可分成三種有 FDMA、TDMA、CDMA。MA 的主要功能是針對頻寬的資源加以控制，由於行動通訊使用的無線電頻寬很有限，無法像有線網路只要多拉幾條電纜或光纖就可增加頻寬，因此頻寬的使用若能當用戶要打行動電話時，系統才指派頻寬給用戶使用，並於通話結束後取回頻寬，並將此頻寬準備給下一個新用戶使用。FDMA 是指對頻率分割成等寬的頻帶通道，當用戶要使用時，就分配一個通道，如此可以給多用戶使用 (這跟 FDM 方式是不一樣，在 FDM 中，頻譜是被劃分成若干個邏輯頻道，而每個使用者有自己專屬使用的頻帶)；TDMA (例

如 GSM) 則是在每個頻帶上切割成時間等長的時槽 (time-slot)，若干個時槽再組合成為訊框，每個訊框的第一個號碼的時槽組成 TDMA 的第一個通道，其餘依此類推，如同 FDMA 一樣，當用戶要通話時，才分配到一個通道 (這跟前面談過的 TDM 方式是不一樣，在 TDM 中，每個用戶週期性地在時槽內取得通道)。至於 CDMA，舉例來說，一個行動電話系統之容量就像一間大房子的空間，FDMA 及 TDMA 就像是將大房子的空間分隔成許多小空間，用戶要租用時，就分派給一間小的空間， 如此可以給多用戶使用；而 CDMA 則是不隔間，但不同用戶使用不同的擴展碼 (spreading code) 來調變，接收器可依不同擴展碼來過濾掉其它用戶訊號而取出自需要的資訊。

7-13-1　進階行動電話服務系統(AMPS)

進階行動電話服務系統 (AMPS) 是第一代類比式的行動電話系統，又稱為 1G。AMPS 於 1970 年由美國貝爾實驗室發展完成，並於 1983 年正式商業運作。台灣在 1989 年引進 AMPS 行動電話系統，電話號碼前三碼為 090 或 091 的行動電話使用的便是 AMPS 行動電話系統。AMPS 採用分頻多重接取 (FDMA) 技術，其利用不同的無線電頻率來載送不同的語音通道。工作頻帶為 800MHz，在 824 ～ 849MHz 及 869 ～ 894MHz 間，共有 50MHz 的無線電頻寬分配給 AMPS 使用。AMPS 的優點是比較沒有回音之干擾。AMPS 的缺點是通話品質差、服務種類較少、門號容量小，安全上的問題也差，像是手機的盜拷 (cloning) 機，即俗稱的王八機。

7-13-2　數位式AMPS (DAMPS)

DAMPS 於 1987 年在美國發展出來，也稱為 EIA/TIA IS-54 數位行動電話系統 (Digital Cellular System)。DAMPS 為 AMPS 的改良版本，使用的頻帶與 AMPS 相同。IS-54 後來經修訂後的規格稱為 IS-136，其使用數位分時多工接取 (Time Division Multiple Access；TDMA) 技術，IS-136 的每一個負載頻率可提供 8 個語音通道，容量為 AMPS 的 3 倍。

7-13-3　GSM/CDMA/GPRS

由於考慮到 1G 存在著很多類比系統所具有的缺點，所以在設計 2G 的新規格時，便以數位技術和未來擴充性來進行規劃。ETSI 於 1990 年底制定數位行動網路標準，因而數位式技術的 GSM 系統 (歐規) 就開始蓬勃發展，它可以應用在 3 個頻道上：900MHz、1800MHz 及 1900MHz。

　　GSM 與 IS-95 同為行動通訊發展中第二代數位系統代表，採用蜂巢式細包來建構系統，其概念主要以多個小功率發射機的基地台，取代一個高功率發射機的基地台。GSM 採用 TDMA 技術以提供多個用戶同時被服務，然而，在單位時間內可使用的時槽有限，資料速率最高只能達到 9.6Kbps，無法滿足使用者。另一方面，分碼多重接取 (Code Division Multiple Access；CDMA) 模式則在美國地區得到不錯的發展，像最早開發的 CDMA 系統稱為 IS-95 系統。CDMA 技術具有高頻寬利用率、頻帶規劃簡單、通話品質好、系統容量大 (理論上無用戶容量極限)、保密性佳等特性。因為具有上述優點，CDMA 系統因而成為第 2 代行動通訊系統的主流技術之一。

　　由於 GSM 標準只提供語音部分的功能，於是，具有語音與數據傳輸功能的 GPRS 系統也被發展出來。GPRS 系統所支援的數據傳輸速率可達 115Kbps，可支援高品質的語音、支援寬頻及多媒體服務，以及其它數據傳輸的服務 (如鈴聲、小圖片下載等等)。GPRS 系統是利用封包的方式來傳送通訊的內容，但資料傳輸速度仍然不能滿足多媒體影音的傳輸需求，需要具有更高傳輸速率的下一代行動通訊系統來支援多媒體服務的能力，故被歸類於過渡時期的技術，所以又稱為 2.5G。

　　緊接著新系統正是所謂的第 3 代行動通訊系統 (Third Generation；3G)。注意：CDMA2000 是第 3 代行動通訊標準的一種，其亦是 IS-95 通訊系統的延伸。

NOTE

GSM 當初在台灣所使用的頻率為 890 ～ 960MHz(900MHz) 及 1710 ～ 1880MHz (1800MHz) 兩個區段。前者常稱為 GSM 900；後者則稱為 GSM 1800。

7-13-4　HSCSD

　　高速電路交換數據 (High Speed Circuit-Switched Data，HSCSD) 是由 ETSI GSM 規格書 Phase 2+ 所定義的協定。HSCSD 在 GSM 演進過程中是很適合使用在移動用戶的資料傳輸技術，當您想要取得資訊，只需撥一個電話便可獲得。HSCSD 的速度比標準的 GSM 網路快上 5 倍，因此，HSCSD 推出的電路交換式協定，其主要用途是為大量檔案傳送與多媒體應用量身訂做，其速率可達 57.6Kbps。HSCSD 的實體層 (與 GSM 相同) 利用 8 個 TDMA 時槽同時傳送資料，取代目前只用一個時槽的方法，這使得 HSCSD 比一般 GSM 有更高的資料傳輸速率；HSCSD 的無線介面也與 GSM 的系統相同。注意，HSCSD 的無線電鏈結協定 (RLP) 已可支援多重連結的運作。

7-13-5　第三代行動電話(3G)

ITU 為因應新一代行動通訊的需求，在 1992 年之前就提出 IMT- 2 0 0 0 (International Mobile Telecommunication - 2000) 計畫。在 2000 年 5 月通過 IMT- 2000 空中介面與核心網路標準的最終建議版本，其共有 5 種空中介面，分別為

IMT-DS、IMT-MC、IMT-TC、IMT-SC，以及 IMT-FT。在核心網路系統部分也提出 3 種版本，分別是：Evolved GSM (MAP)、Evolved ANSI-41 與 IP-based Network。其中，IP-based 的核心網路架構正是 3G 系統所使用。當車在行進中，3G 行動電話傳輸速率只能至 144Kbps；步行時可增加至 384Kbps；於室內或固定時可達 2Mbps。全球漫遊採單一家族式技術，使用 2GHz 頻率，這使得手機傳輸數據資料或上網連線將更為快速。

IMT-2000 開放給各國廠商自行發展，經過市場的優勝劣敗，最後僅剩下 WCDMA (歐規) 和 CDMA 2000 (美規) 兩種技術。

7-13-6　WCDMA與3.5G

CDMA 屬新一代的數位行動電話系統，其採用展頻技術。CDMA 將每一訊息傳輸都給予一個序列碼，這樣可以區隔使用同頻帶的多使用者不會互相干擾。因此，CDMA 可增加語音通道的數目。更進一步，寬頻 CDMA (Wideband CDMA；WCDMA) 使用 5MHz 的寬頻，跟一般 GSM 所使用 200KHz 的窄頻相比較，WCDMA 在室內可提供更高的資料傳輸速率，其每秒可達 2Mbps。因此，透過 WCDMA 上網、視訊會議、收聽 MP3 或傳送語音時，收訊效果將加倍清晰。注意：WCDMA 與 CDMA2000 並不相容。

由於 WCDMA 是針對 GSM 系統設計出來的，因此，原採用 GSM 系統的使用者大都選擇 WCDMA 為其 3G 解決方案。歐盟所制訂的 WCDMA 標準亦稱為 UMTS (Universal Mobile Telecommunication System)。

另外，以 3G 行動電話技術為基礎，稱為高速下行封包接取 (High-Speed Downlink Packet Access，HSDPA) 的技術被稱為 3.5G，其可達到更高的資料傳輸速率。目前 HSDPA 支援下載資料速率有 1.8Mbps、3.6Mbps、7.2Mbps，或更提高到 14.4Mbps；但上傳資料速率僅能 384Kbps，最近針對此低速率的缺點，已有廠商提供到 2Mbps 的上傳速率。

7-13-7   WAP

易利信 (Ericsson)、摩托羅拉 (Motorola)、諾基亞 (Nokia) 與 Phone.com (前身是 Unwired Planet) 共同在 1997 年 6 月發起 WAP 論壇，為無線上網制定 WAP (Wireless Application Protocol) 規格。WAP 是一種開放式、標準的無線應用軟體協定，主要是為數位式行動電話 (如 GSM 系統) 提供的一種資訊服務。然而，有人認為受限於 GSM 系統最高傳輸速率的影響，會讓 WAP 的應用範圍受到限制，而宣告 WAP 服務已經到達盡頭。

7-14   WiMAX與4G和5G

為提供更長距離的無線寬頻存取，Intel 主導推廣的新一代遠距離無線通訊技術。在 2001 年 6 月由 WiMAX (Worldwide Interoperability for Microwave Access) 論壇提出 IEEE 802.16 系列寬頻無線標準，由於其寬頻的特性，被稱為第四代無線通訊 (4G)。WiMAX 傳輸距離可達 50 公里，大幅解決 WLAN 的缺點，同時，基地台使用數目也減少很多。因為 WiMAX 也常稱為取代固網的最後一哩路 (last mile)，故常稱為 Wireless ADSL。原本 ITU 進行第四代無線通訊技術定義時，WiMAX 已被預定是主要規格之一。

注意：WiMAX 的涵蓋範圍遠超過 802.11 網路，所以網路結構被界定為無線都會網路 WMAN。4G 發展的趨勢除代表語音與資料傳輸的結合外，更低延遲、更大的頻寬、安全性及支持多種 QoS 等級是一定的目標。

雖然 WiMAX 曾經被視為 4G 主流技術，但全世界大部分的國家都支持長期演進 (Long Term Evolution；LTE) 技術，所以 LTE 顯然是新一代行動無線寬頻技術的主流，換句話說，LTE 已正式在第三代行動通訊組織 (Third Generation Partnership Project, 3GPP) 成為新的無線標準技術。臺灣在 2014 年 5 月也採用此新的技術標準，亦稱為 4G LTE。

一般而言，目前 4G (指 4G LTE) 可提供 150 Mbps 下載速度，有些地區如英國，也將跟隨韓國 SK 電信商推出 LTE-A 服務，使下載速度達到 300 Mbps。根據國外網站 Pocket-lint 搶先提供的一些資訊報導，4G 技術接下來的行動寬頻將達到

1Gbps 的速度。各國政府和製造業者期待可以連結數十億台機器。

那 5G 網路是什麼？既然稱為 5G，顯然其速度希望會快到讓人來不及吞口水外，不管手機在執行任何程式，同一時間有很多人在同一個區域同時上網，5G 的連線速度都將必須保持穩定，不會掉格或飄移，這也將使物聯網隨時處在連線狀態，隨時可互動，不再有區域之間的差別。與 4G 比較起來，5G 最主要的優勢不只在速度傳輸達到 10Gbps，甚至 100Gbps，其更在乎的是 5G 處理的延遲時間；目前 4G 的延遲時間為 40ms ～ 60ms，以目前正夯的多人遊戲為例，當系統按鈕按下時，遠端伺服器必須馬上做出回應，這部分對 4G 來說仍然是不夠快。Andy Sutton 教授指出，5G 的延遲時間僅 5ms ～ 10ms，這樣的速度將讓在體育館觀看現場足球賽事的觀眾，真正能同步欣賞球場上比賽的進行。

7-15　RFID

無線射頻辨識 (Radio Frequency Identification；RFID) 又稱電子標籤，它是一種無線通訊技術。基本上，RFID 技術是由感應器 (Reader) 和 RFID 標籤 (Tag) 所組成的系統，其原理是利用感應器發射無線電波，觸動感應範圍內的 RFID 標籤，再藉由電磁感應產生電流，供應 RFID 標籤上的晶片運作，並發出電磁波回應感應器。Tag 包含了電子儲存的資訊，在幾公尺之內都可以被識別出來。與條碼 (bar code) 不同的是，Tag 可以不需要處在識別器視線之內，也可以嵌入至被追蹤物體之內，例如，汽車工廠將 Tag 附著在一輛正在生產中的汽車，以便可以輕易追蹤這部車目前在生產線上的進度。Tag 也可以應用來徵收汽車在停車場的費用、附於牲畜與寵物上，方便對牲畜與寵物的積極識別 (積極識別是指防止數隻牲畜使用同一個身分)。另外，像藥廠倉庫用來追蹤藥品的所在或捷運悠遊卡的扣款、YouBike 的借車 / 還車動作等等，都是 RFID 的應用範疇。

7-16　近場通訊(NFC)

近場通訊 (Near Field Communication；NFC) 又稱為近距離無線通訊，是一種短距離的無線電通訊技術，其技術是源自於 RFID 與互連技術的基礎，它可在不同的電子裝置之間，進行非接觸式的點對點資料傳輸。NFC 可在 13.56MHz 的頻帶運作，採用近距離感應的通訊模式，由於傳輸距離在 10 公分以內，比較不容易受到干擾，再加

上不需插拔連接線或進行配對設定 (藍牙必須經過配對程序且干擾較大)，只需要兩個 NFC 裝置相互靠近感應一下，就可以進行點對點資料交換，建立連線時間小於 0.1 秒，在相關應用上比其它短距無線傳輸技術更具優勢。

　　另一方面，NFC 和藍牙都屬短距離通訊技術，但 NFC 不需要複雜的設定程式，但它也無法達到低功率藍牙的傳輸速率。NFC 的最大資料傳輸量 424 kbit/s 遠小於 Bluetooth V5.0 (48 Mbit/s)。雖然 NFC 在傳輸速度與距離比不上藍牙 (小於 20 公分)，但好處是可以減少不必要的干擾，在裝置非常密集而彼此間傳輸變得相對困難時，NFC 特別適用於此情況。由於 NFC 耗電量低，以及一次只和一台機器做連結，所以具有較高的保密性與安全性，這有利於信用卡交易時避免被盜用。NFC 的目標並非要取代藍牙無線技術，而是在不同的場合及領域有互補作用。NFC 可利用在將兩個具備 NFC 功能的裝置連結做資料點對點傳輸，如下載音樂、交換圖片，或如數位相機、PDA、電腦和手機之間，都可以交換資料。

7-17　物聯網基本概念

　　物聯網 (Internet of Things；IoT) 是讓一般的物體實現互聯互通的網路技術。所謂物體，像是家用電器、洗衣機、冰箱、車輛、機器等等，經由嵌入式感測器和應用程式化介面 (Application Programming Interface) 等裝置，透過網際網路所形成的訊息連結與交換網路，如圖 7-20 所示。其關鍵技術還包括大數據網路管理與分析、AI (Artificial Intelligence) 和機器學習、雲端以及無線射頻辨識 (RFID)。

　　IoT 一般為無線網路，在 IoT 上，每個人都可以透過 RFID 將真實的物體上網連結，所連結的具體位置都可以輕易被找到。透過 IoT 可以對物體、裝置、人員進行集中管理、遠端控制，以及搜尋，同時透過蒐集及

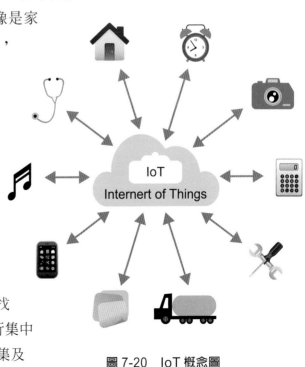

圖 7-20　IoT 概念圖

統計資料，最後可以整合成為巨量數據，以實現物體和物體的互聯。IoT 將實現全球數位化，它的應用範圍無遠弗屆，只要物體與物體的數位資訊都可以統合，應用領域無所不在，像是交通運輸、物流網、工業製造、機器對機器通訊 (Machine to Machine；M2M)、健康醫療、智慧家庭、辦公及工廠領域，換言之，市場和應用前景實在無法一語道盡。值得一提，M2M 具有機器裝置與裝置間不需要人力介入，而是直接透過網路溝通，自行完成任務的一個機制。另外，AI 代表獨自控制，並不依賴於網路架構，然而目前的趨勢是將獨自控制和 IoT 結合在一起，因為在未來 IoT 應是一個開放式的網路，其中智慧型的實體和虛擬物品將基於它們各自的目的獨自執行並能夠和環境有所互動。

7-18　5G應用概述

2019 年被稱為 5G 網路商用元年，一個從事這個領域的研發人員激動著吶喊：「5G」商用時代的開端終於來了。號稱全球三大電子展之一的展覽：消費性電子展 (Consumer Electronics Show；CES)，在 2019 年 1 月 8 日～ 2019 年 1 月 11 日開幕，開幕的主展場就在美國拉斯維加斯 (Las Vegas)，不管是英特爾、高通、韓國三星、LG、日本 SONY、中國的小米、Vivo、OPPO、華為等等，皆為全球第一批展出 5G 智慧手機的展區，像武林擂台的高手互相拚場，他們都在展區爭奇鬥艷般的佈局與高聳豎立著「5G」的字樣互相輝映。每個攤位都開始搶占 5G 的版面，工作人員也發揮三寸不爛之舌搶奪 5G 話語權。高通總裁 Cristiano R. Amon 表示 5G 通訊的來臨，會大幅改變行動網路通訊的生態，這種更快與幾乎無延遲的資料傳輸，將成為各行各業都能用到的服務。展場亮點除了聚焦在 5G 之外，AI、自駕車、8K 電視及虛擬實境 (Virtual Reality；VR) 與擴增實境 (Augmented Reality；AR)，也是未來幾年重要的產業趨勢。

5G 到底應用在哪些領域？由於 5G 高頻寬與低延遲等特點，對於智慧產品聯網就解決 4G 的一些限制，5G 技術同樣也有益於智慧家庭、智慧汽車及 IoT 等應用領域。一般外界認為，最先的應用是 5G 智慧型手機，中國和韓國跑得很快，三星早前就宣布和美國 Sprint 電信公司合作在美國發佈 5G 手機，並在美國主要的 9 個城市推 5G 計畫。

英特爾資深副總裁 Sandra Rivera 接受《天下》專訪時表示，她認為 2019 年年底才會看到第一個 5G 裝置正式出現，然後到 2020 年才會開始成長，一直到能具體的應

用大概要到 2025 或 2030 年。而「5G 真正第一波，她認為會是在工業物聯網、數位監控資安、臉部辨識，另一個是沉浸式媒體 (immersive media)、遊戲等等。

　　所謂沉浸式媒體代表現在的生活是處在一個大數據的資訊漫流中。每條 LINE、推文、照片及影片上傳數量都以指數級增加。而全世界的人期待近乎即時的行動和反應能力，這正是 5G 技術應用於展沉浸式媒體大展身手的好機會。另外，根據 AT & T Communications 營運總裁 Melissa Arnoldi 描述 5G 的技術，包括當有一天您走進一間商店，使用 VR 掃描您的臉，接著就能了解您喜歡吃的口味、度假計劃，並為您提供適合的太陽鏡等等。這些新媒體經驗和大量數據將改變我們所有做事情的方式，更進一步，5G 的相關技術對物聯網汽車、物聯網的高清媒體流、物聯網工廠更能夠以閃電般速度存取和共享飛機上的訊息等等。

　　隨著人臉辨識技術越來越成熟，人臉情緒辨識將成為下一代技術的開發重點，這樣的情境顯現一定很有意思。此外，未來海量影像 (Volumetric Video) 將會被應用在電影拍攝或運動轉播等情境，可以處理數百個攝影鏡頭的資料，讓觀眾從任一角度觀賞影片或慢動作重播，在 5G 時代，對於 4G 所呈現出來一直令人不滿意的品質問題也將被解決。更進一步加上 VR 與 AR 結合成為擴展實境 (XR)，讓觀眾的視覺享受更提升。未來，AI 加上 IoT 稱為 AIoT 的系統應用包括：智慧交通、智慧零售、智慧製造、智慧健康、智慧旅遊等應用方面。

　　另外的應用場景之一，像在 CES 現場透過 Ericsson 的 5G 網路展示家用遊戲。不再像過去的遊戲需要購買電腦主機及遊戲，只要利用手機等不同裝置就能連上雲端，就可任玩超過 200 款的遊戲。在 5G 的時代，高傳輸速度與超低延遲特性，可達到 4G 網路速度的 100 倍，這正是自動駕車最需要的技術。如果再搭配 AI，將使汽車業具有最大的潛在商機。很多人都會問，讓 AI 接手自動開車後，駕駛人在車內可以做什麼呢？展場有一台車門貼著「WB」（華納兄弟）和英特爾合作的黑色 BMW X5 轎車，提供觀眾體驗當進入自動駕車內，車子立刻變身一座行動電影院。您可以透過手機選擇要觀賞的影片，接著前方立刻升起螢幕，車窗也變成螢幕的一部分，您可以坐在車子內部約 270 度空間內，自動駕車一面行駛，您在車上也一面在 270 度空間內看影片，在此同時，自駕車的安全仍隨時透過螢幕向乘客顯示 360 度的安全監控。總之，5G 除了個人應用，也適合用來發展物聯網、AR、VR、AI 應用等等，如果未來路上的自動駕駛車都連接 5G 網路，那麼車與車之間的行車距離就可以拉近，由於低時延的特性，當第一台車煞車時，後車立刻跟著煞車，不必擔心會撞上。採低時延的方式，並運用巨量資料，也可推動如機器學習等應用。

　　業界人士也常指出5G技術包含eMBB (增強型行動寬頻)、mMTC (巨量機器通訊)與 URLLC (超高可靠低時延通訊)，這將從核心網路、邊緣網路 (edge network)、行動基地台等網路端都將進行巨大幅度的變革，小型基地台 (Smallcell) 商機也可望起飛，終端設備也會從智慧手機等等，擴大到車聯網、物聯網等產品。當然網路架構也會巨大變革，像採用 SDN (軟體定義的網路)網路，搭配虛擬化技術，網路架構的巨大變革，將導致終端設備也會跟著變革，這也帶動網通廠有無限大的商機。

NOTE

5G 的來臨代表滿足未來更多應用的需求，像物聯網的應用，5G 必須在網路輸通量、低延遲、可靠性、靈活性、可擴展性、電源效率等方面要絕對突破現狀，而且手動的網路管理是不可能的，必須由 SDN+NFV (Network Function Virtualization)(可以寫成 SDNFV) 提供了唯一可行的解藥，這也意謂著 SDNFV 為 5G 網路革命的主要關鍵技術。

SDNFV 在邁向 5G 與物聯網的過程中，等於是重新建立網路架構與功能重組，最值得一提，在不同的環境和流量，可以靈活且彈性地來組合不同的功能模塊來分配資源。這個網路革命是代表核心網路不再使用昂貴且複雜的軟硬體裝置，只要採用一般通用伺服器 (一般是 x86 Server) 和交換器即可組成，使得成本降低很多，也減少對單一製造商的依賴。

重點整理

▶ 無線網路上的無線資料傳輸技術，可以分為下列兩大類：1. 光傳輸：紅外線 (Infra-Red) 與雷射 (Laser)；2. 無線電波傳輸：窄頻微波技術、展頻技術、無線區域網路、藍牙技術、HomeRF 及 HiperLAN 等技術。

▶ 紅外線技術定義了三種傳輸速率，目前最新的技術進展到 16Mbps 的資料傳輸速率。

▶ 雷射只有直接式連接。

▶ 無線網路所採用的無線電波頻率大都採用無需執照的 2.4GHz 公用頻帶。

▶ DSSS 典型應用如 802.11b 無線區域網路；而 FHSS 典型應用如藍牙裝置。

▶ 802.11 網路拓樸模式有 2 種，即 Ad Hoc 與 Infrastructure。

▶ 802.11g 可以想成是 802.11b 的加強版，它也採用 2.4GHz 頻帶，因此，802.11g 產品能相容於 802.11b。

▶ 802.11n 制定多重輸入多重輸出 (Multiple Input Multiple Output；MIMO) 的標準，主要使用多個發射和接收天線，使得資料傳輸率可以更高，並改善傳輸品質。

▶ WiMAX 提出 IEEE 802.16 系列寬頻無線標準。

▶ 無線射頻辨識 (Radio Frequency IDentification，RFID) 又稱電子標籤。

▶ NFC 和藍牙都屬短距離通訊技術，但 NFC 不需要複雜的設定程式，但它也無法達到低功率藍牙的傳輸速率。

▶ 透過 IoT 可以對物體、裝置、人員進行集中管理、遠端控制以及搜尋，同時透過蒐集及統計資料，最後可以整合成為巨量數據，以實現物體和物體的互聯。

▶ 5G 高頻寬與低延遲等特點，對於智慧產品聯網就解決 4G 的一些限制，5G 技術同樣也有益於諸如智慧家庭、智慧汽車及 IoT 應用領域。

▶ 微波爐、藍牙、802.11b、802.11g、802.11n、802.11ax 無線網路、數位無線話機、對講機以及無線滑鼠等等，皆是使用 2.4GHz (2.4GHz ～ 2.4835GHz) 頻帶。

▶ 展頻主要目的是組合來自不同的來源訊號以適應更大的頻寬。以無線電波為傳輸介質的展頻傳輸技術，現今如 DSSS 和 FHSS 已非常普遍。

▶ DSSS 主要是將每個窄頻寬、高功率的位元 0 與 1 訊號與擴展頻寬使用的擴展碼 (spreading code) 做「互斥或閘」(Exclusive-OR；XOR) 運算，以使原始訊號的頻寬可以擴展成數倍。

▶ FHSS 的技術，有一個偽亂數碼產生器在每個跳躍週期會產生一個 k 位元的型碼 (pattern)。

▶ 802.11 架構的基本區域稱為基本服務集合 (Basic Service Set；BSS)。一個 BSS 通常包含一或多個行動台，以及一個基地台。

▶ 沒有 AP 的 WLAN（無基礎架構）通常會被稱為 Ad-Hoc 模式。

▶ 802.11n 工作在 MIMO 系統中，MIMO 通常用 M × N 來表示 M 個發送天線和 N 個接收天線。

- 所有的天線同時處在啓用狀態，每個 MIMO 發送器的天線會將自己的資料串流當成輸入送到頻道，這就是所謂的多重輸入；然而每個在 MIMO 接收器的天線會在頻道蒐集自己的資料串流當成輸出，就是所謂多重輸出。

- 同一時間 AP 僅能和 1 個終端通訊，所以也稱為單一用戶 MIMO (Single-User MIMO；SU-MIMO)。而 MU-MIMO 實現了多個用戶 (Multi-User) 的通訊，一般用 M × N:U 表示。

- 802.11ax 採用 OFDMA (Orthogonal Frequency Division Multiple Access) 是無線通訊系統中的一種多重接取技術。

- 802.11、802.11b、802.11a、802.11g、802.11n、802.11ac 依序分別稱為 Wi-Fi 0、Wi-Fi 1、Wi-Fi 2、Wi-Fi 3、Wi-Fi 4、Wi-Fi 5。

- MIMO 若有多個用戶同時使用稱為 MU-MIMO，其最先出現在 802.11ac (WiFi 5)。

- 802.11ax 可以向下相容 802.11a/b/g/n/ac。

- 802.11 的訊框主要分成管理訊框 (management frame)，控制訊框 (control frame) 和資料訊框 (data frame) 三種。

- CSMA/CD 是使用碰撞偵測；而 802.11 使用的並不是碰撞偵測，而是避免碰撞的技術。

- 藍牙技術的標準是定義在 IEEE 802.15.1，其工作在無需許可的 ISM 頻帶的 2.4GHz。

- 藍牙定義了兩種類型的網絡：一為小型的 Piconet（微網路）和兩個或以上的微網路構成大型的 Scatternet。

- 一個 Piconet 在活動狀態最多可以有 8 個裝置，其中一個稱為主裝置 (master)，另外 7 個從裝置 (slave)。主裝置和從裝置之間的通訊，可以是一對一或一對多。

- 每一個 Piconet 最多可支援 256 個從裝置，雖然一個 Piconet 最多可以有 7 個從裝置，但額外的從裝置可以處於停機 (Park) 狀態。

- 藍牙標準中有一與 LAN 中的 MAC (Media Access Control；媒體存取控制) 子層類似的層稱為基帶層 (baseband layer)。此層採用 TDMA 方式以使主裝置和從裝置利用時槽相互通訊。時槽的長度與駐留時間完全相同，均為 625us。

- ZigBee（也稱紫蜂）是一種低速短距離傳輸的無線網路協定，底層是採用 IEEE 802.15.4 標準規範的媒體存取層與實體層。

本章習題

選擇題

( ) 1. IEEE 802.11 於 1997 年正式發表實體層規範了 3 種傳輸技術：即紅外線，直接序列展頻與　(1) 微波　(2) 雷射技術　(3) 跳頻式展頻　(4) 以上皆非。

( ) 2. DSSS 主要提供較寬頻率範圍及功率
(1) 較大　(2) 相同　(3) 較小　(4) 大小均可的無線電波。

( ) 3. 何種 802.11 標準具有 MIMO 技術
(1) 802.11a　(2) 802.11b　(3) 802.11g　(4) 802.11n。

( ) 4. OFDM 可將一個頻道切割成許多個子頻道，訊號從這些子頻道同時傳送出去，由於訊號互為　　，不會有干擾的問題產生。　(1) 重疊　(2) 平行　(3) 放大　(4) 垂直。

( ) 5. ZigBee 採用 IEEE ＿＿標準　(1) 802.15.4　(2) 802.15.3　(3) 802.15.1　(4) 802.16。

( ) 6. 不同用戶使用不同的擴展碼 (Spreading Code) 來調變，接收器可依不同展頻碼來過濾掉其他用戶訊號而取出自需要的資訊稱為
(1) FDMA　(2) TDMA　(3) CDMA　(4) 以上皆非。

( ) 7. 802.11ac 所使用的頻帶為　(1) 2.4GHz　(2) 5GHz　(3) 7GHz　(4) 60GHz。

( ) 8. DSSS 主要是將每個窄頻寬、高功率的位元 0 與 1 訊號與擴展頻寬使用的擴展碼 (spreading code) 做＿＿運算　(1) AND　(2) OR　(3) NOT　(4) XOR。

( ) 9. 沒有 AP 的 WLAN 通常會被稱為＿＿模式
(1) Infrastructure　(2) Ad-Hoc　(3) BSS　(4) 以上皆非。

( )10. 802.11 訊框欄位格式中的訊框內容 (Frame Body) 佔＿＿bytes 的不定長度
(1) 0 ~ 1024　(2) 0 ~ 1192　(3) 0 ~ 2048　(4) 0 ~ 2312。

( )11. BSSID 的長度為＿＿位元　(1) 24　(2) 48　(3) 53　(4) 以上皆非。

( )12. 802.11g 使用＿＿GHz 的頻帶　(1) 1　(2) 2　(3) 2.4　(4) 5。

( )13. 802.11ax 被稱為 Wi-Fi＿＿　(1) 1　(2) 3　(3) 5　(4) 6。

( )14. 藍牙採用 IEEE ＿＿標準　(1) 802.15.4　(2) 802.15.3　(3) 802.15.1　(4) 802.16。

( )15. 每一個 Piconet 最多可支援＿＿個從裝置　(1) 7　(2) 64　(3) 256　(4) 1024。

( )16. 光傳輸包括紅外線與　(1) 窄頻微波技術　(2) 雷射　(3) 藍牙技術　(4) 展頻技術。

( )17. 當紅外線傳輸距離在 1 公尺以內時，傳輸速率可達到
(1) 1Mbps　(2) 2Mbps　(3) 4Mbps　(4) 16Mbps。

( )18. 若路面因一些原因不適合挖掘埋設管線時，又想在兩個區域網路間做連結，就可考慮採用　(1) 紅外線　(2) 藍牙技術　(3) 雷射技術　(4) 以上皆是。

簡答題

1. 802.11 訊框格式中共有 4 個位址欄位中的 Address 1，Address 2，Address 3，功能為何？

2. 有 Wireless ADSL 稱號為何？

3. 列舉使用 2.4GHz (2.4GHz~2.4835GHz) 頻帶的技術標準和產品。

4. 802.11 無線區域網路 (WLAN) 的拓樸模式有二種，請描述。

5. 找出您筆電的 Wi-Fi 網卡位址。

6. CSMA/CA 中的「CSMA」主要作用在做什麼？

7. 何謂 MIMO ？ 802.11n 所屬的 MIMO 與 802.11ax 所屬的 MIMO 有何差異。

8. 802.11、802.11b、802.11a、802.11g、802.11n、802.11ac 依序分別稱為 Wi-Fi 編號為何？

9. 802.11ax 採用 OFDMA (Orthogonal Frequency Division Multiple Access)，請描述此技術。

10. 找出您筆電的 BSSID 為何？

11. 802.11 的訊框有哪三種類型？

CHAPTER 8

IP協定

8-1　IP簡介

　　IP 協定的主要功能包含「IP 定址」(IP Addressing)、封包的路徑選擇 (透過 IP 控制層) 以及讓 IP 資料包 (亦即 IP 封包) 可以迅速將 IP 資料包傳送到目的端,但無法確定 IP 封包是否能正確送達目的地,因此稱為「盡力而為」(best effort)。一般而言,網路層可以分成兩部分:資料層、控制層。當 IP 資料包抵達路由器時,路由器會將這個 IP 封包轉送到適當的輸出鏈路 (透過 IP 資料層)。

　　IP 控制層主要是協調在這些區域的每個路由器的轉送行動,以便 IP 資料包能在來源主機和目標主機之間沿著路由器的路徑進行傳遞。在路由器的運作下,將 IP 資料包從輸入鏈路轉送 (forwarding) 到輸出鏈路,每個路由器都會建立一份轉送表 (forwarding table)。路由器會檢查到來的封包標頭中某欄位的數值,然後使用這個標頭數值來查詢路由器轉送表以轉送封包。注意,IP 層 (即網路層) 必須判斷 IP 資料包從發送端往接收端傳送時的方向與採取的路由或所謂的路徑選擇,而用來計算這些路徑的演算法稱為繞送演算法 (routing algorithm)。

　　值得一提,「轉送」(forwarding) 是指在路由器本身進行的動作,它會將 IP 資料包從輸入鏈路介面傳遞到適當的輸出鏈路介面。「繞送」(routing) 則指與整體網路有關的程序,利用演算法判斷 IP 資料包由來源端到目的端所採取的路徑 (或稱路由);另外也要知道,有了繞送演算法就會牽涉到繞送協定,例如 BGP (Border Gateway Protocol)、OSPF (Open Shortest Path First) 這兩種協定是最常見的路由協定,邊界閘道協定 (BGP) 使用在大型網絡中具有動態路由優勢,而開放最短路徑優先協定 (OSPF) 具有較高效的路徑選擇和收斂速度。

　　假設您使用的是 Windows 10 系統，請您在「開始」功能表的下方欄位內用鍵盤輸入 cmd，這時可能會出現 C:\Users\ASUS>，然後用鍵盤輸入 ipconfig 再按 Enter。此時您會看到一個視窗跑出來，如圖 8-1 所示的框框出現 IP Address，其代表您目前在網路卡設定的 IP 位址號碼，即 192.168.1.8。這 4 組號碼即代表 IP 位址，它是用「.」來分開此 4 組的十進位數字，每組數字都是由一個 8bits 的二進位數字組成，亦即 IP 位址總共由 32bits 組成，其共有 2^{32} = 4,294,967,296 種組合。

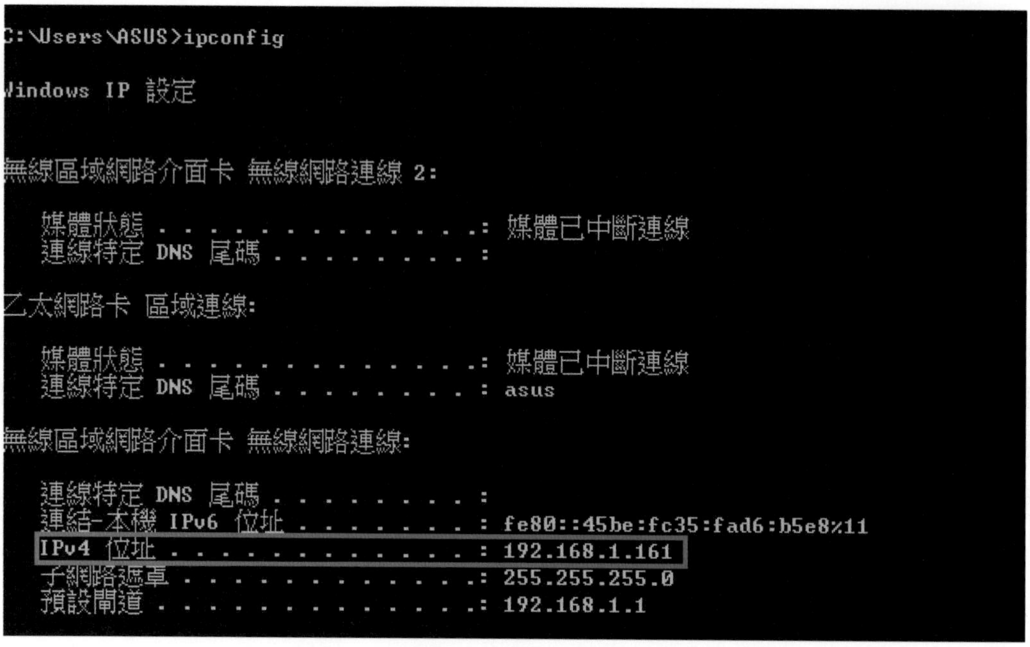

圖 8-1　目前正在使用的 IP 位址號碼

　　32bits 的 IP 位址長度正是 1987 年所推出的網際網路協定第 4 版 (Internet Protocol Version 4；IPv4) 標準。注意：IP 位址包含網路識別號碼 (Network ID；Net ID)，用來識別所屬的網路；和主機識別號碼 (Host ID)，用來識別連至網路上的主機。

　　接下來，讓我們認識一下 IP 位址的分類 (Class A~E)：

1. 如果 IP 位址最左邊是以「0」開頭的，此 IP 是一個 Class A。
2. 如果 IP 位址最左邊是以「10」開頭的，此 IP 是一個 Class B。
3. 如果 IP 位址最左邊是以「110」開頭的，此 IP 是一個 Class C。
4. 如果 IP 位址最左邊是以「1110」開頭的，此 IP 是一個 Class D。
5. 如果 IP 位址最左邊是以「11110」開頭的，此 IP 是一個 Class E。

8-1-1　Net ID與Host ID

IP 位址由 Net ID 和 Host ID 共 32bits 組成，如圖 8-2 所示。圖中指出，IP 位址的前段屬 Net ID；後段屬 Host ID。若一公司申請 IP 位址時必須是唯一的 Net ID，則旗下所有主機分配到相同的 Net ID 時，各主機的 Host ID 也必須是唯一的。換言之，您可以指派多個唯一的主機位址給同一個 NET ID；但是，在同一個 NET ID 時，同一個主機位址卻不能同時指定給兩個 (或以上) 網路裝置。IP 路由就是以 IP 位址的 Net ID 來決定要將封包送至哪一個網路。

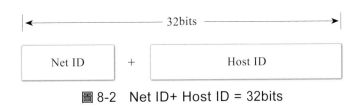

圖 8-2　Net ID+ Host ID = 32bits

8-1-2　IP Class分類

我們可以更進一步說明 IP 各等級的分類，如圖 8-3 與圖 8-4 所示：

Class A

第一個較高位元組爲網路位址 (Net ID)，後面三個較低位元組爲主機位址 (Host ID)。Net ID 中的最高位元 (即最左第一個位元) 固定爲 0，其他 7 個位元以 xxxxxxx (代表位址在 0000000 至 1111111 之間做變化) 表示，因而，Class A 的網路位址號碼在 00000000 至 01111111 之間做變化，轉換爲十進位得出 0 至 127，代表 $2^7-2 = 126$ 個不同的 Class A 網路。注意：減 2 代表 0 和 127 這二個 Net ID 不能算入，0 (即二進位的 00000000) 的網路位址是保留給預設路徑之用；127 (即二進位的 01111111) 則是保留給本機回路測試使用。實際上，最多只能劃分成 126 個 Class A 的網路。

每個網路可以分配到 $2^{24}-2$ (= 16,777,214) 個 Host ID，減 2 的原因是二進位數字不可以全部爲 0 或 1，當主機位址全爲 0，代表「某一個網路位址」，例如 10.0.0.0 代表該網路位址；主機位址全爲 1，代表網路中的全部主機，意謂著「廣播」之意。例如：某一網路位址爲 10.0.0.0，若網路中有一部主機或稱電腦送出封包的 IP 位址是 10.255.255.255，即代表該電腦對 10.0.0.0 這個網路送出廣播封包，所有位於該網路上的電腦都會收到此封包並做處理。

當您想在 1.x.x.x~126.x.x.x 找出有效的主機位址，在「x.x.x」範圍，只要不全部為 0 或全部為 1，其他都可以是有效的主機位址。

Class B

前 2 個較高位元組為 Net ID，後面 2 個較低位元組為 Host ID。Net ID 中的最高位元與次高位元依序為 10，其他 6 個位元以 xxxxxx (代表位址在 000000 至 111111 之間做變化) 表示。因而，Class B 的網路位址號碼在 10000000 至 10111111 之間變化，轉換為十進位，得出 128 至 191，代表 Class B 有 2^{14} = 16,384 個不同的網路。而每個網路可以分配 2^{16}–2 個 Host ID，減 2 的原因如同 Class A 所述，因而，Host ID 的 16bits 不可以全部為 0 或 1，所以實際能用的主機位址只有 65,534 個。

Class C

前 3 個較高位元組為 Net ID，後面 1 個較低位元組為 Host ID。Net ID 中的最高位元與下 2 個次高位元依序為 110，其他 5 個位元以 xxxxx (代表位址在 00000 至 11111 之間做變化) 表示，因而，Class C 的網路位址號碼在 11000000 至 11011111 之間變化，轉換為十進位，得出 192 至 223，代表 Class C 有 2^{21} = 2,097,152 個不同的網路。而每個網路 C 可以分配 2^8–2 個 Host ID。減 2 的原因是 Host ID 的 8bits 不可以全部為 0 或 1，所以實際能用的主機位址只有 254 個。

Class D

前面 4 個最高位元固定為 1110，此類型的位址是特別留給群播 (multicasting) 時所使用的群播位址。它並沒有分成 Net ID+Host ID 的組合，而是整個 32 位元全部用來定義給不同的群播位址。Class D 的網路位址號碼在 11100000 至 11101111 之間做變化，轉換為十進位得出 224 至 239。

Class E

前面 4 個最高位元固定為 1111，此類型的位址是被保留給網路實驗用。Class E 的網路位址號碼在 11110000 至 11111111 之間做變化，轉換為十進位，得出 240 至 255。

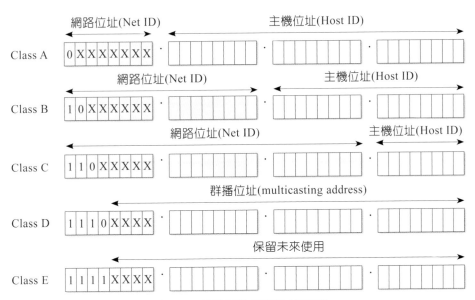

圖 8-3　各等級的網路位址號碼

等級	開首	網路數目	主機數目	申請領域
A	0	126	16,777,214	國家級
B	10	16,384	65,534	跨國組織
C	110	2,097,152	254	企業組織
D	1110	-	-	特殊用途
E	1111	-	-	保留範圍

等級	IP 範圍	網路位址說明（即網路位址範圍）
A	1.0.0.0 ～ 126.255.255.255	1.0.0.0 ～ 126.0.0.0
B	128.0.0.0 ～ 191.255.255.255	128.0.0.0 ～ 191.255.0.0
C	192.0.0.0. ～ 223.255.255.255	192.0.0.0 ～ 223.255.255.0
D	224.0.0.0 ～ 239.255.255.255	X
E	240.0.0.0 ～ 255.255.255.255	X

圖 8-4　IP 各等級的網路與主機數目及應用領域

NOTE

一個裝置可以同時擁有多個 IP 位址嗎？答案是網路裝置必須有一個跟別人完全不同的 IP 位址。亦即同一個 IP 位址不能重複指派給兩個 (或以上) 網路裝置，但同一個網路裝置必要時，您可以指派多個「完全不同的 IP 位址」給同一個網路裝置。

NOTE

全球分配 IP 位址的機構稱為 ICANN (Internet Corporation for Assigned Names and Numbers)，其相關資訊可至網址 http://www.icann.org 查詢。經 ICANN 授權，在台灣是由 TWNIC (Taiwan Network Information Center，稱為財團法人臺灣網路資訊中心) 所負責，網址為 http://www.twnic.net。

8-2　網路遮罩

我們在進行 IP 網路規劃時，必須經過 IP 位址和網路遮罩 (net mask) 執行 AND 邏輯運算才能得知某一個 IP 位址是屬於哪一個網路位址 (或稱網段)，我們可以使用預設的網路遮罩，像 Class A 的網路遮罩是 255.0.0.0 ；Class B 的網路遮罩是 255.255.0.0；Class C 的網路遮罩是 255.255.255.0。假如電腦得出一對 IP 位址和網路遮罩後，電腦會先執行一個 AND 運算以求出自己的網段為何。例如：IP 位址 194.33.53.22，網路遮罩是 255.255.255.0，欲求出此 IP 位址的網路位址，方法如下說明。

1. 先寫出 194.33.53.22 的二進位是 11000010.00100001.00110101.00010110

   然後將上面 IP 位址的二進位值和網路遮罩 255.255.255.0 做 AND 運算：

   　　　11000010.00100001.00110101.00010110

   AND

   　　　11111111.11111111.11111111.00000000

   得出

   　　　11000010.00100001.00110101.00000000

2. 再將得出的二進位值轉換成十進位，就可得到 Net ID = 194.33.53.0。換言之，這部電腦所屬的網路位址就是 194.33.53.0。

8-3 IP設定規則

當兩部電腦欲透過網路連接來互相通訊時，兩部電腦各將其 IP 位址與網路遮罩執行 AND 運算，分別得出 Net ID 之後，再檢查它們各自的 Net ID 是否相同，如果是，代表兩部電腦屬於同一個網路，則在同一個網路內的全部電腦要傳送 IP 封包不需用路由器 (router)，就可以直接互相傳遞；反之，知道兩部電腦分屬不同網路，就要透過路由器才能互相通訊。

如圖 8-5 所示，若網路遮罩為 255.255.0.0，則 141.35.57.38 的電腦 A 和 141.36.96.21 的電腦 D 不在同一個網路，即依序分別是 141.35.0.0 及 141.36.0.0，因此，就一定要使用路由器才能傳遞封包。

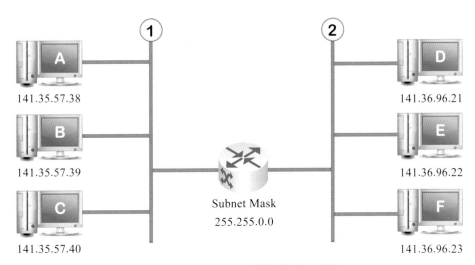

圖 8-5　使用路由器才能傳遞 IP 封包

8-4 特殊用途之IP位址

有些 Net ID 與 Host ID 在實際應用上會有特殊的用途，如下所示：

1. 網路位址全為 0，代表屬於這個網路的主機，例如：0.0.0.18 代表這個網路 Host ID 為 18 的主機。

2. 主機位址全為 0，代表這個網路，例如：220.12.112.0 代表這個 Class C 網路位址。

3. Net ID 與 Host ID 皆為 1 (即為 255.255.255.255)，代表區域性網路的廣播，只有在此區域網路上的裝置可收到此廣播。

4. Class A 的 127.0.0.0~127.255.255.255 皆可作為回路測試使用的位址，其中最常被使用的為 127.0.0.1。127.0.0.1 相等於主機名稱「localhost」，未來在回路測試，它們可交換使用。例如 ping 127.0.0.1 相等於 ping localhost。

5. 在 Class A、B、C 中保留了一些私有 IP 位址 (private IP address)，這些私有 IP 位址不能直接與外部的網路位址進行通訊，也因而無需擔心會和其他也使用相同位址的網路相衝。由於只允許用於內部私有網路中，故對外不必註冊。負責分配 IP 位址的 IANA (Internet Assigned Number Authority) 指定的私有 IP 位址如下所示，（可參考 RFC1597)。

   10.0.0.0 - 10.255.255.255
   172.16.0.0 - 172.31.255.255
   192.168.0.0 - 192.168.255.255

   注意：當您使用私有 IP 位址時是會受到限制，像：

1. 私有位址的路由資訊不對外散播。
2. 使用私有位址的封包，不能在 Internet 轉送。
3. 只能使用於內部網路。

   ◈ 整個 IP 位址全為 0 時，Cisco 路由器常用來指定預設路徑；也可以解釋成「任何網路」。

   ◈ 整個 IP 位址全為 1 時，表示廣播給目前網路上的所有節點。

8-5　子網路遮罩

　　IP 位址等級在規劃時並沒有什麼彈性。舉例而言，假設一企業公司分配到 Class C 的 IP 位址可連接 254 部電腦，但若網路中只需連接幾 10 部電腦，這就會讓很多 IP 位址閒置。解決的方法是可將網路切割為子網路 (Subnet)。

　　接著我們要討論子網路遮罩 (Subnet Mask)，其原則是：Net ID 將原本屬於 Host ID 的一些位元借過來用，借用多少位元則與欲切割成多少的子網路數目有關。例如：194.33.53.22/24 (24 表示 24 個「1」，代表網路遮罩 255.255.255.0 中的前 3 個位元組 255.255.255)。若欲將網路切割為 8 個子網路，Net ID 必須向 Host ID 借用 3 個 bits 過來，代表將原來網路再切割成 8 個 ($2^3 = 8$) 子網路；注意，也就是將預設的 Net Mask 的「1」逐漸的往右增加（由 24 增加至 27)，此時可寫成 194.33.53.22/27 表示。換言之，您可以將一個大的 IP 網路切割成更多的子網路，而每一個子網路的主機數目卻相對應

地減少。此例中，Host ID 變成 32-27 = 5bits，故主機數目為 $2^5-2 = 30$。Host ID 借出去的 bit 數最多使 Net Mask 的「1」為 /30，超過 30 就無意義。

範例 1 說明 IP 194.33.53.22/27 子網路切割後的 1. 子網路遮罩為何？ 2. 有多少子網路？ 3. 每個子網路有多少主機？ 4. 有效的子網路為何？ 5. 有效主機位址為何？ 6. 每個子網路的廣播位址為何？

解答 1. 由於 27 個「1」轉換成十進位後，可寫出子網路遮罩為 255.255.255.224。

2. 因為借用 3 個 bits，所以切割成為 8 個子網路。

3. 每個子網路最多只能有 $2^5-2 = 30$ 部主機。

4. 有效的子網路就是要找出 8 個子網路的網路位址為何？這可由他們的 Subnet ID 分別從 000 到 111 這 8 個組合，再加上原來的 Net ID = 194.33.53.0 (11000010.00100001.00110101.00000000)，最後得出各子網路的網路位址：

11000010.00100001.00110101.00000000 (194.33.53.0)
11000010.00100001.00110101.00100000 (194.33.53.32)
11000010.00100001.00110101.01000000 (194.33.53.64)
11000010.00100001.00110101.01100000 (194.33.53.96)
11000010.00100001.00110101.10000000 (194.33.53.128)
11000010.00100001.00110101.10100000 (194.33.53.160)
11000010.00100001.00110101.11000000 (194.33.53.192)
11000010.00100001.00110101.11100000 (194.33.53.224)

Subnet ID

我們也可更快速地寫出子網路的網路位址：首先可先求第 4 個位元組區塊大小為 32 (即 256–224 = 32)，從 0 開始是第 1 個子網路，接著以區塊大小為 32 做遞增，因而下一個子網路就是 32，依此類推得 0、32、64、96、128、160、192 及 224。我們也可依序寫出各子網路的網路位址為：194.33.53.0、194.33.53.32、194.33.53.64、194.33.53.96、194.33.53.128、194.33.53.160、194.33.53.192、194.33.53.224。

5. 有效主機位址分別為：

194.33.53.1~194.33.53.30；194.33.53.33~194.33.53.62；194.33.53.65~194.33.53.94；194.33.53.97~194.33.53.126；194.33.53.129~194.33.53.158；194.33.53.161~194.33.53.190；194.33.53.193~194.33.53.222；194.33.53.225~194.33.53.254。

6. 廣播位址分別為：

194.33.53.31；194.33.53.63；194.33.53.95；194.33.53.127；194.33.53.159；
194.33.53.191；194.33.53.223；194.33.53.255。

NOTE

Cisco 公司在 2005 年以前的 CCNA 教材中，規定不使用（亦即關閉）IP Subnet
Zero 命令，以致不能使用第 1 個及最後 1 個子網路，以此例來說，子網路 0 及
224 就不能使用，但 Cisco IOS 12.x 版開始，此命令預設值是開啟的，則子網
路 0 及 224 就可以被使用了。

範例 2　對自己本機電腦上的 TCP/IP 網路設定是否正確做測試。

解答　請您按「開始」然後「搜尋程式及檔案」，用鍵盤輸入 cmd，這時可能會
出現 C:\Users\ASUS>，然後用鍵盤輸入 ping 127.0.0.1 再按 Enter。此時您
會看到一個視窗跑出來，如圖 8-6 所示，圖中顯示 4 個「回應至 ....TTL =
128」，表示本機電腦上的 TCP/IP 網路設定一切正常。

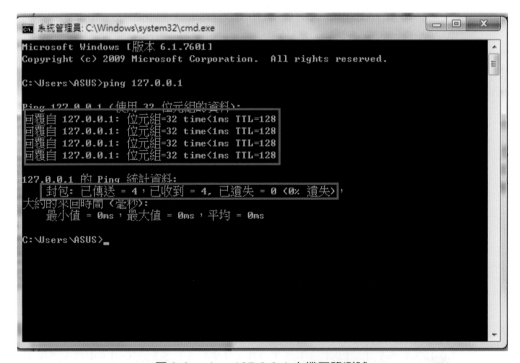

圖 8-6　ping 127.0.0.1 本機回路測試

8-6　無等級的IP位址

　　隨著 Internet 使用者的快速普及，各類型的網路也在各企業密集地被規劃出來，對於 IP 位址的需求量也爆量成長。然而，這也慢慢浮現 Class A、B 及 C 這 3 種等級在 IP 位址分配方式上有一些問題。例如：A 公司有 700 台主機，申請一個 C Class 網路不夠，看來需申請一個 B Class 網路，但此級可用的主機遠大於所需求，似乎太浪費，解決這個問題需要應用不分等級 IP 方式規劃，稱為 CIDR (Classless Inter-Domain Routing)，亦即無等級 (classless) 的 IP 位址劃分方式。為了更清楚說明，我們考慮將 3 個 C Class 網路合併在一起來分配給原先要求申請 Class B 的公司，注意：用來合併 Class C 的網路位址必須是連續的，網路位址數目也必須是 2 的冪方數。使用 CIDR 的時候，一個 C Class 的網路也可以使用 255.255.0.0 這樣的網路遮罩，由於其具較短的網路位址 (/x，斜線下的數值 x 會減少)，針對此類型的 CIDR 稱為 Supernet；至於 Subnet，則具較長的網路位址 (/x，斜線下的數值 x 會增加)。

　　舉例來說，135.123.163.26/16 和 211.163.62.21/24，假如使用了 2 個 bits 的 Subnet，/16 將增加成 /18，/24 將增加成 /26；同樣地，如果是使用了 2 個 bits 的 Supernet，則 /16 將減少成 /14，/24 將減少成 /22。

範例 3　某一 A 公司需要 1600 個 IP 位址，數量介於 Class B 與 Class C 的範圍之間。請利用 8 個 Class C 的 IP 位址合併成為一 Supernet，再分配給 A 公司。

解答　不採用 CIDR 時，網路連接如圖 8-7(a) 所示，每個網域都必須搭配一部路由器，使得成本很高，效能也很不好，注意：每一個網路的網路遮罩為 255.255.255.0。若現藉由 CIDR 的方式，只需一部路由器就可以完成網路連接，因需分配一個長度為 21bits 的 Network ID 給 A 公司，因此，Host ID 將會有 2048 個 IP 位址。

1. 首先寫出 8 個 Class C 的網路位址，如下所示：

192.170.16.0 (11000000　10101010　00010000　00000000)
192.170.17.0 (11000000　10101010　00010001　00000000)
192.170.18.0 (11000000　10101010　00010010　00000000)
192.170.19.0 (11000000　10101010　00010011　00000000)
192.170.20.0 (11000000　10101010　00010100　00000000)
192.170.21.0 (11000000　10101010　00010101　00000000)
192.170.22.0 (11000000　10101010　00010110　00000000)
192.170.23.0 (11000000　10101010　00010111　00000000)

2. 接著利用子網路遮罩為 255.255.248.0 (也可表示成 192.170.16.0/21) 比預設
遮罩 (/24) 少 3 個，可使網路的空間愈來愈大。亦即將 192.170.16.0 開始至
192.170.23.0 共 8 個 Class C 的網路位址空間合併起來形成一個 Supernet，
得到如圖 8-7(b)。注意：子網路此時的遮罩為 255.255.248.0。

網路遮罩均為 255.255.255.0

圖 8-7(a)　不採用 CIDR 機制

網路遮罩為 255.255.248.0

圖 8-7(b)　採用 CIDR 機制

8-7　NAT簡介

由於 Internet 使用者愈來愈普及，相對可使用的 IP 位址也愈來愈吃緊。加上 IPv4
的位址欄位長度已經固定，因此，解決的替代方案紛紛出籠，主要是以節省位址空間
為前提。

較常用的解決方案是 1994 年發表的網路位址轉換 (Network Address Translator；NAT) 技術。NAT 是在路由器中進行一個交換 IP 標頭 (header) 的動作，以使多台電腦能共用一個 IP 連線至 Internet 的技術，這也使 IP 位址不足之問題帶來新的突破。NAT 分成 3 種方式，說明如下：

◎ 靜態NAT

此類型是在內部網路中的每個主機都被固定映射至外部網路中的某個合法的位址。一個私有 IP 位址對應一個固定的合法 IP 位址，私有的 IP 位址個數與合法的 IP 位址個數一樣。

◎ 動態NAT

此類型是在外部網路中定義了一些合法 IP 位址，每個使用者上網連線時會先向 NAT 主機取得一個對應的合法 IP 位址，其採用動態分配的方法映射到內部網路。動態 NAT 只是對 IP 位址做轉換，每一個內部的 IP 位址會分配到一個暫時的外部 IP 位址。注意：同時連至外界網路的使用者個數將受限於合法的 IP 位址個數。當私有的 IP 位址個數大於合法的 IP 位址個數時，一旦所有合法的 IP 位址被分配完畢後，任何的位址轉換會被 NAT 路由器拒絕。

◎ NAPT

NAPT (Network Address Port Translation) 是動態 NAT 的改良版，簡單的說，它是把內部所有的位址映射到外部網路的一個 IP 位址的不同連接埠上。NAPT 也稱爲 PAT (Port Address Translation) 或超載 (overloading)，它們只需一個合法的 IP 位址，就可以讓幾百個或幾千個使用者與 Internet 連線，這也是利用不同的連接埠，而只靠一相同的 IP 位址就可讓很多台主機互相連線，亦是造成 IPv4 位址至今尚未耗盡的原因。

8-7-1　NAPT動作原理

NAPT 動作原理如圖 8-8 所示，共分 4 個步驟。

步驟 1 假設內部網路中某一部電腦使用的私有 IP 爲 192.168.0.10，要連線至中華電信的網站 168.95.1.1，因此送出 Request 訊息，包含來源端的 IP 192.168.0.10 與隨機產生的連接埠 1028，目的端的 IP 168.95.1.1 與連接埠 80。此也代表 Request 封包送入 LAN 端。

步驟 2 當 Request 訊息經過 NAPT 路由器時，來源端的 IP 192.168.0.10 會改為它本身 WAN 端的 IP 219.1.15.61 與隨機產生的連接埠 1722，NAPT 路由器收到並記錄此 Request 訊息，然後轉換至目的端的 IP 168.95.1.1，此也代表 NAPT 路由器收到 Request 封包。

步驟 3 ISP 伺服器 Response 訊息回傳至 NAPT 路由器。注意：訊息含來源端的 IP 168.95.1.1 與連接埠 80，目的端為 NAPT 路由器的 IP 219.1.15.61 與連接埠 1722。

步驟 4 NAPT 路由器將依據記錄，將目的端的 IP 轉換為 192.168.0.10 與連接埠 1028，這表示來源端電腦將收到 ISP 伺服器 Response 過來的訊息。

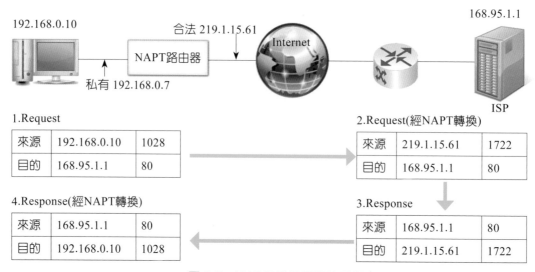

圖 8-8　NAPT 轉換原理的過程

NOTE

上述 NAPT 只是利用 192.168.0.10 使用者與連接埠 (Port) 編號的變化做簡單說明，想像一下，如果一堆的 192.168.0.11、192.168.0.12……使用者做上網連線，透過記錄連接埠編號的變化，因而可以讓多個私人 IP 位址共用一個合法 IP 位址，所以也就不會擔心因為合法 IP 位址不夠而無法連線上網。

8-8 IP 封包格式

　　IP 封包 (又稱資料包) 是由 IP 標頭及 IP Payload 組成，如圖 8-9 所示的各欄位 (除 Data 欄位外) 就是 IP 標頭，用來記錄有關 IP 位址、路由、封包識別等資訊，長度以 32bits 為單位；IP Payload (即指 IP 封包中的 Data 欄位) 就是用來承載上層協定的封包 (如 TCP 封包)，長度最長可達 65,536bytes。

⊙ Version佔4bits

　　記錄 IP 的版本編號。目前為 IP Ver. 4，即第 4 版，欄位值為 4 (十進位) 或 0100 (二進位)。後續版本為 IP Ver. 6，亦是第 6 版，但目前仍不普及。

Version (4)	IHL (4)	Type of Service (8)	Total Length (16)	
Identification (16)			Flags (3)	Fragment Offset (13)
Time to Live (8)		Protocol (8)	Header Checksum (16)	
Source Address (32)				
Destimation Address (32)				
Options (變動長度)				
Padding (變動長度)				
Data				

圖 8-9　IP 封包格式

⊙ IP標頭長度(IP Header Length；IHL)佔4bits

　　長度不定，預設值為 20bytes。如果 Options 欄位有資料位元組，則值會大於 20bytes。在 IP 標頭中，除了 Options 與 Padding 欄位為非固定長度外，其他的欄位都是固定長度。

⊙ 服務類別(Type of Service；TOS)佔8bits

　　包含了 6 個參數。第 1 個參數 Precedence (佔 3bits) 是用來決定 IP 封包的優先等級，參數值愈大，代表優先等級愈高 (7 表最高)。接下來 4 個參數 Delay (0 為 normal delay；1 為 low delay)、Throughput (0 為 normal throughput；1 為 high throughput)、Reliability (0 為 low reliability；1 為 high reliability)、Cost (0 為一般成本；1 為高成本) 用來提供路由器作為選擇路徑時的參考。最後一個參數設為 0 未定義，則是保留未使用，如圖 8-10 所示。

Precedence (3)	D (1)	T (1)	R (1)	C (1)	保留 (1)

圖 8-10　服務類別 (TOS)

後來 IETF 將 TOS 欄位的位元定義成差異性服務 (Differentiated Service；DS) (參考 RFC 2474)，這對寬頻網路的分析很重要。DS 由 DSCP 及 ECN 組成，共佔 8bits。圖 8-11 指出寬頻網路的 QoS (Quality of Service) 及優先權定義就是以 DSCP (佔 6bits) 來區分，其中左邊 3bits 定義優先權；右邊 3bits 定義服務品質 QoS。

注意：當 DSCP 右邊 3bits 等於 000 時，左邊 3bits 的定義就如同 TOS 所定義的優先權；至於 ECN，則用來做網路服務遇壅塞時的指示。

DSCP(佔6bits)	ECN(2bits)

101110代表Expedited Forwarding (EF)。
001010/001100/001110依序代表AF 1(Assured Forwarding Class 1)的低中高優先權等級。
010010/010100/010110依序代表AF 2(Assured Forwarding Class 2) 的低中高優先權等級。
011010/011100/011110依序代表AF 3(Assured Forwarding Class 3) 的低中高優先權等級。
100010/100100/100110依序代表AF 4(Assured Forwarding Class 4) 的低中高優先權等級。
ECN(Explicit Congestion Notification)=01 or 10 指具壅塞指示能力，由來源端設定(參考RFC3168)。
ECN=11 通知端點發生壅塞，由路由器設定。
ECN=00 未用ECN。

圖 8-11　DSCP 欄位定義與壅塞時的指示

封包總長度(Total Length)佔16bits

以乙太網路為例，整個 IP 封包最大傳輸單位 (Maximum Transmission Unit；MTU) 可達 1500bytes。注意，IP 資料封包長度理論值可到 65,535bytes。事實上，RFC 791 文件中建議，IP 封包的長度最好不要小於 576 bytes (64 bytes 長度的 IP 標頭 + 512bytes 的資料量)，主要原因，像這樣大小的 IP 封包能夠提供最有效率的資料載送量。

Fragment Offset (FO)佔13bits

當一個網路層收到上層送來較大的位元組資料封包 (如 TCP) 並加上 20bytes 的 IP 標頭，一旦此 IP 封包(即 IP 資料包)太大，就需要分割產生好幾個 IP Fragment (分段)，Fragment Offset 就是用來記錄這些 IP Fragment 屬於哪一段的資料。假設原始 IP 封包

長度爲 5000bytes (包括 IP 標頭的長度爲 20bytes 加上 IP Payload 長度爲 4980bytes) 到達路由器,若 MTU 爲 1500bytes,則必須加以分割,分割後的每一個 IP Fragment 內的 IP Payload 長度均爲 1480bytes,但第 4 個 IP Fragment 的 IP Payload 長度只有 540bytes (4980-1480-1480-1480)。因此,可分割成 4 個 IP Fragment,第 1 個 FO = 0、第 2 個 FO = 185 (1480/8;Fragment Offset 是以 8bytes 爲單位)、第 3 個 FO = 370、第 4 個 FO = 555,如圖 8-12 所示。

Flag (旗標)佔3bits

共有 3 個參數,每參數由 1 bit 來表示。第 1 個參數爲保留 (以 0 表示),第 2 個參數爲 DF (0 表示封包可分割;1 表封包不可分割),MF (More Fragment) 爲 1,表示資料包分割後的其中一個封包;MF 爲 0 表示封包分割後的最後一個封包。

圖 8-12 — IP 封包太大,需要分割產生 4 個 IP Fragment

Identification (ID)佔16bits

記錄 IP 封包的識別碼。識別碼由來源主機決定,按照 IP 封包發出的順序遞增 1。由於每個 IP 封包所走的路徑可能不一樣,因此到達目的端主機的先後順序也可能會與出發時的順序不同,目的端可利用 Identification (識別) 欄位,判斷 IP 封包並組合成爲原來的順序。

⊘ 生存期(TTL；Time to Live)佔8bits

為了避免 IP 封包會有意外到不了目的端，因而以 TTL 欄位來記錄 IP 封包的存活時間，它限制 IP 封包在路由器之間轉送的次數。最大初值設定為 255，每經過一部路由器時，路由器便會將 TTL 欄位值減 1。當路由器收到 TTL = 0 的 IP 封包時，就直接將它丟棄，不再傳送出去。

⊘ 協定(PROT；Protocol)佔8bits

用來記錄上層所使用的協定種類。常見的 Protocol 識別值如下所示：

1 (ICMP)、2 (IGMP)、3 (GGP)、6 (TCP)、8 (EGP)、9 (IGP)、17 (UDP)、41 (IPv6)、47 (GRE)、50 (ESP)、51 (AH)、88 (EIGRP)、89 (OSPF)。

⊘ 標頭檢查和(Header Checksum；HC)佔16bits

用來檢查標頭和協助路由器所接收到的 IP 資料包中的錯誤位元，一旦發現有錯誤，路由器會丟棄該 IP 資料包。IP 標頭檢查和計算過程如下說明：

發送端先在此欄位全部填入 0，並對 IP 標頭以 16bits 為單位，經過檢查碼演算法進行加總，再將得出的結果取 1 的補數，正是所要找出的 HC。當接收端收到此 IP 封包時，就進行如同在發送端的計算方式，但此時標頭檢查和欄位不再全部填入 0，而是填入剛從發送端算出來的 HC 之值進行加總，得到的結果值若為 0，表示該 IP 封包從發送端送到接收端沒有發生錯誤；反之，則 IP 封包發生問題。可參考 8-9 節的例題 5。

⊘ 來源端位址(Source Address；SA)佔32bits

是用來記錄來源主機的 IP 位址。

⊘ 目的端位址(Destination Address；DA)佔32bits

這是用來記錄目的主機的 IP 位址。

⊘ Options (選項)與Padding

長度不定，此欄位可進行偵錯與測試。Options 大都用在除錯或量測。因 Options 長度不是 4bytes 的倍數，因而設計 Padding 欄位，讓 Options 與 Padding 加起來剛好是 4bytes 的倍數。Padding 欄位不管長度為何，資料填補時一律填入 0。

範例 4　利用圖 8-12 說明圖 8-13 的 ID、MF 及 FO 關係。

解答　以圖 8-12 來說，假設其 ID 等於 4567，因原始的 IP 資料包佔 5000bytes，所以 IP Payload 長度為 4980bytes（看成一個較大資料包），則可分割成 4 個 IP Fragment（即 4 個小資料包），而每一個 IP Fragment 的 ID 均等於 4567。至於 4 個 MF，依序為 1、1、1、0，FO 依序為 0、185、370、555。注意：ID、MF、FO 為 IP 封包分割與重組時所需的重要資訊，藉由這 3 個欄位，目的端主機便可將圖 8-12 的 4 個 IP Fragment 重組成為原始的 IP 資料包，如圖 8-13 所示。注意，DF 值此時因處在封包分割狀態，故 DF 皆＝0。

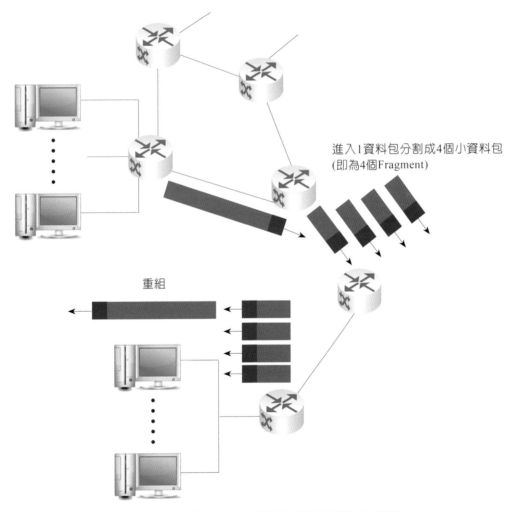

進入1資料包分割成4個小資料包
(即為4個Fragment)

重組

圖 8-13　IP Fragment 被重組成為原始的 IP 封包

8-9　IP封包的擷取分析

　　IP 封包的擷取方式可以利用手提電腦內的瀏覽器向 Google 網站連線並隨意下載一些資料做說明。為說明方便，透過 Wireshark 工具程式抓取所要的 IP 封包，並在封包內容列的 IP 層點兩下再進行對 IP 標頭欄位分析，如圖 8-14 所示。

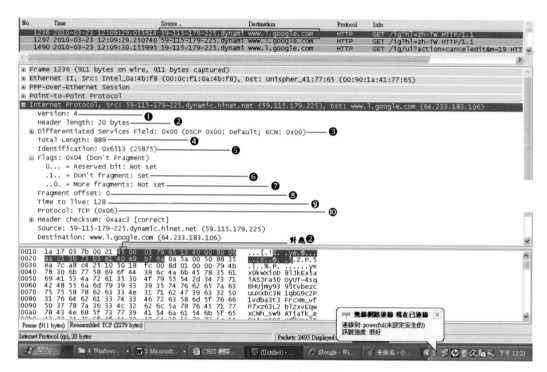

圖 8-14　IP 標頭欄位分析

❶ 指出 Version 的值為 4，代表此 IP 封包採用 IPv4 版本。

❷ 指出此封包的 IP 標頭長度為 20bytes。注意：因 IP 標頭長度欄位值是以 4bytes 為單位，故 Wireshark 的封包位元組視窗的欄位值為 5。

❸ 指出 DSCP 加上 ECN 的值為 0x00，代表目前使用為最低優先權。

❹ 指出此 IP 封包的總長度。

❺ 指出目的端利用 ID 值，能清楚區分 IP 封包的順序及辨認。

❻ 指出 DF 為 1，表示此封包在傳送過程當中，不允許被分割。

❼ 指出 MF 為 0，表示此封包後面沒有 IP Fragment；也可從 DF 被設為 1，知道封包不允許被分割。

⑧ 指出此封包是一個未被分割過的完整 IP 封包，所以 FO 為 0。

⑨ 指出 IP 封包的生存期間。

⑩ 指出上一層所使用的通訊協定為 TCP。若為 UDP，此值應該是 0x11 (十進位 17)。

範例 5 說明圖 8-14 中的第 ⑥~⑧ (對應的 16 進位值為 4000；另外，標頭檢查和值等於 0xaac3) 的演算過程。

解答 圖 8-14 標頭長度為典型長度，佔 20bytes；我們可以在圖中的封包內容列點選「Internet Protocol」，就可以得出 20bytes 的標頭長度如圖 8-14 中的最下視窗 16 位元格式列顯示出的反白數字，它是以 16 進位表示；圖中的第 ⑥~⑧ 對應的 16 進位值代表標頭資料「4000」，它是由圖 8-13 中的「Flag」所指的 3 個位元，依序為 bit 15、bit 14、bit 13 等於 010，加上「Fragment offset」13 個位元，依序為 bit 12、bit 11、bit 10……bit 0 等於 0000000000000，總共 16 個位元，等於 0100000000000000，轉換成 16 進位，得出 0x4000。

接著我們要求出發送端標頭檢查和等於 0xaac3 的演算過程：首先將 16 進位表示的 IP 標頭長度每 2bytes 為一組，共分為 10 組的資料，再轉成 2 進位，如表 8-1 所示。注意：在表 8-1 中的第 6 組 (標頭檢查和欄位的初始值) 必須先全部填入 0。一旦求出標頭檢查和等於 0xaac3 後，還會隨 IP 資料包一起被傳送出去，當接收端收到此 IP 封包時，就進行如同在發送端的計算方式。但此時，第 6 組的標頭資料計算檢查和欄位不再全部填入 0，而是填入剛從發送端算出來的 0xaac3 之值再進行加總，得到的結果值等於 0，表示沒有發生錯誤，如表 8-2 所示。

表 8-1　發送端標頭檢查和等於 0xaac3 的演算過程

組別	標頭資料 (16 進位)	運算	2 進位表示
1	45 00		0100 0101 0000 0000
2	03 79	+	0000 0011 0111 1001
			0100 1000 0111 1001
3	6513	+	0110 0101 0001 0011
			1010 1101 1000 1100
4	40 00	+	0100 0000 0000 0000
			1110 1101 1000 1100
5	80 06	+	1000 0000 0000 0110
		產生溢位 1	0110 1101 1001 0010

組別	標頭資料（16 進位）	運算	2 進位表示
		加 1	0110 1101 1001 0011
6	00 00	+	0000 0000 0000 0000
			0110 1101 1001 0011
7	3b 73		0011 1011 0111 0011
		+	1010 1001 0000 0110
8	b3 e1		1011 0011 1110 0001
		產生溢位 1	0101 1100 1110 0111
		加 1	0101 1100 1110 1000
9	40 e9		0100 0000 1110 1001
			1001 1101 1101 0001
10	b7 6a		1011 0111 0110 1010
		產生溢位 1	0101 0101 0011 1011
		加 1	0101 0101 0011 1100
標頭檢查和	aac3	取 1's 補數	1010 1010 1100 0011

表 8-2　接收端標頭檢查和的演算過程

組別	標頭資料（16 進位）	運算	2 進位表示
1	45 00		0100 0101 0000 0000
2	03 79	+	0000 0011 0111 1001
			0100 1000 0111 1001
3	6513	+	0110 0101 0001 0011
			1010 1101 1000 1100
4	40 00	+	0100 0000 0000 0000
			1110 1101 1000 1100
5	80 06	+	1000 0000 0000 0110
		產生溢位 1	0110 1101 1001 0010
		加 1	0110 1101 1001 0011
6	aac3	+	1010 1010 1100 0011

組別	標頭資料（16 進位）	運算	2 進位表示
		產生溢位 1	0001 1000 0101 0110
		加 1	0001 1000 0101 0111
7	3b 73	+	0011 1011 0111 0011
			0101 0011 1100 1010
8	b3 e1	+	1011 0011 1110 0001
		產生溢位 1	0000 0111 1010 1011
		加 1	0000 0111 1010 1100
9	40 e9		0100 0000 1110 1001
			0100 1000 1001 0101
10	b7 6a		1011 0111 0110 1010
			1111 1111 1111 1111
標頭檢查和		取 1's 補數	0000 0000 0000 0000

範例 6 如果發送端 IP 封包格式的標頭中的前面 8 個位元為 01000100，送達接收端會怎麼處理？說明原因？

解答 從圖 8-14 中的 ❶ 是記錄 IP 的版本，欄位值為 4(0100)；及 ❷ 是 IP 標頭長度佔 4bits，預設值為 20bytes，因 IP 標頭長度欄位值是以 4bytes 為單位，故 Wireshark 的封包位元組視窗的欄位值為 5(0101)。因此 ❶ 及 ❷ 代表 45。如果現在發送端 IP 封包格式的標頭中的前面 8 個位元為 01000100 代表 44，接收端會丟棄此 IP 封包。

範例 7 如果 Wireshark 的封包位元組視窗的欄位值記錄發送端 IP 封包格式的標頭中的前面 8 個位元為 01000111(47)，送達接收端會怎麼處理？請問透露出何種意義？

解答 事實上，IP 封包格式的標頭長度不定，預設值為 20bytes，如果 Options 欄位有資料位元組，則值會大於 20bytes。因為 Wireshark 的封包位元組視窗的欄位值為 47，代表標頭長度 7×4 = 28bytes，所以透露出 Options 欄位佔 28-20 = 8bytes。顯然地，接收端會接收此 IP 封包。

範例 8　從圖 8-14 中的 ❹ 指出此 IP 封包的總長度 889bytes，請由圖中找出對應的十六進位值爲何？請問此封包攜帶的資料位元組有多少？

解答　如下圖所示，其對應的十六進位值爲 0x0379。

資料位元組 = 889-20 (IP 標頭長度) = 869bytes。

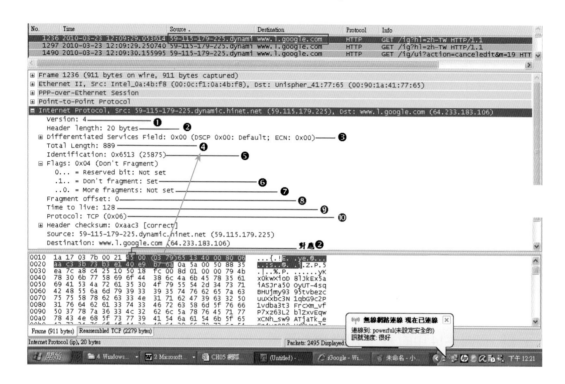

8-10　IP路由

什麼是 IP 路由？簡單的說，在網路之間將 IP 封包 (或稱 IP 資料包) 傳送到目的節點的過程即稱爲 IP 路由。除非 IP 資料包是在同一個網路內互相傳送，就不需要透過網路的裝置——路由器，否則在傳送 IP 資料包時，就必須經歷 IP 路由的過程。要了解 IP 路由，首先必須了解路由器：路由器在實體上可連結多個網路，還必須具有能夠轉送 IP 資料包的能力，以達到將 IP 封包送達目的節點。路由器必須具有以下特性：

1. 具有兩個 (或以上的) 網路介面。所謂網路介面就是指所有可連接網路的裝置，像電腦上的網路卡。
2. 具有 OSI 模型第 3 層功能的資訊分析能力。

　　IP 路由器具有路由表登錄功能。這樣路由器才能判斷要將 IP 封包轉送 (forward) 到哪一個網路，並為 IP 資料包選擇出最佳的路徑。所謂路徑包含了兩種重要因素：1. 路徑位於路由器的哪一個網路介面。2. 路徑的下一部路由器。如果目的節點是直接連接於路由器的網路上，就將 IP 資料包直接送至目的節點，而不必再轉送給其他路由器。

　　如圖 8-15 所示的 IP 封包由 A 送到 E，其中路由器的功能是為 IP 封包選擇出一條要傳送的路徑。換言之，IP 封包必須依賴沿途各路由器的通力合作，才能將 IP 封包送達目的端的主機。注意：傳送 IP 封包時是在網路層進行，並採用較不可靠的免接式 (connectionless) 方式；至於目的端主機是否能正確的接收到這些 IP 封包，則是由上層的協定 (TCP 或 UDP) 來檢查。

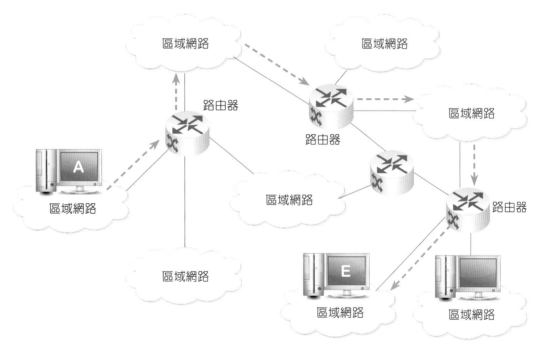

圖 8-15　IP 封包由電腦 A 端送到 E 端

範例 9　分析圖 8-16 的 IP 路由的過程。

解答　如下說明：

　　1. John 的主機在送出 IP 封包前，先將 IP 封包內的目的端位址與本身的路由表比對，以便判斷 Marry 主機之位置。若 John 的主機和 Marry 的主機位於同一個 LAN，John 會利用 ARP (位址解析協定) 取得 Marry 的 MAC 位址，然後 IP 封包可直接送給 Marry。反之，John 的主機從路由表判斷 IP 封包

應由哪一部路由器送出。此例中，John 的主機會利用 ARP 取得 R1 路由器的網路介面 MAC 位址，再將 IP 封包送給 R1。

2. 一旦 R1 路由器收到 IP 封包時，會讀取 IP 封包標頭的資訊。若 TTL 值大於 1，則先減 1 後並讀取目的端的 IP 位址 (即 Marry 主機的 IP 位址)，再根據目的端的 IP 位址，以及 R1 路由器本身的路由資訊選擇出一條適當路徑；若 TTL 的值等於 0，路由器就停止轉送此 IP 封包，並將它丟棄。

3. 若 Marry 的主機位置坐落在 R1 所連接的 A、B 或 C 網路中，透過 ARP 得到 Marry 主機的實體位址 (即 MAC 位址)，IP 封包就可送給 Marry。反之，Marry 的主機位置坐落在 D、E 或 F 網路，根據路由表，IP 封包會被轉送至 R2 路由器。然後 R1 再透過 ARP 取得 R2 路由器的 MAC 位址，IP 封包就轉送至 R2 路由器。

4. 如同 R1 路由器之操作，R2 路由器會將 IP 封包轉送至 R3 路由器。一旦 R3 路由器透過 ARP 取得 Marry 的 MAC 位址，John 的 IP 封包就可傳送給 Marry。

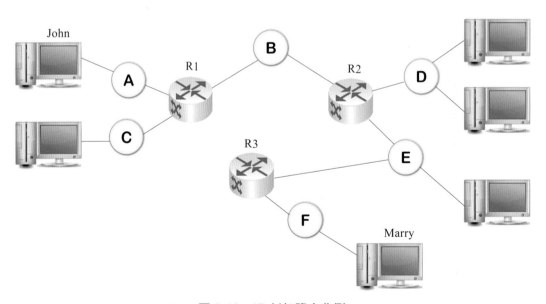

圖 8-16　IP 封包路由典例

8-11 IPv6簡介

　　由於現實情況對於 IP 位址的需求愈來愈多，在可預見的未來，IPv4 位址的數量恐怕會不夠用，根據 IETF 工作小組估計，很多專家預估 IPv4 位址將在 2018 年使用殆盡。特別是近幾年來，寬頻電信及網路服務量不斷提升，加上無線網路技術、4G、5G 等應用，IP 位址的需求量更加速成長。為了解決這個惱人的問題，加上各方面的考量，下一版的 IP 版本——IPv6 就被發展出來 (值得注意，由於 NAT 相關技術的發展，IPv4 仍然夠用，所以這樣的狀況尚未發生)。改用 IPv6 的主要理由如下：

1. IPv6 的 IP 位址是由 128bits 所組成，2^{128} 比 IPv4 位址增加 79 個千的 9 次方，這保證了未來世界絕不會有 IP 位址欠缺之問題。有興趣請參考 RFC 2373。

2. IPv6 具有不需人為設定的情形下，可讓電腦自動向路由器取得 IPv6 位址的自動定址 (auto-configuration) 機制。

3. IPv6 整合了當前廣泛為人使用的 IPSec (IP Security) 加密協定，保密性很好。

4. IPv6 封包的標頭長度為固定的 40bytes，因此在處理與轉送上可以更快速；標頭的改良也增加 QoS 功能。

5. IPv6 有 IPv4 所無法滿足的技術，如可移動性 (mobility)、階層性位址架構、高封包轉送效能等等。

6. IPv6 位址分成 8 段 (segment)，每段由 16bits 組成，各段間以冒號 (:) 隔開，例如 1A25：23CB：2C45：ED11：3FD2：0000：A012：89AB，各數字代表 16 進位。為了方便表示 IPv6 位址，開頭的 0 可以不寫，例如：0A1B 簡化為 A1B；000C 簡化為 C。另外，0000 可以省略掉，例如 A123：0000：0000：0000：0000：0000：0005：00CD 簡化為 A123：：5：CD。注意：雙冒號表示連續、數個不固定的 0。假如位址為 2A35：：A126：：AB22，有可能是 2A35：0：0：0：A126：0：0：AB22 或 2A35：0：0：A126：0：0：0：AB22；為避免使用者錯誤解讀，故只能限用 1 次雙冒號。

　　另一種 IPv6 位址表示為「IPv6 位址 / 首碼長度」，如圖 8-18 所示，在 128 位元的 IPv6 長度中，首碼 (prefix) 佔有 Nbits，首碼長度依位址的類型分為 Unicast、Multicast 和 Anycast 三種類型，例如 1234：：2ADC：9A1B/8，首碼長度佔 8bits。

　　IPv6 位址的分類如下說明：

1. Unicast (單播位址)：適用於單一節點間的資料傳送。單播位址可標示一個網路介

面，透過通訊協定會把送往位址的封包送給該介面。

這種類型的 IPv6 位址又區分爲「Global Unicast，如同 IPv4 使用的公有位址，其位址爲 $0010_2 = 2$ 或 $0011_2 = 3$」做開頭、「Unique-Local」，類似 IPv4 私有位址功能，其位址爲 FC00::/8 與 FD00::/8 做開頭、「Link-Local」，其位址爲 FE80::/10~FEBF::/10 做開頭，3 種型態，它僅使用在本地通訊。

2. Multicast (群播位址)：適用於單一節點對多個節點間的資料傳送。群播位址也被指定到一群不同的介面，送到群播位址的封包會被傳送到所有的位址。群播位址使用前 8 bits 爲首碼，例如：FF00::/8。此位址用來取代 IPv4 時的廣播位址。

3. Anycast (任播位址)：它是 IPv4 的 Unicast 與 Broadcast (多點廣播) 的綜合。前者在來源端和目的端之間直接進行通訊；後者以多點廣播方式，可使單一來源端和多個目的端之間進行通訊。因此 Anycast 介於兩者之間，它如同多點廣播一樣，會有一組接收節點的位址表格，由於指定爲 Anycast 的封包，只會傳送給距離最近或傳送成本最低 (根據路由表來判斷) 的其中一個接收位址，該接收位址收到封包後會跟著回應，並且加入後續的傳輸作業。此時其他節點得知某個節點位址已經回應，就不再加入後續的傳輸。注意，IPv6 任播位址的首碼 (又稱前置碼) 長度不固定，其他欄位的位元皆爲 0。

圖 8-17　另一種 IPv6 位址格式表示

在圖 8-17 中的前置碼 N 可以看成 Net ID，128-N 可以看成 Host ID。在 IPv4 若爲 192.168.1.0/24 中的 /24 代表 Net ID 爲 192.168.1.0，net mask 爲 255.255.255.0；但在 IPv6 因結構關係只使用前置碼來表示。例如 2001：0CA2：65DB：7DAC :: 1/64 其中 Net ID (網路位元部分) 爲 2001：0CA2：65DB：7DAC，及 Host ID 主機位元部份爲 0000：0000：0000：0001。IPv6 不同前置碼的網路位元部分與主機位元部份將依下列原則可決定出來：

1. 網路位元是 16 的倍數，網路位元部分與主機位元部份是以組 (16 位元爲一組) 數決定長度。

2. 網路位元是 4 的倍數，網路位元部分與主機位元部份是以 16 位元決定長度。

3. 網路位元非 4 的倍數，網路位元部分與主機位元部份是以 2 進位位元決定長度。

範例 10　寫出下列 IPv6 的網路位元部分與主機位元部份。

解答　1. 2001::1/96 表示網路位元佔 96 bits 及主機位元佔 32 bits

　　　　例如網路部分佔 6 組 (96÷16) 爲 2001:0:0:0:0:0 及主機部份爲 0:1。

　　2. 2001:1/80 表示網路位元佔 80 bits 及主機位元佔 48 bits

　　　例如網路部分佔 5 組 (80÷16) 爲 2001:0:0:0:0 及主機部份爲 0:0:1。

　　3. 2001:1/8 表示網路位元佔 8 bits 及主機位元佔 120 bits

　　　例如網路部分佔 16 bits 的一半爲 20 (即) 及主機部份爲 NN01:0:0:0:0:0:0:1，
　　　其中 N 表示空值。

　　4. 2001:1/4 表示網路位元佔 4 bits 及主機位元佔 124 bits

　　　例如網路部分佔 16 bits 的四分之一爲 2 及主機部份爲 N001:0:0:0:0:0:0:1，
　　　其中 N 表示空值。

　　5. 2001:1/3 表示網路位元佔 3 bits 及主機位元佔 125 bits

　　　此部份要先將 2001 轉換成二進位 0010 0000 0000 0001，所以網路部分佔 3
　　　bits 爲 001，其他佔 125 bits 則爲主機部份。

NOTE

自動定址機制包括全狀態自動配置 (Stateful Auto-configuration) 及無狀態自動配置 (Stateless Auto-configuration)。前者如同在 IPv4 中，主機由 DHCP 伺服器獲得 IP 位址；後者無需用到 DHCP 伺服器，也無需手動就能夠改變網路中所有主機的 IP 位址。

8-11-1　IPv6封包的標頭欄位

　　IPv6 封包如同 IPv4 封包，也是由標頭 (長度爲 40bytes) 和資料欄（包含可選擇的擴充標題以及來自上層的資料，最大可以到 65535 bytes）兩部分所組成，如圖 8-18 所示（參考 RFC 2460）。相較於 IPv4，IPv6 刪除幾個在 IPv4 之欄位，如 IP 標頭長度、服務型式、ID、旗標、Fragment Offset、標頭檢查和。

Version (4)	Traffic Class (8)	Flow Label (20)
Payload Length (16)	Next Header (8)	Hop Limit (8)
Source Address (128)		
Destination Address (128)		
資料		

圖 8-18　IPv6 的封包格式

1. Version 佔 4bits：表示 Internet Protocol 的版本號碼。

2. 訊務等級 (Traffic Class) 佔 8bits：表示封包的類別或優先權，如同 IPv4 的 TOS 的功能。

3. 資料流標記 (Flow Label) 佔 20bits：用來識別資料封包的資料流。

4. 酬載長度 (Payload Length) 佔 16bits：記錄資料封包的長度。

5. 內層標頭 (Next Header) 佔 8 bits：此欄位能識別在 IPv6 標頭之後，是哪一種型態的標頭，也如同 IPv4 標頭中的 PROT 欄位的功能。另一功能是作爲擴充標頭，可以存放 IPv6 通訊所需的擴充資料。

6. 躍程限制 (Hop Limit) 佔 8bits：每一路由器轉送一個資料封包時，欄位內容就減 1，直到 0 時，封包就會被丟棄。

7. 來源端位址佔 128bits：是用來記錄來源主機的 IP 位址。

8. 目的端位址佔 128bits：用來記錄目的端主機的 IP 位址。

　　值得一提，原存在於 IPv4 封包中的欄位，像分割 / 重組 (Fragmentation/Reassembly)、標頭檢查和及 Options (選項) 欄位已不再存在於 IPv6 的封包格式中，簡述如下：

1. 分段 / 重組 (Fragmentation/Reassembly)

   IPv6 並不允許路由器進行分割跟重組；這些操作只能由來源端與目的端來進行。如果路由器收到進來的 IPv6 的封包太大，而無法轉送時，路由器會丟棄封包，然後送出「封包太大」的 ICMP 錯誤訊息回送給發送端。

2. 標頭檢查和 (header checksum)

   因爲 IPv4 標頭包含 TTL 欄位 (類似 IPv6 的躍程限制欄位)，所以每台路由器都必須重新計算 IPv4 的標頭檢查和，這也是 IPv4 其中一項付出的代價。IPv6 設計者認爲傳輸層與數據鏈路層都有執行檢查和計算，所以刪除標頭檢查和的計

算以能快速處理封包。

3. Options 欄位

Options 欄位不再是標準 IP 標頭的一部分，然而，它並沒有消失。取而代之的是，Options 欄位變成了 IPv6 標頭的內層標頭欄位可能指向的欄位之一。

> **NOTE**
>
> 酬載長度 (Payload Length) 長度佔 16 bits，可表示 IPv6 封包可放置內容 (不含標頭) 最大的長度為 65535 位元組。注意，酬載長度超過 65535 位元組的 IPv6 資料包稱為 "巨量酬載"。萬一 IPV6 的酬載長度超過 65535 位元組，就必須使用內層標頭內的躍程逐跳 (Hop-by-Hop) 選項，並對其中的「巨量酬載」(Jumbo Payload) 選項做設定：Jumbo Payload 選項 (選項類型為 194，即 11000010)，用來傳送超大資料包。使用 Jumbo Payload 選項，Jumbo Payload 長度最大可達 4,294,967,295 位元組 (亦即 2^{32} 或寫成 2^32)。

8-11-2　IPv4和IPv6間的轉換

　　IETF 提出 3 種 IPv4 與 IPv6 轉換技術，分別是雙重堆疊架構 (dual-stack)、隧道 (tunneling) 技術，與網路位址與協定轉換 (Network Address Translation-Protocol Translation；NAT-PT)。目前，實務中最常用的是隧道技術。

● 雙重堆疊架構

　　在 RFC 4213 規定，節點同時能傳送與接收 IPv4/IPv6 兩種封包；即 IPv4/IPv6 與 IPv4 節點互動時，可以使用 IPv4 協定；若與 IPv6 節點互動時，IPv4/IPv6 節點可以使用 IPv6 協定。然而，若送收其中一方只能使用 IPv4，則這類型的架構即使中間某兩節點是使用 IPv6，最後得到的依然還是 IPv4 資料包，如圖 8-19 所示。圖中節點 A 至節點 B 是交換 IPv6 封包，節點 B 必須產生 IPv4 封包至節點 C (亦即將 IPv6 封裝至 IPv4，但前者獨有的欄位無法對應至 IPv4，像資料流標記就遺失了)；同理，節點 D 至節點 E 也是交換 IPv4 封裝至 IPv6 這個封包，最後雖然節點 E 至節點 F 是交換 IPv6 資料包，但只能得自 D 傳送到的 IPv4 資料包。注意：即便 E 跟 F 可以交換 IPv6 資料包，得出的封包已不再是原由節點 A 送出的 IPv6 封包欄位，故圖的最右邊的資料流以「?」表示。

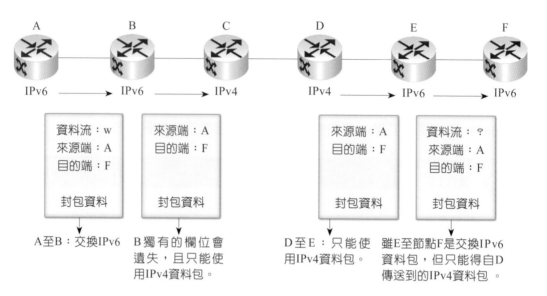

圖 8-19　雙重堆疊架構

◇ 隧道技術

　　圖 8-19 的問題可利用隧道技術解決。即當節點 B 的 IPv6 封包進入節點 C 時 (即 IPv4 協定的網域時)，將 IPv6 封包當作資料，並在前面加上 IPv4 標頭，再送入節點 D 的 IPv4 網域。當資料包由節點 D 的 IPv4 網域離開，進入節點 E 的 IPv6 網域時，再將 IPv4 的標頭移除，並還原為原來的 IPv6 封包，像這樣的情形稱為隧道技術，即網路的 兩端是 IPv6 協定網域，而中間節點 (節點 C 與節點 D) 都是 IPv4 協定的網域，正是所 謂的隧道。執行隧道技術的節點 C 與節點 D 並不知道 IPv4 資料包本身包含來自節點 B 整個的 IPv6 資料包，如圖 8-20 所示。

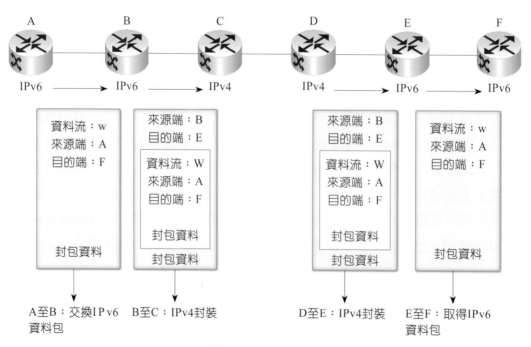

圖 8-20　隧道技術

❤ NAT-PT

此技術必須將封包的欄位做相對應的轉換。例如：當資料包是 IPv6 協定時，其資料包的欄位會對應到 IPv4 資料包的欄位，並因而轉換成 IPv4 資料包。同樣的，IPv4 的資料包要轉換成 IPv6 的資料包亦是透過欄位相對應的轉換方法。NAT-PT 技術也可使用於純 IPv6 與純 IPv4 網域的連結，透過通訊協定的完全轉換，使得封包可以在完全的 IPv4 網域或 IPv6 網域傳送。有關 NAT-PT 可參考 RFC 2766。

一個 NAT-PT 的裝置都擁有一些真實的 IPv4 位址，當 IPv6 網路與 IPv4 網路通訊連線介接時，它將以動態方式提供 IPv6 連結點所需的位址資訊，並在每一次連結通訊期間做記錄，如 IPv4 和 IPv6 位址之間的對應關係。

更進一步，NAT-PT 可延伸為 NAPT-PT (Network Address Port Translation-Protocol Translation)，其將藉由埠號碼的轉換來達到與位址轉換相同的功效，這可使 IPv4 位址又可重複使用，而且一個 IPv4 的位址又可對應至多個 IPv6 主機。

8-12　IP Spoofing

所謂的 IP Spoofing 主要是讓攻擊封包看起來會讓人誤以為它來自可信任的網域，而允許其進入路由器或防火牆 (firewall)，最後達成直接攻擊受害者主機的目的。

IP Spoofing 亦稱為 IP 欺騙，其原理是攻擊者使用偽造的來源位址來傳送 IP 封包，由於這不存在的來源 IP 位址向受害者發送 SYN 封包 (參考 10-11 節)，要求建立 TCP 連線。當受害者的主機收到這個 SYN 封包後，會將封包中的來源 IP 位址取出，並以此 IP 位址當作目的 IP，同時回覆一個 ACK 確認封包給入侵者，注意，該回覆將發送至入侵者所偽造的位址，而非其入侵者的位址。由於目的 IP 位址是攻擊者偽造的，所以 ACK 確認封包也就無法到達。受害者會一直等待接收攻擊者的回覆，一直到受害者內部的定時器逾時 (timeout) 才放棄等待，這就是所謂的一次 IP Spoofing 攻擊，假如攻擊者利用軟體，以每秒幾百次、幾千次，甚至幾萬次的速度向同一個受害者發送偽造的 SYN 封包，則受害者的主機就會產生大量的 TCP 半連線，並且都要等待這些半連線的逾時，最後會造成系統上的資源耗盡。

8-13 IPv6 安全性

新的網路層協定將提供各式各樣的安全性服務。這些協定的其中一種是 IPsec (Internet Protocol Security)，這是較常用的安全網路層協定，它也被廣爲部署在虛擬私人網路 (Virtual Private Network，VPN) 中。IPSec 原本是爲 IPv6 開發，但是在 IPv4 中已被大量部署使用。安全問題始終是 Internet 的一個重要話題。由於 IP 協定在設計之初沒有考慮安全性，因而常發生網路遭到攻擊，爲了加強 Internet 的安全性，1995 年開始 IETF 著手研究制定了一套用於保護 IP 通訊的 IP 安全協定稱爲 IPSec。

IPSec 是 IPv4 的一個可備選的擴展協定，也是 IPv6 組成的一部分。IPSec 的主要功能是在網路層對資料分組提供加密和鑒別等安全服務，它提供了兩種安全機制：認證和加密。認證機制使 IP 通訊的資料接收方能夠確認資料發送端的眞實身份以及資料在傳輸過程中是否遭到更動。加密機制是通過對資料進行編碼來保證資料的機密性，以防止資料在傳輸過程中被他人竊取而失密。IPsec 提供的服務包括：密碼協商、IP 資料包內容的加密、來源認證與資料完整性，較詳細說明留在第 16 章討論。

重點整理

▸ IP 位址包含 Net ID (即 Network ID 網路位址) 和 Host ID (主機位址)。

▸ 如果 IP 位址最左邊是以「0」開頭的，此 IP 是一個 Class A 的 IP。如果 IP 位址最左邊是以「10」開頭的，此 IP 是一個 Class B 的 IP。如果 IP 位址最左邊是以「110」開頭的，此 IP 是一個 Class C 的 IP。

▸ Class A 的 IP 範圍為 1.0.0.0~126.255.255.255。Class B 的 IP 範圍為 128.0.0.0~191.255.255.255。Class C 的 IP 範圍為 192.0.0.0~223.255.255.255。

▸ Class A 的網路遮罩是 255.0.0.0；Class B 的網路遮罩是 255.255.0.0；Class C 的網路遮罩是 255.255.255.0。

▸ 194.33.53.22/24 (24 表示 24 個「1」，亦即原網路遮罩是 255.255.255.0 中的前 3 個位元組 255.255.255)。

▸ 使用 CIDR 的時候，一個 C Class 的網路也可以使用 255.255.0.0 這樣的網路遮罩，由於其具較短的網路位址，針對此類型的 CIDR，稱為 Supernet。

▸ NAT 是在路由器中進行一個更換 IP 標頭的動作，以使多部電腦能共用一個 IP 連線於 Internet 的技術，此技術使 IP 位址不足之問題帶來新的突破。

▸ IETF 提出 3 種 IPv4 與 IPv6 轉換技術，分別是雙重堆疊架構 (dual-stack)、隧道技術 (tunneling) 與網路位址與協定轉換 (Network Address Translation-Protocol Translation：NAT-PT)。

▸ IP 協定的主要功能包含「IP 定址」(IP Addressing)、封包的路徑選擇 (透過 IP 控制層) 以及「盡力而為」(best effort) 讓 IP 資料包送達目的地。

▸ IP 封包的路徑選擇是透過 IP 控制層達成。

▸ IP 資料包的轉送是透過 IP 資料層達成。

▸ IP 資料包的轉送是在路由器的運作下，將 IP 資料包從輸入鏈路轉送 (forwarding) 到輸出鏈路。

▸ 路徑選擇用來計算這 IP 資料包的路徑選擇的一種演算法稱為繞送演算法 (routing algorithm)。

▸ 轉送意指在路由器本身進行的動作，它會將 IP 資料包從輸入鏈路介面傳遞到適當的輸出鏈路介面。

▸ 繞送則指與整體網路有關的程序，利用演算法判斷 IP 資料包由來源端到目的端所採取的路徑。

▸ 標頭檢查和用來協助路由器偵測所接收到的 IP 資料包中的錯誤位元。

本章習題

選擇題

( ) 1. 有一個網路為 196.165.11.25 / 26 代表可切割成　(1) 2　(2) 3　(3) 4　(4) 8 個子網路。

( ) 2. 196.165.11.25/24 的主機數目有　(1) 126　(2) 254　(3) 510　(4) 1022。

( ) 3. 一個網路為 196.165.11.25/X，表示有 510 個主機位址，請問 X 的數值為
(1) 20　(2) 21　(3) 22　(4) 23。

( ) 4. 一個網路位址為 176.16.0.0 在一個 B 級中切割子網路有 2048 個，請問子網路遮罩為
(1) 255.255.0.0　(2) 255.255.255.0　(3) 255.255.255.224　(4) 255.255.255.240。

( ) 5. 一個網路位址為 176.16.0.0 在一個 B 級中切割子網路有 4096 個，請問有幾個主機位址　(1) 14　(2) 30　(3) 62　(4) 126。

( ) 6. 一個公司有 202.170.2.0/24 及 202.170.3.0/24 透過 Supernet 可以將這 2 個網路合併為一個較大網路為
(1) 202.170.2.0/21　(2) 202.170.2.0/22　(3) 202.170.2.0/23　(4) 202.170.2.0/25。

( ) 7. IPv6 的位址是由多少 bits 所組成　(1) 32bits　(2) 64bits　(3) 128bits　(4) 256bits。

( ) 8. IPv6 封包的標頭長度為　(1) 20bytes　(2) 32bytes　(3) 40bytes　(4) 48byres。

( ) 9. IPv6 封包如果酬載長度超過 65535 bytes 時，其封包的最大長度可以到達
(1) 2^{16}　(2) $2^{16}+40$　(3) 2^{32}　(4) $2^{32}+40$。

( )10. 下列哪些 IP 位址可以分配給主機 (host) 使用？
(1) 212.5.9.32/27　(2) 188.136.5.2/23　(3) 127.0.0.1　(4) 224.0.0.5。

( )11. IP 協定的其中功能，可以讓 IP 資料包＿＿＿送達目的地。
(1) 正確　(2) 盡力而為　(3) 以上皆對　(4) 以上皆非。

( )12. IP 封包的路徑選擇是透過 IP＿＿＿層達成。
(1) 控制　(2) 資料　(3) 以上皆對　(4) 以上皆非。

( )13. IP 資料包的轉送是透過 IP＿＿＿層達成。
(1) 控制　(2) 資料　(3) 以上皆對　(4) 以上皆非。

( )14. IP 資料包的路徑選擇是透過＿＿＿達成。
(1) 隨機決定　(2) 繞送演算法　(3) 事先預定　(4) 以上皆可。

( )15. 將 IP 資料包從輸入鏈路轉送到輸出鏈路稱為＿＿＿。
(1) routing　(2) data pathing　(3) forwarding　(4) best effort。

簡答題

1. 若一個 Class C 中切割成每個子網路有 25 個可用 IP，請問子網路主機位址的部份佔有多少位元？及多少個子網路。

2. 若要將 194.125.16.0/24 平均分配給 4 個部門，請列出使用的子網路遮罩、子網路 、每一個子網路的第 1 個位址與最後位址，以及每個子網路的廣播位址。

3. 說明 4 個 Class C 的網路位址 221.123.36.0/24、221.123.37.0/24、221.123.38.0/24 以及 221.123.39.0/24，如何合併成一個較大的網路？是否為適當的規劃？。

4. 2002：0000：0000：0000：0000：0123：0006：00AB 可以簡化為何值？

5. 寫出 2001:1111:2222::://70 的子網路數目及子網路位址範圍？

6. 下圖所示在互連網路中使用總結位址為何？

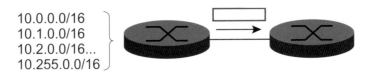

10.0.0.0/16
10.1.0.0/16
10.2.0.0/16...
10.255.0.0/16

7. 網管人員規劃公司的網路最少需求要有 500 子網路，每個子網路最少要有 55 台主機需求，目前只有一個 Class B 可以使用，請問下列那些子網路規劃，可以符合公司網路需求。（請選出兩個）

    A. 255.255.255.0　B. 255.255.255.128　C. 255.255.255.224　D. 255.255.255.192

    E. 255.255.252.0　F. 255.255.248.0

8. 找出下列網路位址以及主機位址。

    A. 10.22.14.25　B. 228.31.75.12　C. 241.1.2.5　D. 176.16.5.21　E. 198.1.20.3

9. 找出下列網路位址所指的 IP 範圍。

    A. 10.22.14.25　B. 228.31.75.12　C. 241.1.2.5　D. 176.16.5.21　E. 198.1.20.3

10. 延伸習題 3，若選取的 Class C 的網路位址改為 221.123.37.0/24、221.123.38.0/24、221.123.39.0/24、以及 221.123.40.0/24，如何合併成一個較大的網路？是否為適當的規劃？

NOTE

CHAPTER 9

ARP/RARP/ICMP 協定

ARP操作原理

ARP 是 Address Resolution Protocol 的縮寫，中文稱之為位址解析協定。ARP 定義在 RFC 826 標準，在 Internet 協定中屬於網路層的協定，主要是用來解析 IP 位址或是主機名稱所對應的實體位址 (MAC 位址)。如果 IP 工作於網路層，而數據鏈路層使用乙太網路時，則利用 ARP 可取得對應的 MAC 位址。

ARP 是 TCP/IP 設計者利用乙太網路的廣播特性所設計出來的位址解析協定。假設在同一乙太網路中的主機 A「192.168.1.8」要向主機 B「192.168.1.3」送出資料包 (即 IP 封包)，則主機 A 必須先透過 ARP 來取得主機 B 的 MAC 位址。一旦雙方都知道對方的實體位址就開始建立通訊。

ARP 乃是將 IP 位址映射為實體位址的機制，整個操作方式由 ARP 請求或稱 ARP 要求 (ARP request) 與 ARP 回應或稱 ARP 回覆 (ARP reply) 兩種封包所組成，前者以廣播方式傳送；後者則以單向方式回傳。注意：ARP request 與 ARP reply 所使用的封包格式是一樣的。ARP request 除了包含本身的 IP 位址與 MAC 位址外，也會記錄所要解析對象的 IP 位址。

假設圖 9-1 的主機為本地網路主機，其中所示主機 A 要傳送 IP 封包給主機 B，因此必須先利用 ARP 取得主機 B 的 MAC 位址，其位址為「00:1d:92:a2:d7:3c」，它的工作原理如下面步驟說明。

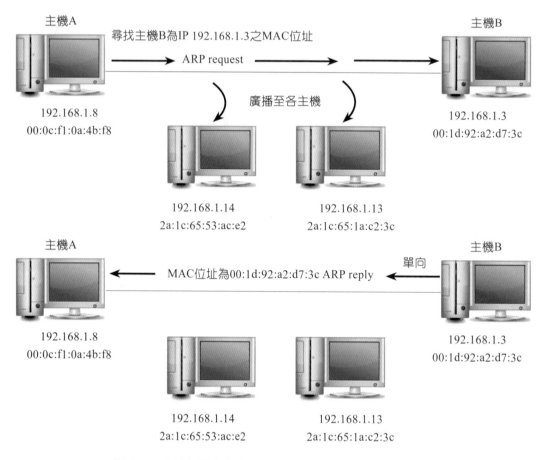

圖 9-1　本地網路主機的 ARP 操作過程 (request/reply)

步驟 1　每一部主機 (或稱電腦) 都會在 ARP 快取 (ARP cache) 緩衝區中建立一個 ARP 表格，主要用來記錄 IP 位址和實體位址的對應關係，亦即將 IP/MAC 位址對應關係記錄在本機電腦上的記憶體內。

步驟 2　當主機 A 在已知道主機 B 的 IP 位址情況下要將封包傳送給主機 B 時，主機 A 會先檢查自己的 ARP 表格中是否有該 IP 位址的 MAC 位址對應。如果有，就直接使用此位址來傳送封包；反之，則主機 A 會廣播 ARP request 封包給區域網路上所有的主機，以便查詢目的主機 B 的 MAC 位址。這個廣播封包會包含主機 A 本身的 IP 位址和實體位址，以及目的主機 B 的 IP 位址。

步驟 3　此時網路上所有的主機都會收到此廣播封包，每部主機會檢查自己的 IP 位址是否和廣播封包中的 IP 位址 (指主機 B 的 IP 位址「192.168.1.3」) 一致。如果不是則忽略；如果是，則會先將主機 A 的實體位址和 IP 位址資料更新

到自己的 ARP 表格。以此例來說，網路內的所有主機都會處理 ARP request 封包，並與本身的 IP 位址比對，判斷出自己是否為此 ARP request 所要解析的對象。結果只有主機 B 會產生回應的 ARP reply 封包。

步驟 4 主機 B 可從 ARP request 封包中得知主機 A 的 IP 位址「192.168.1.8」與 MAC 位址「00:0c:f1:0a:4b:f8」，因而 ARP reply 封包不再用廣播方式送出，而是讓 ARP reply 封包以單向方式回傳，告知主機 A 關於自己的實體位址，為「00:1d:92:a2:d7:3c」。

步驟 5 當主機 A 收到 ARP reply 後會更新自己的 ARP 表格；也代表完成 IP/MAC 位址解析。反之，如果主機 A 沒有得到 ARP reply，代表 ARP 操作過程失敗。

9-2　ARP cache

9-1 節的步驟 1 ～ 2 已大略說明，ARP cache (快取) 或稱 ARP 對照表 (ARP table) 之操作，一旦記錄 IP 位址和實體位址的對應關係後，這可加速日後對於位址解析的過程，除非 ARP cache 中找不到有該 IP 位址的 MAC 位址對應的記錄，才必須送出 ARP request 的廣播封包。ARP cache 記錄，可分為動態與靜態兩種。當主機 A 經由 ARP request/reply 過程取得主機 B 的 MAC 位址後，便將主機 B 的 IP 位址與 MAC 位址資料儲存在主機 A 的 ARP cache 中記錄下來。這些記錄由 ARP 自動產生，稱為動態記錄。反之，經由手動的方式將某主機的 IP/MAC 位址對應關係加入至 ARP 快取記錄下來，則稱為靜態記錄。靜態記錄被刪除的時機有下列情形：

◈ 重新開機。

◈ 以手動的方式刪除。

◈ 與動態記錄互相衝突。

注意：無論是動態或靜態記錄，只要重新開機，所有資料記錄都會消失不見。由於 ARP cache 的空間大小是有限的，若資料長時間沒被動過，就必須清除並更新資料。這意謂存在 cache 中的每筆資料，都不是永久保存的；一旦資料在一個生存倒數計時時間到達時，該資料就會被清除掉。反過來，若資料在倒數時間到達之前被使用過，則重新給予新計時值。

NOTE

ARP cache 的記錄大都是透過動態模式來學習並更新 ARP cache 內的項目，即
發送端送出 ARP request 封包；目的端透過 ARP reply 封包告訴發送端自己
的 MAC 位址，並隨時更新發送端的 ARP cache 內的記錄。惡意攻擊者即利
用此特性，在 LAN 內不斷地送出偽造的 ARP request 與 reply 來干擾正常的
ARP 操作，以致 ARP cache 的記錄整個亂掉，稱為 ARP poisoning 或稱為 ARP
spoofing。

9-3　RARP操作原理

　　RARP (Reverse ARP) 協定是來源端已知自己的 MAC 位址，但不知自己的 IP 位址
時，則可藉由 RARP request 封包向 RARP 伺服器查詢自己的 IP 位址。RARP 主要是應
用在一些無磁碟機的電腦或工作站上。由於無磁碟的電腦，除了必要的開機程式外 (通
常以 ROM 開機)，本身並沒有 IP 位址。要獲得自己的 IP 位址，可經由 RARP request
封包廣播至 LAN 上所有的主機、路由器來進行查詢。

　　圖 9-2 指出 RARP 的操作方式和 ARP 非常相似。注意：收到 RARP request 封包
的主機只有 RARP 伺服器向主機 A 送出 RARP reply 封包的回覆，其中包含主機 A 所
要求的 IP 位址。

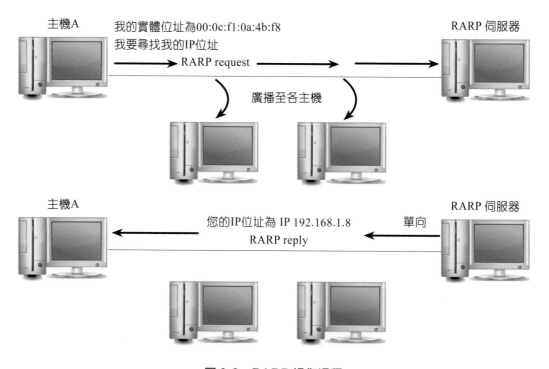

圖 9-2　RARP 操作過程

9-4 ARP/RARP封包格式

除了操作欄位值不同外，ARP 與 RARP 封包格式是一樣的。IP 位址與 MAC 位址的相關資訊都是記錄於 ARP 與 RARP 封包內，如圖 9-3 所示。ARP 封包的長度並不會固定，因為不同的網路層與數據鏈路層所使用的位址長度都不會相同。ARP 封包的格式如下說明。

硬體類型 (16)		通訊協定類型 (16)	
硬體位址長度 (8)	通訊協定位址長度 (8)	操作 (16)	
送端硬體位址 (長度不定)			
送端硬體位址		送端通訊協定位址 (長度不定)	
送端通訊協定位址		收端硬體位址	
收端硬體位址 (長度不定)			
收端通訊協定位址 (長度不定)			

圖 9-3　ARP 與 RARP 有相同的封包格式

1. 硬體類型 (hardware type) 佔 16bits

   指出數據鏈路層所用的網路類型，如果值為 1，表示為乙太網路；Token Ring 值為 6；Frame Relay 值為 15；ATM 值為 16。

2. 通訊協定類型 (protocol type) 佔 16bits

   指出網路層所使用的協定，若為 IP，則欄位值為 2048，以 16 進位表示為 0x0800。

3. 硬體位址長度 (hardware address length) 佔 8bits

   指出 MAC 位址的長度。以乙太網路為例，其 MAC 位址長度 (以 8bits 為單位，共 48bits) 為 6bytes，因此，硬體位址長度欄位值為 6 (代表 8bits*6 = 48bits)。

4. 通訊協定位址長度 (protocol address length) 佔 8bits

   指出網路層協定所用的位址長度。若通訊協定類型為 0x0800 (IP)，則長度欄位值為 4 (代表 8bits*4 = 32bits)。

5. 操作 (operation) 佔 16bits

   指出 ARP 封包類別，一共有 4 種，即：ARP request (欄位值為 1) 與 ARP reply (欄位值為 2)；RARP request (欄位值為 3) 與 RARP reply (欄位值為 4)。

6. 送端硬體位址 (sender HA)

   長度不定,表示來源端的實體位址,若是乙太網路,此欄位值為 6 (代表 48bits)。

7. 送端協定位址 (sender protocol address)

   長度不定,表示 ARP 封包來源端使用的協定位址。以 IP 為例,其長度為 32bits 的 IP 位址。

8. 收端硬體位址 (target HA)

   長度不定,表示目的端的實體位址,若是乙太網路,此欄位值為 6 (48bits)。當傳送 ARP request 封包時,由於目的端的 MAC 位址還不知道,因此此欄位內容為 000000000000。

9. 收端協定位址 (target protocol address)

   長度不定,表示 ARP 封包目的端使用的協定位址,以 IP 為例,其長度為 32bits 的 IP 位址。

NOTE

當網路層是使用 IP 協定,數據鏈路層使用乙太網路時,則從圖 9-3 可計算 ARP 封包的長度為 28bytes (4 + 4 + 6 + 4 + 6 + 4)。根據 Ethernet II 的封包格式,規定資料欄位長度最短必須是 46bytes,因此,ARP 封包在封裝成乙太網路封包時必須再填補 (46-28) = 18bytes。

NOTE

從圖 9-4 得知 Ethernet II 標準的乙太網路訊框,資料欄位可從長度 46 至 1500bytes,如果這是一個 ARP request 封包時,那該資料欄位就用來封裝整個 ARP request 封包。注意:此時 ARP request 封包的訊息類型 (佔 2bytes) Etype 欄位值為 0x0806;如果為 RARP 封包,則 Etype 欄位值為 0x0835,參考 5-4-1 節。

Ethernet II

前置位元 (8bytes)	DA (6bytes)	SA (6bytes)	Etype (2bytes)	ARP request 封包	FCS (4bytes)

圖 9-4　ARP request 封包之封裝

9-5　ARP工具程式

作業系統如 Windows 10 都有提供 ARP.EXE 工具程式，現在您可以在 C:\Users\ASUS> 敲入 arp –a 以便檢視 ARP cache 的內容為何，如圖 9-5(a) 紅框所示由左到右代表被解析主機的 IP 位址為 192.168.1.1 及指出經 ARP 解析後得到的 MAC 位址 30-5a-3a-a8-4d-60，類型指出屬動態記錄。若要刪除 ARP cache 中的某一筆記錄可敲入 arp –d IP 位址；若要全部刪除，則敲入 arp –d *。若要新增一筆靜態記錄，則敲入 arp –s IP 位址 MAC 位址後，再敲入 arp –a 看出結果，如圖 9-5(b) 指出新增一筆靜態記錄；並指出經 ARP 解析後得到的這一筆靜態記錄，其 IP 位址為 192.168.1.17，MAC 位址為 11-22-33-44-55-66。

圖 9-5(a)　arp –a (動態記錄)

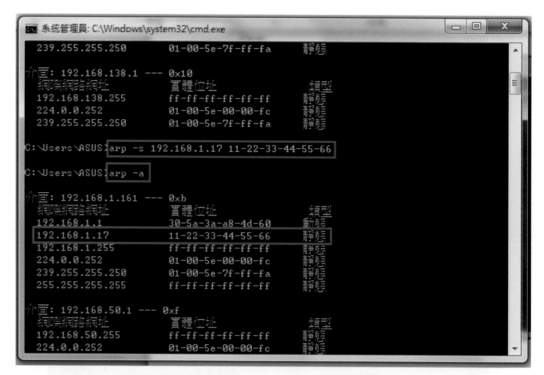

圖 9-5(b)　arp –s（新增一筆靜態記錄）

範例 1　當主機 A 與主機 B 分別為兩個不同的網路如圖 9-6(a)、 (b) 所示，依序分別
為 192.168.0.0/24 與 172.16.0.0/16，中介含一個路由器 (Router)，請說明主機
A 敲入 ping 主機 B 時的連線通訊整個過程。

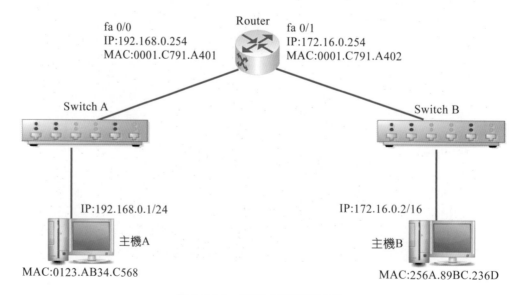

圖 9-6(a)　範例 1 的網路架構

解答　如圖 9-6(a) 所示，主機 A 先透過 ping172.16.0.2，再透過 arp –a 指令查知 ARP Cache 內的資訊，其可得知 IP 位址與 MAC 位址對照表。值得一提的是，ARP Cache 內 (如圖 9-6(b) 所示) 的資訊只有主機 A 的預設閘道 IP 192.168.0.254，及其 MAC 位址 0001.c791.a401 (此實驗是由 Cisco packet tracer 實現出來)，並無主機 B 的 MAC 位址，這也證實了，ARP 只操作於 LAN 之內。

更詳細的說明如下：主機 A (192.168.0.1) 想傳送 IP 資料包給主機 B (172.16.0.2)，但因 ARP 的範圍限制在 LAN 區域，所以發送端會將 IP 資料包送至 Router 的 fa 0/0 介面 (它的 MAC 位址 0001.C791.A401)，一旦發送端利用 ARP 取得 IP 192.168.0.254 的 MAC 位址，它便會建立訊框，並將此訊框送入至 192.168.0.0 這個子網路 LAN1，當 LAN1 的 Router 的轉接卡看到這個鏈路層的訊框是對它定址，就會將此訊框交給 Router 的網路層，這也代表主機 A 的 IP 資料包已成功到達 Router。

此時 Router 也開始接手，透過路由表知道 IP 資料包應該由 fa 0/1 介面的 IP 172.16.0.254 轉送出去。注意，此時 Router 的來源 MAC 位址變成 0001. C791.A402 (亦即 ping 的封包離開 Router 的 fa 0/1 時，該封包的來源位址)，這也說明資料經過 Router 轉送時必須改變 MAC 位址，但目的 IP 位址不會改變，因此介面會將 IP 資料包交給它的轉接卡，轉接卡再將此資料包封裝到新的訊框，然後訊框才送入 LAN2:172.16.0.0 子網路上，此時訊框的目的端 MAC 位址 256A.89BC.236D 終於被找到；接著，Router 再透過 ARP 取得此 MAC 位址。

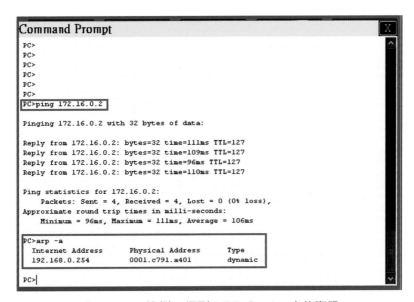

圖 9-6(b)　範例 1 得到 ARP Cache 內的資訊

範例 2 一台主機 A 的 IP 位址爲 138.1.2.55，其實體位址爲 A1:12:4C:25:2B:63，當它要送 ARP 封包給另一台主機 B 的 IP 位址爲 138.1.2.58，其實體位址爲 B1:1C:41:35:22:6A (主機 A 並不知道)。當兩台主機同屬於一個乙太網路，請繪出封裝於乙太網路訊框的 ARP request 跟 ARP replay 封包。

解答

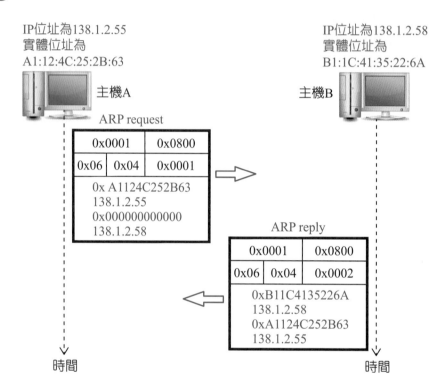

範例 3 如圖 9-7(a)-(b) 所示的 ARP 封包，請依封包中所標示的號碼解析。

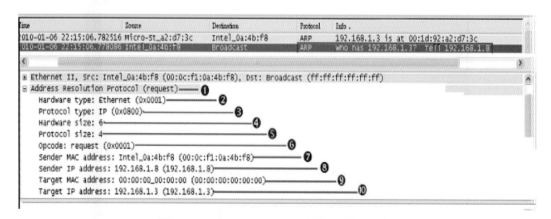

圖 9-7(a) ARP request 封包的擷取分析

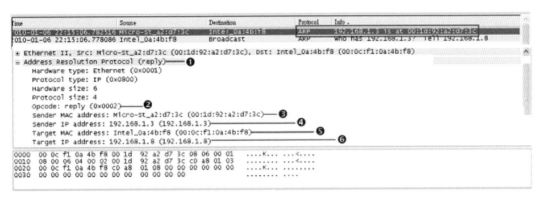

圖 9-7(b)　ARP reply 封包的擷取分析

解答　圖 9-7(a) 中所標示的號碼解析：

❶ 指出此屬 ARP request 封包。

❷ 指出值為 0x0001，表示為乙太網路。

❸ 指出網路層所使用的協定為 IP，則欄位值為 0x0800。

❹ 指出 MAC 位址長度為 6bytes，因此硬體位址長度欄位值為 6。

❺ 指出 IP 協定所用的位址長度，因此長度欄位值為 4。

❻ 指出封包類別為 ARP request (欄位值為 0x0001)。

❼ 指出來源端主機 A 的實體位址為 00:0c:f1:0a:4b:f8。

❽ 指出來源端主機 A 的 IP 位址為 192.168.1.8。

❾ 指出傳送 ARP request 封包時，由於還不知道目的端的 MAC 位址為何，因此此欄位內容先設為 000000000000。

❿ 指出目的端主機 B 的 IP 位址為 192.168.1.3。

圖 9-7(b) 中所標示的號碼解析：

❶ 指出此屬 ARP reply 封包。

❷ 指出封包類別為 ARP reply (欄位值為 0x0002)。

❸ 指出來源端主機 B 的實體位址為 00:1d:92:a2:d7:3c。

❹ 指出來源端主機 B 的 IP 位址為 192.168.1.3。

❺ 指出目的端主機 A 的實體位址為 00:0c:f1:0a:4b:f8。

❻ 指出目的端主機 A 的 IP 位址為 192.168.1.8。

9-6 ICMP簡介

在第 8 章所談的 IP 協定中的 IP 封包若發生問題，其內部並沒有提供錯誤回報或錯誤校正機制，這就有待 ICMP 來傳送相關的資訊，但它只負責回報出現的問題，有關問題的解決，則交給 TCP 來處理。ICMP 稱為「網際網路控制訊息協定」，英文全名是 Internet Control Message Protocol。ICMP 其實就是一個錯誤偵測與回報機制，主要包括能檢測網路的連線情況、偵測遠端主機是否存在，以及建立和維護 IP 路由資料等功能。

ICMP 同 ARP 屬網路層協定，一旦 IP 路由出現問題，就需利用此協定傳送並報告相關的資訊。ICMP 無法獨立操作，它必須與 IP 協定標頭一起搭配使用，此時 IP 協定標頭內的 PROT 的值為 1 (即 0x01)，如圖 9-8(a) 所示。注意：ICMP 標頭的位置是位於 IP 標頭的後面。像 ping、tracert 或 pathping 命令，都是用來測試網路連線的情況，而所用的協定正是 ICMP。ICMP 封包在網路上是如何傳送的呢？其實 ICMP 封包 (即 ICMP 標頭加上 ICMP Payload) 是封裝在 IP 封包中儲存資料的地方，稱為 IP Payload，並經 IP 路由傳送到目的端。值得一提的是，ICMP Payload (也是 ICMP 封包存放資料的部分) 隨著 ICMP 封包的類型而有所不同。雖然 ICMP 封包是位於 IP 標頭的後面，但仍屬於網路層，如圖 9-8(b) 所示。

PROT = 1

圖 9-8(a)　代表 ICMP 封包時 IP 標頭內的 PROT

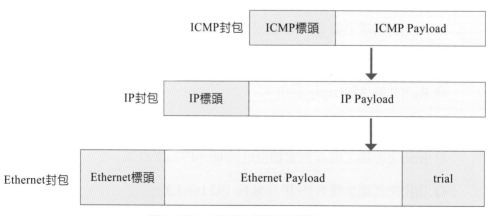

圖 9-8(b)　ICMP 封包的封裝方式

9-7　ICMP訊息格式

ICMP 訊息（亦稱為 ICMP 封包）分成兩部分，即 ICMP 標頭及 ICMP 資料 (或稱 ICMP Payload)，前者包含 1 個 8 位元組的標頭，雖然不同的訊息有不同的標頭格式，但前 4 個位元組都是一樣的；後者則是一個非固定長度的 ICMP 資料，換言之，隨著 ICMP 訊息類型的不同，每一個封包欄位的長度與內容也會跟著不同，如圖 9-9 所示。ICMP 標頭前 4 個位元組包含 3 個固定長度的欄位：類型 (Type) 佔 1 byte，代碼 (Code) 佔 1 byte，與檢查和 (Checksum) 佔 2 bytes。Type 定義出各類的 ICMP 訊息類型，如表 9-1 所示，ICMP 可分為兩大訊息類型，分別為「查詢」(Query) 與「錯誤回報」(Error-Reporting)。「查詢」訊息類型的 Type 值有 4 組，分別為 8/0、10/9、13/14 和 17/18，每組分別代表 request/reply，查詢的主要功能是協助一部主機或網路管理者取得另一部主機或路由器的相關訊息，查詢訊息可由一部主機送出，目的端主機再以各自獨特格式回應。錯誤回報訊息共 5 種，它的 Type 值分別為 3、4、5、11 和 12，主要功能是回報路由器或目的端主機在處理 IP 封包時可能遭遇到的一些問題。

表 9-1　ICMP 訊息的類型與說明

類型	訊息功能
0	Echo reply
3	Destination unreachable
4	Source quench
5	Redirection
8	Echo request
9	Router advertisement
10	Router solicitation
11	Time exceeded
12	Parameter problem
13	Timestamp request
14	Timestamp reply
17	Address mask request
18	Address mask reply

圖 9-9　ICMP 訊息格式

9-7-1 ICMP的查詢訊息

本節針對「查詢」的 4 組訊息類型做說明，茲說明如下。

1. Echo request / Echo reply

它們的 Code 欄位值為 0。Echo request / Echo reply 封包常用來偵測兩主機間是否可以通訊。換言之，它們可決定 IP 層是否可以通訊。因為 ICMP 訊息是封裝在 IP 資料包內，所以當某主機一旦接收到 Echo request 封包並送出 Echo reply 封包後，這樣也就驗證，送收兩端的 IP 資料包可開始進行通訊，則路徑上的路由器也可接收、處理及轉送 IP 資料包。一個 Echo request 封包 (類型號碼為 8) 可由主機或路由器送出，收到 Echo request 封包的主機或路由器會送出 Echo reply 封包 (類型號碼為 0)。網路管理者也可以用 Echo request 封包及 Echo reply 封包檢查 IP 協定的運作。有關 Echo request 封包及 Echo reply 封包格式如圖 9-10(a) 所示。

注意：接收 Echo request 封包的主機只要將類型值改寫成 Echo reply 封包的類型值 (即 0x08 改寫成 0x00) 並計算檢查和，就可直接回送訊息。Echo request 封包及 Echo reply 封包可以透過敲入 ping 命令來測試能否到達某一部電腦。每一次執行 ping 命令就會有不同識別碼，以便對應出 Echo request 及它的 Echo reply；若 Echo request 封包發送至被測試的節點，則由節點回應的 Echo reply 封包內的資料 (若有的話) 將拷貝 Echo request 封包中的資料；每一個 Echo request 會有不同的序號，然而此序號也將複製至 Echo reply 的序號欄位值。換言之，透過識別碼與序號，可提供給來源端主機，確認哪一個發送出去的要求訊息被對方回應。可參考 RFC 792。

圖 9-10(a)　Echo request 及 Echo reply 封包格式

範例 4 請利用圖 9-10(a) 的 ICMP Echo request 封包訊息內容來計算檢查和 (或稱錯誤檢查和)。注意，ICMP 資料的內容為 ABCD。

解答 ICMP 檢查和是以整個訊息 (包括標頭與資料) 來計算。其過程先將整個訊息分成很多組 16 bits，再將它們加總起來，然後求 1 的補數得出檢查和。注意，一開始的檢查和填入 0。A&B&C&D 的值可由 ASCII 表查知。

8	0	0
5		1
測試		

```
8&0 ──────► 00001000 00000000
0   ──────► 00000000 00000000
8   ──────► 00000000 00000101
1   ──────► 00000000 00000001
A&B ──────► 01000001 01000010
C&D ──────► 01000011 01000100
加總值 ────► 10001100 10001100
取1的補數得出檢查和 ───► 01110011 01110011
```

圖 9-10(b)　ICMP Echo request 封包的檢查和計算

2. 時間戳記要求 (Timestamp request) / 時間戳記回覆 (Timestamp reply)

它們的 Code 欄位值為 0。主要功能是在兩部主機間進行系統時間同步的調整，即使兩部主機的時間不同步，時間戳記要求訊息與時間戳記回覆訊息仍可以計算資料包在來源端與目的端主機間的傳輸延遲，其以格林威治時間 (Universal Time；UT) 為基準，由格林威治時間午夜零時零分起算。時間戳記欄位佔 32 bits，時戳訊息以 ms 為單位。Timestamp request (類型號碼為 13) 與 Timestamp reply (類型號碼為 14) 訊息格式如圖 9-11 所示。來源端建立 Timestamp request 訊息，並以送出訊息時的格林威治時間作為開始時間戳記，其他兩個欄位填 0。目的端會將接收到的 Timestamp request 訊息中的開始時間戳記拷貝到其所建立 Timestamp reply 訊息的相同欄位內；另一方面，目的端會將接收到訊息的格林威治時間填入接收時間戳記欄位內，並將送出 Timestamp reply 訊息的格林威治時間填入時間戳記欄位內。有關時間的計算，可參考 RFC 792。注意：如果單程時間正確，則 Timestamp request 與 Timestamp reply 訊息可用來同步雙方主機時鐘時間。

13：要求
14：回覆

類型：13或14	代碼：0	檢查和
識別碼		序號
開始時間戳記		
接收時間戳記		
送出時間戳記		

圖 9-11　Timestamp request / Timestamp reply 訊息格式

範例 5　當 Timestamp request 訊息開始時間戳記、接收時間戳記及送出時間戳記欄位值依序爲 50 ms、58 ms 及 71 ms；而封包到達時間值爲 75 ms，則來回時間爲何？假設單程時間爲去程時間與回程時間的平均值，則兩部主機間進行系統時間同步的時間差值爲何？

解答　去程時間爲 58-50 = 8 ms；回程時間爲 75 − 71 = 4 ms；所以來回時間爲 8 + 4 = 12 ms。因單程時間爲 (8 + 4) ÷ 2 = 6 ms，由於同步雙方主機的時間，必須計算時間差值以便調整，所以時間差值 = 58 − (50 + 6) = 2 ms。利用這 2 ms，可以讓 Timestamp request 訊息與 Timestamp reply 訊息同步雙方主機的時間。

3. 位址遮罩要求 (Address mask request) / 位址遮罩回覆 (Address mask reply)

它們的 Code 欄位值爲 0。若已知路由器的位址，爲取得網路遮罩訊息，主機可送出 Address mask request (類型號碼爲 17) 訊息給 LAN 上的路由器；反之，就將 Address mask request 訊息廣播出去，路由器收到此訊息就回應 Address mask reply (類型號碼爲 18) 訊息，以提供網路遮罩訊息給要求的主機如圖 9-12 所示。注意：一開始尚未知道網路遮罩訊息，所以位址遮罩欄位填入 0；一直到路由器送出 Address mask reply 訊息給主機時，欄位才填入遮罩值。可參考 RFC 950。

17：Address mask request
18：Address mask reply

類型：17或18	代碼：0	檢查和
識別碼		序號
位址遮罩		

圖 9-12　Address mask request / Address mask reply 訊息格式

4. 路由器要求 (Router solicitation) / 路由器通知 (Router advertisement)

它們的 Code 欄位值為 0。ICMP 路由器發現訊息 (Router Discovery Messages) 是使用 Router solicitation (類型號碼為 10) 及 Router advertisement (類型號碼為 11) 兩訊息，以便找出子網路上的路由器操作位址。不管是否有主機詢問，每一個路由器會由它的群播介面定期送出 Router advertisement 訊息，通知該介面的 IP 位址。主機也可以透過 Router advertisement 訊息得知鄰居路由器的位址。當一個群播鏈路的主機啟動時，它可將 Router solicitation 群播出去，並要求立即通知，而不是等待下一個週期的出現；換言之，為瞭解路由器相關的資訊，主機以群播或廣播送出一個 Router solicitation 訊息如圖 9-13 所示，所有路由器收到此詢問訊息時就用 Router advertisement 訊息 (圖 9-14) 廣播它們的路徑訊息出去，這不但代表自己存在，並提供該主機周邊相關路由器設定訊息。注意：圖 9-14 中的存活期間記錄訊息的有效時間，以秒為單位；另外，每一個路由器至少有路由器位址及位址優先權兩欄位，各佔 32 bits，位址優先權指出路由器等級，它是以帶有符號的 2 補數定義等級，值越高表路由器有較高等級，例如：優先權等級為 0 時代表預設路由器；而最小值 (0x80000000) 代表路由器不能被挑選為預設路由器，它僅使用於特定 IP 目的端。可參考 RFC 1256。

類型：10	代碼：0	檢查和
保留		

圖 9-13　Router solicitation 訊息格式

類型：9	代碼：0	檢查和
位址數目	位址項目大小	存活期間
路由器位址1		
位址優先權1		
路由器位址1		
位址優先權2		
⋮		

圖 9-14　Router advertisement 訊息格式

NOTE

檢查和的計算過程如同 IP 資料包檢查和的計算。

9-7-2　錯誤回報訊息

我們之前已談過，IP 為免接式連接 (Connectionless；CL)，是一種不可靠的通訊協定。換言之，IP 並沒有 TCP 所具有的流量與錯誤控制。ICMP 的設計也就是為了補救這些缺點。然而，ICMP 並不校正錯誤，而只是回報錯誤的問題類型，錯誤的校正就留給 TCP 層的通訊協定來處理。注意：錯誤回報訊息不會有查詢訊息所呈現出 request/reply 的對應，而是一旦錯誤發生時，會由該位置直接送出一個訊息通知來源端主機，並不要求回覆，所以訊息皆各自獨立。

圖 9-15 指出錯誤訊息發生時，ICMP 封包如何構成，說明如下：首先，某主機接收到的資料包是由原始的 (original) IP 資料包標頭及原始的 IP 資料欄位構成，一旦資料包有錯誤發生，所有錯誤訊息放資料的地方稱為 ICMP 資料，它是由原始的 (original) IP 資料包標頭及原始的 IP 資料欄位最前面 64 bits 的資料所形成，接著，ICMP 標頭會加進原始的 IP 資料包標頭前面，形成 ICMP 封包。注意：原始的 IP 資料包標頭用來告知發送端此錯誤訊息為哪一資料包所造成；而原始的 IP 資料欄位最前面 64 bits 的資料內容，是指主機發送出去的 ICMP (ping) request 封包。如果接收到的資料包上層有傳輸層 (如 TCP/UDP)，則 64 bits 的資料將包括來源端與目的端的埠號、總長度、檢查和及序號等訊息。接下來，在 ICMP 封包 (或稱 ICMP 資料包) 前面加上 ICMP 資料包的 IP 標頭形成的 IP 資料包會被送出。ICMP 共有 5 種錯誤回報訊息，它們的 Type 值分別為 3、4、5、11 和 12，說明如下：

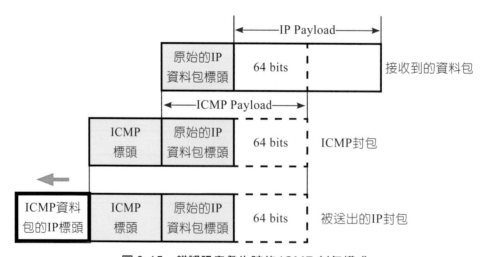

圖 9-15　錯誤訊息發生時的 ICMP 封包構成

1. 目的端無法到達 (Destination Unreachable)

   它的 Code 欄位值為 0 ～ 15。當 IP 資料包無法到達目的端時，主機或路由器將根據 ICMP 的錯誤訊息發送 Destination unreachable 訊息 (類型號碼為 3) 給來源端。圖 9-16 指出 Type = 3，代碼為 0 ～ 15，加上檢查和共佔 4 bytes，再加上未使用部分 (佔 4 bytes) 形成 ICMP 標頭，緊接著為 ICMP Payload，它是由原來的 IP 資料包標頭及原來的 IP 資料欄位最前面的 64 bits 構成，這樣一來，才形成錯誤類型 3 的 ICMP 訊息格式，亦即 Destination unreachable 的訊息格式。另一方面，利用不同代碼可分別出不同的錯誤訊息，如表 9-2 所示。可參考 RFC 792 和 RFC 1812。

類型：3	代碼：0到15	檢查和
未使用（全部為0）		
原始的IP資料包標頭及原始的IP資料欄位最前面的64 bits		

   圖 9-16　Destination unreachable 訊息格式

   表 9-2　在不同代碼分別出不同的「目的端無法到達」原因說明

Code	原因說明	補充敘述
0	網路無法到達　(Network unreachable)	可能硬體發生問題，此訊息由路由器產生。注意，路由器知道目的端網路存在。
1	主機無法到達　(Host unreachable)	可能硬體發生問題，此訊息由路由器產生。注意，路由器知道目的端主機存在。
2	協定無法到達　(Protocol unreachable)	發生在被指定的傳輸協定不支援時，此訊息由目的端主機產生。
3	埠無法到達　(Port unreachable)	發生在被指定的傳輸層 (例如 UDP)，無法將 IP 資料包解多工，也沒有協定機制能通知發送端。
4	資料包太大　(The datagram is too big)	IP 封包太大必須分割，但是在 IP 封包內的 DF 位元又被設定為不可以分割 (即 DF = 1)。
5	來源路徑失敗　(Source route failed)	來源端路徑選項中的某些路由器無法經過。
6	目的端網路不明 (Destination network unknown)	路由器根本不知道目的端網路的相關資料。
7	目 的 端 主 機 不 明　(Destination host unknown)	路由器根本不知道目的端主機存在。
8	來源端主機被隔離　(Source host isolated)	ICMP 發送端 (路由器) 因配置設定而無法轉送來源封包。

Code	原因說明	補充敘述
9	與目的端網路的連線被禁止 (Communication with destination network is administratively prohibited)	ICMP 發送端（路由器）因配置設定而無法對期望的網路做存取。
10	與目的端主機的通訊被禁止 (Communication with destination host is administratively prohibited)	ICMP 發送端（路由器）因配置設定而無法對期望的主機做存取。
11	網路無法到達所指定的服務型態　(The network is unreachable for Type Of Service)	TOS 及 Precedence 欄位在現今網路都採用 Differserv 欄位。
12	主機無法到達所指定的服務型態　(The host is unreachable for Type Of Service)	同 Code 11 之說明。
13	通訊因管理而被禁止　(Communication Administratively Prohibited)	當一個路由器因管理需要而過濾資料包，導致無法轉送被過濾掉的資料包造成通訊禁止。
14	違反主機優先權的設定　(Host precedence violation)	因違反主機優先權的設定，而使主機無法到達，此訊息由路由器送出，表示到達此目的端的資料包其要求的優先權不被允許。
15	優先權被中止　(Precedence cutoff in effect)	資料包優先等級低於管理者設定的優先等級。

NOTE

許多使用者常會有疑惑的地方，當主機 A 對主機 B 送出 ping 命令，若得到結果為 destination host unreachable，應該是封包沒有抵達目的主機 (Destination unreachable)，這是因路由器的路由表沒有關於對方網路的路由資訊造成，此時您可以加一條路由至對方網路，再 ping 一次，竟然變成 Request time out，這可能只是因為某個遠端路由器中末能有一條回到原始主機網路的路徑，換言之封包並非是前往主機的途中被丟棄的，而是封包已到達，但在回程中少了一條回到原始主機的路徑所造成的。有關這些命令的寫法，讀者在 CCNA 相關課程可更進一步去瞭解。

2. 來源放慢 (Source quench)

它的 Code 欄位值為 0。IP 協定為免接式連接 (Connectionless；CL)，由於沒有 TCP 具有的流量控制的機制，主機必須依賴佇列儲存等待要被處理的封包。當路由器過載，無法處理太多的 IP 封包 (即資料包) 時，必須丟棄某一個資料包，就會送出 Source quench 訊息 (類型號碼為 4) 給資料包發送者，通知它網路已發生壅塞，應該降低發送資料包的速度。Source quench 訊息格式如圖 9-17 所示。一旦 Source quench 訊息通知發送者放慢送出資料包的速度，資料包也因為某一個路由器或目的端主機發生壅塞而被丟棄，發送放慢傳送的速度一直到壅塞情況有改善才停止。可參考 RFC 792。

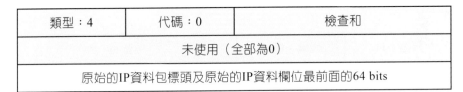

圖 9-17　Source quench 訊息格式

3. 重新導向 (Redirection)

它的 Code 欄位值為 0 ～ 3。當主機 A 透過閘道器 1 要傳送資料包給主機 B 時，閘道器 1 由本身的路由表發現有更佳路徑時，便會發送 Redirection 訊息 (類型號碼為 5) 給來源端主機 A，此訊息將透過另一個閘道器 2 轉送至另一個路徑，訊息格式如圖 9-18 所示。可參考 RFC 792。至於 Redirection 代碼 0 ～ 3 代表意義如下：

代碼 0：特定網路路徑的重新導向。

代碼 1：特定主機路徑的重新導向。

代碼 2：指定服務種類的特定網路路徑的重新導向。

代碼 3：指定服務種類的特定主機路徑的重新導向。

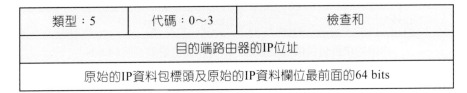

圖 9-18　Redirection 訊息格式

4. 時間逾時 (Time exceeded)

它的 Code 欄位值為 0 或 1。為避免網路因壅塞或其他因素造成 IP 資料包 (即 IP 封包) 無法到達目的端，並可能無窮盡地在網路中傳送造成負擔。因此，在 IP 封包每經過一個路由器，IP 封包內 TTL 值減 1；直到 TTL = 0 時，路由器立刻放棄該 IP 封包，並送出 Time exceeded 訊息 (類型號碼為 11) 給來源端主機。Time exceeded 訊息格式如圖 9-19 所示，圖中 Code 0 代表路由器接收到一個 TTL = 0 的資料包時，路由器就移除這個資料包，並送出一個 Time exceeded 訊息給原始的發送端。Code 1 表示目的端主機在預設的時間內沒有完全收到 IP Fragment 時，則目的端主機會丟棄已收到的 IP Fragment，並送出 Time exceeded 訊息給來源端主機。可參考 RFC 792。

類型：11	代碼：0或1	檢查和
未使用（全部為0）		
原始的IP資料包標頭及原始的IP資料欄位最前面的64 bits		

圖 9-19　Time exceeded 訊息格式

5. 參數錯誤 (Parameter problem)

它的 Code 欄位值為 0。當目的端主機收到的 IP 封包欄位內的值不正確時，Parameter problem 訊息 (類型號碼為 12) 會送給來源端主機。例如一閘道器 (Gateway) 或主機發現處理資料包有問題而必須棄除，可能的原因是資料包中的選項不正確造成；換言之，只要資料包必須棄除，閘道器或主機就透過 Parameter problem 訊息通知來源端主機。Parameter problem 訊息格式如圖 9-20 所示，可參考 RFC 792。至於代碼 0，表示資料包標頭的位元組錯誤被偵測出來。至於錯誤的位置，可以藉由「指標」指出來。

類型：12	代碼：0	檢查和
指標	未使用（全部為0）	
原始的IP資料包標頭及原始的IP資料欄位最前面的64 bits		

圖 9-20　Parameter problem 訊息格式

9-8 ICMP工具程式測試

一般網路使用者可透過 ping 工具程式來測試網路連線是否正常。ping 的語法與參數可寫成：

ping [參數] [網址或 IP 位址]

要查詢 ping 命令所使用的相關參數種類，可在命令提示字元，例如 C:\Users\ASUS> 敲入單一命令 ping，就可得出其使用方式與選項。接著，將參數加進來，例如敲入 ping –n 2 –w 5000 www.yahoo.com.tw 或 ping –n 2 –w 5000 119.160.246.23 可得出如圖 9-21 所示的結果。注意：–n 後面的 2 表示 Echo request 只設定 2 次；若 -n 2 不寫，則 Echo request 預設值為 4 次。若要執行 DNS 反向查詢，可敲入 ping –a IP 位址，如：ping -a 106.10.212.150 可反向查詢，得知為 www.hinet.net，如圖 9-22 所示。另外，可透過 tracert 工具程式找出至目的端 IP 位址所經過的路由器。注意：在 Linux 作業系統則使用 traceroute 工具程式。tracert 的語法與參數可寫成：

tracert [參數] [網址或 IP 位址]

有關 tracert 命令所使用的參數種類，可在命令提示字元例如 C:\Documents and Settings\yunlung> 敲入單一命令 tracert，就可得出其使用方式與選項。接著將參數加進來。例如：若要追蹤從這部電腦到 www.hinet.net 的連線路由，請在命令提示字元敲入：tracert www.hinet.net 或 175.41.55.1；如果要加速顯示至 www.hinet.net 的路徑，而不顯示路由器名稱，請在命令提示字元中敲入下列命令：tracert -d www.hinet.net。注意：tracert 每送出一個 Echo request 封包，它的 TTL 值就加 1，以便取得路徑資訊；另一方面，也將封包傳送至目的端主機 175.41.55.1，首先會經過路徑上的路由器 192.168.1.1，此時路由器會將收到的封包 TTL 值減 1，一直到 TTL = 0 就停止轉送封包，如圖 9-23 所示。注意：圖中 tracerting route......over a maximum of 30 hops 表示封包每轉送一次代表經過 1 個 hop，上限值為 30 個 hop；值得一提，tracert 每次會連續送出 3 個 Echo request 封包給每部路由器，若網路狀態正常，應該收到 3 個回應時間。

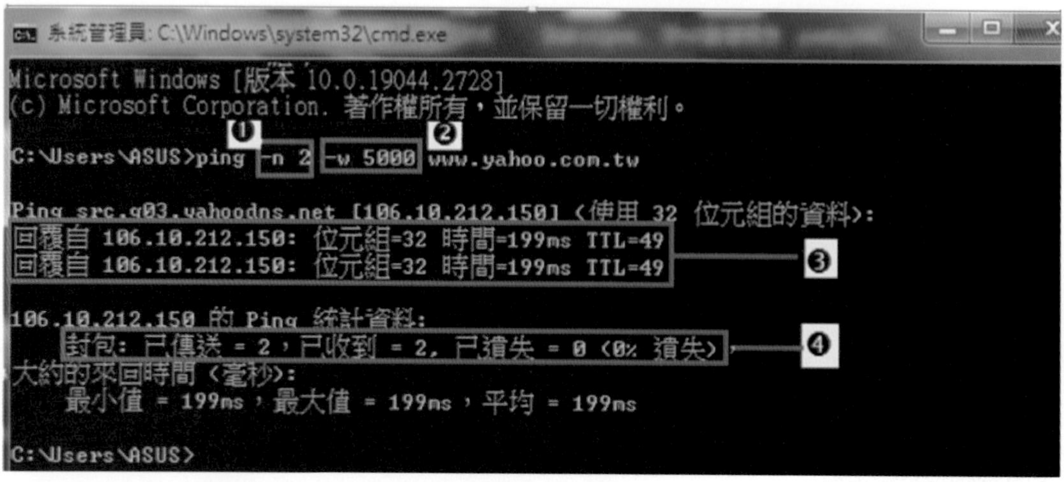

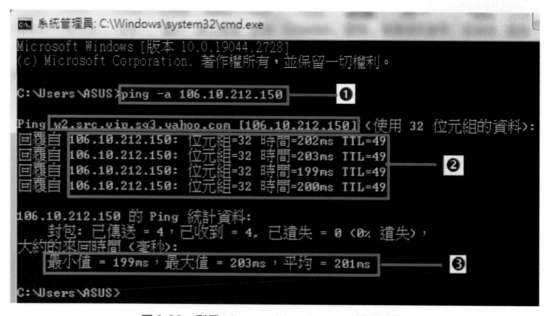

圖 9-21　ping −n 2 −w 5000 www.yahoo.com.tw 結果

❶ 指出 -n 2 表示發出 Echo request 封包只設定 2 次。

❷ 指出 -w 5000 表示等待時間延長 5 秒。

❸ 指出回覆自 106.10.212.150：位元組 = 32 時間 = 199ms TTL = 49。

❹ 指出 Echo request 封包送出 2 個，收到也是 2 個。

圖 9-22　利用 ping −a 203.66.88.89 反向查詢

❶ 指出 ping -a 106.10.212.150 可反向查詢 DNS，得知為 www.yahoo.com。

❷ 指出 Echo request 封包的基本設定為 4 次。這 4 次的回覆封包 (即 Echo reply 封包) 都來自目的端 www.hinet.net 主機所對應 IP 位址為 106.10.212.150 之回應。

❸ 指出發出 4 個 Echo request 封包，其中最大來回時間值是 203ms，最小來回時間值是 199ms，平均來回時間值是 201ms。所謂來回時間 (Round Trip Time) 指發出 Echo request 封包至目的端的時間，加上回應 Echo reply 封包至發送端的時間。

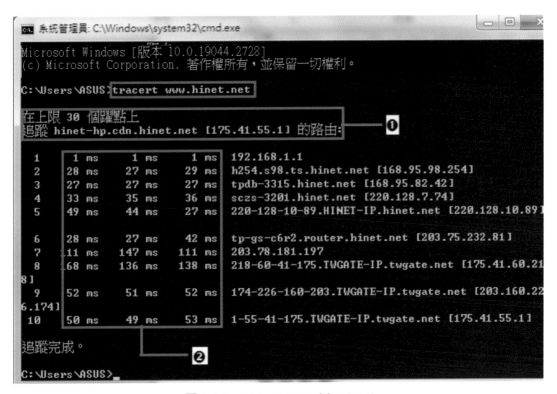

圖 9-23　tracert www.hinet.net

❶ 指出追蹤 www.hinet.net 的路徑，最大 hops 值為 30。

❷ 指出每部路由器會回應 3 次，所以有 3 次回應時間，例如編號 2 的路由器 3 次回應時間分別為 28ms、27ms 和 29ms；注意：從來源端主機至目的端主機 www. hinet.net 主機必須經過 9 部路由器，亦即編號 10 為目的端主機。

9-9　ICMP封包的擷取分析

　　ICMP 查詢的訊息類型共 4 組，最常使用的查詢類型是 Echo request/Echo reply，也就是來源端主機發送 Echo request 的 ICMP 封包給目的端主機，再由目的端主機回應 Echo reply 的 ICMP 封包給來源端主機。當主機 A 會主動送出 Echo request 封包給主機 B，主機 B 收到後會回送 Echo reply 封包給主機 A，如圖 9-24(a) 所示。圖 9-24(b) 則指出 Echo request 封包與 Echo reply 封包中的 ICMP Payload 的架構，其包含了識別值 (Identifier)、序號 (Sequence Number)、選項資料 (Option Data) 3 個欄位：

◈　Identifier 佔 16 bits：

作為識別之用。Identifier 欄位值可由主機 A 裝置的程式決定出來。當主機 B 收到主機 A 送來的 Echo request 封包後，回送 Echo reply 封包的 Identifier 欄位值必須與收到的 Echo request 封包一樣。

◈　Sequence 佔 16 bits：

用來記錄 ICMP 封包的序號。Sequence Number 欄位值由主機 A 裝置的程式所決定。它每送出 1 個 Echo request 封包，其 Sequence Number 值就會加 1，依此類推。當主機 B 收到 Echo request 封包後，回送的 Echo reply 封包其 Sequence Number 值必須與收到的 Echo request 封包一樣。透過 Identifier 與 Sequence Number 兩欄位，可識別出特定一組的 Echo request 與 Echo reply 封包。

主機A　　　　　　　回應要求(Echo request)　　　　　　　主機B

回應答覆(Echo reply)

圖 9-24(a)　主機 A 與主機 B 之間的 Echo request / Echo reply 封包

識別值(Identifier)(16 bits)	序號(Sequence Number)(16 bits)
選項資料（長度不定）	

圖 9-24(b)　ICMP Echo request/Echo reply 封包中的識別值，序號及 ICMP Payload

範例 6　請對下圖封包 53 中所標示的號碼解析。

```
> Frame 53: 74 bytes on wire (592 bits), 74 bytes captured (592 bits) on interface 0
> Ethernet II, Src: asus.Home (80:a5:89:a7:3d:5d), Dst: ZyXEL.Home (c8:6c:87:02:2a:4d)
> Internet Protocol Version 4, Src: asus.Home (192.168.1.101), Dst: wireshark.com (172.110.10.86)
v Internet Control Message Protocol
    Type: 8 (Echo (ping) request)
    Code: 0
    Checksum: 0x4d4d [correct]
    [Checksum Status: Good]
    Identifier (BE): 1 (0x0001)
    Identifier (LE): 256 (0x0100)
    Sequence number (BE): 14 (0x000e)
    Sequence number (LE): 3584 (0x0e00)
    [Response frame: 54]
  > Data (32 bytes)
```

解答

❶ 指出第 1 對的 Echo request (預設值共 4 對 Echo request) 為封包 53。

❷ 指出送出 Echo request 封包的來源端主機為 192.168.1.101，目的端主機為 172.110.10.86。

❸ 指出 Echo request 封包的 Type = 8。

❹ 與 ❺ 指出各出現兩個識別值及序號值稱為 BE (Big Endian) 及 LE (Little Endian)。到底是用 BE 或 LE，它們與正在使用的 CPU 及作業系統有關。就 BE 而言，最高的位元組 (byte) 會由最高位元最先被發送 (在記憶體屬最低位址)，依序至最後發送最低的位元組 (在記憶體屬具有最高位址)，如下圖左所示。LE 在記憶體的位址則跟 BE 的順序剛好相反，如下圖右所示。

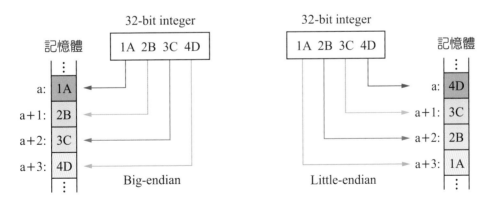

❻ 指出第 1 對的 Echo reply 為封包 54。值得提醒，封包 53~54 它們的識別值一定相同；同樣地，兩封包的序號值亦然。

範例 7　ICMP 中的封包 3322 為 Destination unreachable，請對下圖所示的號碼對應至錯誤訊息發生時的 ICMP 封包 (參考圖 9-15) 欄位。

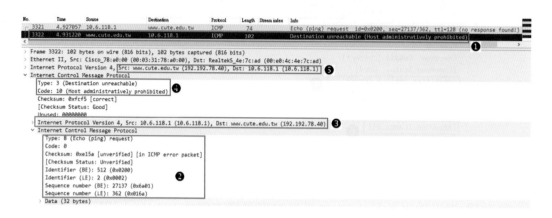

解答　參考書中的圖 9-15，其實封包 3322 中的圖號 ❷❸❹❺ 所示位置就是對應至圖 9-15 中的 ❷❸❹❺ 所示位置。

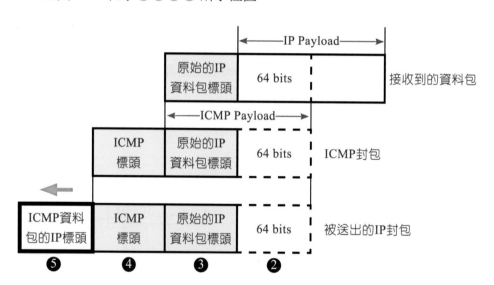

9-10　SDN OpenFlow的ARP與ping的解析

　　我們已對 IP、ARP 和 ICMP 有一些了解，讀者可以根據下面步驟動手操作，或直接從各步驟的結果，瞭解 SDN OpenFlow 的 ARP 與 ping 的解析。接下來，就延續圖 1-36(a)-(b) 的討論作更進一步的分析，以使讀者可以更能體會 OpenFlow 協定在 SDN 網路中扮演的角色。為了讓 Wireshark 能擷取 SDN 網路中的 OpenFlow 協定，我們可以採用 Mininet 來搭建 OpenFlow 的實驗環境。Mininet 是一個軟體工具，它是採用虛擬化 (Linux 網路命名空間和 Linux Container 架構) 技術，在單個 OS kernel 上運行許多主機和交換器 (可至 4096)。它可以創建 kernel 級或用戶空間 (user-space) 級的 OpenFlow 交換器，控制器，以及實效模擬 (emulated) 網路通訊的主機。

　　Mininet 可以用來創建了虛擬主機、交換器、控制器和鏈路的 SDN 網路模擬環境的平台，因此可以很容易在自己的 PC 中建立支援 SDN 網路。初進 Mininet 最簡單的途徑就是下載一個 Mininet 的虛擬機 (Virtual Machine;VM) 鏡像的預安裝包，以運行在 Ubuntu 上。如果您準備使用 VM 鏡像，則必須下載並安裝一個虛擬機系統，像 VirtualBox 或 VMware Workstation Player (以前稱 Vmware Player)，它們是免費的，適用於 Windows，OS X 和 Linux 作業系統。注意，Mininet 是一個開放虛擬化格式 (OVF) 鏡像文件，可以由 VirtualBox 或 VMware Workstation Player (筆者的實驗環境建立採用後者) 導入。接下來的步驟，如下說明：

步驟 1　筆者已在建立完成的 Linux 環境 powerful@ubuntu: ~$ 敲入 sudo mn，如圖 9-25(a) 中的 ❶ 所示 → 將彈出一個 Mininet 建立的最小拓樸結構包含有兩台主機 (h1、h2)，還有一個 OpenFlow 內核 (kernel) 交換器 s1 (亦所稱的 kernel 級的交換器)，以及一個 OpenFlow reference 控制器 c0 共 4 台設備，如圖 9-25(a) 中的 ❷ 所示。現在請您在 mininet> 敲入 h1 ping -c1 h2，如圖 9-25(a) 中所示的 ❸，得出從主機 h1 向主機 h2 發送 ping 封包一次 (-c1 代表 ping 的次數只有一次) 後的 RTT 最小、平均和最大值 13.008ms。值得一提，h1 主機的預設 IP 位址為 10.0.0.1，h2 主機的 IP 位址為 10.0.0.2。

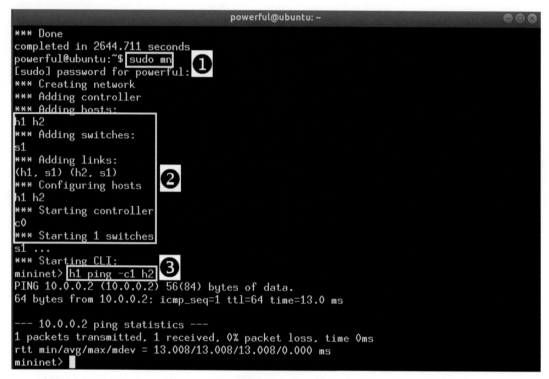

圖 9-25(a)

步驟 2　記得在第一章中的圖 1-36(a)-(b) 其實就是從主機 h1 (10.0.0.1) 向主機 h2 (10.0.0.2) 發送 ping 封包後的 Wireshark 所擷取到 OpenFlow 協定的封包，如圖 9-25(b)-(c) 所示。

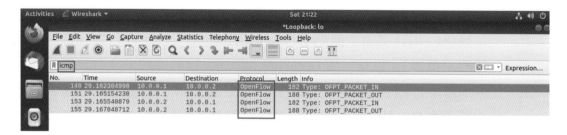

圖 9-25(b)

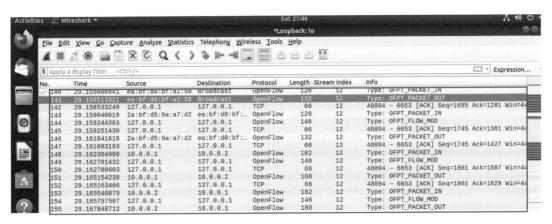

圖 9-25(c)

步驟 3　由於第一次 h1 (10.0.0.1) 在傳送 ping 封包時，第一台主機 (h1) 需要先廣播 ARP request 封包，以獲取第二台主機 (h2) 的 MAC 位址，因而交換器產生一個送至控制器的 packet in 訊息。換言之，封包 140 代表交換器從資料路徑發送到控制器的封包是使用 OFPT_PACKET_IN 訊息。我們可以展開封包 140 中的 OpenFlow 1.0，它包含第 2 層、及第 3 層 ARP 的資訊及本身 OpenFlow 協定的相關資訊，如圖 9-25(d) 所示。至於封包 141 也是交換器透過控制器將廣播封包洪泛到交換器的其他連接埠 (本例中，只有一個資料連接埠)，使用的封包是使用 OFPT_PACKET_OUT 訊息，主要目的是在管轄範圍內找尋有沒有要搜尋的目標主機。

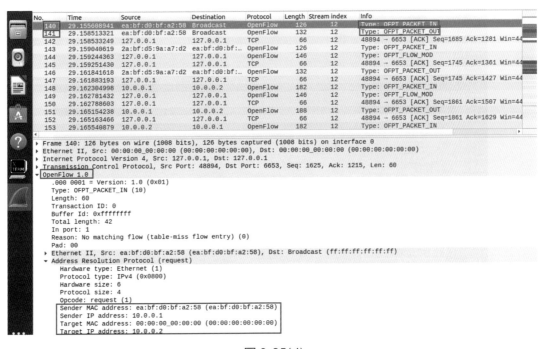

圖 9-25(d)

步驟 4 接下來，被找到的 h2 主機的 MAC 位址會透過控制器送給 h1 主機表示 ARP reply (回應) 封包，所以會發送一個 OFPT_PACKET_IN 訊息 (封包 143) 至控制器，封包 144 則進行 s1 交換器內必要的流表 (Flow Table) 修改；封包 146 表示控制器會將其收到的 ARP reply 封包送至 h1 主機，並在 s1 交換器的流表中登入一條流記錄 (即流項目)。再來就是進行 10.0.0.1 用 10.0.0.2 的互 ping。

步驟 5 因 h1 主機已經知道 h2 主機的 IP 位址，h1 主機就可以透過 ICMP echo 請求 (即封包 148 與封包 151) 發送封包給對方，當然 h2 主機也會透過 ICMP echo 回應 (即封包 153 與封包 155) 封包通知對方。注意 h1 主機的 ICMP echo 請求封包和 h2 主機的 ICMP echo 回應封包均會傳送到控制器，進而產生一條流記錄，同時實際的封包就被發送出去。封包 149 與封包 154 代表控制器透過 OFPT_FLOW_MOD 訊息實現流表的修改。

步驟 6 若再執行 h1 ping -c1 h2，則第 2 次運行 ping 命令的花費時間從 13.008ms 減少到 0.317 ms。因之前在交換器中已有一個 ICMP ping 流量的流記錄，因此不需要再產生控制流量，且不用再進行 ARP request/reply，ICMP 封包立即通過交換器轉發，所以花費時間就減少了，如圖 9-25(e) 所示。

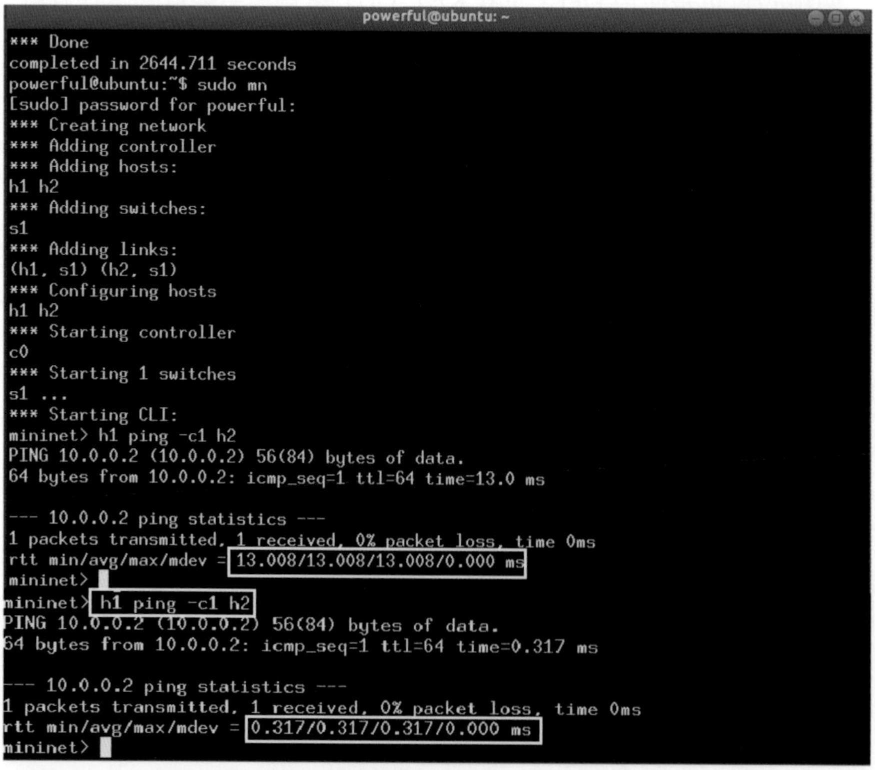

```
powerful@ubuntu: ~
*** Done
completed in 2644.711 seconds
powerful@ubuntu:~$ sudo mn
[sudo] password for powerful:
*** Creating network
*** Adding controller
*** Adding hosts:
h1 h2
*** Adding switches:
s1
*** Adding links:
(h1, s1) (h2, s1)
*** Configuring hosts
h1 h2
*** Starting controller
c0
*** Starting 1 switches
s1 ...
*** Starting CLI:
mininet> h1 ping -c1 h2
PING 10.0.0.2 (10.0.0.2) 56(84) bytes of data.
64 bytes from 10.0.0.2: icmp_seq=1 ttl=64 time=13.0 ms

--- 10.0.0.2 ping statistics ---
1 packets transmitted, 1 received, 0% packet loss, time 0ms
rtt min/avg/max/mdev = 13.008/13.008/13.008/0.000 ms
mininet>
mininet> h1 ping -c1 h2
PING 10.0.0.2 (10.0.0.2) 56(84) bytes of data.
64 bytes from 10.0.0.2: icmp_seq=1 ttl=64 time=0.317 ms

--- 10.0.0.2 ping statistics ---
1 packets transmitted, 1 received, 0% packet loss, time 0ms
rtt min/avg/max/mdev = 0.317/0.317/0.317/0.000 ms
mininet>
```

圖 9-25(e)

重點整理

▶ ARP 乃是將 IP 位址映射為實體位址的機制，整個操作方式由 ARP request 與 ARP reply 兩種封包所組成。

▶ ARP 快取 (ARP cache) 緩衝區中建立一個 ARP 表格，主要用來記錄 IP 位址和實體位址的對應關係。

▶ RARP (Reverse ARP) 協定是來源端已知自己的 MAC 位址，但不知自己的 IP 位址時，可藉由 RARP request 封包向 RARP 伺服器查詢自己的 IP 位址。

▶ ICMP 其實就是一個錯誤偵測與回報機制，主要功能包括檢測網路的連線情況、偵測遠端主機存在與否，及建立和維護 IP 路由資料等功能。

▶ ICMP 可分為兩大封包類型，分別為「查詢」(Query) 與「錯誤回報」(Error-Reporting)。ICMP 訊息 (亦稱 ICMP 封包) 分成兩部分，即 ICMP 標頭及 ICMP Payload，前者包含一個 8 位元組的標頭，雖然不同封包有不同的標頭格式，但前 4 個位元組都是一樣的。

▶ 錯誤回報訊息不會有查詢訊息所呈現出 request/reply 的對應，而是一旦錯誤發生時，會由該位置直接送出一個訊息通知來源端主機，並不要求回覆，所以訊息皆各自獨立。

▶ ICMP 稱為網際網路控制訊息協定，英文全名是 Internet Control Message Protocol。ICMP 其實就是一個錯誤偵測與回報機制，主要功能包括檢測網路的連線情況、偵測遠端主機存在與否，及建立與維護 IP 路由資料等功能。

▶ ICMP 封包分成兩部分，即 ICMP 標頭及 ICMP 資料。前者包含 3 個固定長度的欄位：類型 (Type)、代碼 (Code) 與檢查和 (Checksum)。

▶ 一般網路使用者可透過 ping 工具程式來測試網路連線是否正常。

▶ 利用 tracert 工具程式可找出至目的端 IP 位址所經過的路由器。

▶ tracert 每次會連續送出 3 個 Echo request 封包給每部路由器，若網路狀態正常，應該收到 3 個回應時間。tracert 每送出一個 Echo request 封包，它的 TTL 值就加 1，以便取得路徑資訊。

▶ ping 命令第一次使用時，將進行 4 個基本動作：前 2 個動作為 ARP 協定，後 2 個動作為 ICMP 協定。

本章習題

選擇題

( )1. ARP 協定的操作範圍　(1) LAN　(2) MAN　(3) WAN　(4) 任何一種網路均可。

( )2. ARP request 是一種什麼樣的封包
(1) unicast　(2) multicast　(3) broadcast　(4) anycast。

( )3. ARP reply 是一種什麼樣的封包
(1) unicast　(2) multicast　(3) broadcast　(4) anycast。

( )4. 在 IP 路由的過程中若發生問題需將此情狀況通知 IP 封包的來源端,此時會用到什麼樣的協定　(1) ARP　(2) RARP　(3) DHCP　(4) ICMP。

( )5. ICMP 的時間逾時封包會發生在何處
(1) 終端節點　(2) 中間節點　(3) 任何節點　(4) 只發生最前端與終端節點。

( )6. 什麼樣的工具程式找出至目的端 IP 位址所經過的路由器為
(1) ping　(2) tracert　(3) DHCP　(4) 任何一種均可。

( )7. ARP 在 OSI 中屬於哪裡一層的協定
(1) 實體層　(2) 數據鏈路層　(3) 網路層　(4) 傳輸層。

( )8. 主機 A「192.168.1.10」要向主機 B「192.168.1.20」送出資料包 (即 IP 封包),則主機 A 必須先透過 ___ 來取得主機 B 的 MAC 位址
(1) RARP　(2) ICMP　(3) DHCP　(4) ARP。

( )9. 敲入什麼樣的命令以便檢視 ARP cache 的內容
(1) arp –a　(2) arp –s　(3) arp –d　(4) 任何一種均可。

( )10. ICMP 標頭佔幾個位元組　(1) 2　(2) 4　(3) 8　(4) 12。

簡答題

1. 說明 ICMP 訊息類型的特性及主要功能。

2. 說明 ARP cache 動態記錄與靜態記錄。

3. 如何在 Window 作業系統下,新增一筆靜態記錄的 ARP 項目,IP 位址為 201.34.56.21,MAC 位址為 1a-22-5c-30-b5-6a。

4. 何謂 ARP spoofing ?

5. 何謂 ARP Proxy ?

6. 如右圖所示,說明 Tracert 此公用程式如何追蹤 IP 封包傳遞到目的端所經過的路徑。

路由器A　　路由器B

電腦A　　　　電腦B

NETWORK

CHAPTER 10 TCP/UDP協定

10-1 TCP/UDP簡介

　　TCP 與 UDP 均屬於傳輸層的協定，主要用來維持電腦之間資料傳輸的應用。當電腦上可能同時執行兩個以上的應用程式，例如使用者同時開啓 IE 與 Windows Media Player，那 IP 封包的資料傳輸是如何進行？

　　其實此機制是利用連接埠讓不同的應用程式保有各自的資料傳輸通道，當電腦收到 IP 封包後，會藉由連接埠編號判讀要將封包送給哪個應用程式來處理，此機制可在同一時間內進行多個應用程式資料的發送和接收。發送端將這些資料透過來源連接埠送出去，接收端則透過目標連接埠接收這些資料。像這樣將連接埠編號與 IP 位址結合起來，稱爲 Socket 位址或簡稱爲 Socket，在 Internet 的通訊中可透過 IP 位址來識別電腦 (或稱主機)，而主機所使用的應用程式則透過連接埠編號來識別。一部電腦可能同時執行多個應用程式，而連接埠編號正可用來區分這些應用程式。

　　注意：每個連接埠編號是記錄於 TCP/UDP 的標頭內。TCP 與 UDP 兩者有何不同的特性呢？簡言之，TCP 提供一個連接導向 (Connection Oriented；CO) 的可靠傳輸服務，其保證發送端至接收端的資料傳送順序一致、流量控制及壅塞控制，因此具有可靠性的資料傳送；而 UDP 則提供免接式 (Connectionless；CL) 的不可靠傳輸服務，它並不具有 TCP 的確認機制來保證資料是否正確的被接收、也不會重傳遺失的資料、資料的接收也不必照順序進行、也不提供流量控制及壅塞控制來控制資料量的變動，但 UDP 訊息也因無這些機制，而使訊息傳送速度加快，對於某些訊息量較大、即時性優於可靠性傳輸的考量 (如影音通訊) 下，UDP 是常被考慮的。1980 年發佈的 UDP 協定，其文件規範可參考 RFC768；TCP 可參考 RFC 793。

10-2　連接埠編號

連接埠的編號是由 16 位元所組成的數字，簡稱為埠號 (port number)。UDP 與 TCP 的埠號數目有 0~65,535 (= 2^{16}) 個，而 UDP 與 TCP 是各自分開使用這些埠號。連接埠編號可根據用途分類，分別為：

◈ 公認埠號 (well-known ports)

◈ 註冊埠號 (registered ports)

◈ 動態與私有埠號 (dynamic and/or private ports)

根據 IANA (Internet Assigned Numbers Authority) 規定，0~1023 的連接埠編號稱為「公認」連接埠 (可參考網址 http://www.iana.net)，常使用於一般通用的標準「服務」，也可以說，這些埠號是保留給公眾周知的應用層協定使用，只要在 IANA 登錄的應用程式，就可分配到一個固定埠號。像我們常用的 HTTP 協定，其埠號為 80，傳輸協定為 TCP；而 DNS 服務使用埠號為 53，傳輸協定為 UDP。伺服端的埠號一般都屬「公認埠號」的號碼，常用的「公認埠號」如表 10-1 所示。有關埠號可參考 RFC1700。但若有需要，公認埠號還是可更改成其他埠號。例如：將 HTTP 的埠號 80 改成埠號 6688，只要在 URL 上的 IP 位址之後加上要變更的埠號即可。例如：

http://x.x.x.x.: 6688

另外，1024~49151 的連接埠編號則稱為「註冊埠號」，這些埠號提供給各軟體公司向 IANA 申請註冊用。49152~65535 稱為「動態與私有埠號」，是留給用戶端連線至伺服端時，隨機取得的埠號；或做為個人開發軟體測試用的埠號。例如：當您使用 IE 連線上網時，IE 會隨機從系統分配得到一個動態連接埠編號使用。

表 10-1　常用的「公認埠號」

協定	連接埠編號	應用程式
UDP	53	DNS
UDP	67	DHCP Server
UDP	161	SNMP
UDP	520	RIP
TCP	19	NNTP

協定	連接埠編號	應用程式
TCP	20	FTP 資料連線
TCP	21	FTP 控制連線
TCP	23	Telnet
TCP	25	SMTP
TCP	80	HTTP

10-3 netstat命令用法

當 TCP / IP 網路連線時，可以透過工具程式 netstat 檢視目前主機上連線狀態與封包的統計資訊以便使用者可以知道自己電腦目前與誰連線，自己與他人開啓的連接埠號都一目瞭然，如表 10-2 所示的 netstat 的命令功能；例如：在範例 1 所示的圖 10-1，其中的 Proto 欄位，指出目前連線所使用的通訊協定；Local Address 欄位指出本機名稱與所開啓的連接埠號。Foreign Address 指出遠端的 IP 位址、網域名稱及所開啓的連接埠號，當此位址爲「*.*」，代表任何位址及任何連接埠。State 欄位則指出目前的連線狀態，一旦連線建立後，State 欄位會出現 ESTABLISHED 代表連線開啓，資料開始傳送。netstat 可搭配一些特定參數，使輸出有更多的功能。netstat 的命令功能參數很多，在這裡僅列出在微軟作業系統較常用的項目如表 10-2 所示。

表 10-2　netstat 的命令功能參數

-a	顯示所有 TCP 的網路連線和電腦正在監聽的 TCP/UDP 埠。
-b	顯示每個應用程式所使用的網路連接和監聽埠 。
-e	顯示乙太網路統計訊息，例如傳送和接收的位元組數及封包數。常與 -s 一起使用。
-f	顯示外部位址的完整網域名稱。
-i	顯示網路介面及統計訊息。
-m	顯示隨機存取記憶體統計訊息。
-n	顯示活動中的 TCP 連接，但主機位址和埠號以數字形式表示。
-o	顯示活動中的 TCP 連接，並包含每個連接的行程 ID (PID)。根據 PID，可在 Windows 工作管理員的「行程」索引標籤中找到該應用程式。此參數常與 -a、-n 和 -p 一起使用。
- p	顯示使用指定網路協定的連接。協定包括 TCP、UDP、TCPv6 或 UDPv6。如果此參數與 -s 組合使用，則協定可以是 TCP、UDP、ICMP、IP、TCPv6、UDPv6、ICMPv6 或 IPv6。

-r	顯示路由表內容，與 route print 命令相同。
-s	預設情況下，顯示 TCP、UDP、ICMP 和 IP 協定的統計訊息。
-t	僅顯示 TCP 連接。
-u	僅顯示 UDP 連接。
-W	顯示完整主機名或 IPv6 位址。

範例 1　觀察自己電腦目前所開啟 TCP 與 UDP 的連接埠號，請在 C:\Documents and Setting\yunlung> 敲入 netstat –a，並以圖 10-1 說明。

解答

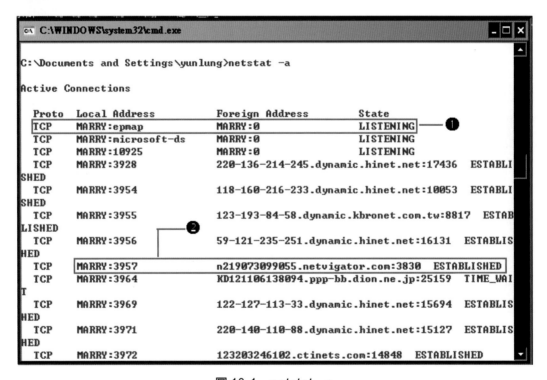

圖 10-1　netstat –a

❶ 指出目前連線所使用的通訊協定為 TCP；State 欄位指出目前處在接聽狀態，以監聽是否有連線要求。

❷ 指出主機名稱與所連接的埠號依序為 MARRY:3957；TCP 連線已建立，故 State 欄位會出現 ESTABLISHED。注意：MARRY 為作者設定的主機 A 的電腦名稱。

範例 2 請在 C:\ Documents and Setting\yunlung 敲入 netstat –r，並以圖 10-2 指出路由表。

解答

```
IPv4 路由表
===========================================================================
使用中的路由:
網路目的地                網路遮罩              閘道              介面        計量
        0.0.0.0          0.0.0.0      192.168.1.1    192.168.1.161      25
      127.0.0.0        255.0.0.0          在連結上          127.0.0.1     306
      127.0.0.1  255.255.255.255          在連結上          127.0.0.1     306
127.255.255.255  255.255.255.255          在連結上          127.0.0.1     306
    192.168.1.0    255.255.255.0          在連結上      192.168.1.161     281
  192.168.1.161  255.255.255.255          在連結上      192.168.1.161     281
  192.168.1.255  255.255.255.255          在連結上      192.168.1.161     281
   192.168.50.0    255.255.255.0          在連結上       192.168.50.1     276
   192.168.50.1  255.255.255.255          在連結上       192.168.50.1     276
 192.168.50.255  255.255.255.255          在連結上       192.168.50.1     276
  192.168.138.0    255.255.255.0          在連結上      192.168.138.1     276
  192.168.138.1  255.255.255.255          在連結上      192.168.138.1     276
192.168.138.255  255.255.255.255          在連結上      192.168.138.1     276
      224.0.0.0        240.0.0.0          在連結上          127.0.0.1     306
      224.0.0.0        240.0.0.0          在連結上       192.168.50.1     276
      224.0.0.0        240.0.0.0          在連結上      192.168.138.1     276
      224.0.0.0        240.0.0.0          在連結上      192.168.1.161     281
255.255.255.255  255.255.255.255          在連結上          127.0.0.1     306
255.255.255.255  255.255.255.255          在連結上       192.168.50.1     276
255.255.255.255  255.255.255.255          在連結上      192.168.138.1     276
255.255.255.255  255.255.255.255          在連結上      192.168.1.161     281
===========================================================================
持續路由:
  無

IPv6 路由表
===========================================================================
使用中的路由:
 介面 計量 網路目的地                      閘道
  1    306 ::1/128                         在連結上
 15    276 fe80::/64                       在連結上
 16    276 fe80::/64                       在連結上
 11    281 fe80::/64                       在連結上
 11    281 fe80::45be:fc35:fad6:b5e8/128
                                           在連結上
 16    276 fe80::d9f8:ffb8:6226:c07f/128
                                           在連結上
```

圖 10-2　netstat –r

NOTE

圖 10-2 可在 C:\ Documents and Setting\yunlung，敲入 route print 得出相同結果。

10-4　行程通訊

廣義的作業系統可分為內核 (kernel) 和系統用程式，因此，在計算機網路上的作業系統實際並非只是軟體通訊程式，較為貼切的說法，應是一種行程通訊。而「行程」為何方神聖？我們可以想成在端系統 (即主機) 上跑 (run) 的一個應用程式，若行程通訊是在相同端系統上進行，則各行程之間 (interprocess) 的通訊規則，是由端系統上的作業系統來操控；然而，在 Internet 上的行程通訊，我們只對發生在不同端系統上的行程通訊有興趣。

基本上，不同端系統也意謂著有不同的作業系統，兩個不同端系統之間的行程是透過訊息交換來通訊。換言之，發送端的行程將訊息送入網路；接收端行程會對收到之訊息有所回應。而網路應用所採用的應用層協定，會定義行程間的訊息格式及順序與相關動作。例如：Web 瀏覽器在客戶端執行即屬客戶端行程；Web 伺服器則為伺服端行程。這也說明網路應用程式是由客戶端程式及伺服端程式構成，它們分別處在不同的端系統。注意：有的應用程式像以 P2P 檔案分享之應用，其應用程式可以同時具有客戶端行程以及伺服端行程。

10-5　Socket通訊概念

在兩個不同主機上的網路應用程式共需兩個行程，送收兩端相互通訊時均需經過 Socket。顧名思義，Socket 也常稱為插座或承孔，它是位於應用層與傳輸層之間的介面。就行程通訊機制的觀點而言，Socket 如同行程的門，亦即發送端行程是將訊息從它的門傳送出去，並與另一端的門構成連線，訊息會透過此連線送到接收端行程的門 (即接收端行程的 Socket)。圖 10-3 就指出 Socket 上，兩端的 TCP 連線是經過三方交握程式來實現兩行程間的通訊。圖中，Socket 為主機應用層及傳輸層之間的介面，此稱為應用程式介面 (Application Programming Interface；API)，主要用來協調 Internet 上兩端的行程通訊。值得一提的是：Socket 上端的應用層所有事情是由應用發展器 (application developer) 來控制，Socket 下端的傳輸層則由作業系統控制，但也有一小部分是由應用發展器來控制，如協定的選取、TCP 參數確定 (最大緩衝空間、最大區段大小等)。

例如：當客戶端的主機 A 行程要與伺服端的主機 B 行程通訊時，主機 A 在建立其 Socket 時，必須知道主機 B 的 IP 位址及主機 B 行程的埠號，像 Web 伺服器行程 (若

使用 HTTP 協定) 可由埠號 80 識別出來；郵件伺服器 (使用 SMTP 協定) 則可由埠號 25 識別出來，一旦 TCP 連線建立後，就代表伺服端專門為客戶端建立一新的 TCP Socket。接下來，客戶端的主機 A 就可將任何位元組資料送至它的 Socket，伺服端的主機 B 也會透過 TCP 連線收到客戶端傳送過來的位元組資料。反過來，主機 A 也可以接收來自伺服端傳送過來的位元組資料。另一方面，UDP 也能讓兩不同主機各執行其行程，但由於 UDP 屬免接式的不可靠服務，雖省掉交握程式，發送端主機必須在每次送出去的位元組資料都加上目的端 IP 位址以及埠號；此外，就 Socket 的觀點而言，UDP 沒有 TCP Socket 所具的有可靠位元組串流之特性。

圖 10-3　在 Internet 上兩端以 TCP 連線來實現兩行程間的通訊

10-6　多工/解多工簡介

緊接著我們要說明接收端主機如何將進來的傳輸層封包 (又稱區段) 送到正確的 Socket，像這樣就牽涉到多工 / 解多工。

多工即是來源端主機收集到來自多個 Socket 的資料塊 (data chunk)，並用標頭將每個資料塊封裝起來形成區段，然後將這些區段送至網路層的過程，稱為多工 (Multiplexing；MUX)。多工時的 Socket 必須有唯一的識別數值。接收端將收到的這些區段資料再送給正確的 Socket 過程稱為解多工 (Demultiplexing；DeMUX)。

為了更清楚了解，我們以圖 10-4 做為多工 / 解多工過程之說明。首先，若來源端的主機 (例如行程 3 或行程 4) 會對來自不同 Socket 所送出來的資料做收集，以形成傳輸層區段，並將該區段送到下層的網路層，此動作稱為多工。另一方面，接收端 (即指中間的主機) 會將來自下層 (即網路層) 的區段進行解多工以便送給行程 1 或行程 2，換言之，當區段到達中間的主機時，接收端的傳輸層會檢查區段中的目的端埠號，並將此區段送到相對應的 Socket，然後區段的資料會透過該 Socket 送給相對應的行程，

這樣的動作稱為解多工。

　　反過來，中間主機的傳輸層也可以收集到來自多個 Socket 的資料塊，並建立傳輸層區段，然後往下送至網路層。注意：接收端主機可能有多個 Socket，每一個 Socket 均有一識別數值，其欄位格式依 TCP Socket 及 UDP Socket 而有不同。像 TCP Socket 的識別包含 4 個數值來源端：IP 位址、來源端埠號、目的端 IP 位址，以及目的端埠號。接收端主機利用這 4 種數值以便將區段的資料送到 (解多工) 適當的 Socket，像這樣子又稱為 four-tuple。UDP Socket 只需要目的端 IP 位址及目的端埠號就可以被識別出來，像這樣子又稱為 two-tuple。

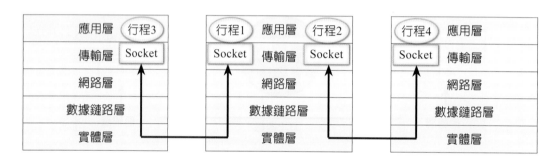

圖 10-4　傳輸層多工 / 解多工

10-6-1　UDP多工/解多工

　　UDP 在客戶端主機 A 或主機 B 與伺服端間埠號的多工 / 解多工交換過程如圖 10-5 所示。假設客戶端主機 A 與客戶端主機 B 的目的端 IP 位址同為 12.2.3.55，例如：客戶端主機 B 使用 IP 位址為 10.1.2.5 和 UDP 埠號 22222 (來源端埠號) 的行程傳送應用程式資料給伺服端上的 UDP 埠號 35676 的行程，於是客戶端的傳輸層會建立一個區段；同樣地，客戶端主機 A 使用 IP 位址為 10.1.2.3 和 UDP 埠號 22311 (來源端埠號) 的行程傳送應用程式資料給伺服端上的 UDP 埠號 35676，於是客戶端的傳輸層會建立另一個區段。然後將這兩個區段多工起來送至網路層；網路層會將這兩個區段封裝於 IP 資料包中，並採用無保證服務機制，即所謂「盡最大努力」將該區段送至伺服端。當這兩個區段到達伺服端的主機時，傳輸層會檢查區段中的目的端埠號 35676，並將此區段送到以埠號 35676 作為識別的 Socket (位於圖中的伺服器)。換言之，當 UDP 區段從網路抵達時，伺服器會檢查區段的目的端埠號的數值，以使識別出某個行程用的 UDP Socket，像這樣的方式，各區段會轉交給適當的 socket 就是 UDP 解多工。另外，伺服端的主機要回傳區段給客戶端主機 A 時，目的端埠號變成 22311；而來源端埠號

變成 35676；而回傳區段給客戶端主機 B 時，目的端埠號變成 22222，來源端埠號也是
35676。這說明兩個不同的 UDP 區段各自擁有來源端 IP 位址及來源端埠號，但有相同
目的端 IP 位址及目的端埠號，因此在本例子，這兩個不同的 UDP 區段會透過相同目
的端的 UDP Socket 被轉送到同一個行程。

值得一提的是，當伺服端的主機同時有兩個行程要運作，每個行程有各自的
Socket 及對應的埠號，當 UDP 區段抵達伺服端時，各區段會經過解多工，並被轉送到
適當的 UDP Socket。

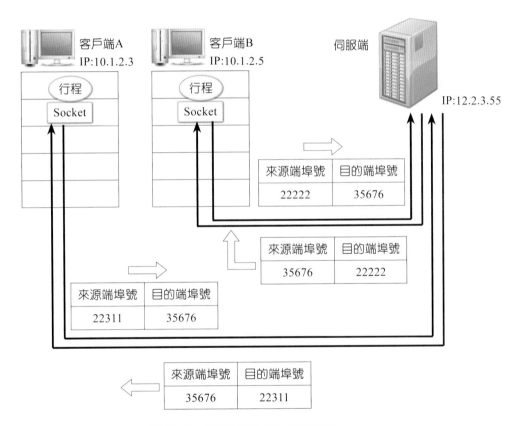

圖 10-5　UDP 多工 / 解多工典例

10-6-2　TCP多工/解多工

在說明 TCP 多工 / 解多工之前，我們還是要對 TCP 做必要敘述。TCP 服務模型就
是包含連接導向服務及可靠性服務。從應用程式的觀點而言，TCP 在客戶端和伺服端
行程之間提供可靠且有順序的位元組串流傳輸。本節簡單說明客戶端與伺服端之間的
通訊過程是如何進行。

◈ 先執行伺服端的行程。

◈ 伺服端必須具有能讓客戶端建立連線要求的 Socket。

◈ 客戶端會指定伺服端行程的 IP 位址、埠號來建立與伺服端的 TCP 連線 (此連線是利用「三方交握」達成，參考 10-11 節)。

◈ 一旦客戶端要求建立 TCP 連線時，伺服端會因此產生新的 Socket，可用來與客戶端通訊；萬一要與多個客戶端通訊，可由來源端埠號來區分客戶端。

　　基本上，客戶端與伺服端 TCP 應用程式語言大部分為 C 語言或 Java 語言，使用後者可有較少的行數。客戶端會在三方交握期間，向伺服端的主機呼叫以便為自己建立一個新的 Socket；當 TCP 連線建立後，會連接客戶端與伺服端之間的 Socket；客戶端可以透過輸入一些資料至它自己的 Socket，並經過 TCP 連線，依序地將資料傳給伺服端的主機。接下來舉例說明 TCP 多工 / 解多工。

範例 3　說明 TCP 在客戶端主機 A、主機 B 與伺服端間的多工 / 解多工過程，如圖 10-6 所示。

解答　當兩端的客戶端主機 A 與主機 B，透過 TCP 連線分別開啟與 HTTP 伺服器通訊，連線的兩端都必須包含來源端 IP 位址、來源端埠號、目的端 IP 位址及目的端埠號共 4 種數值。圖中的客戶端主機 A 可以同時開啟 2 筆與 HTTP 伺服器的會談，主要利用相同的 IP 196.33.45.21，但不一樣的埠號「13228」及「25835」，分別建立 2 條 TCP 連線，以開啟同一個 HTTP 伺服器「埠號 80，IP 位址 218.12.23.7」會談。

另外，主機 B 則利用不同的 IP 196.33.45.22，但一樣的埠號（13228）建立一條 TCP 連線，以開啟同一個 HTTP 伺服器「埠號 80，IP 位址為 218.12.23.7」會談。值得一提，HTTP 伺服端的主機在它的傳輸層將對這 3 個行程進行解多工，亦即當 TCP 區段抵達伺服端時，各區段會經過解多工，送到適當的 TCP Socket。換言之，當客戶端主機 A 與主機 B 的 TCP 區段抵達伺服端時，伺服器會根據來源端 IP 位址、來源端埠號、目的端 IP 位址及目的端埠號這四項數值將區段轉交給適當的 Socket，像這樣的方式正是 TCP 解多工。

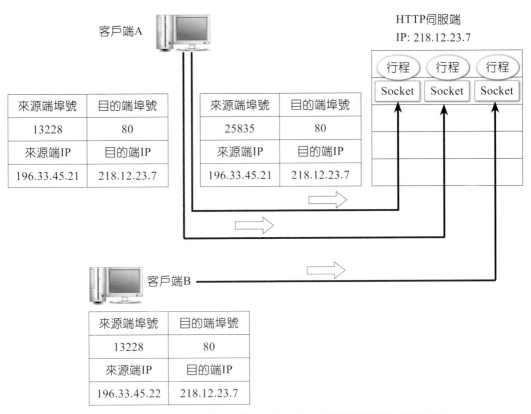

圖 10-6　TCP 在用戶端主機 A 與主機 B 與伺服端間的通訊過程

10-7 採用TCP或UDP

　　UDP 是一個很簡單的傳輸層協定，可提供兩端主機之間的通訊。由於 UDP 採用免接式的不可靠傳輸服務方式來傳送封包，使得可靠性較差，且不具有重送、確認等機制，而必須仰賴應用層的協定來幫忙。但相對地，它不需要事先連線、確認等工作，在傳輸時會較有效率。

　　使用 TCP 或 UDP 的時機可依可靠性或傳輸效率等考量。像在 Internet 中的應用種類很多，到底選用 TCP 或 UDP 是跟所要求的應用服務有關，如果只考慮 TCP 可靠性服務，而忽略可能帶來的時間延遲，倒不如選用 UDP 來得適當。例如：即時影音服務常採用 UDP 也就是這個道理。

　　一般而言，TCP 連線建立之前，需先進行三方交握，一旦完成，則兩 Socket 之間的 TCP 連線就會產生，由於連線爲全雙工連接，因此兩行程間可同時進行可靠性的通訊；換言之，當一端的應用將位元組串流送至它的 Socket，會經由 TCP 連線可靠地將該資訊流送往接收端的 Socket，以使 TCP 提供連接導向的服務。另外不要忘記，TCP 也含有壅塞機制，只要網路遇到壅塞，此機制會立刻做必要處理。然而，在壅塞過程中難免對行程有所影響，最明顯的是在即時影音應用中會減低傳輸速率，因而會對頻寬及所要的品質大打折扣。

　　誠如以上所談論的，即時應用可以在對資訊遺失可容忍，且不需太可靠的傳輸服務的前提下，寧可放棄 TCP 而選用 UDP。事實上，TCP 服務也有一些無法提供的，如無法保證最小的傳輸速率，特別是發送端行程並不允許以任何速率傳送。另一方面，TCP 的壅塞機制會對發送端速率調整，致使發送端的平均速率降低。此外，TCP 也無法提供對任何延遲做保證，例如：在發送端行程將資料送至 TCP Socket 時，TCP 並不保證多久可將資料送到接收端的 Socket，只要網路發生壅塞現象，幾十秒或幾分鐘等待都有可能。

　　總括來說，TCP 只能保證全部資料安然到家；但對傳輸速率或延遲無法做任何保證。

　　接著來看 UDP 服務模型。由於其爲免接式，因此兩行程互相通訊之前不需做三方交握步驟；另外，UDP 提供不保證之資料傳送服務，這意謂一行程傳送訊息至 UDP Socket 時，UDP 並不保證該訊息可安然送達接收端的 Socket，即時到達資訊也可能會有所遺失。UDP 不含有壅塞機制，故發送端行程可以任何速率將資料送入 UDP Socket。雖然 UDP 不能保證所有資料送到接收端的 Socket，但其仍爲即時影音應用的最愛。

　　注意：UDP 與 TCP 一樣，對延遲問題仍無法做出具體保證。表 10-3 列出 TCP/UDP 應用類型，以及應用層協定在 Internet 上的關連性。值得一提的是，目前 Internet 對時間靈敏度及頻寬並不保證，但現有的服務（指與時間靈敏度有關的應用）尚令人滿意。

表 10-3　TCP/UDP 應用類型及應用層協定

應用	應用層協定	選用 TCP 或 UDP
電子郵件	SMTP	TCP
遠端存取	Telnet	TCP
Web	HTTP	TCP
檔案傳送	FTP	TCP
遠端檔案伺服器	NFS	一般是 UDP
串流多媒體	專屬性的協定	UDP/TCP
Internet 電話	專屬性的協定	UDP/TCP
網路管理	SNMP	一般是 UDP
路由協定	RIP	UDP
位址名稱轉換	DNS	一般是 UDP

10-8　UDP標頭格式

　　UDP 封包包含 UDP 的標頭格式及 UDP 酬載 (Payload)，前者格式共佔 8bytes，包括來源端埠號、目的端埠號、封包的長度以及錯誤檢查和，主要記錄封包來源端與目的端的連接埠資訊，以便封包內的應用程式能正確地送達目的端；後者爲應用層的資料，稱爲 UDP Payload，也常稱爲 UDP Data。如圖 10-7 所示。如下說明：

來源端埠(16)	目的端埠(16)
封包長度(16)	錯誤檢查和(16)
UDP 酬載(Payload)	

圖 10-7　UDP 封包格式

1. 來源連接埠佔 16bits
   記錄來源端的連接埠號。

2. 目的連接埠佔 16bits
   記錄目的端的連接埠號。

3. 封包長度佔 16bits
   代表 UDP 封包的長度，包括 UDP 標頭與 UDP 酬載的資料；若整個封包只有 UDP 標頭 (沒有載送任何 UDP 酬載資料)，則此欄位值爲最小值 8；最大值則依據 IP 酬載資料的長度而定。

4. 錯誤檢查和佔 16bits

UDP 錯誤檢查和的計算如同 IP 標頭檢查和的計算過程。但有點不一樣的是,它要連同虛擬標頭 (Pseudo Header) 一起加總計算。以圖 10-7 來說:除了 UDP 標頭與 UDP 酬載資料外,還需要包含虛擬標頭。為了讓 UDP 封包的總長度能滿足 2bytes 的倍數,故需要 Padding 欄位元,如圖 10-8 所示。UDP 不一定要執行錯誤檢查,若為了減少運算資源,可以省掉此錯誤檢查,即便有此錯誤檢查,但它不會有錯誤回復機制,一旦發生錯誤,在一般的 UDP 實務上就是丟棄這個區段。此時欄位元可全部填入 0。注意:虛擬標頭包括以下 5 種欄位,在虛擬標頭中的來源端位址及目的端位址並不包含在 UDP 封包中,而是屬於 IP 標頭的一部分。

◈ 來源端 IP 位址:指 IP 標頭中來源端的 IP 位址。

◈ 目的端 IP 位址:指 IP 標頭中目的端的 IP 位址。

◈ 未用欄位佔 8bits:全部填入 0。

◈ 協定欄位:位於 IP 標頭中記錄 IP 的上一層所使用的協定。UDP 為 17。

◈ 封包長度:UDP 標頭中的封包長度。

圖 10-8　錯誤檢查和計算範圍

範例 4 發送端 UDP 錯誤檢查和的計算過程。

解答 若圖 10-8 的數值如圖 10-9 所示,我們可以得出錯誤檢查和為 00100110 01010100,即 0x2654。若接收端也進行檢查和的計算,一旦結果為 0,則可將虛擬標頭及任何填補的位元組移除 (指含有 7 個位元組資料,為了讓 UDP 封包的長度為 2 個 bytes 的倍數,故 Padding 填補為 0,以做檢查和計算;一旦接收端檢查和計算的結果為 0,表示無誤,並將虛擬標頭及 Padding 填補的位元組丟棄;若結果不為 0,則資料包被丟棄。),並接收該 UDP 封包;反之,丟棄此封包。注意,虛擬標頭及標頭中的 7 代表 CUITEING 共 7 個 bytes。

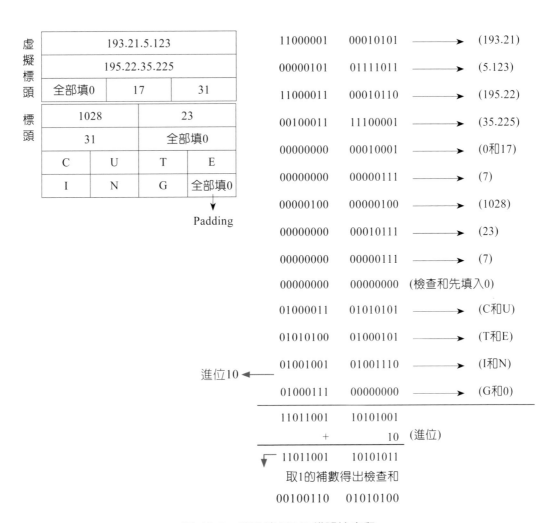

圖 10-9　發送端 UDP 錯誤檢查和

> **NOTE**
>
> 錯誤檢查和若不包含虛擬標頭，還是可以使 IP 資料包安全到達目的端，但遇
> IP 標頭因故受損，那 IP 資料包可能會送到另一部主機。

10-9　UDP封包的擷取分析

　　由表 10-1 知道 DNS 埠號為 53，且採用 UDP 協定，我們可利用 Wireshark 實際擷取 UDP 封包做說明，如圖 10-10 所示。

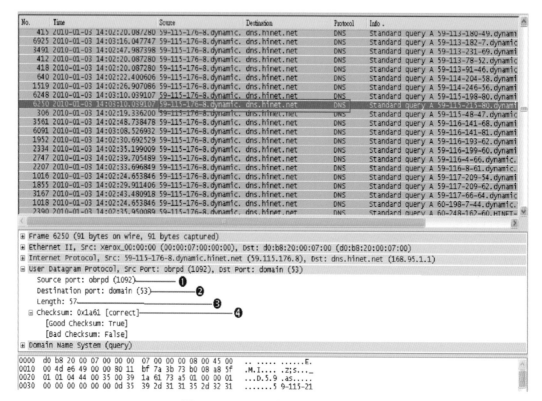

圖 10-10　UDP 封包的擷取分析

❶ 指出用戶端的連接埠，編號爲 1092 屬「註冊埠號」。

❷ 指出伺服端的連接埠，編號爲 53 屬「公認埠號」。

❸ 指出 UDP 封包總長度。

❹ 指出錯誤檢查和。

10-10　TCP可靠傳輸原理

　　由圖 10-3 指出傳輸層協定 TCP 是一種端點對端點的通訊協定，也常稱爲主機對主機 (Host-to-Host) 或稱爲行程對行程 (Process-to-Process) 的傳輸協定。TCP 提供了可靠的傳送機制。這裡所謂「可靠」的傳送機制又指什麼？我們必須記住，來源端封包在網路層的 IP 網路或訊框在數據鏈路層的乙太網路傳送時，並不知道目的端的狀況；這時候目的端可能因故或忙碌而無法處理封包，可能收到的封包已經損壞，也可能接收端根本就有問題，這些狀況對來源端而言都無法得知，唯一會知道就是不斷地發送封包。所以在應用程式所提供的服務，TCP 必須是可靠的傳輸方式，而它的服務要求簡單說明如下：

◈ 資料封包流必須具連接導向，這樣主機雙方的位元資料流才會整體性。

◈ 一旦電路連接建立，封包資料於傳送期間必須驗證並可進行錯誤偵測。

◈ 資料必須有緩衝處理，這樣如果主機送出的資料量太小時就可以等到蒐集到一定大小的封包資料量包後才進行傳送。

◈ 應用程式在建立 TCP 連線之前，必須先了解資料內容與格式。

◈ 提供全雙工通訊。

此外，只要 TCP 連線建立起來，TCP 不但能對資料確認與重送，而且適時地能調整發送資料的流量速度、處理資料壅塞控制之能力。

10-10-1　資料確認與重送

在這裡我們還是要對 TCP 提供可靠性的傳送做說明。其確認與重送的基本原理如圖 10-11(a)-(b) 所示。圖 10-11(a) 中假設主機 A 傳送 Packet 1 給主機 B，利用定時器開始計時並等待主機 B 的回應。主機 B 收到 Packet 1 後會傳回 ACK 1 給主機 A。ACK 1 封包的內容代表「主機 B 已收到 Packet 1」。若主機 A 在預定的時間內收到 ACK 1 封包，便可確認 Packet 1 安全到達目的端。接著主機 A 傳送 Packet 2 封包給主機 B，並重複上述動作。若主機 A 的封包在傳送的過程中出現錯誤，例如圖 10-11(b) 中 Packet 2 不知原因在傳送過程途中不見了，此時主機 B 會發出 NAK 2 給主機 A。主機 A 在預訂的時間內沒有收到 ACK 2，就判定主機 B 沒有收到 Packet 2，因此主機 A 會重送 Packet 2 給主機 B。另一方面，主機 A 在確定主機 B 正確地收到目前所傳送的封包之前，不會再傳送新的資料。因為這樣的行為模式，我們將這類協定稱為停止並等待 (Stop-and-Wait) 協定。如上述說明，需要重新進行封包傳送，以確定 TCP 是可靠的傳輸機制稱為自動重複請求 (Automatic Repeat reQuest；ARQ) 協定。

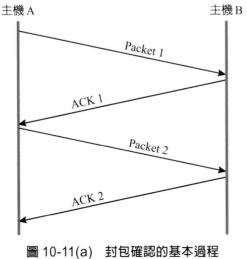

圖 10-11(a)　封包確認的基本過程

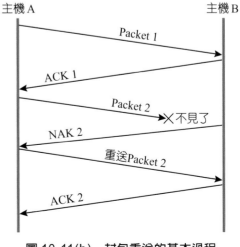

圖 10-11(b)　封包重送的基本過程

範例 5　說明下圖 Packet 1 的發送與接收過程。注意，利用定時器的機制，以使封包在傳送逾時後重新傳送，以維持資料的正確性與完整性。

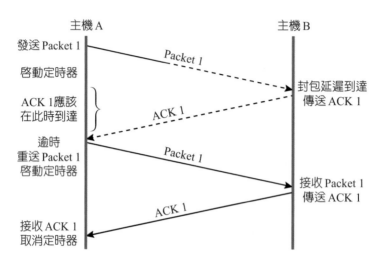

解答　主機 A 在送出 Packet 1 封包後，會啟動一個計時器，如果 Packet 1 因網路層的一些因素致使封包不能在預定時間內取得接收端主機 B 的確認訊息，則主機 A 會斷定 Packet 1 封包可能在傳送過程中遺失，然後會重送 Packet 1 封包，並同時重設計時器；如果主機 B 傳送的 ACK 1 在逾時前被接收到，則取消該封包的計時器並開始進行下一封包的傳送。

值得一提，當一個封包，從主機 A (用戶端) 送達主機 B (伺服端)，再由伺服端回覆至用戶端，這樣所花費的時間稱為封包在網路上的延遲時間或來回時間 (Round Trip Time；RTT)。RTT 包含封包各種不同型式的延遲，亦即節點處理造成的延遲、佇列延遲、傳輸延遲及傳播延遲。在範例 5，只要 Packet 1 送出去後，超過一個 RTT，就稱為「逾時」(timeout)，則發送端會判定該封包已遺失，並重送 Packet 1 封包。

NOTE

如果封包遭遇到特別嚴重的延遲，傳送端甚至有可能會在資料包或 ACK 都未遺失的情況下重送封包。這會造成傳送端到接收端的通道中，有可能出現重複的資料封包 (duplicate data packet)。

10-10-2　滑動視窗的技術

　　上述所談封包傳送的確認與重送功能，在效能方面是不彰的，這是由於主機 A 每送出一個封包後，再來就是要等主機 B 送回的 ACK 封包，然後才傳送下一個封包。這樣一來，在整個傳送過程中，大部份時間都浪費在等待 ACK 封包。為讓傳輸更有效率，可使用稱為滑動視窗 (Sliding Window) 的技術，它可用來控制封包的流量，接收端不會因為接收太多的封包而產生壅塞。注意，滑動視窗是以位元組為計算單位。滑動視窗也可想成多重發送和多重確認的技術，它允許發送端在接收到確認訊息之前可以同時發送多個封包，這使網路頻寬達到充分利用並加速資料封包量的傳送。

　　如圖 10-12(a) 指出 Window Size = 3 個封包 (嚴格來說是不正確的，實際上的單位應是位元組)，如果主機 A 現將 Window 內的 3 個封包 Packet 1、Packet 2 和 Packet 3 送出，然後分別對這些封包開始計時，並等待主機 B 的回覆。當主機 B 收到封包後會依封包編號送回對應的 ACK 封包給主機 A，亦即主機 B 收到 Packet 1 會回覆 ACK 1 封包給主機 A。一旦主機 A 收到 ACK 1 封包後便將 Packet 1 註明為「已完成」（如 Packet 1 以黃色表示) 並將 Sliding Window 往右滑動 1 格，此時 Sliding Window 內的封包編號為 Packet2、Packet3 與 Packet4，如圖 10-12(b) 所示，然後將位於 Sliding Window 窗格最右邊新出現的 Packet 4 發送出去。

　　接下來主機 A 會收到 ACK 2 並將 Packet 2 註明為「已完成」並將 Sliding Window 往右滑動 1 格，此時 Sliding Window 內的封包編號為 Packet 3、Packet 4 與 Packet 5，然後將位於 Sliding Window 窗格最右邊新出現的 Packet 5 發送出去；同樣方式，主機 A 會收到 ACK 3 並將 Packet 3 註明為「已完成」並將 Sliding Window 往右滑動 1 格，此時 Sliding Window 內的封包編號為 Packet 4、Packet 5 與 Packet 6，然後將位於 Sliding Window 窗格最右邊新出現的 Packet 6 發送出去。後面接續來的封包會重複上述執行過程如圖 10-12(c) 所示。

　　根據上述，透過 Sliding Window 的技巧，主機 A 可以快速送出多個封包，由於不必每送出一個封包便要等待回覆的 ACK 封包，顯然 Sliding Window 的傳輸效率較佳。我們可以更簡化描述圖 10-12(a)-(c): 主機 A 一次傳送 3 個封包，分別為 Packet 1、Packet 2 與 Packet 3；當主機 B 收到 Packet1 並回覆 ACK 1 後，主機 A 立即送出 Packet 4，當主機 B 收到 Packet 2 並回覆 ACK 2 後，主機 A 立即送出 Packet 5，當主機 B 收到 Packet 3 並回覆 ACK 3 後，主機 A 立即送出 Packet 6。

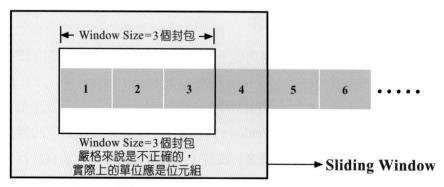

圖 10-12(a)　指出 Window Size = 3 個封包原始狀態

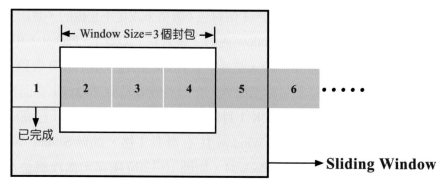

圖 10-12(b)　指出 Window Size = 3 個封包的滑動窗 (往右滑動 1 格)

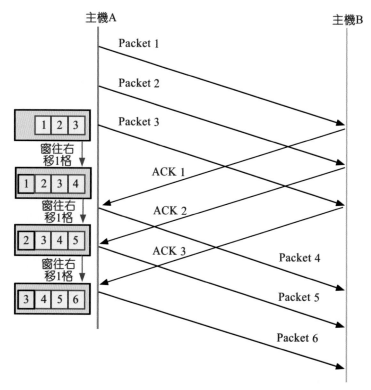

圖 10-12(c)　指出 Window Size = 3 個封包執行過程

NOTE

傳送端不再使用停止並等待的方式運作,而是採用 Sliding Window(封包的滑動窗),允許傳送端同時送出多份封包,不需要等待確認,像這樣的技術稱為管線化 (pipelining)。有兩種基本的管線化錯誤回復方法:一為回溯 N (Go-Back-N:GBN),N 就是指滑動窗格的大小,也是上面正談到的滑動視窗 (Sliding Window) 的技術;另一為與選擇性重傳 (Selective Repeat:SR)。

10-10-3 Send/Receive Window

為說明方便,圖 10-12(c) 所談到的 Sliding Window 好像只有主機 A 才有 Sliding Window,然而實際上在 TCP 的來源端與目的端皆會有自己的 Sliding Window。我們常將來源端的 Sliding Window 稱為 Send Window,目的端的 Sliding Window 則稱為 Receive Window。當主機 A 傳送一堆封包給主機 B 時,這些封包不一定會照原來的順序編號到達主機 B,故主機 B 必須透過 Receive Window 記錄哪些是收到的連續編號封包與哪些是不連續的編號封包。主機 B 只會將連續編號的封包轉至上層應用程式;也只對連續編號的封包送出 ACK。另一方面,Receive Window 會隨著收到的連續編號封包做移動或稱滑動。換句話說,就 Send Window 而言,我們可將要傳送的封包依序地移入 Window,一直等到收到接收端的 ACK 後,就會將這些連續編號的封包移出 Window,至於不連續編號的封包仍舊留在 Window 內;就 Receive Window 而言,會將陸續進來的封包移入 Window,若收到的這些封包是依照順序編號時最後也會移出 Window。

範例 6 為了說明方便,Send Window、Receive Window 及 Window Size 都設定為 3 時,在理想情況,發送出去的封包依原順序編號到達目的端,仍以圖 10-12(c) 為基礎,請說明主機 A 與主機 B 間的滑動視窗變化過程。

解答 如圖 10-13 所示分 2 個步驟說明:

步驟 1 主機 A 一次送出封包編號 1、2 與 3,亦即 Packet 1、Packet 2 與 Packet 3 封包,當主機 B 收到主機 A 送過來的封包時,會有下列動作:

1. 首先收到 Packet 1 封包時會標示「已收到」。

2. 由於收到的 Packet 1 封包目前位置為 Window 的最左邊,所以就回覆 ACK 1 封包,並將 Receive Window 從初始狀態往右滑動 1 格如圖右 ❶。

接著主機 B 依序回覆確認訊息 ACK 2 則 Receive Window 會再往右滑動 1 格如圖右 ❷，同樣地遇 ACK 3，Receive Window 會再往右滑動 1 格如圖右 ❸，接下來等待後面到達的封包。

步驟 2 當主機 A 分別收到主機 B 的確認封包後，也會將 Send Window 從初始狀態往右移動 1 格共 3 次如圖左 ❶~❸，然後分別送出封包編號 4、5 與 6 亦即 Packet 4、Packet 5 與 Packet 6 封包並重複上述步驟。值得一提，就 Send Window 而言，我們可將要傳送的封包編號 1、2 與 3 依序地移入 Window，一直等到收到接收端的 ACK 1、ACK 2 與 ACK 3 後，就會將這些連續編號的封包 (亦即封包編號 1~3) 移出 Window 如圖左 ❸ 所示；就 Receive Window 而言，會將陸續進來的封包移入 Window，若收到的這些封包是依照順序編號時 (亦即封包編號 1~6) 最後也會移出 Window 如圖右 ❻ 所示。

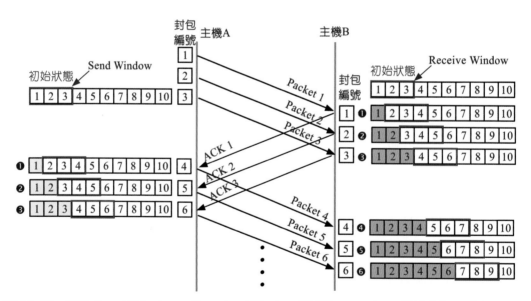

圖 10-13　指出 Send Window、Receive Window 及 Window Size 都設定為 3 時執行過程

 NOTE

TCP 使用封包數目做為 Window Size 的單位其實是不正確的，實際上的單位應是以位元組為準。當發送端要透過 TCP 傳輸資料之前，必須先進行編碼成為位元組串流 (byte stream)。TCP 會將所產生的位元組串流放在輸出緩衝區 (output buffer)，資料再由這個緩衝區傳送出去。注意 TCP 封包也稱為區段，一個區段可以載送很多個位元組；另一方面，在接收端也會有一個輸入緩衝區 (input buffer) 用來接受進來的資料，資料再透過此緩衝區往上層傳送。

範例 7 如圖 10-14(a) 所示，若 Send Window， Receive Window 及 Window Size 都設定 4 時，主機 A 是以 Packet 1、Packet 2、Packet 3 與 Packet 4 的順序發送，而主機 B 是以 Packet 4、Packet 2、Packet 3 與 Packet 1 的順序到達，請繪出主機 A 與主機 B 間的滑動視窗變化過程。

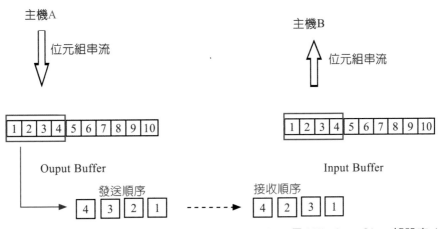

圖 10-14(a)　Send Window、Receive Window 及 Window Size 都設定 4

解答

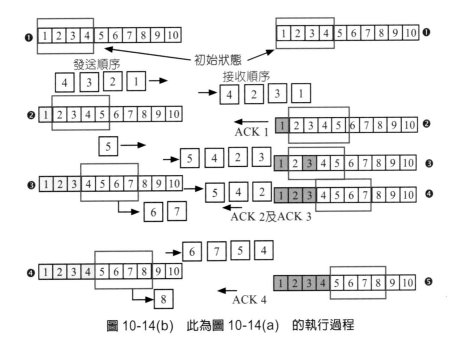

圖 10-14(b)　此為圖 10-14(a) 的執行過程

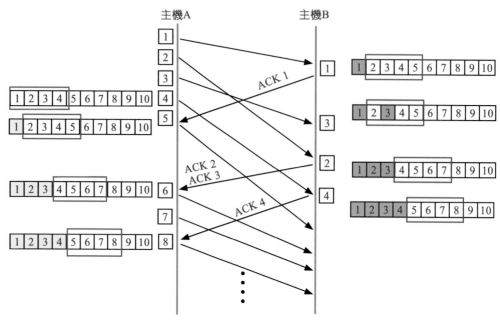

圖 10-14(c)　此為圖 10-14 (b) 另一種的表示方式

10-10-4　選擇性重傳

當圖 10-14(c) 中的 Packet 1 到達目的端後，主機 B 立即回應 ACK 1 封包，如果 ACK 1 封包因故無法送達主機 A，此時主機 B 無法知道 ACK 1 封包是否到達，但還是會將 Receive Window 往右滑動 1 格。當 Packet 2 封包到達目的端後，主機 B 立即回應 ACK 2，緊接著是 ACK 3，並都正確回應至主機 A，此時雖然主機 A 無法收到 ACK 1 封包如圖 10-15 所示，但因已收到 ACK 3 會認為 Packet 3 之前的封包都已正確無誤到達主機 A。簡單說，TCP 提供累積性確認 (Cumulative Acknowledgement)，只要確認封包回應給發送端時，該封包編號之前的所有封包皆被認為已正確無誤到達接收端的主機 B。但這裡有可能會發生一個問題，就是在封包編號 N 之前 (即 N-1 個) 若有幾個封包還是未能在預定時間 (即逾時) 到達目的端，使得原本已到達的封包，又要由主機 A 重送一次，也造成網路上負擔一些不必要的流量。針對此點，TCP 提供一種解決方式稱為選擇性重傳 (Selective Repeat；SR)，它具備下列幾個特點：

◈ 接收端分別確認所有正確接收到的封包，並暫存這些封包，最終再依序傳送到上一層。換言之，只對已到達的封包編號進行確認動作稱為「選擇性確認」(Selective Acknowledgement；SACK)，所以 SACK 並不具有「累積性」的確認。如圖 10-16 所示主機 A 送出的 Packet 1、Packet 2 與 Packet3 在傳送中遺

失，Packet 4 及 Packet 5 則成功送達主機 B，若主機 B 在預定時間沒有送出 (亦即逾時)ACK 4 及 ACK 5 的確認訊息，則封包編號 1 ～ 5 都必須重新傳送一次，所以 SR 只對 Packet 4 及 Packet 5 進行確認動作，因而產生 ACK 4+SACK 4 及 ACK 5+SACK 5。

◈ 發送端只重傳沒有收到 ACK 的封包。所以只重新傳送封包編號 1 ～ 3 即可。

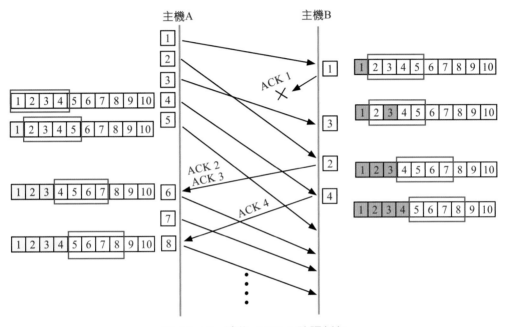

圖 10-15 遺失 ACK 1 確認封包

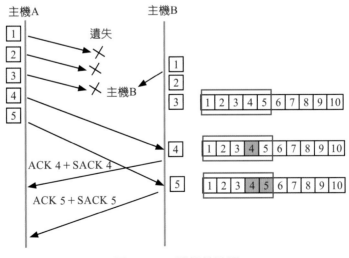

圖 10-16 選擇性確認

10-10-5　流量控制

　　TCP 提供了可靠的傳送機制，而其中一項功能是流量控制，而流量控制則跟
Sliding Window 的大小 (稱為 Window Size) 有關。Window Size 是由目的端決定出來，
當 Window Size 為 1 時，代表每送出 1 個封包就立即要等待確認，才能再送出下 1 個
封包，傳輸效率當然不好。當 Window Size 變大時代表可連續送出多個封包，流量也
會隨著變快，但是要付出的代價是消耗較多的電腦資源。反之，當 Window Size 變小
時，流量也會跟著變慢，適用於配備等級不高的主機或遇主機非常忙碌時則會使用較
小的 Window Size 來傳輸資訊。就以前面的例子來說。主機 B 會依本身當時狀況隨時
決定 Receive Window 的大小，再將此數值放在 ACK 封包中並回送主機 A，主機 A 再
利用此數值調整 Send Window 為相同的大小。換言之，主機 B 藉由 ACK 封包可隨時
告知主機 A 如何調整送出來的封包流量速度。

　　再強調一次，為方便說明，談到這裡我們都是以「封包」做單位。但事實上 TCP
在處理送收資料時是以 byte 為單位，也就是所謂位元組串流。例如主機 B 收到兩個訊
息，一個是 500bytes，另一個是 300bytes；就主機 B 來說，只關心共收到了 800bytes，
但不理會 800bytes 是由幾個訊息 (Message) 構成；也許是由 250 與 550bytes 兩個訊息
構成或是由 100、300、400 三個訊息構成。換言之，TCP 通訊協定是以 byte stream 計
量而非以 Message 計量。

10-11　TCP封包格式

　　再強調一次，TCP 常稱為主機對主機 (Host-to-Host)，或稱為行程對行程 (Process-
to-Process) 的傳輸協定。這也意謂著在 TCP 的兩端主機之間的溝通，是直接做端對
端 (End-to-End) 的傳輸，而無視於中間是否經過任何路由器或交換器。TCP 封包格式
由 TCP 標頭加上 TCP Payload 組成，此 TCP 封包也是所謂的 TCP 區段 (Segment)。當
TCP 接收到應用層傳送過來的訊息後，再將傳輸層相關資訊的標頭 (即 TCP 標頭) 與
這些訊息 (放在 TCP Payload) 結合起來形成 TCP 區段。特別注意，這裏所稱的 TCP 封
包是以位元組串流 (byte stream) 來傳輸，換言之，TCP 在處理傳送或接收的資料時，
是以位元組為計量單位，參考 RFC793。

　　舉例來說，當主機收到應用層傳送過來的兩個訊息：假設第 1 個訊息的長度為
100bytes，第 2 個訊息的長度為 150bytes，則此主機只關注接收了 250bytes，而不關心

它是由 100bytes 及 150bytes 這兩個訊息傳送過來；還是由 70bytes、80bytes、100bytes 三個訊息傳過來。現在我們就開始針對 TCP 標頭格式做說明如圖 10-17 所示。

來源連接埠編號(16)			目的連接埠編號(16)	
序號(32)				
確認序號(32)				
標頭長度(4)	Reserve(6)	旗標位元(6)	Window Size(16)	
錯誤檢查和(16)			緊急資料指標(16)	
Options(長度不定)			Padding(長度不定)	

圖 10-17   TCP 標頭格式

◈ 來源連接埠編號佔 16bits
  記錄來源端上層應用程式使用的 TCP 連接埠編號。

◈ 目的連接埠編號佔 16bits
  記錄目的端上層應用程式使用的 TCP 連接埠編號。

◈ 序號 (Sequence Number；SN) 佔 32bits
  指出 TCP Payload 所承載訊息的第 1 個 byte 的序號為初始序號 (Initial Sequence Number；ISN) 再加 1；ISN 是由主機隨選的一個數字。例如：當主機 A 送出 3 個 TCP Payload 的長度依序為 60、73、88bytes 的封包 1、2、3 給主機 B 時，若主機 A 的 ISN 為 300，則各個 TCP 封包的序號值可得出：封包 1 是 301 (ISN+1)、封包 2 是 361 (301+60)、封包 3 是 434 (361+73)。

◈ 確認 (Acknowledge) 序號佔 32bits
  與 SN 欄位搭配進行訊息傳送確認之用，以記錄目的端通知來源端已收到 TCP 封包的序號。例如：沿用封包 1 是 301 (ISN+1)、封包 2 是 361 (301+60)、封包 3 是 434 (361+73)；則確認序號 ACK 封包 1 的期待值正是封包 2 的序號值 361；確認序號 ACK 封包 2 的期待值正是封包 3 的序號值 434；依此類推，則確認序號 ACK 封包 3 的期待值正是 522 (434+88)。注意：確認序號也意味著期待下一次要收到的封包序號值。

◈ 標頭長度 (data offset) 佔 4bits

若 data offset 欄位是 5，代表 TCP 標頭的長度為 20bytes。若大於 20bytes 表示 Options 中含有資料位元組。

◈ Reserve 佔 6bits

保留用。

◈ 旗標佔 6bits

共 有 URG (Urgent)、ACK (Acknowledge)、PSH (Push)、RST (Reset)、SYN (Synchronize) 與 FIN (Finish) 共 6 種旗標，每一旗標佔 1 bit。說明如下：

(1) URG 為 1 時：代表接收端的主機必須立即處理此封包的資料。

(2) ACK 為 1 時：代表確認序號欄位已回應。

(3) PSH 為 1 時：代表 TCP 封包內的資料被要求立即送出去，以便接收端可以立即收到資料。

(4) RST 為 1 時：代表 TCP 連線已重新設定。

(5) SYN 為 1 時：代表 TCP 連線期間，雙方正在進行同步溝通。此時 SN 欄位所記載的值為 ISN。

(6) FIN 為 1 時：代表某一方告訴對方自己 TCP 傳送資料已經結束。注意，對方仍可繼續傳送資料。

◈ 窗格大小 (Window Size) 佔 16bits

用來告知發送端，接收端可接收的位元組容量為 0 ～ 65535bytes (亦即 2^{16} = 65536)，此值是由接收端決定，以便控制發送端送出來的資料量。再強調一下，最大窗格大小值是 65535bytes。注意，RFC793 指定的 Window Size 欄位也常稱為接收窗格，此欄位只佔 16bits，而更進階的標準是 RFC 1323，其接收窗格的欄位可延伸至 30bits，可使用大於 65535bytes 的窗格大小規定值，此值可達到 2^{30} = 1G byte。

◈ 錯誤檢查和佔 16bits

如同 UDP 檢查和的計算方式，但在虛擬標頭中的協定欄位應填入 6。注意：錯誤檢查和的機制在 UDP 是可用，也可以不用。然而，TCP 則是強制使用。

◈ 緊急資料指標佔 16bits

當 URG 為 1 時，此欄位才會發生作用。例如：欄位值為 4 時，代表 TCP 資料的前面 5 個 bytes (即從第 0 到第 4 個 byte) 為緊急資料。

Options（選項）

它的欄位長度不定，如圖 10-17 所示。Options 用來擴充 TCP 的功能。共有 3 種常見的擴充功能，分別為 MSS (Maximum Segment Size)、SACK-Permitted 和 SACK。如下說明：

(1) MSS：能傳送的最大 TCP Payload 長度。以乙太網路來說，MTU (Maximum Transmission Unit) 為 1500bytes，減掉 IP 標頭的最小長度 (20bytes)，再減掉 TCP 標頭的最小長度 (20bytes)，則 MSS 預設值為 1460bytes。

(2) SACK-Permitted：只對連續收到的封包才送出 ACK 訊息。

(3) SACK：是否要使用 SACK (Selective Acknowledgement) 功能，它是在 SACK-Permitted 連線建立時，由兩方互相協調決定出來。例如：某主機 A 送出 ACK 封包給主機 B 時，萬一封包遺失某一部分必須重傳，此時主機 B 可用 SACK 通知主機 A 已收到序號，只須重傳那些沒有收到的封包。

◈ Padding

Option 的欄位長度不定，但一定為 4bytes 的倍數；若不是，則需在 Padding 欄位填補使得 TCP 標頭長度剛好是 4bytes 的倍數。

10-12 TCP連線建立

由於 TCP 是一個連接導向的傳輸協定，所以兩端使用者在傳送資料前必須經過交握的一些動作，以便達到資訊交換，這樣的動作稱為「三方交握 (3 way handshake)」，如圖 10-18 所示。如下步驟：

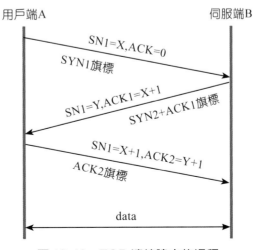

圖 10-18　TCP 連線建立的過程

步驟 1 用戶端 A 主動向伺服端 B 送出連線用的第 1 個 TCP 封包,稱為 SYN (同步)
封包。此封包除了包括用戶端 A 與伺服端 B 的連接埠號外,必須包含以下
資訊:

▶ 序號 (SN):指由用戶端 A 隨機產生的 ISN 值為 X (寫成 SN1 = X),主要
目的是讓用戶端 A 與伺服端達到同步。阿拉伯數字 1 代表用戶端 A 向伺
服端 B 送出去的方向。

▶ 確認序號:因為此 TCP 封包是最早送出,且尚未知道伺服端 B 對用戶端
A 的 ISN 為何值,故用戶端 A 的確認序號 ACK 先設為 0。

▶ SYN1 旗標:在 TCP 封包中的旗標 (6bits) 中的 SYN 旗標位元會被設定為 1,
代表 TCP 正在進行用戶端 A 與伺服端 B 雙方的同步溝通。注意,SYN1
中的阿拉伯數字 1 代表用戶端 A 向伺服端 B 送出去的方向。

▶ Window Size:指出接收窗格大小 (receive window),此大小是指用戶端 A
用來告訴伺服端 B,它 (指用戶端 A) 所能接受封包的數量大小,藉由接收
窗格大小的值來控制流量。

步驟 2 伺服端 B 被動收到 SYN 封包後,會回應 SYN+ACK 封包給用戶端 A,包含
以下資訊:

▶ 序號:此值是由伺服端 B 隨機產生的 ISN 值為 Y (寫成 SN2 = Y),阿拉伯
數字 2 代表伺服端 B 向用戶端 A 送出去的方向;此時伺服端 B 和用戶端
A 達到同步。

▶ 確認序號:此值等於從步驟 1 得知的 ISN 序號再加上 1 (寫成 ACK1 =
X+1),代表伺服端 B 期待用戶端 A 在下次送來的 TCP Payload (亦即 TCP
標頭後面的訊息長度) 是以此序號為第 1 個 byte 的編號。

▶ SYN2+ACK1 旗標:此時在 TCP 封包中的旗標 (6bits) 中的 SYN 旗標位元
及 ACK 旗標位元會被設定為 1。

▶ Window Size:伺服端 B 通知用戶端 A,它 (指伺服端 B) 能接受封包的數
量大小。

步驟 3 用戶端 A 收到 SYN+ACK 封包後,接著送出一個 ACK 封包,並包含以下資訊:

▶ 序號:此值也正是 SYN+ACK 封包的確認序號值,即等於 ISN 加 1 (寫成
SN1 = X+1)。

▶ 確認序號:此值即等於伺服端 B 送至用戶端 A 的 ISN 值再加 1 (寫成
ACK2 = Y+1)。它代表用戶端 A 期待伺服端 B 在下次送來的 TCP Payload
是以此序號為第 1 個 byte 的編號。

▷ ACK2 旗標：此時在 TCP 封包中的旗標 (6bits) 中的 ACK 旗標位元會被設定為 1。

▷ Window Size：如同步驟 1 所述。

範例 8 如圖 10-19(a) 所示，假設用戶端 A 傳送 3 個 TCP 封包 (亦稱區段) 給伺服端 B，而其 TCP Payload 長度分別為 100、300 和 500 bytes；同時如圖 10-19(b) 所示，伺服端 B 也傳送 3 個 TCP 封包給用戶端 A，而其 TCP Payload 長度分別為 200、500 和 700 bytes。說明並繪出 TCP 資料傳輸的過程。

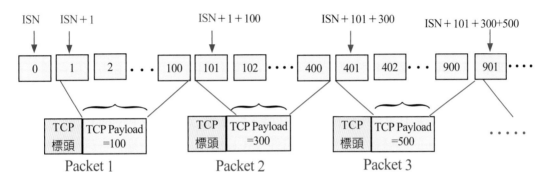

圖 10-19(a)　用戶端 A 傳送 3 個 TCP 封包給伺服端 B

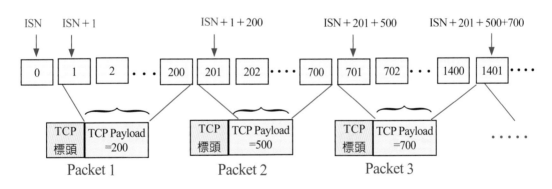

圖 10-19(b)　伺服端 B 傳送 3 個 TCP 封包給用戶端 A

解答 當 TCP 完成三方交握建立 TCP 連線後，可以知道用戶端 A 與伺服端 B 是以全雙工傳輸，若兩方的 ISN 皆由 0 開始，如圖 10-19(c) 中的三個基本步驟，我們很容易得出 ❶ ～ ❸。接下來，❹ ～ ❾ 指出用戶端 A 與伺服端 B 進行資料的雙向傳輸：

❹ 指出用戶端 A 傳送 TCP 封包給伺服端 B 時，它所載送的 TCP Payload 長度為 100 bytes 時的第 1 byte 的編號為 SN1 = 1；另外，ACK2 = 1 是用戶端 A 告訴伺服端 B，期待下一次收到的序號為 SN2 = 1。

❺ 指出伺服端 B 傳送 TCP 封包給用戶端 A 時，它所載送的 TCP Payload 長度為 200 bytes 時的第 1 byte 的編號為 SN2 = 1；另外，ACK1 = 101 是伺服端 B 告訴用戶端 A，期待下一次收到的序號為 SN1 = 101。

❻ 指出用戶端 A 傳送 TCP 封包給伺服端 B 時，它所載送的 TCP Payload 長度為 300 bytes時的第 1 byte的編號為SN1 = 101；另外，ACK2 = 201是用戶端A告訴伺服端B，期待下一次收到的序號為 SN2 = 201。

❼ 指出伺服端 B 傳送 TCP 封包給用戶端 A 時，它所載送的 TCP Payload 長度為 500 bytes時的第 1 byte的編號為SN2 = 201；另外，ACK1 = 401是伺服端B告訴用戶端A，期待下一次收到的序號為 SN1 = 401。

❽ 指出用戶端 A 傳送 TCP 封包給伺服端 B 時，它所載送的 TCP Payload 長度為 500 bytes時的第 1 byte的編號為SN1 = 401；另外，ACK2 = 701是用戶端A告訴伺服端B，期待下一次收到的序號為 SN2 = 701。

❾ 指出伺服端 B 傳送 TCP 封包給用戶端 A 時，它所載送的 TCP Payload 長度為 700 bytes 時的第 1byte 的編號為 SN2 = 701；另外，ACK1 = 901 是伺服端 B 告訴用戶端 A，期待下一次收到的序號為 SN1 = 901。

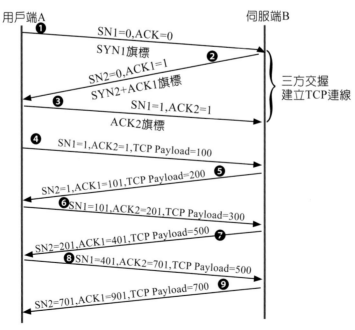

圖 10-19(c)　用戶端 A 與伺服端 B 進行 TCP 資料的雙向傳輸

10-13　TCP連線結束

建立 TCP 連線啟動時可分成主動端與被動端。若要建立 TCP 連線，任何一方都可以隨時主動提出要求，當某一方向的連線結束時，另一方可以在不同方向繼續傳送資料。若用戶端 A 主動提出終止連線，一直到兩方完全關閉，需經由 4 個步驟來完成，其過程如圖 10-20 所示。

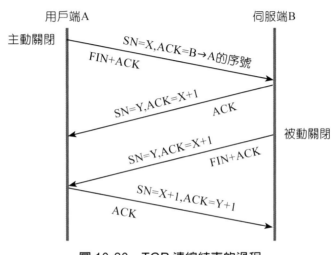

圖 10-20　TCP 連線結束的過程

注意：圖中的最上方箭頭表示用戶端 A 主動提出中止連線，此時 FIN 位元會被設定為 1，表示已經沒有資料要傳送；伺服端 B 確認收到此 FIN 封包後，會先確認序號為 X+1，接下來，用戶端 A 至伺服端 B 的連線就關閉，伺服端 B 繼續可傳送資料，若無資料傳送，也會送出 FIN 封包被動關閉；最後，用戶端 A 會確認此 FIN 封包。注意，TCP 連線結束過程又稱為四方交握 (4 Way Handshake)。

10-14　RFC1323有關TCP視窗的縮放

我們先來介紹 TCP 視窗的縮放 (TCP Window Scale) 這個概念：當 TCP 剛被發展出來的時候，因為那時候所使用的網路頻寬都不是很大，所以在 RFC 793 規定的 TCP 標頭裡面的接收端的窗格大小 (Window Size) 被定義成 16 bits，也就是相當於窗格大小的最大容量可以到 65535 bytes (相當於 2 的 16 次方的值減 1)。但是後來隨著寬頻時代的到來，16 bits 的欄位已經不夠用，所以必須想辦法把它擴充。所以在 1992 年的時候，

RFC 1323 提出了一個解決方案就是送收兩端在進行三方交握的時候，送收雙方都把自己的 Windows Scale 資訊告訴對方，主要是向對方通知一個縮放移位計數 (Scaling Shift Count)，對方如果收到這個通知，會把 Scaling Shift Count 的值做 2 的指數計算，算出來的值稱爲窗格大小縮放因子 (window size scaling factor)，就是接收端的視窗縮放的倍數。換句話說，在 RFC1323 標準中，指出 window size scaling factor，可以讓 TCP 標頭中的 16 位元的欄位來達成 30 位元的窗格大小，這稱就是所謂的視窗的縮放。注意，有關視窗的縮放資訊是放在 TCP 標頭的 Options 欄位內，有興趣可以去參考 RFC 1323 中的 2-2 節談到的 TCP Window Scale Option (WSopt)。

　　RFC 1323 主要觀念就是把 TCP 標頭裡面的接收窗格大小，從 16 bits 延伸到 30bits，這增加的 14 bits 就看成 Scaling Shift Count，它的 window size scaling factor 最大值就是 2 的 14 次方等於 16384。接收窗格大小可以增加到 1,073,725,440bytes，可由右式計算得出 $(2^{16} - 1) \times 2^{14} = 65,535 \times 16,384$ bytes。

　　如圖 10-21 所示送收兩端在進行三方交握的時候，都把一個 Windows Scale 的值 (亦即 Scaling Shift Count) 向對方通知，因爲此圖的 Scaling Shift Count 爲 2，然後做 2 的指數，可得出 window size scaling Factor 的值 4，再乘以在 RFC 793 TCP 標頭中定義的接受窗格的大小 16425 bytes，結果計算出來的窗格容量 (Calculated window size) 可以擴展爲 65700 bytes，此值代表用戶端能的接收窗格大小。

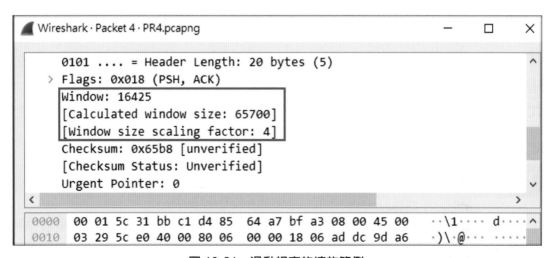

圖 10-21　滑動視窗的縮放範例

NOTE

如果 TCP 三方交握已進行完畢，此時 Wireshark 才掛上開始擷取封包，這個時候，它會將窗格大小縮放因子 (window size scaling factor) 設定為 −1，亦即 window size scaling factor: −1 代表 Wireshark 擷取封包的時候，沒有辦法擷取到三方交握封包的話，也代表對方無法知道 Scaling Shift Count，所以 Wireshark 也就不知道怎麼計算出 window size scaling factor 的值，如圖 10-22 所示。另外，有時候是防火牆太老舊，無法識別 Windows Scale，所以無法向對方通知一個 Scaling Shift Count，導致接收窗格值無法縮放，最後效能有多好可想而知。值得一提，如果 Wireshark 可以擷取到三方交握的封包，但使用者卻沒有開啓視窗的縮放功能，此時的 window size scaling factor 值為 −2。總之，在網路故障診斷，您一定常會擷取到這樣類型的封包，window size scaling factor: −1 和 window size scaling factor: −2，這個時侯就應該知道怎樣的處理了。

```
6  0.0581… 192.168… 192.168.1.141 ICMP  54  Timestamp reply      id=0xdb2b, seq=0/0, ttl=32
7  0.0809… 192.168… 192.168.1.123 ICMP  60  Address mask request id=0xdb2b, seq=0/0, ttl=64
<
> Frame 12: 54 bytes on wire (432 bits), 54 bytes captured (432 bits) on interface unknown, id 0
> Ethernet II, Src: Dell_be:9d:fd (00:14:22:be:9d:fd), Dst: Dell_cb:6b:15 (00:14:22:cb:6b:15)
> Internet Protocol Version 4, Src: 192.168.1.123, Dst: 192.168.1.141
v Transmission Control Protocol, Src Port: 65535, Dst Port: 3048, Seq: 1, Ack: 1, Len: 0
    Source Port: 65535
    Destination Port: 3048
    [Stream index: 0]
    [Conversation completeness: Incomplete (37)]
    [TCP Segment Len: 0]
    Sequence Number: 1    (relative sequence number)
    Sequence Number (raw): 0
    [Next Sequence Number: 1    (relative sequence number)]
    Acknowledgment Number: 1    (relative ack number)
    Acknowledgment number (raw): 820035121
    0101 .... = Header Length: 20 bytes (5)
  > Flags: 0x014 (RST, ACK)
    Window: 0
    [Calculated window size: 0]
    [Window size scaling factor: -1 (unknown)]
    Checksum: 0x307e [unverified]
```

圖 10-22   window size scaling factor 的值為 −1

重點整理

▶ TCP 是一種端點對端點的通訊協定，也常稱為主機對主機 (Host-to-Host) 或稱為行程對行程 (Process-to-Process) 的傳輸協定。

▶ 將連接埠編號與 IP 位址結合起來，稱為 Socket 位址或簡稱為 Socket。

▶ 連接埠編號分別為公認埠號 (well-known ports)、註冊埠號 (registered ports) 及 動態與私有埠號 (dynamic and/or private ports)。

▶ netstat 命令可進行檢視目前主機上連線狀態與封包的統計資訊等等。

▶ 不同端系統也意謂著有不同的作業系統，兩個不同端系統之間的行程是透過交換訊息來通訊。

▶ Socket 如同一扇行程的門，亦即發送端行程是將訊息從它的門傳送出去，並與另一端的門構成連線，訊息會透過此連線送到接收端行程的門 (即 Socket)。

▶ UDP 封包包含 UDP 的標頭格式及 UDP 酬載 (Payload)。

▶ UDP 錯誤檢查和的計算如同 IP 標頭檢查和的計算過程，但有點不一樣的是要連同虛擬標頭 (Pseudo Header) 一起加總計算。

▶ TCP 連線兩端使用者在傳送資料前必須經過交握的一些動作，以便達到資訊交換，這樣的動作稱為「三方交握 (3 Way Handshake)」。

▶ 錯誤檢查和的機制在 UDP 是可用，也可以不用。然而，TCP 則是強制使用。

▶ 需要重新進行封包傳送，以確定 TCP 是可靠的傳輸機制稱為自動重複請求 (Automatic Repeat reQuest；ARQ) 協定。

▶ 如果封包遭遇到特別嚴重的延遲，傳送端甚至有可能會在資料包或 ACK 都未遺失的情況下重送封包，有可能出現重複的資料封包 (duplicate data packet)。

▶ Sliding Window (封包的滑動窗)，允許傳送端同時送出多份封包，不需要等待確認，像這樣的技術稱為管線化 (pipelining)。

▶ TCP 使用封包數目做為 Window Size 的單位其實是不正確的，實際上的單位應是以位元組為準。

▶ TCP 提供累積性確認 (Cumulative Acknowledgement)，只要確認封包回應給發送端時，該封包編號之前的所有封包皆被認為已正確無誤到達接收端的主機。

▶ 使用 window size scaling factor，讓 TCP 標頭中的 16 位元的欄位來達成 30 位元的窗格大小，這稱就是所謂的視窗的縮放。

▶ Scaling Shift Count 的值做 2 的指數計算，算出來的值稱為 window size scaling factor。

▶ window size scaling factor: –1 代表 Wireshark 擷取封包的時候，沒有辦法擷取到三方交握封包。

▶ Wireshark 可以擷取到三方交握的封包，但使用者卻沒有開啟視窗縮放功能，此時的 window size scaling factor 值為 –2。

本章習題

選擇題

(　) 1. 當 TCP/IP 網路連線時，可以透過　(1) ping　(2) cd　(3) arp　(4) netstat　進行檢視目前主機上連線狀態與封包的統計資訊等等。

(　) 2. TCP 標頭的長度為　(1) 20　(2) 32　(3) 8　(4) 24 bytes。

(　) 3. UCP 標頭的長度為　(1) 20　(2) 32　(3) 8　(4) 24 bytes。

(　) 4. TCP 連線建立的過程 3 個順序步驟為
(1) SYN，SYN-ACK，ACK　　(2) SYN-ACK，SYN，ACK
(3) SYN，ACK，SYN-ACK　　(4) ACK，SYN-ACK，SYN。

(　) 5. TCPTCP 進行雙方的同步溝通時，那一位元會被設定為 1
(1) FIN　(2) FO　(3) ACK　(4) SYN。

(　) 6. 哪一種協定需要三方交握　(1) ARP　(2) ICMP　(3) UDP　(4) TCP。

(　) 7. TCP 協定的 16 進位值為　(1) 0x01　(2) 0x06　(3) 0x11　(4) 0x17。

(　) 8. UDP 協定的 16 進位值為　(1) 0x01　(2) 0x06　(3) 0x11　(4) 0x17。

(　) 9. 某一方告訴對方自己 TCP 傳送資料已經結束，那一位元會被設定為 1
(1) FIN　(2) FCS　(3) ACK　(4) SYN。

(　)10. 主機 A 在確定主機 B 正確地收到目前所傳送的封包之前，不會再傳送新的資料稱為
____協定　(1) GBN　(2) SR　(3) 停止並等待 (Stop-and-Wait)　(4) 以上皆可。

(　)11. TCP 允許傳送端只重送它接收端未正確收到 (指遺失或損毀) 的封包稱為____
(1) TCP Socket　(2) GBN　(3) SR　(4) 以上皆非。

(　)12. ____傳輸的應用可以用任何它想要的速率來傳送資料，且想傳送多久就傳多久
(1) TCP　(2) IP　(3) UDP　(4) 以上皆非。

(　)13. UDP Socket 是由____位址與目的端埠號來加以識別
(1) 目的端 IP　(2) 來源端 IP　(3) 目的端 IP 與來源端 IP　(4) 以上皆可。

(　)14. TCP Socket 是由____項數值來加以識別
(1)2　(2)3　(3)4　(4)5。

(　)15. TCP 允許傳送端可以無需等待確認就可以傳輸多份封包稱為____
(1)TCP Socket　　　　(2) 滑動窗格協定 (又稱 Go-Back-N)
(3)Stop-and-Wait　　　(4) 以上皆非。

簡答題

1. 建立 UDP Socket 時，傳輸層會自動為該 Socket 指定一個埠號，其埠號值為何？

2. 說明 SACK-Permitted 與 SACK (Selective Acknowledgement) 功能。

3. 說明 MSS 與 MTU 之間的關係。

4. 何謂自動重複請求 (Automatic Repeat reQuest；ARQ) 協定？

5. 何謂重複的資料封包 (duplicate data packet)。

6. 利用工具程式 netstat 顯示乙太網路封包統計資料。

7. 繪出 TCP 建立連線狀態圖。

8. TCP 可參考 RFC 793，而最新的 TCP 標準為 RFC 1323，請就 TCP 標頭裡面的接收窗格大小做比較。

9. 請根據下圖的封包 29～ 封包 33，繪出 TCP 的送收過程及 RTT。

CHAPTER 11

DNS協定

11-1 DNS簡介

前面幾章已陸續介紹了電腦網路中的第 2~4 層的協定，依序為數據鏈路層、網路層、傳輸層的協定，從本章開始，將介紹應用層的協定，包括：DNS、DHCP、HTTP、SMTP 等協定。

首先介紹 DNS (Domain Name System)，中文稱為網域名稱系統。當拜訪某公司時，警衛會要求證件，這時您可能會拿出身分證、駕照或行照，在國外也會以社會安全號碼來代表個人身分。總之，識別身分有很多方式。在台灣，使用身分證的內容常為大家所認可，至少可讓對方知道您的大名和相關資料。可否想過：當您告訴別人「我的名字是 55-231-66」，相信對方一定會流露出迷惑的眼神！因此，必須找出一種適合的身分識別方式。

同樣的情形也發生在 Internet 的主機上：當您想要連上中華電信的網站，可在瀏覽器的網址列輸入「www.cht.com.tw」；或許您會輸入數字式的 IP 位址，雖然一樣連線至同樣地方，但 IP 位址是不太容易記的數字，例如 IPv4 可達到 12 個數字，而 IPv6 有 32 個英文或數字。因此，將數字式的 IP 位址轉換成容易記住的、有意義的英文名稱，亦即「www.cht.com.tw」，帶來的方便就可想而知，這也正是 DNS 的主要任務。簡單的說，就是以較容易記住的 FQDN (FQDN；Fully Qualified Domain Name) 轉換成為電腦使用的 IP 位址，而避免一長串需記住的數字號碼。FQDN 被稱為完整網域名稱，也稱為絕對網域名稱。

回顧 Internet 初期，其互連的主機數量不多，故只要藉由主機檔案 (host file) 來轉換主機的完整網域名稱，就可解決對應的 IP 位址問題。換言之，就是 IP 位址和

FQDN 直接的對應。然而，Internet 成長速度實在太快，網路上的主機數量實在太多，使用主機檔案對應 FQDN 的轉換就不再那麼簡單，這也是後來需要 DNS 的原因。事實上，在 Internet 中的任何一部主機，若要有一個容易記住的名稱，必須在一特定功能的伺服器內註冊相對應的資料，稱為「授權」(Authorize)，則此部伺服器稱為 DNS 伺服器 (DNS Server)。注意：所有 DNS 伺服器為提高效能，在建構時不建議集中在同一地點，而是採用樹狀階層式 (Hierarchy) 的架構。

DNS 伺服器可能會有多部共同分工運作，形成所謂的網域名稱「系統」。而 DNS 伺服器之間的連繫主要是透過網域的階層性來達成，透過這樣的系統，我們可以由一部主機的 FQDN 查詢到對應的 IP 位址；反過來，也可以由 IP 位址查詢到該主機的網域名稱。換言之，網域名稱系統是一個「系統」，也可看成一個分散式資料庫系統。既然 DNS 是一個分散式資料庫系統，每一部伺服器只要管理自己本身所管轄的資料，再經過伺服器之間的資料交換，就可達成網路名稱的查詢功能。

DNS 是採用主從系統，由 DNS 伺服器和 DNS 客戶端組成。當客戶端輸入一個 FQDN 後，會向 DNS 伺服器要求查詢此 FQDN 的 IP 位址，稱為「前向名稱查詢」(Forward Name Query) 或稱前向查詢。伺服器會至資料庫找出對應的 IP 位址，並回覆給客戶端，稱為「前向名稱解析」(Forward Name Resolution)。DNS 為了有較高的查詢效率，採用 UDP 的傳輸方式。例如：由 www.cute.edu.tw 可查詢對應到的 IP 位址 192.192.78.37；當然，也可以透過 IP 位址查詢所對應的 FQDN，稱為「反向名稱查詢」(Reverse Name Query) 或稱反向查詢，即由 IP 位址 192.192.78.37 查詢對應到 www.cute.edu.tw。注意：要知道 FQDN 與對應的 IP 位址，或 IP 位址與 FQDN 名稱對應的主機呼叫，要先交由 DNS 解析器 (DNS Resolver) 來負責查詢。

再強調一下，FQDN 是由特定的主機加上網域名稱，再加上根網域「.」所組成。以「www.google.com.tw.」為例，www 代表這部 Web 伺服器的主機名稱；google.com.tw. 則代表此部 Web 伺服器的網域名稱，以及最後的那一點「.」代表在整個 DNS 架構中，位於樹狀階層中的最上層的根網域。注意：整個 FQDN 的長度 (包含「.」) 最大長度為 255 個字元，而網域名稱的字元最多為 63 個字元。或許您會問，我上網從來也沒敲入最後的那一點「.」，還不是一樣可以正常上網？這是由於網路應用程式在解讀名稱時會在網域名稱的尾巴自動補上「.」。注意：DNS 系統如同一樹狀結構，每一個分支以「.」分隔，其限制最多 127 層。值得一提：FQDN 有時也被稱為「絕對網域名稱」，像網域名稱敲入最後的那一點「.」作為終點，就是絕對網域名稱。FQDN 從邏輯上可以表示出主機是在什麼位置。換言之，FQDN 也就是所謂的主機名稱 (Hostname) 的一種完全表示形式。例如：flg.enterprise.com、www.google.com.tw。

範例 1　若 FQDN 為「www.cute.edu.tw」，所對應的 IP 位址為「192.192.78.37」，說明查詢過程。並反過來說明反向名稱查詢過程。

解答　DNS 客戶端會依據 FQDN 向 DNS 伺服器要求查詢此 FQDN 的 IP 位址，因此，伺服器會去對照其資料庫內的資料。若 FQDN 為「www.cute.edu.tw」，則會在「.cute.edu.tw」網域內的 DNS 伺服器內找到一筆 www 的主機對應到 IP 位址為「192.192.78.37」的記錄。

　　DNS 處理反向查詢時，是在「78.192.192.in-addr.arpa」的網域伺服器內有一對應表，可查到有一筆記錄 37 對應到 www.cute.edu.tw 的記錄；它的表示方式為「37.78.192.192.in-addr.arpa」。

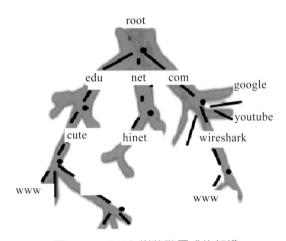

圖 11-1　DNS 樹狀階層式的架構

11-2　DNS的架構

　　當今網路上的主機數量非常龐大，FQDN 不可能只靠集中式的 DNS 伺服器來完成 IP 位址的轉換，否則，用來查詢資料庫必須等待的時間一定會讓人不耐煩！不採用集中式的 DNS，而是採用分散式的設計，原因如下：

(1) 單台 DNS 伺服器萬一掛掉，整個網際網路也會跟著掛掉。

(2) 單一台的 DNS 伺服器必須處理所有的 DNS 查詢，會造成大量的網路流量。

(3) 遠距離集中式資料庫，很容易造成壅塞的連結，這樣子會導致嚴重的延遲時間。

(4) 單一台的 DNS 伺服器必須存放網際網路上所有主機的記錄，這樣子集中式的資料庫會變得非常龐大，還必須進行更新來處理每一台新建立的主機，所以維護

起來比較複雜。總而言之,使用單一 DNS 伺服器的集中式資料庫無法擴充。因此,DNS 採用分散式設計。

因此,集中式的 DNS 伺服器在解析 FQDN 時很沒效率,這也造就分散式資料庫的建立,並以樹狀階層式 (Hierarchy) 的架構建立起來。如圖 11-1 中的 DNS 系統,基本上是採用樹狀階層式的架構。圖中指出,DNS 的根部在最上面,下面延伸出樹枝,樹枝的分支點就稱為節點 (node),每一節點都有節點名稱。由於名稱以樹狀階層來管理,故整個樹狀階層架構,稱為網域名稱空間,此空間的部分樹狀就是網域。換言之,樹的每一個分支點稱為網域,並且都給予一個名字,而此分支點的網域名稱即等於由這個分支點一直到根的所有名字連串起來,並且在每一節點的名字 (由左至右) 之間加一個點「.」。每個網域的名字在它的上一層網域裡,必須是唯一的名字。DNS 是由許多的網域所組成,每個網域下面又可不斷地分出更多的網域。每個網域最少都有一部 DNS 伺服器來儲存其管轄網域內的資料。DNS 伺服器可依據網域名稱,將網路上的主機,劃分成很多個邏輯群組,每個群組中的 DNS 伺服器負責維護自己網域中所有主機名稱與 IP 位址的資訊,並向上層網域的 DNS 伺服器註冊。例如:管轄「.google.com. tw」的 DNS 伺服器,就要向管轄「.com.tw」的伺服器註冊,一直到樹狀階層最高點的 DNS 伺服器為止。

DNS 架構分為 4 層,由上而下分別是根網域 (Root Domain)、頂層網域 (Top Level Domain)、第二層網域 (Second Level Domain) 和主機。

根網域

根網域位於 DNS 架構的最上層,當下層的任何一部 DNS 伺服器無法解析某個 DNS 名稱時,就會向根網域的 DNS 伺服器求助,只要所要搜尋的主機有照規定在伺服器內註冊,則從根網域的 DNS 伺服器往下層搜尋,必定可以解析出它的 IP 位址。

頂層網域

根網域所管理的下一層稱為頂層網域 (Top Level Domain;TLD),TLD 又分為通用頂層網域,稱為 gTLD (generic TLD);以及國碼頂層網域,稱為 ccTLD (country code TLD)。前者的名稱是以組織性質來區分,例如:com (商業)、edu (教育)、gov (政府)、int (國際組織)、mil (軍方)、net (網路中心)、org (組織機構),如圖 11-2 所示。後者是以國家為分類的,例如:cn 代表中國大陸、tw 代表台灣、jp 代表日本、ca 代表加拿大,如圖 11-3 所示;以及 kr 代表韓國、eu 代表歐盟、au 代表澳洲、fr 代表法國、uk 代表英國等等。注意:美國可用「us」,但很少用來當成頂層網域。

就以「.tw」來說，此層只記錄下一層那些主要的網域的主機，至於再下一層，則直接授權給下層的某部主機來管理！例如「edu.tw」下層還有「cute.edu.tw」這部主機，則直接授權交由「edu.tw」這部主機去管理！換言之，上層的 DNS 主機所記錄的資訊，其實只針對其下一層的主機而已！這樣設計的優點是可減少一些管理上的困擾！

台灣在 2000 年 5 月推出中文網域名稱和個人網域名稱供人申請，前者像「商業 .tw」、「網路 .tw」、「組織 .tw」、「教育 .tw」和「政府 .tw」5 種；個人網域名稱則有「idv.tw」1 種。在 2000 年 11 月，ICANN 也通過了 7 個新的 TLD 網域名稱；像「.aero」(航空公司)、「.biz」(公司行號)、「.coop」(合作社型態)、「.museum」、「.info」(資訊服務提供者)、「.name」(個人)、「.pro」(專業機構)；常見的頂層網域如表 11-1 所示。另一方面，2000 年 10 月在台灣開放「. 台灣」頂級中文網域名稱註冊服務，凡是註冊「中文 . 台灣」域名，即可自動取得相同價值的「中文 .tw」。例如：TWNIC (Taiwan National Network Information Center) 網站的中文網址「http:// 台網中心 . 台灣」與「http:// 台網中心 .tw/」。2005 年 11 月更進一步開放直接隸屬於 ccTLD 的英文網域名稱，例如：pchome.tw 省略了中間的 .com 網域名稱。

ICANN 第 41 屆新加坡會議，也正式宣布新頂層域名 (NewgTLD) 開放，並於 2012 年 1 月 12 日起開始申請收件，任何法人組織皆可申請，以前皆為企業或品牌申請網路中文 .tw 這類網址，從 2013 年起可申請公司品牌當網址結尾，以達到容易記憶、行銷等正面效果，例如 .coffee、.food、.cake 等等。相信新的網域名稱命名以後會有新的持續出現。

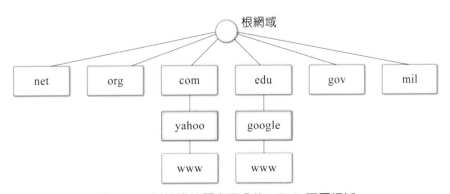

圖 11-2　以組織性質來區分的 gTLD 頂層網域

表 11-1　常見的頂層網域

名稱	代表意義	名稱	代表意義
com	早期提供給公司、企業 (現已不限制)	name	提供給個人用戶 (不限制註冊人的身分)
edu	教育單位	gov	政府單位
net	早期提供給 ISP (現已不限制)	info	原提供給資訊網站用 (現已不限制)
biz	限制商業上使用		

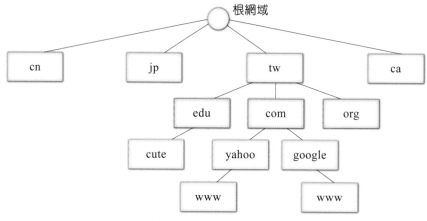

圖 11-3　以國碼來區分的 ccTLD 頂層網域

11-2-1　二層網域

在台灣採用的頂層網域是依據 ccTLD 方式來命名,即「.tw」網域;第二層網域則是以組織性質區分的 .com、.org 等網域,再細分下去的網域,也全都歸類在第二層網域。例如:「.com.tw」是屬於第二層網域;若再細分下去的網域「.yahoo.com.tw」、「.google.com.tw」均同屬於第二層網域。一般用的屬性型英文網域名稱是指「edu.tw」、「gov.tw」、「com.tw」、「net.tw」、「org.tw」等網域名稱。例如:twnic.net.tw。

至於最後一層是主機,也是屬於第二層網域的主機,其網域的管理及名稱可自己決定,無需要向管理網域名稱的機構註冊,像 www.cute.edu.tw、ftp.cute.edu.tw 等等。

NOTE

ICANN 是一個非營利性質的國際組織,負責 IP 位址的分配、gTLD、ccTLD 以及根伺服器 (root server) 系統的管理。TWNIC 為台灣網路資訊中心,屬非營利性之財團法人機構,同時也是中國互聯網絡資訊中心 (CNNIC)、日本網路資訊中心 (JPNIC)、韓國網路資訊中心 (KRNIC) 等網際網路組織之對口單位。

11-2-2　DNS Zone

前面已提過，DNS 伺服器會負責維護網域中所有 FQDN 與 IP 位址對應關係的資料。而 DNS Zone (區域) 則是用來儲存這些資料的資料庫。每一個 Zone 中的資料，都會由一部指定的 DNS 伺服器負責維護管理，因而，Zone 正是 DNS 伺服器實際的管轄範圍。若網域還有子網域時，可以委派 (delegate) 另一部 DNS 伺服器負責維護子網域中的管理。例如：以 www.cute.edu.tw 來說，若網域的下層無子網域，那 Zone 的管轄範圍就等於網域的管轄範圍，如圖 11-4 所示。若網域的下層有子網域，假設為 data、cook 和 math，則每個 Zone 都會有一部 DNS 伺服器負責管理。然而，為了避免當只有一部伺服器時，萬一發生故障，以致 Zone 的用戶端無法執行解析與查詢的風險，所以，較保險的作法是交給多部 DNS 伺服器來負責。注意：圖 11-5 指出同一個 Zone 的網域，必定是有上下層緊鄰的關係；另一方面，也指出 Zone 小於網域。例如：在 DNS 伺服器建立 cute 網域，而 cute 網域中的管轄範圍不等於「cute Zone」的管轄範圍，而 cute Zone 管轄範圍包含了 3 個 Zone，亦即是 data Zone、cook Zone 和 math Zone。

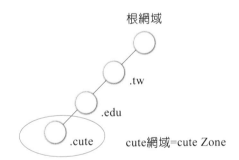

圖 11-4　網域的管轄範圍等於 Zone 的管轄範圍

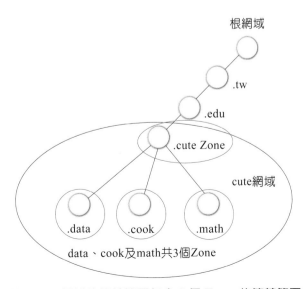

圖 11-5　網域的管轄範圍包含 3 個 Zone 的管轄範圍

11-3　DNS伺服器的種類

在 11-2-2 節已說明，當每個 Zone 只由一部 DNS 伺服器負責的話會有一個問題：一旦 DNS 伺服器發生故障，可能會造成 Internet 上其他使用者沒有辦法取得這個 Zone 的資料 (指 FQDN 和 IP 對應關係)。因此，為了避免這種情形發生，我們可以把這個 Zone 的資料同時交給多部 DNS 伺服器。DNS 伺服器的種類可分為 3 種：有主要名稱伺服器 (Master Name Server)，也簡稱為 Master DNS 伺服器；和次要名稱 DNS 伺服器 (Slave Name Server)，也簡稱為 Slave DNS 伺服器；以及快取伺服器 (Cache Server)。說明如下：

主要名稱伺服器

此伺服器在一個 Zone 中只能有一部，除了可以註冊主機的 FQDN 之外，其最主要的工作是提供 DNS 客戶端查詢的工作；還要維護 Zone 內的資料庫裡的資料的正確性。萬一這個 Zone 內的資料有變化時，也是直接寫入至這台伺服器的資料庫，此資料庫稱為 Zone 檔案 (Zone file)。

次要名稱伺服器

為了容錯 (Fault Tolerance) 與負載平衡 (Load Balance) 的考量，才會有次要名稱伺服器。此伺服器並不擔負註冊新的主機 FQDN 及資料庫的維護，但資料庫內的全部資料均來自於主要伺服器，亦是主要伺服器的備份資料庫；另外，它也協助 DNS 客戶端提出查詢時，所想要找到的資料。注意：DNS 客戶端必須事先設定可使用多部 DNS 伺服器，這樣的話，若遇主要名稱伺服器無法提供服務時，會自動轉至次要名稱伺服器。

快取伺服器

它本身並沒有管理任何的 Zone，但 DNS 客戶端還是可以向它要求查詢。由於此伺服器本身沒有 Zone 檔案，所以都向指定的 DNS 伺服器查詢，並將查詢到的相關資料，暫時儲存於自己的快取記憶體內，以便爾後還有相同的 FQDN 查詢時，可以立刻從快取記憶體提供客戶端想要的資料。

11-4　階層且分散式的資料庫

　　由於集中式 DNS 資料庫的擴充性非常有限，因此，Internet 上的 DNS 伺服器是採用一個階層且分散式的資料庫，它儲存著 Internet 上伺服器名稱解析與 IP 對應表、郵件路由資訊，以及其他 Internet 應用程式所使用的資訊。伺服器的資料庫必須以分散且階層式的方式來配置，這表示 Internet 的主機無法完全只由單一的伺服器來達成 FQDN 與 IP 位址之轉換服務。您一定會問：分散式的資料庫又是如何實作出來的？簡單的說，它是使用許多階層式的名稱伺服器實作出來。套用 11-3 節說明過的 3 種 DNS 伺服器的種類，我們可以初步勾勒出 DNS 伺服器的種類亦可分為 3 種：根 DNS 伺服器、頂層網域 DNS 伺服器，以及官方 DNS 伺服器 (Authoritative DNS Name Server)，如圖 11-6 所示。它們之間的關係說明如下：

　　例如：DNS 客戶端想要知道主機名稱 www.google.com 的 IP 位址時，客戶端會與其中一台根伺服器連絡，根伺服器會傳回告知 com 中的 TLD DNS 伺服器的 IP 位址。接著，客戶端會與這些 TLD 伺服器其中一台連絡，此台伺服器會傳回 google.com 的官方 DNS 伺服器；最後，客戶端會與其中一台官方 DNS 伺服器連絡，此台伺服器會傳回告知主機名稱 www.google.com 的 IP 位址。注意：當主機連線到 ISP 時，ISP 會提供其中一台或多台本地 DNS 伺服器 (Local DNS Server) 的 IP 位址。一般而言，主機會與本地 DNS 伺服器同屬在相同 LAN 上，一旦主機送出詢問訊息，會先送至本地 DNS 伺服器，以便與 DNS 伺服器階層架構進行通訊。本地 DNS 伺服器又稱預設名稱 DNS 伺服器 (Default Name DNS Server)，如 ISP、大學校園、公司或住家均有此類伺服器。嚴格來說，此伺服器並不歸類在階層式 DNS 的架構。

　　另外，頂層網域 DNS 伺服器負責 com、org、net、edu 等等，以及全部的國碼頂層網域像 uk、fr、ca、jp 等。至於官方 DNS 伺服器可提供管控的主機名稱到 IP 位址的對應。注意：一些在 Internet 上的著名機構，大都擁有供給眾多人存取的主機，像 google 的官方伺服器提供給客戶存取的 DNS 記錄，以使主機解析的名稱對應至 IP 位址。該機構的官方 DNS 伺服器會將這些 DNS 記錄儲存起來。為了安全起見，還會有備用的官方 DNS 伺服器。

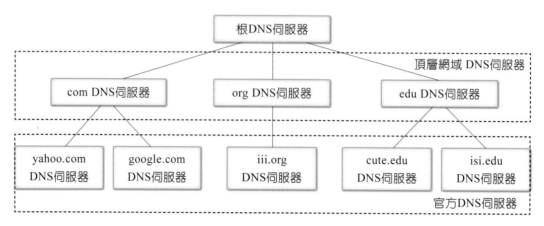

圖 11-6　DNS 伺服器階層型態

> **NOTE**
>
> 至 2020 年全球已超過 1,000 台 DNS 根伺服器。

11-5　DNS名稱的查詢

　　當我們在瀏覽器中的網址列輸入網站的 FQDN 後，作業系統會呼叫應用程式，稱為 DNS 解析器 (DNS Resolver)，此解析器是客戶端需要查詢一個 FQDN 所對應的 IP 位址時的解析軟體。例如：有一客戶端的 IP 位址為 192.168.1.2，它的預設名稱伺服器的 IP 位址為 192.168.1.15，現在客戶端想查詢 www.yahoo.com 的 IP 位址。首先，DNS 解析器會先到 DNS 解析器的快取（DNS Resolver Cache）查詢是否可以找到所要的資訊，若沒有，就到預設名稱 DNS 伺服器 (又稱為本地 DNS 伺服器) 查詢，其詳細過程如圖 11-7 所示，共分成 10 個步驟：

步驟 1 客戶端 DNS 解析器會先查詢自己本身的快取 (Cache) 記憶體中是否存在有要查詢的資料，亦即解析程式會去檢查本身的快取記錄是否有 www.yahoo.com 的存在。

步驟 2 如果從快取記錄可得知 FQDN 所對應的 IP 位址，此 IP 位址就回覆給呼叫它的應用程式。

步驟 3 若客戶端 DNS 解析器的 Cache 中無法找到對應的 IP 位址，則會向本地 (即預設名稱) DNS 伺服器要求查詢，此伺服器在收到要求後會先去檢查此

FQDN 是否為所管轄 Zone 內的網域名稱，若是的話，再檢查該部伺服器內是否存有客戶端想要的資料，找到後，會立刻回覆 DNS 解析器的查詢。注意，到第 3 步驟為止，DNS 客戶端向預設名稱 DNS 伺服器要求解析 DNS 名稱時的查詢稱為遞迴查詢 (Recursive Query)。注意，每當本地 DNS 伺服器收到某台 DNS 伺服器的回覆時，就順便將相關的資訊快取起來，快取的資訊約有 2 天的保存期。

步驟 4 萬一無法找到相對應的資料，那就必須進入圖 11-6 所示的 DNS 伺服器階層型態，以進行伺服器對伺服器之間的查詢，這樣的動作稱為循環查詢 (Iterative Query)。現在，由於預設名稱 DNS 伺服器找不到所要解析的「www. yahoo.com」位址，此時伺服器便會向根網域的 DNS 伺服器查詢是否有「www.yahoo.com」的 IP 位址。因為負責根網域的 DNS 伺服器會包括多部主機，所以預設名稱 DNS 伺服器會隨機向其中一部主機，例如：IP 位址為 135.66.77.88 的根網域 DNS 伺服器詢問，是哪些 DNS 伺服器負責「com」網域的授權工作。

步驟 5 135.66.77.88 的根網域 DNS 伺服器會回覆預設名稱 DNS 伺服器，告知負責「.com」網域的 DNS 伺服器包括哪些主機。

步驟 6 預設名稱 DNS 伺服器會從這些主機中隨機選取一台主機，例如：IP 位址為 192.23.6.7 的 com DNS 伺服器，並詢問哪些 DNS 伺服器負責「.com」網域授權工作。

步驟 7 IP 位址為 192.23.6.7 的 com DNS 伺服器會回覆預設名稱 DNS 伺服器，告知負責「yahoo.com」網域的 DNS 伺服器是哪些主機。

步驟 8 預設名稱 DNS 伺服器會從這些主機中隨機選取一台主機，例如：IP 位址為 55.1.2.3 的 yahoo.com DNS 伺服器，並詢問哪些 DNS 伺服器負責「yahoo. com」網域授權工作。

步驟 9 如果「www.yahoo.com」是來自 IP 位址為 55.1.2.3 的主機授權，因此，這台主機立刻回覆預設名稱 DNS 伺服器「www.yahoo.com」的 IP 位址與相關資訊。

步驟 10 一旦預設名稱 DNS 伺服器取得「www.yahoo.com」傳送過來的資訊後，會立刻回覆給客戶端的 DNS 解析器，到此整個查詢動作大功告成。

NOTE

當客戶端向預設名稱 DNS 伺服器要求名稱查詢時，若預設名稱 DNS 伺服器找不到所要解析的「www.yahoo.com」位址時，伺服器便會向根網域的 DNS 伺服器查詢是否有「www.yahoo.com」的 IP 位址？但為了節省頻寬及安全上的考量，可以不去詢問根網域 DNS 伺服器，此時可以設定轉送程式 (Forwarder)，將客戶端的要求優先轉送至特定的 DNS 伺服器。如果在規定的時間內沒有得到回覆，則預設名稱 DNS 伺服器可再向根網域 DNS 伺服器詢問，或是直接告知，客戶端無此 IP 位址。

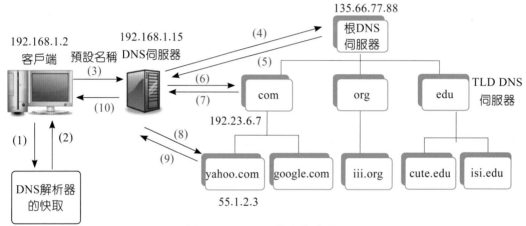

圖 11-7　DNS 的查詢流程

NOTE

當預設名稱 DNS 伺服器接收到客戶端查詢時，必須要回覆客戶端所要查詢的主機名稱解析所對應的 IP 位址，若找不到對應的資料，也不會通知客戶端去查詢另一部 DNS 伺服器，像這種查詢就是遞迴查詢 (Recursive Query)。例如：在圖 11-7 的步驟 3 與步驟 10，只牽涉到 IP 位址 192.168.1.2 客戶端的主機，與 IP 位址 192.168.1.15 的預設名稱 DNS 伺服器之間的通訊查詢。但接下來，步驟 4 至步驟 9 都是在進行伺服器對伺服器之間的查詢動作，且回覆均直接傳回給預設名稱 DNS 伺服器，像這種的反覆的查詢稱為循環查詢 (Iterative Query)。循環查詢的過程看起來很複雜，但只要在 DNS 伺服器階層型態連結的主機有按規定登錄，很快的就可以完成這樣的循環查詢，當然可以很快地查出各部主機的 FQDN 與 IP 位址，或告知找不到此筆資料。

範例 2 如何知道 DNS 解析器的 Cache 內容？

解答 首先，先清除 DNS 解析器的 Cache 內容，例如：在 C:\Users\Sherry> 敲入 ipconfig/flushdns，然後再執行 C:\Users\Sherry>ipconfig/displaydns，如圖 11-8(a)所示；現在請重新連線，並進行www.jjnet.com.tw 的 DNS 查詢，可執行C:\Users\Sherry>nslookup www.jjnet.com.tw 後，開啓 www.jjnet.com.tw 的網頁，再執行 C:\Users\Sherry>ipconfig/displaydns，可得出多一筆 www.jjnet.com.tw 記錄等相關訊息，如圖 11-8(b) 所示。注意，執行 nslookup 命令，用來搜尋 DNS 資源記錄，例如各類型的 RR 查詢、反向名稱查詢。11-7 節會再用範例 說明。

圖 11-8 (a) DNS 解析器清除後的 Cache 內容

圖 11-8 (b) 線後的 DNS 解析器的 Cache 內容

11-6 DNS資源記錄

　　DNS 伺服器內的每一個網域名稱都有自己的檔案，這個檔案即所謂的「Zone 檔案」，一旦 Zone 建立起來後，就可以在 Zone 檔案內新增多個記錄資料，這些資料就是 DNS 的資源記錄 (Resource Record，簡稱 RR)。RR 也可以看成是 DNS 的客戶端和伺服器之間來往的資訊，像前面提到的網域均帶有和網域相關的 RR，一旦解析器將網域名稱送至伺服器，正常情況可以傳回和該名稱相關的資源記錄；換言之，DNS 其中之一的功能，就是將網域和資源記錄互相對應。DNS 為了對應不同的名稱轉換系統，所以在資源記錄之中包含不同類型 (TYPE) 的種類，當客戶端對 DNS 指定類型進行查詢時，系統會傳回和類型相符合的資源記錄。當我們在設定 DNS 名稱解析及管理時，就需要使用到不同類型的 RR。下面所列出的 RR 類型是較常會用到的 RR，如下說明。

◯ SOA (Start Of Authority；管轄起始)

　　Zone 檔案內的一開始就是此種記錄，每一個記錄檔只能有一個 SOA，而且一定是檔案中第一個記錄；換言之，SOA 標示出一個 Zone 檔案的開始，它用來記錄此 Zone 的授權資訊，包含主要 (Master) 名稱伺服器，與管理此 Zone 負責人 (即指管理員) 的電子郵件帳號、修改的版本、存放在快取記憶體中的每筆記錄時間，以及備份伺服器要備份這個 Zone 時的一些參數。例如：Microsoft DNS 伺服器產生的 SOA 資源記錄如圖 11-9 所示：由於 SOA 最主要是跟網域有關，所以一開始的 RR (依序由上往下) 會出現網域名稱 ccc.edu.tw、主要名稱伺服器 ns1.ccc.edu.tw (亦即為 cc.edu.tw 這個網域的主要 DNS 伺服器)，以及發生問題可以聯絡這個管理員的電子郵件帳號為 abc.mail.ccc.edu.tw。注意：由於 @ 在資料庫檔案中具有特別意義，因此，abc@.mail.ccc.edu.tw 就寫成 abc.mail.ccc.edu.tw。接著，SOA 後面會依序出現序號 (Serial)、更新頻率 (Refresh)、失敗重試時間 (Retry)、失效時間 (Expire) 及存活時間值 (TTL) 共 5 個參數。Refresh、Retry、Expire 及 TTL 共 4 個，均以秒為單位。

```
ccc.edu.tw.
primary name server=ns1.ccc.edu.tw
responsible mail addr= abc.mail.ccc.edu.tw
serial = 2013071015
refresh =10800 [3hr]
retry = 1800 [30min]
expire = 432000 [5day]
default TTL = 3600 [1hr]
```

圖 11-9　SOA 資源記錄

⊙ NS (Name Server；名稱伺服器)

負責管轄 Zone 的名稱伺服器，它包含主要和次要名稱伺服器。注意：不可以 IP 位址表示。

⊙ A (Address；位址)

記錄 DNS 網域名稱所對應的 IPv4 位址。

⊙ AAAA (Address；位址)

記錄 DNS 網域名稱所對應的 IPv6 位址。

⊙ PTR (Pointer；反向查詢指標)

將 IP 位址轉換成主機的 FQDN。

⊙ CNAME (Canonical Name；正規名稱)

使用 CNAME 可以為同一部主機設定不同的別名 (alias)，這可使所設定的別名都會連至同一部伺服器。例如：svp.cde.abgnet.com 稱為正規名稱，而它的別名可為 www.cde.abgnet.com 和 ftp.cde.abgnet.com。因此，所設定的別名都會連至同一部伺服器。換言之，主機名稱如果有別名，則應用程式呼叫 DNS 時，可以很容易取得該主機名稱的正規名稱和它的 IP 位址。CNAME 的寫法如圖 11-10 所示。

www.cde.abgnet.com	CNAME	svp.cde.abgnet.com
ftp.cde.abgnet.com	CNAME	svp.cde.abgnet.com

圖 11-10　CNAME 的寫法

⊙ MX (Mail Exchanger；郵件交換器)

MX 是記錄著某個網域相關郵件伺服器的 FQDN 和 IP 位址等資訊。MX 記錄是設定在 DNS 伺服器內。當發送端要對某個網域送信件時，發送端的郵件伺服器會先對該網域的 DNS 伺服器進行 MX 記錄的查詢。舉例來說：若您發一封信件給 abc@ed.com.tw 時，則您的郵件伺服器會去查詢 DNS 伺服器內有沒有記錄 ed.com.tw 這個網域所對應的 IP 位址，若查不到，則會至其他 DNS 伺服器上查詢。一旦查到 ed.com.tw 所對應的 IP 後，會再查詢擁有 MX 記錄的是哪一部伺服器，最後，您的郵件伺服器就會將信件送到 ed.com.tw 這個網域的郵件伺服器上。

　　為使所有郵件都能確實送給接收端，DNS 伺服器最好都建立 MX 記錄。當存在多部 MX 時，必須設定優先順序的數字，像 10 為一般偏好值，數字愈小，表示較高優先，像 0 為最高優先。舉例來說，如果網域 abc123.com 包含有兩筆 MX 記錄：3 mail1. abc123.com 和 5 mail2. abc123.com，郵件將會優先傳送至 3 mail1. abc123.com，如果該伺服器暫停服務，則郵件將重新被導引至 5 mail2.abc123.com。MX 的寫法如圖 11-11 所示，圖中指出，yahoo.com.tw 網域的 MX 是 mx1.mail.tw.yahoo.com。

```
yahoo.com.tw  MX preference = 10, mail exchanger = mx1.mail.tw.yahoo.com
```

圖 11-11　MX 的寫法

11-7　DNS客戶端的驗證

　　若讀者想要查詢 DNS 上的一些資料，或要知道 DNS 是否有什麼樣的問題，那您就必須熟練一個工具程式，稱為 nslookup。nslookup 這個命令不但可以查詢不同的資料類型；而且可以指定所要使用的 DNS 伺服器。若我們先在自己的網路卡設定預設 DNS 伺服器的 IP 位址為 168.95.1.1 如圖 11-12 所示，接下來，我們可以在 Windows 10 作業系統中的命令提示字元下敲入 nslookup 命令，就會顯示出電腦目前指定的 DNS 伺服器為 dns.hinet.net，並開始進行客戶端的驗證。接著，再【Enter】，便可進入交談模式如圖 11-13 所示。

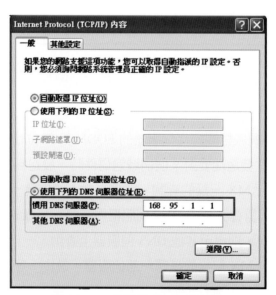

圖 11-12　慣用的 DNS 伺服器

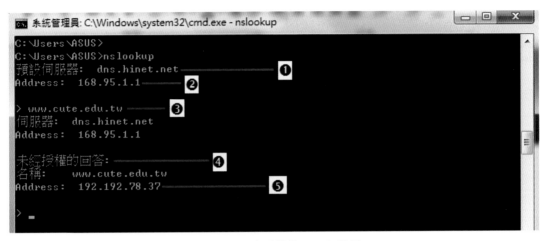

圖 11-13 客戶端的 DNS 驗證

❶ 與 ❷ 分別代表目前電腦預設的 DNS 伺服器及其 IP 位址。注意，輸入 nslookup 代表進入交談模式。注意，執行 nslookup 時，若後面敲入要查詢的資料，則 nslookup 會直接將結果傳回。

❸ 查詢 www.cute.edu.tw 的 IP 位址。

❹ 若資料是存在快取內部的話，會附加一個 (「未經授權的回答」Non-authoritative answer) 的回覆訊息，代表這個答案是由本地 DNS 伺服器的快取中直接得到的，而不是本地 DNS 伺服器向負責這個網域的名稱伺服器詢問來的。

❺ DNS 伺服器回覆的 IP 位址。

範例 3　如何顯示 SOA 的資源記錄 (RR)。

解答　其執行步驟：敲入 nslookup 命令後 → set type = S O A (或 set q = SOA) → www.google.com.tw。在黃色框中可以看到與 SOA 有關的 RR，像主要名稱伺服器 ns1.google.com 及發生問題可以聯絡這個管理員的電子郵件帳號為 dns-admin.google.com 及 SOA 後面會依序出現的 5 個參數：serial、refresh、retry、expire 與 default TTL 參數值。

```
C:\Windows\System32>nslookup
預設伺服器:  dns.hinet.net
Address:  168.95.1.1

> server 168.95.192.1
預設伺服器:  hntpl.hinet.net
Address:  168.95.192.1

> set type=SOA
> www.google.com.tw
伺服器:  hntpl.hinet.net
Address:  168.95.192.1

google.com.tw
        primary name server = ns1.google.com
        responsible mail addr = dns-admin.google.com
        serial  = 521253793
        refresh = 900 (15 mins)
        retry   = 900 (15 mins)
        expire  = 1800 (30 mins)
        default TTL = 60 (1 min)
>
```

範例 4 如何得出目前 nslookup 的一些預設 (default) 設定值。

解答 透過 nslookup 進入交談模式，出現提示符號 >，再敲入 set all。

```
C:\Windows\System32\cmd.exe - nslookup

Microsoft Windows [版本 10.0.19044.2728]
(c) Microsoft Corporation. 著作權所有，並保留一切權利。

C:\Windows\System32>nslookup
預設伺服器:  dns.hinet.net
Address:  168.95.1.1

> set all
預設伺服器:  dns.hinet.net
Address:  168.95.1.1

Set 選項:
  nodebug
  defname
  search
  recurse
  nod2
  novc
  noignoretc
  port=53
  type=A+AAAA
  class=IN
  timeout=2
  retry=1
  root=A.ROOT-SERVERS.NET.
  domain=
  MSxfr
  IXFRversion=1
  srchlist=
```

範例 5　在查詢某個網域名稱時，如何顯示與這個網域名稱的一些相關資料。

解答　透過 nslookup 進入交談模式，出現提示符號 >，敲入 set type = any（或也可以 q = type any），enter 後再敲入網域名稱。這個步驟讓我們瞭解 www.google.com.tw 的 IP 外，我們還得知 google.com.tw 是由哪一台名稱伺服器 (name server) 在負責，因此如果想要知道 www. google.com.tw 真正在 google.com.tw 上的記錄為何，而不是由 DNS 解析器的快取中傳回的資料，因此我們可以使用範例 3 談到的 server 命令將本地 DNS 伺服器改為負責 google.com.tw 的 DNS 伺服器，然後重新再查詢一次即可。

```
C:\Windows\System32\cmd.exe - nslookup

Microsoft Windows [版本 10.0.19044.2728]
(c) Microsoft Corporation. 著作權所有，並保留一切權利。

C:\Windows\System32>nslookup
預設伺服器:  dns.hinet.net
Address:  168.95.1.1

> set type=any
> www.google.com.tw
伺服器:  dns.hinet.net
Address:  168.95.1.1

未經授權的回答:
www.google.com.tw       AAAA IPv6 address = 2404:6800:4012:3::2003
www.google.com.tw       internet address = 142.251.43.3
> server 8.8.8.8
預設伺服器:  dns.google
Address:  8.8.8.8

> www.google.com.tw
伺服器:  dns.google
Address:  8.8.8.8

未經授權的回答:
www.google.com.tw       internet address = 74.125.23.94
www.google.com.tw       AAAA IPv6 address = 2404:6800:4008:c02::5e
>
```

範例 6　延續上例，指出 RR 類型為「A」以及類型為「NS」。

解答　在提示符號 > 敲入 set type = A，enter 後再敲入 google.com.tw；同樣地，敲入 set type = NS，enter 後再敲入 google.com.tw。

```
C:\Windows\System32\cmd.exe - nslookup

www.google.com.tw          internet address = 74.125.23.94
www.google.com.tw          AAAA IPv6 address = 2404:6800:4008:c02::5e
> set type=A
> google.com.tw
伺服器:  dns.google
Address:  8.8.8.8

未經授權的回答:
名稱:     google.com.tw
Address:  172.217.160.67

> set type=NS
> google.com.tw
伺服器:  dns.google
Address:  8.8.8.8

未經授權的回答:
google.com.tw      nameserver = ns2.google.com
google.com.tw      nameserver = ns3.google.com
google.com.tw      nameserver = ns1.google.com
google.com.tw      nameserver = ns4.google.com
```

範例 7 若已知 PC Home 的 IP 位址為 210.59.230.60，如何得出它的反向名稱查詢？

解答 我們可以在命令提示字元下敲入 nslookup 命令後 → set type = PTR → 210.59.230.60，得出它的 FQDN 為 pimg. pchome.com.tw，稱為反向名稱查詢。

```
C:\Windows\System32\cmd.exe - nslookup

Microsoft Windows [版本 10.0.19044.2728]
(c) Microsoft Corporation. 著作權所有，並保留一切權利。

C:\Windows\System32>nslookup
預設伺服器:  dns.hinet.net
Address:  168.95.1.1

> set type=PTR
> 210.59.230.60
伺服器:  dns.hinet.net
Address:  168.95.1.1

未經授權的回答:
60.230.59.210.in-addr.arpa      name = pimg.pchome.com.tw
```

11-8　DNS的封包格式

DNS 的封包格式可參考 RFC 1035，如圖 11-14 所示。其中，標頭的長度是固定的，共佔 12bytes；標頭後的部分有 Question Section、Answer Section、Authoritative Section 與 Additional Section。各個 Section 除了包含多個記錄之外，其長度是變動的。

更進一步說明，DNS 的封包分為兩種：一為詢問訊息 (query message)，包含一個標頭及多個問題記錄 (question records)；另一為 DNS 的回覆訊息 (response message) 則包含一個標頭及多個問題記錄、多個回答記錄 (answer records)、多個管轄記錄 (authoritative records) 及多個額外記錄 (additional records)，如圖 11-15 所示。

Query Identifier (16)	QR (1)	OPCodes (4)	|AA (1)|TC (1)|RD (1)|RA (1)|	Reserved (3)	rCode (4)	12bytes
Question Count (16)	Answer RR Count (16)					
Authority RR Count (16)	Additional RR Count (16)					
Question Section (32)						
Answer Section (32)						
Authority Section (32)						
Additional Records Section (32)						

圖 11-14　DNS 的封包格式

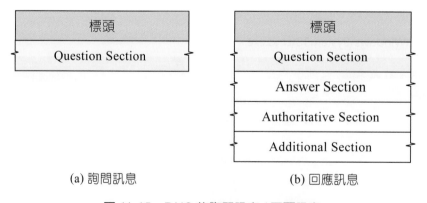

(a) 詢問訊息　　(b) 回應訊息

圖 11-15　DNS 的詢問訊息 / 回覆訊息

以下爲各欄位的簡要說明：

* Query Identifier (Query ID，查詢編號) 佔 16bits：用戶端每次送出要求查詢封包時，會自動產生此編號；而伺服器會複製此編號到要回覆的封包，用戶端也可依此編號辨認是回覆哪一個查詢封包。

* Query/Response (QR) 佔 1bit：0 代表查詢封包，1 代表回覆封包。

* OpCode (Operation Code，操作碼) 佔 4bits：用來識別 DNS 封包的類型，如表 11-2 所示。此值會複製至回覆封包。

表 11-2　DNS 封包的類型

欄位值	DNS 封包類型
0	標準查詢 (Standard Query)
1	逆向查詢 (Inverse Query)
2	伺服器狀態
3-15	保留未使用

* AA/TC/RD/RA 共佔 4bits：由左至右各佔 1bit，分別是 AA (Authoritative Answer)、TC (Truncation)、RD (Recursion Desired)、RA (Recursion Available)，如表 11-3 所示。

表 11-3　AA/TC/RD/RA 代表意義

欄位名稱	代表意義
AA	DNS 伺服器得知要查詢的 FQDN 為管轄區域內的記錄時，此欄位會設定為 1；預設值為 0。AA 只用在回覆訊息。
TC	當欄位值為 1，代表 DNS 封包長度大於 512bytes，此時超過的長度會被截斷，只剩下 512bytes。
RD	1 代表用戶端是採用遞迴查詢模式；0 代表採用循環查詢模式。RD 用在詢問訊息，並複製至回覆訊息。
RA	DNS 名稱伺服器支援遞迴查詢模式時，此欄位值設定為 1；0 表示不接受該查詢模式。RA 只用在回覆訊息。

* Reserved 佔 3bits：保留未用，欄位值全爲 0。

* rCode (Response Code) 佔 4bits：指出 DNS 查詢時所發生的錯誤訊息，如表 11-4 所示。注意：只有具管轄權的伺服器才具有設定表 11-4 所示的位元。它的值是在回覆訊息內。

NOTE

我們常將 QR (1)、OpCode (4)、AA (1)、TC (1)、RD (1)、RA (1)、Reserved (3) 及 rCode (4) 共佔 16 bits 定義為旗標。

表 11-4　rCode 代表意義

欄位值	欄位值代表意義
0	沒有錯誤
1	封包格式錯誤
2	名稱伺服器錯誤
3	查詢的 FQDN 不存在 (no such name)
4	不支援 OP Code 所指的 DNS 封包
5	DNS 伺服器拒絕處理此封包
6	不應該存在的名稱
7	不應該存在的 RRset
8	伺服器對該 Zone 沒有經過授權
9	Zone 沒有該名稱

範例 8　若您開啓一個已存取的 DNS Wireshark 封包，請增加 dns error 按鈕以方便過濾出有多少個 dns 錯誤的回應 (Response) 封包？若有錯誤發生，以第一個封包爲例，錯誤原因爲何？寫出 16 bits 旗標值爲何？

解答

步驟 1　如果讀者對 Wireshark 有點熟悉，現請將滑鼠移至 Wireshark 功能選單中的 Edit → Preferences → Filter Buttons，引出一個對話方塊，準備新增一個 dns error 按鈕，所以點擊「+」按鈕，如下圖所示的方塊中勾選 Show in toolbar，Button Label 敲入新的按鈕名稱 dns error，以及在 Filter expression 欄框敲入 dns.flags.rcode>0 (注意此命令正是呼應表 11-4 中的 rCode 值只要大於 0 就表示 DNS 封包有錯誤發生。

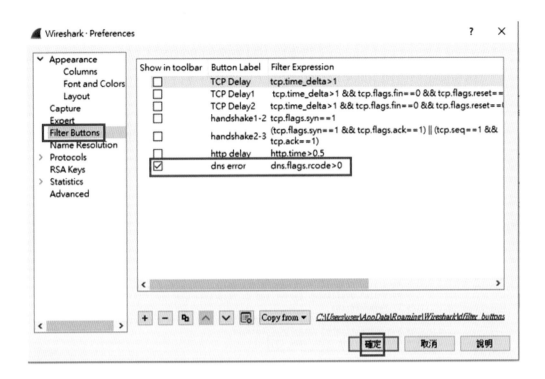

步驟 2　確定按鈕被點擊後就新產生一個新的 dns error 按鈕，現在請點擊 dns error 按鈕，可以過濾出 DNS 類型的的封包數量共 6 個發生錯誤，如下圖所示的錯誤封包 12115、12117、16321、16419、22928 及封包 22929。

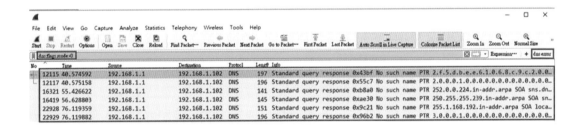

步驟 3　我們點擊第一個發生錯誤的 DNS 封包 12115，展開得出 rCode = 0011，亦即 rCode = 3 (no such name)，錯誤原因是查詢的 FQDN 不存在 (no such name)；16 bits 旗標值爲 1000010110000011 (0x8583)，如下圖所示。

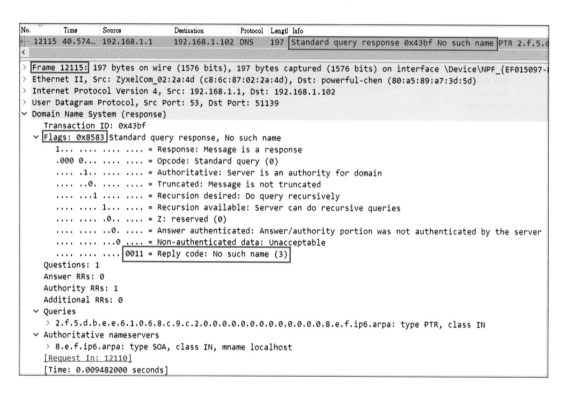

◈ Question Section：分爲 Question NAME (稱爲 QNAME)、Question TYPE (稱爲 QTYPE) 及 Question CLASS (稱爲 QCLASS) 共 3 個子欄位。說明如下：

(1) QNAME：長度不固定，此欄位指出所要解析的 FQDN。例如：FQDN 爲 www.cool.ac.edu。

(2) QTYPE：長度佔 16bits，此欄位指出要查詢的資源記錄類型，像前面談過的 RR 類型即是 QTYPE 的子集合。表 11-5 列出常用的 RR 類型、欄位值所代表查詢的種類，請參考 RFC 1035。

表 11-5　常用的 RR 類型及對應欄位值

欄位值	RR 類型	代表意義
1	A	查詢主機位址記錄
2	NS	定義有管轄權的名稱伺服器
5	CNAME	定義主機正規名稱的別名
6	SOA	Zone 檔案內的開始處
7	MB	郵箱的網域名稱 (實驗用)
10	NULL	無效的 RR (實驗用)
11	WKS	主機公認的服務
12	PTR	IP 位址轉換成網域名稱
13	HINFO	指出主機硬體、作業系統等資訊
14	MINFO	指出郵箱或郵件列表資訊
15	MX	電子郵件交換至郵件伺服器
16	TEXT	驗證來自某網域上的合法的電子郵件
255	ANY	查詢所有類型的 RR

(3) QCLASS 長度佔 16bits：此欄位指出要在哪一種類的網路上做 DNS 查詢。表 11-6 列出不同種類等級的網路。注意：目前僅使用 IN (Internet)。

表 11-6　列出不同種類等級的網路

等級	助記符號	說明
1	IN	網際網路
2	CS	CSNET (已過時)
3	CH	CHAOS 等級
4	HS	與 MIT Project Athena 相關的 Hesiod 伺服器

　　接下來要談的 Answer Section、Authority Section 與 Additional Section 分別作為回覆、授權、額外記錄等封包的資訊。它們都有相同的格式，如圖 11-16 所示。圖中包括一些不同數目的資源記錄，這些資源記錄將分別對應至標頭欄位中的 Answer RR Count (佔 16bits，又稱 ANCount)，指出存放於 Answer Section 欄位的回答記錄筆數；Authority RR Count (佔 16bits，又稱 NSCount)，指出存放於 Authority Section 欄位的名稱伺服器所管轄記錄的筆數；及 Additional RR Count (佔 16bits，又稱 ARCount)，

指出存放於 Additional Section 欄位的額外記錄的筆數。注意：Question Count 又稱 QDCount，指出存放於 Question Section 欄位的問題記錄的筆數。

0　1　2　3　4　5　6　7　8　9　10　11　12　13　14　15
NAME
TYPE
CLASS
TTL
RDLENGTH
RDATA

圖 11-16　資源記錄格式

◈　Answer Section：存放要答覆給用戶端的資料。

(1) NAME，長度佔 16bits：用來存放用戶端查詢的 FQDN。本欄的網域名稱是由 Question Section 中的網域名稱 (即 QNAME) 拷貝過來。

(2) TYPE，長度佔 16bits：此欄位相當於 Question Section 中的 QTYPE 欄位。其可指出在 RDATA 欄位內的資料意義。

(3) Class，長度佔 16bits：用來指出在 RDATA 欄位內的資料等級。

(4) TTL，長度佔 32bits：以秒為計量單位，用來指出資源記錄在被棄除之前，保留在 DNS 伺服器快取中的時間。若 TTL 為 0，表示 RR 正被使用於交易進行中，所以不能存放在快取中。

(5) RDLENGTH，長度佔 16bits：用來指出在 RDATA 欄位的長度。

(6) RDATA，長度 (以 byte 為單位) 不一定：可用來存放查詢的結果，通常是存放 IP 位址或 FQDN。其欄位長度將視資料格式不同而改變。例如：RR 中的 TYPE = A 與 CLASS = IN，則 RDATA 欄位長度佔 4bytes 的 ARPA Internet 位址。注意：ARPA 為 Advanced Research Projects Agency Network (ARPANET) 的縮寫。

◈ Authority Section：表示在查詢 FQDN 時，找到可供查詢的官方 (經授權或稱管控) DNS 伺服器所指向的 RR。其格式如同 Answer Section 所包括的 6 個欄位。注意：除了最後一個欄位 RDATA 存放的不是 IP 位址，而是 DNS 伺服器的 FQDN 之外，其餘欄位的意義是相同的。

◈ Additional Section：不同的 RR 中，有的會需此 Section 處理。例如：MX 記錄為使被指定的郵件主機獲得交換，就會導致需處理 TYPE A 的 Additional Section；但有的不會。例如：CNAME RR (參考 RFC 1034)。另一方面，當 Authority Section 中有存放幾筆資料時，Additional Section 也會存有這幾筆資料。注意：Additional Section 也包含了同樣的 6 個欄位，但 NAME 和 RDATA 是存放 Authority Section 中所記錄的 DNS 伺服器名稱及其 IP 位址。

範例 9 本地 DNS 伺服器收到一個詢問訊息，要求尋找主機 www.cool.ac.edu 的 IP 位址。請說明詢問訊息與回覆訊息。

解答 圖 11-17(a) 指出送出的詢問訊息。圖中的 Query Identifier (Query ID) = 1234 (佔 16bits)，代表用戶端送出要求查詢封包時所自動產生的編號；而伺服器會複製此編號至所要回覆的封包，因為伺服器可能會收到用戶端傳送過來的很多詢問。Query ID 可對抵達的一堆查詢封包做排序動作；用戶端也可依此編號辨認是回覆哪一個查詢封包。至於旗標，其 16 進位值為 0x0100，而二進位值為 0000000100000000，我們可以圖 11-17(b) 指出代表的欄位：QR = 0 定義此訊息為一查詢封包。OpCode 為 0000，代表為標準查詢。AA = 0 (AA 只用在回覆訊息)，RD = 1 表示用戶端採用遞迴查詢。

注意：RD 用在詢問訊息，並複製於回覆訊息。RA 只用在回覆訊息，在此設為 0。rCode 指出 DNS 查詢時所發生的錯誤訊息，它的值是在回覆訊息，在此設為 0。由於此訊息只包含一筆問題記錄，所以 Question Count = 1，其他 Count 處於詢問訊息時值皆是 0；所以，在 Question Section 中的問題記錄的 QNAME 名稱為 3www4cool2ac3edu0。接下來的 16 個位元定義 QTYPE = 1，代表 RR 為 TYPE A，其指出要查詢的是主機位址記錄；最後的 16 個位元定義 QCLASS = 1，代表詢問等級為 Internet。

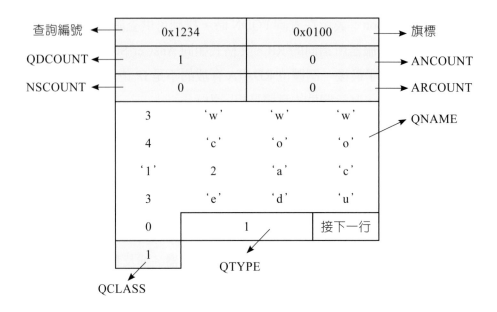

圖 11-17(a)　詢問訊息範例

QR	OpCode	AA	TC	RD	RA	Reserved	rCode
0	0000	0	0	1	0	000	0000

圖 11-17(b)　查詢封包（亦即詢問訊息）旗標 (flag) 欄位的對應值

回覆訊息與詢問訊息在旗標上的值有些不同。像 QR = 1，定義此訊息為一回覆訊息。現在，RA = 1，代表 DNS 名稱伺服器支援遞迴查詢模式，所以旗標的二進位值為 100000011000000，相當於 16 進位值為 0x8180，如圖 11-17(c) 所示。

QR	OpCode	AA	TC	RD	RA	Reserved	rCode
1	0000	0	0	1	1	000	0000

圖 11-17(c)　回覆封包（亦即回覆訊息）旗標 (flag) 欄位的對應值

注意：RA 只用在回覆訊息。另一方面，ANCOUNT = 1 代表存放 Answer Section 欄位的資料筆數，亦即包含一筆回答記錄；當然，此時 QDCOUNT 也保持為 1。換言之，此回覆訊息包含一筆問題記錄及一筆回答記錄。問題記錄會重複詢問訊息，則可利用一個抵補指標 (offset pointer) 值為 0xC00C，其二進位值為 1100000000001100，除了最高與次高 2 個位元固定為 11，其餘 14 位元代表 10 進位值 12。注意：12 代表抵補指標是指到問題記錄的第 13bytes（即圖中的紅色箭頭指到的阿拉伯數字是 3) 的訊息位元組，以避免重複的網域名稱。

再強調一下，標頭最左邊的訊息位元組是查詢編號 0x1234，而其中的 0x1234 代表第 0byte 的位置。接下來，如同上述 QTYPE = 1，定義詢問類別為 IP 位址；QCLASS = 1，代表詢問等級為 Internet。接著定義保留在 DNS 伺服器快取中的 TTL （長度佔 32bits)，時間設定為 36000 秒。緊接著 RDLENGTH （長度佔 16bits)，用來指出在 RDATA 欄位的長度為 4。最後為 IP 位址 10.143.22.35，如圖 11-17(d) 所示。

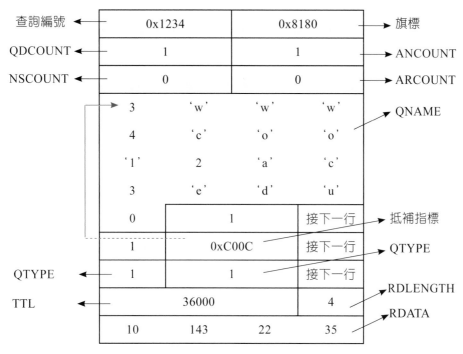

圖 11-17(d)　回覆詢問訊息範例

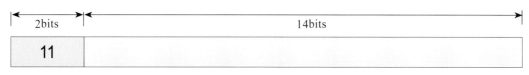

圖 11-17(e)　抵補指標格式

NOTE

所謂抵補指標，其格式如圖 11-17 (e) 所示，其長度佔 16bits，最高與次高 2 個位元固定為 11，以區分是抵補指標或是長度欄。根據 RFC 1035 的文件指出，DNS 的網域名稱若重複出現時，就要以抵補指標 (offset pointer) 取代，以便指到之前網域名稱出現的位置。像這樣可減少訊息內的網域名稱重複出現，稱為壓縮 (Compression)。

重點整理

▶ FQDN 被稱為完整網域名稱,也稱為絕對網域名稱。

▶ DNS (Domain Name System) 的主要功能,就是以較容易記住的 FQDN 轉換成為電腦使用的 IP 位址,而避免長串需記住的數字號碼。

▶ FQDN 是由主機名稱加上網域名稱,並加上根網域「.」所組成。

▶ FQDN 與對應的 IP 位址,或 IP 位址與 FQDN 名稱對應的主機呼叫,可先交由 DNS 解析器來負責查詢。

▶ 網域名稱系統是一個「系統」,也可看成一個分散式資料庫系統。

▶ 既然 DNS 是一個分散式資料庫系統,每一部伺服器只要管理自己本身所管轄內的資料,再經過伺服器之間的資料交換,就可達成網路名稱的查詢功能。

▶ DNS 架構分為 4 層,由上而下分別是根網域 (root domain)、頂層網域 (top level domain)、第二層網域 (second level domain) 和主機名稱。

▶ 至 2020 年,全球已經超過 1000 台以上的 DNS 根伺服器。

▶ DNS 伺服器會負責維護網域中所有主機名稱解析與 IP 位址對應關係的資料;而 DNS Zone 則是用來儲存這些資料的資料庫。

▶ DNS 伺服器是採用一個階層且分散式的資料庫,它儲存著 Internet 上伺服器名稱解析與 IP 對應表、郵件路由資訊以及其他 Internet 應用程式所使用的資訊。

▶ DNS 的封包標頭的長度佔 12bytes。

▶ DNS 的封包分為兩種:一為詢問訊息 (query message);一為回覆訊息 (response

▶ message)。

▶ 每當本地 DNS 伺服器收到某台 DNS 伺服器的回覆時,就順便將相關的資訊快取起來。

▶ 執行 nslookup 命令可以用來搜尋 DNS 資源記錄。

本章習題

選擇題

( )1. 網域「.yahoo.com.tw.」、「.google.com.tw.」均同屬於
(1) 根網域　(2) 頂層網域　(3) 第二層網域　(4) 主機名稱

( )2. 在 Internet 上的著名機構大都擁有供給眾多人存取的主機稱為
(1) 根 DNS 伺服器　　　　　　(2) 頂層網域 DNS 伺服器
(3) 官方 DNS 伺服器　　　　　(4) NAT 以提供給客戶存取的 DNS 記錄。

( )3. 當客戶端主機送出 DNS 查詢訊息時，就會先送至
(1) 根 DNS 伺服器　　　　　　(2) 頂層網域 DNS 伺服器
(3) 官方 DNS 伺服器　　　　　(4) 本地 DNS 伺服器。

( )4. 哪一種 DNS 伺服器沒有管理任何的 Zone
(1) 主要名稱 DNS 伺服器　　　(2) 次要名稱 DNS 伺服器
(3) 快取 DNS 伺服器　　　　　(4) 以上皆可。

( )5. DNS 的封包格式其中標頭的長度是固定的，共佔幾個 bytes
(1) 4　(2) 8　(3) 10　(4) 12。

( )6. 當名稱伺服器錯誤時，其 rCode 的欄位值為　(1) 1　(2) 2　(3) 3　(4) 4。

( )7. Zone 檔案內的一開始就是何種記錄　(1) PTR　(2) NS　(3) A　(4) SOA。

( )8. 哪一種 RR 可以對同一部主機設定不同的別名 (alias)
(1) AAAA　(2) MX　(3) CNAME　(4) NS。

( )9. DNS 是一種讓主機可以查詢此一分散式資料庫的＿＿＿協定。
(1) 數據鏈路層　(2) 網路層　(3) 傳輸層　(4) 應用層。

( )10. DNS 協定是透過 UDP 來運作，使用埠號＿＿(1) 25　(2) 32　(3) 48　(4) 53。

( )11. DNS 經常會被其他應用層協定——包括　(1) HTTP　(2) SMTP　(3) FTP　(4) 以上皆是——用來將使用者所提供的主機名稱轉譯為 IP 位址。

( )12. DNS 使用了大量的伺服器，以＿＿＿的方式編排並散播於世界各地
(1) 集中　(2) 階層　(3) 線性　(4) 以上皆可

( )13. 當 DNS 解析器到 DNS 解析器的快取 (DNS Resolver Cache) 無法找到所要的資訊，就會到＿＿＿DNS 伺服器查詢。　(1) 本地　(2) 官方　(3) 頂層網域　(4) 根。

( )14. 如果您想要直接從正在使用的主機，傳送 DNS 查詢訊息到某一台 DNS 伺服器時，可以透過＿＿＿程式。　(1) ping　(2) netstat　(3) nslookup　(4) set type。

( )15. 當 DNS 查詢時，若發生錯誤訊息，此時的 rCode (Response Code) 值為
(1) <0　(2) 0　(3) >0　(4) 不一定。

簡答題

1. 說明若 FQDN 為「www.yahoo.com.tw」所對應的 IP 位址為「59.214.33.11」。反過來說明反向名稱查詢過程。

2. 何謂 DNS Zone？

3. 資源記錄包含四項數值，亦即 (Name，Value，Type，TTL) 所構成，請說明。

4. 何謂 DNS 解析器 (DNS Resolver)？

5. DNS 除了將主機名稱轉譯成 IP 位址外，也提供了一些其它的哪些重要服務？

6. 何謂遞迴查詢與反覆查詢？

7. 下圖代表何類型的 DNS 封包？它的旗標值為何？

```
1... .... .... .... = Response: Message is a response
.000 0... .... .... = Opcode: Standard query (0)
.... .0.. .... .... = Authoritative: Server is not an authority for domain
.... ..0. .... .... = Truncated: Message is not truncated
.... ...1 .... .... = Recursion desired: Do query recursively
.... .... 1... .... = Recursion available: Server can do recursive queries
.... .... .0.. .... = Z: reserved (0)
.... .... ..0. .... = Answer authenticated: Answer/authority portion was not authen
.... .... ...0 .... = Non-authenticated data: Unacceptable
.... .... .... 0000 = Reply code: No error (0)
```

8. 利用 set type = any 指令可獲得如下圖中的 ❶～❸ 所示，說明代表的意義。

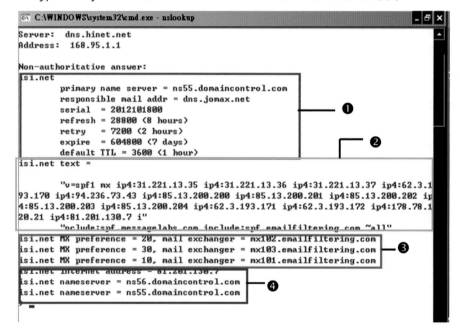

9. 延續 P11-20 ～ P11-21 範例 6，指出 RR 類型為「CNAME」以及類型為「MX」。

CHAPTER 12

DHCP協定

DHCP簡介

當一部無硬碟機器在開機時,所要求的訊息不單是 IP 位址就可了事,它還需包括子網路遮罩、路由器的 IP 位址、名稱伺服器 (Name Server) 的 IP 位址。由於 RARP 僅能回送 32bits 的 IP 位址,並無法滿足上述所要求的訊息,故而有 BOOTP (Bootstrap Protocol) 及 DHCP (Dynamic Host Configuration Protocol) 兩種新協定的出現。BOOTP 屬於一種客戶端 / 伺服端通訊協定,它雖可以自動地為主機設定 TCP/IP 環境,但 BOOTP 在設定前必須取得客戶端的硬體位址,而且與 IP 的對應關係是靜態的,網路管理者必須針對每一裝置,建立指定參數的設定檔案,如果網路中只有幾十部電腦還可應付,一旦成長至幾百部電腦,要如何維護每部電腦的 TCP/IP 設定,實是一大挑戰。換言之,BOOTP 不支援動態位址指派,因此,DHCP (稱為動態主機配置協定) 可以說是 BOOTP 的增強版本,當主機連接 Internet 時,客戶端的主機會從 DHCP 伺服器以動態方式獲得它唯一的 IP 位址。DHCP 伺服器可以方便集中管理這些 IP 設定資料,並負責處理客戶端的 DHCP 要求。由於 DHCP 能夠自動將主機連上網路,此協定也常被稱為隨插即用協定 (或稱為 zeroconf 定址自動化技術)。

DHCP 是建立在一個客戶端－伺服器模型。伺服器用來提供初始化參數;而客戶端的主機則是用來向 DHCP 伺服器要求初始化參數。簡單的說,當 DHCP 客戶端啟動時,它可從伺服器要求一個 IP 位址。一般而言,DHCP 使用三種機制來分配 IP 位址給客戶端。

◈ 自動分配：DHCP 指配一個永久的 IP 位址給客戶端。

◈ 手動分配：客戶端的 IP 位址是由管理員分配，而此位址將透過 DHCP 傳送至客戶端。

◈ 動態分配：客戶端由 DHCP 伺服器動態租用到 IP 位址。而此 IP 位址租用的時間是有限制的。

NOTE

網路管理者可以針對特定的主機在每次連線時，都可以得到相同的 IP 位址，或是被指派給不同的臨時 IP 位址。

當 DHCP 伺服器每出租一個 IP 位址至 DHCP 客戶端時，資料庫中也跟著建立一筆租用資料，這也避免 IP 重複租用的發生。DHCP 不但可動態分配 IP 位址，還可以指定像 DNS 伺服器和預設閘道的 IP 位址所需的參數。當參數需要變更時，直接在 DHCP 伺服器上修改，就可以自動更新所有 DHCP 客戶端，也節省很多維護上的成本。一旦 DHCP 伺服器設定 OK，客戶端就可從 DHCP 取得 IP 位址，並完成 TCP/IP 的設定。這樣的情況下，每當 DHCP 客戶端開機，就可從 DHCP 伺服器分配到 1 個 IP 位址至 DHCP 客戶端。由於 IP 位址都有使用期限之限制，稱為 IP 位址的租約期限 (Lease Time)。

當客戶端租約到期或取消租約，伺服器又可以將此 IP 位址分配給其他的客戶端使用，這也是所謂的 IP 位址重複使用。注意：DHCP 將透過租約的概念，有效且動態的配置客戶端的 TCP/IP 設定 (參考 RFC 2131)。值得一提，當客戶端與一些 DHCP 伺服器剛開始接觸時，因尚不知這些 DHCP 伺服器的位址為何，所以在正常情形下，DHCP 訊息將由客戶端廣播出去，而伺服器可能以單播或廣播回覆將訊息送回至客戶端。若是以單播送回，對於某一些客戶端並沒有受到他們的支持，而是支持廣播訊息送回至客戶端。值得一提，DHCP 除了可以對主機 IP 位址分配外，它也會讓主機瞭解其他相關的資訊，例如子網路的遮罩、遇到第一個路由器的位址 (亦即預設閘道)，以及所屬區域 DNS 伺服器的位址。

12-2　DHCP工作原理

　　當 DHCP 客戶端開機時，會以廣播方式搜尋在實體子網路內全部的 DHCP 伺服器，並要求獲得分配一 IP 位址，伺服器那端也會以廣播方式傳回一個尚未被使用的 IP 位址及相關參數給客戶端。注意：網路管理員可以配置一個本地路由器來轉送 DHCP 封包至另一個子網路上的 DHCP 伺服器。下面將描述 DHCP 的基本工作原理，共分成 4 個步驟，說明如下，並請對照圖 12-1。

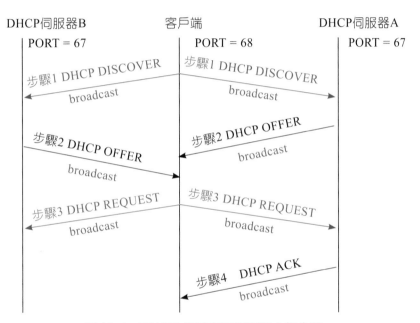

圖 12-1　DHCP 的基本工作原理 4 個步驟

步驟 1　當 DHCP 客戶端在事先並沒有 IP 的相關資料設定情況下開機，開機後 UDP 封包是以廣播方式送出至網路上全部的 DHCP 伺服器 (圖 12-1 只繪出 DHCP Server A 與 DHCP Server B)，要求任一部 DHCP 伺服器提供 IP 租約。因為客戶端還不知道本身屬於哪一個網路，所以封包的來源位址會設定成 0.0.0.0，連接埠號為 68；而目的端的位址，則為 255.255.255.255，連接埠號為 67。因此，網路上所有的 DHCP 伺服器都會收到此訊息，並要求每一部 DHCP 伺服器提供 IP 租約。在 Windows 的預設環境下，DHCPDISCOVER 的等待時間預設值為 1 秒，若訊息在 1 秒之內無回應時，就會進行第二次廣播，最多至第 4 次的 DHCPDISCOVER 廣播。注意：後來 3 次的等待時間分別是 9、13、16 秒。若仍然沒有得到 DHCP 伺服器的回應，客戶端會指出錯誤，並透過系統再重送此訊息。

步驟 2　當網路中的每一部 DHCP 伺服器收到 DHCPDISCOVER 廣播封包時，會從它所管理但沒有租出去的位址範圍內找出一個可用的 IP 位址，設定租約期限及提供給客戶端的一些資訊，這些資訊包括：

▶ 客戶端本身的 MAC 位址。

▶ DHCP 伺服器所提供的 IP 位址。

▶ 子網路遮罩。

▶ IP 位址租約期限 (address lease time) 亦即 IP 位址有效時間，DHCP 伺服器通常會將租約期限設定幾小時或幾天。

▶ 每一筆 DHCPOFFER 提供的訊息包含 DHCP 伺服器所收到的 DHCPDISCOVER 封包的處理 (Transaction) ID。

▶ 提供此資訊的 DHCP 伺服器 IP 位址。

▶ 路由器資訊。

▶ 網域名稱及網域名稱伺服器。

這些資訊最後會記錄在 DHCPOFFER 封包內，再廣播至客戶端。由於每一部 DHCP 伺服器都會送出 DHCPOFFER 封包給客戶端，但 DHCP 客戶端只會對最早收到 (從 DHCP Server A 所送出) 的 DHCPOFFER 封包做回應，後續收到的 DHCPOFFER 封包 (像 DHCP Server B) 則不理會。如果 DHCP 客戶端不接受 DHCPOFFER 封包所提供的資訊，就會廣播一個 DHCPDECLINE 封包告知伺服器，然後再回到第 1 步驟重新廣播 DHCPDISCOVER 封包。

步驟 3　當客戶端得到一個 IP 租約後，亦會透過 255.255.255.255 的廣播位址，將 DHCPREQUEST 的 UDP 封包送至網路上全部的 DHCP 伺服器，主要目的是讓全部的 DHCP 伺服器知道 DHCP Server A 所提供的 IP 位址已被挑選到，這樣可以避免其他的 DHCP 伺服器以為自己的 IP 位址已被選擇到而保留起來。換句話說，DHCP Server B 原欲提供給客戶端租用的 IP 位址不用再保留，可以出租給其他客戶。

步驟 4　被挑選到的 DHCP 伺服器 A 收到 DHCPREQUEST 封包時，若同意客戶端的要求後，會向客戶端發廣播，送出一個 DHCPACK 封包，以確認 IP 租約的正式生效，包括 IP 租約期限及其他要求的資訊給客戶端主機。反之，會送出 DHCPNAK 封包，當客戶端收到 DHCPNAK 封包後，會回到第 1 步驟重新開始。

範例 1　若圖 12-1 的 DHCP 伺服器使用的 IP 位址為 192.168.1.17，現有新進來的客戶，請繪出 DHCP 基本工作原理的 4 個步驟。

解答　如圖 12-2 所示。有關圖中的 yiaddr、Xid、生存期將在下一節說明。

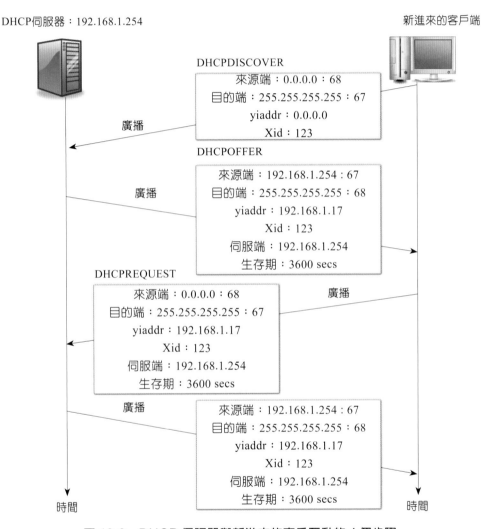

DHCP伺服器：192.168.1.254　　　　　　　　　　　　　　　　　　新進來的客戶端

DHCPDISCOVER
來源端：0.0.0.0：68
目的端：255.255.255.255：67
yiaddr：0.0.0.0
Xid：123
廣播

DHCPOFFER
來源端：192.168.1.254：67
目的端：255.255.255.255：68
yiaddr：192.168.1.17
Xid：123
伺服端：192.168.1.254
生存期：3600 secs
廣播

DHCPREQUEST
來源端：0.0.0.0：68
目的端：255.255.255.255：67
yiaddr：192.168.1.17
Xid：123
伺服端：192.168.1.254
生存期：3600 secs
廣播

來源端：192.168.1.254：67
目的端：255.255.255.255：68
yiaddr：192.168.1.17
Xid：123
伺服端：192.168.1.254
生存期：3600 secs
廣播

時間　　　　　　　　　　　　　　　　　　　　　　　　　　　時間

圖 12-2　DHCP 伺服器與新進來的客戶互動的 4 個步驟。

範例 2　欲在 Windows 10 設定 DHCP 客戶端透過區域網路自動取得 IP 位址,以及 DNS 伺服器位址,設定方式步驟為何?

解答　開始 → 控制台 → 網路和共用中心 → 變更介面卡設定 → WiFi (按右鍵) → 內容 → 網際網路通訊協定第 4 版 (TCP/IPv4) → 內容 → 點選「自動取得 IP 位址 (O)」,以及點選「使用下列的 DNS 伺服器位址 (E)」 → 輸入 168.95.1.1 按下確定,如圖 12-3 所示。

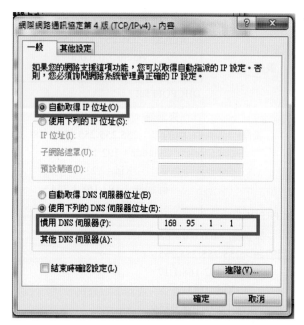

圖 12-3　DHCP 客戶端動態取得 IP 位址的設定步驟

NOTE

上一節談過 DHCP 的運作是以廣播方式進行,網路的廣播範圍是限定在同一網路內進行。若 DHCP 客戶端和 DHCP 伺服器分別位於路由器兩端的區域網路時,在這種情況下,客戶端送出去的 DHCPDISCOVER 封包並沒有辦法抵達另一端的 DHCP 伺服器,因為路由器會阻擋這些廣播封包轉送出去 (注意:路由器只會切割廣播網域),當然,後續動作也不用期待會發生。要克服這個問題,我們可以透過 DHCP Relay Agent (代理器) 或稱 DHCP Proxy 主機 (具有路由能力) 來接受客戶端的 DHCP 要求 (即 DHCPREQUEST)。如圖 12-4 所示,DHCP 客戶端送出廣播封包 (步驟 1) 至 DHCP Relay Agent,Relay 代理器會記錄路由器另一端的 DHCP 伺服器的 IP 位址。當 DHCP Relay Agent 發現區域網路中有 DHCPDISCOVER 或 DHCPREQUEST 廣播封包時,它會接收該封包,並將封包的目的位址 255.255.255.255 改成 DHCP 伺服器的 IP 位址重新送出,此重新送出的封包通過路由器是以單播 (unicast) 方式傳送到達 DHCP 伺服器 (步驟 2)。DHCP 伺服器收到 DHCP Relay Agent 送到的封包後會對其回應 (步驟 3)。

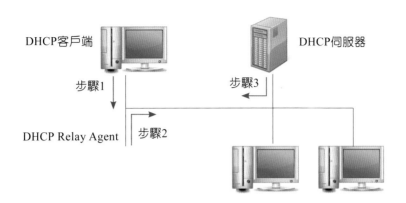

圖 12-4　DHCP Relay Agent 的運作

12-3　DHCP封包格式

DHCP 封包格式如圖 12-5 所示，並如下說明 (可參考 RFC 2131 和 RFC 2939)：

OP (8)	HTYPE (8)	HLEN (8)	HOPS (8)
TRANSACTION ID (32)			
SECONDS (16)		FLAGS (16)	
ciaddr (32)			
yiaddr (32)			
siaddr (32)			
giaddr (32)			
chaddr (16bytes)			
sname (64bytes)			
file (128bytes)			
options (312bytes)			

圖 12-5　所示 DHCP 封包格式

◈ Op (Op Code) 佔 8bits：此值等於 1，表示這個封包是從客戶端送至伺服端，相當於 Boot Request；若為 2，表示此封包是由伺服端送至客戶端，相當於 Boot Reply。

◈ HTYPE (Hardware Type) 佔 8bits：代表所使用的網路類型，例如 1 代表乙太網路，6 代表 IEEE 802 網路。

◈ HLEN (Hardware Address Length) 佔 8bits：MAC 位址的長度，以乙太網路為例，其欄位值為 6 (代表 48bits)。

◈ HOPS 佔 8bits：若封包在同一網路內傳送，此欄位設定為 0。若需透過 DHCP Relay Agent 才能將客戶端的 DHCP 要求轉送至 DHCP 伺服器時，此欄位值會加 1。

◈ TRANSACTION ID (簡寫 Xid) 佔 32bits：客戶端送出封包時會隨機挑選代碼值，一旦伺服器收到封包，就以此代碼值回覆，並會將此值寫至回覆封包，客戶端就是藉由此數值分辨出伺服器到底是回覆哪一個封包。

◈ SECONDS 佔 16bits：客戶端啟動或更新時所花費的時間 (秒) 會透過客戶端寫入。

◈ FLAGS 佔 16bits：最左邊的「B」的位元為 1 時，表示客戶端要求伺服器必須以廣播方式回應，其餘保留待使用，填入 0，如圖 12-6 中的「MBZ (Must Be Zero)」所示。

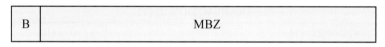

B：代表廣播用的旗標

圖 12-6　FLAGS 格式

◈ ciaddr (Client IP Address) 佔 32bits：目前客戶端所使用的 IP 位址。僅在客戶端是處於 Bound，Renew 或 Rebinding 狀態，且能對 ARP request 有回覆時才能進行寫入。

◈ yiaddr (Your IP Address) 佔 32bits：伺服器將欲分配給客戶端的 IP 位址填到回覆訊息內，亦指 DHCPOFFER、DHCPACK 封包。

◈ siaddr (Server IP Address) 佔 32bits：由於伺服器所使用的 IP 位址是使用於回覆封包，像 DHCPOFFER、DHCPACK，因此，在 Wireshark 中的封包內容列常以 Net Server IP Address 來表示。

◈ giaddr (Relay IP Address) 佔 32bits：若伺服器和客戶端需透過 DHCP Relay Agent 來進行跨網域封包的交換時，Relay Agent 在此欄位填入自己的 IP 位址，否則填入 0。

◈ chaddr (Client Ethernet Address) 佔 16bytes：指出客戶端的硬體位址。

◈ sname (Server Host Name) 佔 64bytes：為 DHCP 伺服器的名稱，以 0x00 結尾。

◈ file (Boot File Name) 佔 128bytes：當客戶端使用一部無硬碟機器開機時才會用到的。此欄將指出開機程式名稱，以便讓客戶端利用檔案傳輸工具下載此程式完成開機。

◈ Options 佔 128bytes：為能提供更多的資訊，允許廠商定義一些選項 (Options)。其長度可變，選項同時可擁有多個，每一選項由左至右依序為代碼 (Code) 編號，緊接著為以 byte 指定的選項長度，最後為項目內容，如圖 12-7 所示。DHCP 的選項非常多，請查閱 RFC 2131，此欄將指出先前提過的租約期限等重要資訊，請參考表 12-1 所示。

| Code 編號 | 長度 (byte) | 項目內容 |

圖 12-7　Options 欄位

表 12-1　DHCP 伺服端使用的 Options

Option	DHCPOFFER	DHCPACK	DHCPNAK
Requested IP address	X	X	X
IP address lease time	O	O (DHCPREQUEST) X (DHCPINFORM)	X
Use 'file'/'sname' fields	V	V	X
DHCP message type	DHCPOFFER	DHCPACK	DHCPNAK
Parameter request list	X	X	X
Message	S	S	S
Client identifier	X	X	V
Vendor class identifier	V	V	V
Server identifier	O	O	O
Maximum message size	X	X	X
All others	V	V	X

X：表不要用　O：表要用　S：表應該用　V：表可以用

表 12-2　DHCP 客戶端使用的 Options

Option	DHCPDISCOVER DHCPINFORM	DHCPREQUEST	DHCPDECLINE, DHCPRELEASE
Requested IP address	V (DHCPDISCOVER) X (DHCPINFORM)	O (在 SELECTING 或 INIT-REBOOT 之中) X (在 INBOUND 或 RENEWING 之中)	O (DHCPDECLINE) X (DHCPRELEASE)
IP address lease time	V (DHCPDISCOVER) X (DHCPINFORM)	V	X
Use 'file'/'sname' fields	V	V	V
DHCP message type	DHCPDISCOVER/ DHCPINFORM	DHCPREQUEST	DHCPDECLINE/ DHCPRELEASE
Client identifier	V	V	V
Vendor class identifier	V	V	X
Server identifier	X	O (在 SELECTING 之後) X (在 INIT-REBOOT, BOUND, RENEWING, 或 REBINDING 之後)	O
Parameter request list	V	V	X
Maximum message size	V	V	X
Message	SN	SN	S
All others	V	V	X

X：表不要用　O：表要用　S：表應該用　SN：表不應該用　V：表可以用

◉ Options (選項)相關欄位如下說明： (參考RFC 2132)。

◈ Requested IP Address：指出當客戶端送出 DHCPDISCOVER 封包，希望獲得特定 IP 位址，或更新 IP 租約時所填入的 IP 位址。它的代碼是 50，如圖 12-8 所示。

Code 編號	長度	IP 位址
(50)	(4)	

圖 12-8　Requested IP Address 格式

◈ IP Address Lease Time：此選項使用在客戶端的要求訊息，像 DHCPDISCOVER 或 DHCPREQUEST 所允許的 IP 位址的租約時間。或是伺服器回覆訊息，像

DHCPOFFER 也使用此選項來指定租約時間。它的代碼是 51，如圖 12-9 所示。
租約時間為 32 位元的無符號整數。

Code 編號	長度	
(51)	(4)	租約時間 (秒)

圖 12-9　IP Address Lease Time 格式

◈ file/sname Fields：Option 欄位規定的最大長度為 312bytes，當 Option 資料超過
此值，稱為 Option overhead，可以利用此選項去設定借用「sname」和「file」這
兩個欄位。它的代碼是 52，如圖 12-10 所示。圖中 Value 欄位值為 1 時，代表
借用「file」欄；欄位值為 2 時，代表借用「sname」欄。欄位值為 3 時，代表
兩個欄位都借用。

Code 編號	長度	
(52)	(1)	Value

圖 12-10　file/sname Fields 格式

◈ DHCP Message Type：此選項指出所使用的訊息類別，及編號 1 至 8 所代表的
DHCP 訊息類型，如表 12-3 所示。注意：DHCPINFORM 封包是假設客戶端事
先已透過一些方法得到 IP 位址 (例如手動設定)，但其他相關的參數還是必須
使用 DHCP 分配過程才可得到。它的代碼是 53，如圖 12-11 所示。

Code 編號	長度	
(53)	(1)	DHCP 訊息類型

圖 12-11　DHCP Message Type 格式

表 12-3　DHCP 訊息類型

編號	訊息類別
1	DHCPDISCOVER
2	DHCPOFFER
3	DHCPREQUEST
4	DHCPDECLINE
5	DHCPACK
6	DHCPNACK
7	DHCPRELEASE
8	DHCPINFORM

◈ Server Identifier：此選項使用於 DHCPOFFER 和 DHCPREQUEST 封包，有的還包括 DHCPACK 與 DHCPNAK 封包。由於客戶端在還沒有取得 IP 租約時，所有的封包都是以廣播方式傳送出去，此欄位可被用來辨識哪一部 DHCP 伺服器是被挑選出來的。它的代碼是 54，如圖 12-12 所示。注意：圖中的位址欄位為伺服器的 IP 位址。

Code 編號 (54)	長度 (4)	位址

圖 12-12　Server Identifier 格式

◈ Parameter Request List：客戶端要求伺服器提供所需要的配置參數。它的代碼是 55，如圖 12-13 所示。圖中的參數要求清單長度其最小長度值為 1。

Code 編號 (55)	長度 (n)	參數要求的 Option code

圖 12-13　Parameter Request List 格式

◈ Message：若伺服器接收到不正確的 Requested IP Address，則客戶端送出的 DHCPREQUEST 封包會使伺服器回覆 DHCPNAK 封包給客戶端的管理者，以告知有錯誤。這個選項可以讓客戶端送出 DHCPDECLINE 封包，告訴 DHCP 伺服器為什麼客戶端拒絕它所提供的參數。注意，訊息是由 n 個位元組 (octect) 組成的 NVT ASCII 文字。它的代碼是 56，如圖 12-14 所示。

Code 編號 (56)	長度 (n)	Text

圖 12-14　Message 格式

◈ Maximum DHCP Message Size：此選項使用於 DHCPDISCOVER 和 DHCPREQUEST 封包，但不包括 DHCPDELCINE 封包。客戶端用來告知伺服器它自己可以接受的封包長度。它的代碼是 57，如圖 12-15 所示。

Code 編號 (57)	長度 (2)	長度值最小是 576 bytes

圖 12-15　Maximum DHCP Message Size 格式

◈ Renewal (T1) Time Value：此選項指定的時間間隔是從位址指定算起，一直到
客戶端轉換到更新 (RENEWING) 狀態。該值是以秒為單位，並且被指定為一
個 32 位元的無符號整數。它的代碼是 58，如圖 12-16 所示。

| Code 編號 (58) | 長度 (4) | T1 間隔 |

圖 12-16　Renewal (T1) Time Value 格式

◈ Rebinding (T2) Time Value：此選項指定的時間間隔從位址指定算起，一直到客
戶端轉換到重新綁定 (REBINDING) 狀態。該值是以秒為單位，並且被指定為
一個 32 位元的無符號整數。它的代碼是 59，如圖 12-17 所示。

| Code 編號 (59) | 長度 (4) | T2 間隔 |

圖 12-17　Renewal (T2) Time Value 格式

◈ Vendor Class Identifier：此選項可使 DHCP 客戶端想識別製造商的類型和配
置。製造商可以選擇定義特定的標識符來傳達特定的配置或其他客戶端的識別
訊息。注意，伺服器並不具備解釋此特定的發送訊息。它的代碼是 60，如圖
12-18 所示。

| Code 編號 (60) | 長度 (n) | 製造商等級的資訊 |

圖 12-18　Vendor Class Identifier 格式

◈ Client Identifier：此選項可使 DHCP 客戶端指定其獨特的標識符 (即客戶端的
MAC 位址)。伺服器利用此獨一無二的識別資訊可以瞭解是哪一部客戶端發出
租用 IP 位址的要求。它的代碼是 61，如圖 12-19 所示。注意，圖中的長度 (n)，
它的最小長度為 2bytes。

| Code 編號 (61) | 長度 (n) | 類型、客戶端標識符 |

圖 12-19　Client Identifier 格式

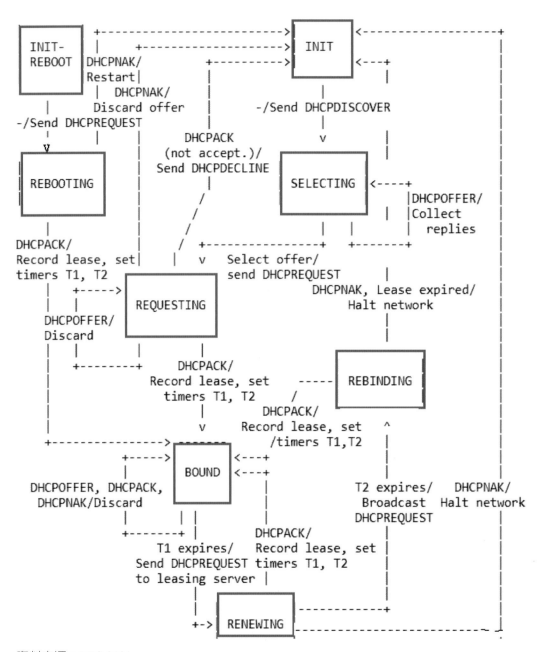

資料來源：RFC 2131。

圖 12-20　DHCP 客戶端的操作狀態流程

NOTE

客戶端收到伺服器分配的 IP 位址時，大都會以 ARP 協定檢查該 IP 位址是否已有人在使用 (有可能使用者是利用手動設定) 該位址。DHCP 客戶端必須定期更新 (Renew) 所取得的 IP 租約，不然租約過期就不能再使用此 IP 位址。根據 RFC 2131，每當租用時間到達租約期限的 50% 時，客戶端必須送出 DHCPREQUEST 封包，向 DHCP 伺服器要求更新租約，T1 即代表更新時間值 (Renewal time value)；若更新租約沒有成功 (一般有 3 次重試機會)，可暫時延用此租約，一直延長到達租約期限的 87.5% 時，會再度要求續約，若仍然無法續約成功，則 DHCP 客戶端會以廣播方式送出 DHCPREQUEST 封包，要求 DHCP 伺服器提供服務，像上述所談的 T2 稱為代表重新綁定時間值 (Rebinding time value)。如圖 12-20 所示為 DHCP 客戶端操作的狀態流程。

NOTE

只要 DHCP 伺服器無法正常配置 IP 位址給客戶端，或網路上沒有 DHCP 伺服器，Windows 將自動啟動 APIPA (Automatic Private IP Addressing) 機制，配置預設的 IP 位址給客戶端。IP 位址的範圍設定為 169.254.0.1~169.254.255.254，而子網路遮罩則是 255.255.0.0。注意，APIPA 是屬於自我指定的 IP 位址，有可能會有相同 IP 位址所產生的衝突問題。一般而言，APIPA 客戶端會送出 gratuitous ARP 封包，以便宣告自己要使用某個 169.254.X.X 的 IP 位址，若有其他 APIPA 客戶端也要使用同一 IP 位址時，已經佔用此 IP 的使用者便會告訴後者這個 IP 位址已經有人使用，後者就只好再重新配置一個 IP 位址。

12-4　DHCP更新租約

如果客戶端沒有從伺服器收到回應，它會保持在 RENEWING 狀態，並以單播方式定期重新發送 DHCPREQUEST 封包至伺服器。在這一段時間中，客戶端仍保持正常運作。如果沒有收到來自伺服器的回應，T2 計時器只要到達預設值，將導致客戶端轉換到 REBINDING 狀態。注意，T2 計時器的預設值為 87.5%的租約長度。RENEWING 與 REBINDING 一開始會以單播方式將要求發送至伺服器，以避免佔用其他 DHCP 伺服器的時間，進而擾亂了網路整體的流量。如果失敗了會回到廣播方式，讓其他伺服器有機會接管客戶的現有租約。更新租約也可以利用手動設定，像在命令提示字元模式下敲入 ipconfig/renew 命令即可進行更新；再執行 ipconfig/all 命令可看到結果；若想撤銷租約，可敲入 ipconfig/release 命令，就會送出 DHCPRELEASE 封包執行撤銷動作。

12-5　DHCP提前終止租約

在正常情況下，客戶端會一直延續其現有租約。但是在某些情況下，一台主機可以提前終止其租約。其中包括以下一些原因，像客戶端被移至一個不同的網路、IP 位址重號 (renumber)、客戶希望使用不同的伺服器協商一個新租約，或客戶為解決某些問題而重新制定租約。在任何情況下，用戶可以結束租約，稱為提前終止租約或稱租約的釋放。客戶端是以單播方式發送一個 DHCPRELEASE 封包至伺服器，告知伺服器記錄的租約已經結束。客戶端並不需要得到回覆。

12-6　DHCP封包擷取的分析

為擷取表 12-3 DHCP 訊息類型中的 DHCPINFORM 封包，可以進行下面步驟：首先客戶端事先以手動設定好 IP 位址→開啟 Wireshark 準備擷取 DHCPINFORM 封包→開啟手動撥接連線。在這種情況客戶端會送出 DHCPINFORM 封包給 DHCP 伺服器，以告知伺服器它所需要的一些參數，伺服器端會依網路情況對客戶端的要求回覆 DHCPACK 封包訊息，或拒絕回覆 DHCPNAK 封包，如圖 12-21 所示。

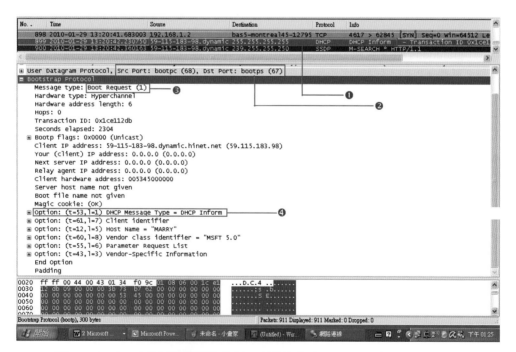

圖 12-21　DHCP 封包擷取的分析 (客戶端事先以手動設定得到 IP 位址)

❶ 指出兩端主機是以廣播方式送出封包。

❷ 指出 DHCP 封包在傳輸層是採用 UDP 協定，客戶端送出封包至伺服端時的連接埠號為 68。反之，從 DHCP 伺服器送出封包至客戶端時的連接埠號為 67。

❸ 指出一開始的 OP Code 碼等於 1，表示 BOOT REQUEST。

❹ 指出使用的 DHCP 訊息類型為 DHCPINFORM 封包，它的代碼是 53，長度佔 1byte。由表 12-3 得知訊息類型 DHCPINFORM 封包的編號值為 8。

　　接下來的步驟，我們將客戶端改成自動撥接取得 IP 位址→重新開機→接著開啟 Wireshark 擷取陸續產生的 DHCP 4 個封包 (DHCPDISCOVER、DHCPOFFER、DHCPREQUEST、DHCPACK 封包) 將來往於 DHCP 客戶端與伺服器之間，其主要目的就是客戶端要求獲得配置一 IP 位址，我們擷取這些 DHCP 封包做分析，如圖 12-22(a)-(d) 所示。

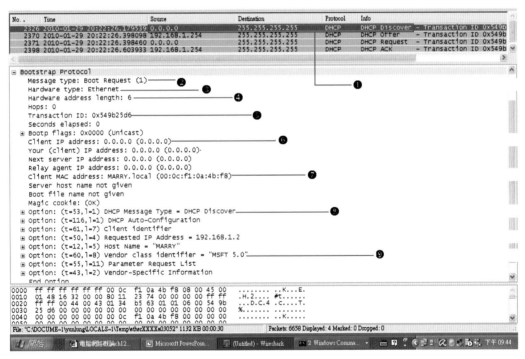

圖 12-22(a)　DHCPDISCOVER 封包擷取的分析

❶ 指出屬 DHCPDISCOVER 封包。

❷ 指出代碼 1，表客戶端送出要求租用 IP 位址的封包。

❸ 指出使用網路類型為乙太網路。

❹ 指出乙太網路的硬體位址 (MAC) 的長度為 6bytes。

❺ 指出客戶端送出封包時隨機被挑選到的 Transaction ID 數值。注意，後續 3 個封包(指 DHCPOFFER、DHCPREQUEST 及 DHCPACK) 都是對同一客戶端與伺服端的要求或回覆，故 Transaction ID 全部一樣。

❻ 指出目前客戶端還沒有 IP 位址，全部填 0。

❼ 指出客戶端的 MAC 位址。

❽ 指出使用的 DHCP 訊息類型為 DHCPDISCOVER 封包，它的代碼是 53，長度佔 1byte。由表 12-3 得知訊息類型 DHCPDISCOVER 封包的編號值為 1。

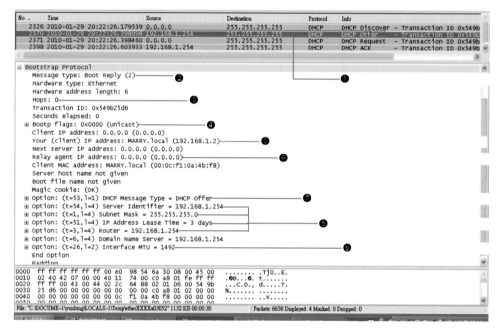

圖 12-22(b)　DHCPOFFER 封包擷取的分析

❶ 指出屬於 DHCPOFFER 封包。

❷ 指出代碼 2，代表 DHCP 伺服器送出回覆封包。

❸ 指出封包在同一網路內傳送，故 HOPS = 0。

❹ Bootp Flags:0x0000 (unicast) 指出 Flags 最左邊的「B」的位元為 0，代表 DHCPOFFER 封包被單播發送至 yiaddr 欄位所指的 IP 位址(目前用戶端尚無 IP 位址) 及 chaddr 欄位所指的鏈路層位址 (亦即 MAC 位址)。如果不是以單播傳送時，該訊息發送將以 IP 廣播位址 (亦即 255.255.255.255) 作為 IP 目的端位址，鏈路層廣播位址 (亦即 0xffffffffffff) 作為鏈路層位址。

❺ 指出 DHCP 伺服器提供租給客戶端用的 IP 位址。

⑥ 指出並未使用到 Relay Agent，在此欄位填入 0。

⑦ 指出使用的 DHCP 訊息類型為 DHCPOFFER 封包，它的代碼是 53，長度佔 1byte。由表 12-3 得知訊息類型 DHCPOFFER 封包的編號值為 2。

⑧ 指出 DHCP 伺服器本身的 IP 位址、DHCP 伺服器賦予客戶端的子網路遮罩、租約期限為 72 小時，及 DHCP 伺服器賦予客戶端預設閘道的 IP 位址為 192.168.1.254。

⑨ 指出伺服器可以送出 DHCP 封包的最大長度為 1492bytes。

NOTE

值得一提，有的客戶端收到 DHCPOFFER 封包後，會以 ARP 協定檢查伺服器欲出租出去的 IP 位址是否已被使用，若是的話，則客戶端發送出 DHCPDECLINE 封包拒絕租用該位址，客戶端會回到 INIT 狀態；若還未被使用，則發送出 DHCPREQUEST 封包給伺服器，確定租用該 IP 位址。

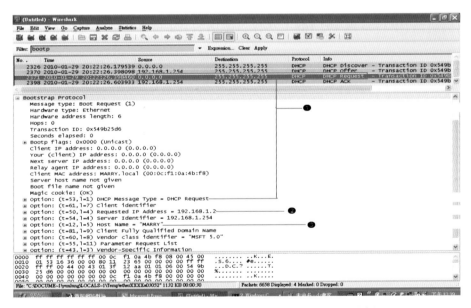

圖 12-22(c)　DHCPREQUEST 封包擷取的分析

❶ 指出使用的 DHCP 訊息類型為 DHCPREQUEST 封包，它的代碼是 53，長度佔 1byte。由表 12-3 得知訊息類型 DHCPREQUEST 封包的編號值為 3。

❷ 指出 DHCP 伺服器提供給客戶端租用的 IP 位址為 192.168.1.2。亦是 DHCP 伺服器提供的 IP 位址。

❸ 指出客戶端的主機名稱 (Marry 名稱是筆者在自己的電腦設定)。

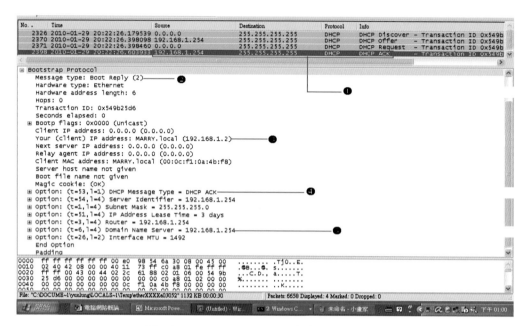

圖 12-22(d)　DHCPACK 封包擷取的分析

❶ 指出伺服器 (IP 位址為 192.168.1.254) 以廣播方式 (位址為 255.255.255.255) 送出此封包。

❷ 指出代碼 2，表 DHCP 伺服器送出回覆封包。注意，DHCP 伺服器收到 DHCPREQUEST 封包後，是以 DHCPACK 封包同意用戶端的租約要求。

❸ 指出 DHCP 伺服器同意出租的 IP 位址為 192.168.1.2。

❹ 指出使用的 DHCP 訊息類型為 DHCPACK 封包，它的代碼是 53，長度佔 1byte。由表 12-3 得知，訊息類型 DHCPACK 封包編號值為 5。

❺ 此時網域名稱伺服器的 IP 位址為 192.168.1.254。

重點整理

▶ DHCP 可以說是 BOOTP 的增強版本，當主機連接 Internet 時，客戶端的主機會從 DHCP 伺服器以動態方式獲得它唯一的 IP 位址。

▶ 網路管理者可以針對特定的主機在每次連線時都可以得到相同的 IP 位址，或是被指派給不同的臨時 IP 位址。

▶ DHCP 使用三種機制來分配 IP 位址給客戶端：自動分配、手動分配與動態分配。

▶ DHCP 的基本工作原理包含 4 個封包，即 DHCPDISCOVER、DHCPOFFER、DHCPREQUEST 與 DHCPACK。

▶ 當 DHCP 客戶端在事先並沒有 IP 的相關資料設定情況下開機，開機後 UDP 封包是以廣播方式送出至網路上全部的 DHCP 伺服器。

▶ 在客戶端送出去的 DHCPDISCOVER 封包並沒有辦法抵達另一端的 DHCP 伺服器，要克服這個問題，我們可以透過 DHCP Relay Agent（代理器）來接受客戶端的 DHCP 要求。

▶ 更新租約時是指向某一部 DHCP 伺服器，因而是以單播 (unicast) 方式送出 DHCPREQUEST 封包。

▶ 客戶端是以單播方式發送一個 DHCPRELEASE 封包至伺服器，告知伺服器記錄的租約已經結束。

▶ 除了主機 IP 位址的分配以外，DHCP 也會讓主機知道其他相關的資訊，例如子網路遮罩、遇到第一台路由器的位址、以及所屬區域 DNS 伺服器的位址。

▶ DHCP 能夠自動化地將主機連上網路，所以它常被稱為隨插即用 (plug-and-play protocol) 協定或稱為 zeroconf 定址自動化技術。

本章習題

選擇題

( )1. 下列何者屬於一種客戶端 / 伺服端通訊協定，它可以自動地為主機設定 TCP/IP 環境，但在設定前必須取得客戶端的硬體位址，而且與 IP 的對應關係是靜態的。
(1) BOOTP　(2) NAT　(3) DHCP　(4) ARP。

( )2. 網路上所有的 DHCP 伺服器都會收到此訊息，並要求任一部 DHCP 伺服器提供 IP 相約稱為＿＿。
(1) DHCPDISCOVER　(2) DHCPOFFER　(3) DHCPREQUEST　(4) DHCPACK。

( )3. 每一部 DHCP 伺服器收到 DHCPDISCOVER 廣播訊息會回應何種訊息稱為
(1) DHCPDISCOVER　(2) DHCPOFFER　(3) DHCPREQUEST　(4) DHCPACK。

( )4. DHCP 戶端只會回應
(1) 最早　(2) 最後　(3) 第 2 個　(4) 第 3 個 所收到的 DHCPOFFER 訊息。

( )5. DHCP 客戶端不接受 DHCPOFFER 訊息所提供的資訊就會廣播一個訊息告知伺服器稱為　(1) DHCPACK　(2) DHCPNACK　(3) DHCPREQUEST　(4) DHCPDECLINE。

( )6. 在 Wireshark 過濾欄位想找出 dns errors，應敲入何種命令
(1) dns.flags.rcode<0　　　　　(2) dns.flags.rcode = 0
(3) dns.flags.rcode>0　　　　　(4) 以上皆可。

( )7. 更新相約也可以在命令提示字元模式下敲入何種命令
(1) ipconfig/release　(2) ipconfig/renew　(3) ipconfig/recline　(4) 以上皆非。

( )8. 當 DHCP 客戶端在事先並沒有 IP 的相關資料設定情況下開機，開機後是利用何種封包以廣播方式送出至網路上全部的 DHCP 伺服器
(1) TCP　(2) UDP　(3) ARP　(4) FTP。

( )9. DHCP 伺服器提供 IP 相約前，因為客戶端還不知道本身屬於哪一個網路，所以封包的來源位址會設定成 0.0.0.0，連接埠號為　(1) 67　(2) 68　(3) 77　(4) 78。

( )10. DHCP 伺服器提供 IP 相約前，因為客戶端還不知道本身屬於哪一個網路，所以封包的目的位址會設定成 255.255.255.255，連接埠號為　(1) 67　(2) 68　(3) 77　(4) 78。

( )11. 對於新到來的主機而言，DHCP 協定會先利用＿＿搜尋 DHCP 伺服器
(1) DHCPDISCOVER　(2) DHCPOFFER　(3) DHCPREQUEST　(4) DHCPACK。

( )12. 當 DHCP 協定進行搜尋 DHCP 伺服器的時候，用戶端會以＿＿封包將送往連接埠 67
(1) IP　(2) TCP　(3) UDP　(4) 以上皆非。

( )13. 當客戶端得到一個 IP 相約後，亦會透過 255.255.255.255 的廣播位址，將＿＿的 UDP 封包送至網路上全部的 DHCP 伺服器，主要目的是讓全部的 DHCP 伺服器知道 DHCP Server A 所提供的 IP 位址已被挑選。
(1) DHCPDISCOVER　(2) DHCPOFFER　(3) DHCPREQUEST　(4) DHCPACK。

(　)14. DHCP 的客戶端在建立包含其 DHCPDISCOVER 訊息的 IP 資料包時，會使用廣播目的端 IP 位址為____。

　　(1) 255.0.0.0　(2) 255.255.0.0　(3) 255.255.255.0　(4) 255.255.255.255。

(　)15. DHCP Message Type 的代碼值為__(1) 50　(2) 51　(3) 52　(4) 53。

簡答題

1. 一般而言，每個子網路都會有一台 DHCP 伺服器。萬一沒有 DHCP 伺服器，怎麼辦？
2. 何謂 DHCPINFORM 訊息？
3. 若伺服器接收到不正確的 Requested IP Address，則客戶端要怎麼辦？
4. 當網路中的每一部 DHCP 伺服器會從它所管理但沒有租出去的位址範圍內找出一個可用的 IP 位址給客戶端，請問是何種封包。
5. 主機的位址可由哪幾種方式得到。
6. 說明下圖的 DHCP 的 4 個基本工作的 Transcation ID 為何都一樣？

No.	Time	Source	Destination	Protocol	Length	Info
15	31.8379920	0.0.0.0	255.255.255.255	DHCP	346	DHCP Discover - Transaction ID 0xa7657d5a
16	32.0291650	192.168.1.254	255.255.255.255	DHCP	590	DHCP Offer - Transaction ID 0xa7657d5a
17	32.0783630	0.0.0.0	255.255.255.255	DHCP	369	DHCP Request - Transaction ID 0xa7657d5a
18	32.2288110	192.168.1.254	255.255.255.255	DHCP	590	DHCP ACK - Transaction ID 0xa7657d5a

7. 當 Windows 自動啟動 APIPA 機制，配置預設的 IP 位址給客戶端，其 IP 位址的範圍設定為何？
8. 請描述網路管理者設定 DHCP 時，對主機而言其所帶來的功效為何？
9. DHCP 能夠自動化地將主機連上網路，所以它常被稱為____協定？
10. 請描述 DHCP Relay Agent（代理器）的功能。
11. 說明 BOOTP 與 DHCP 的差異。
12. 說明 DHCPOFFER 訊息內設定租約期限及提供給客戶端的一些資訊為何？
13. 說明 DHCP 客戶端與伺服端動作流程。

NOTE

CHAPTER 13

FTP協定

13-1　FTP簡介

　　FTP (File Transfer protocol) 是使用在電腦網路客戶端和伺服器之間進行檔案傳輸的應用層協定，主要使用於檔案傳輸。原本 FTP 是一個檔案傳輸協定，但直至今日，FTP 不但是協定，且已成為檔案傳輸服務的代名詞。FTP 屬於主從架構，當 FTP 客戶端欲傳輸檔案，會發送出檔案要求命令給 FTP 伺服器；FTP 伺服器會從檔案資料庫提供檔案查詢、讀取、寫入等功能。注意，檔案傳輸 (file transfer) 和檔案存取 (file access) 之間還是要釐清一下，前者由 FTP 提供，後者是讓客戶端主機可以存取伺服器的檔案，例如網路檔案系統 (Network File System；NFS)，它是一種分散式檔案系統，可參考 RFC 959。

　　一般而言，FTP 主要使用於客戶端與伺服器之間的檔案傳輸，FTP 伺服器裡面放置一些共享檔案，讓客戶端可以透過網路在伺服器上編輯共享檔案，例如上傳、下載、刪除、移動或修改檔案。FTP 伺服器大都是架在 UNIX 機器上 (現也可架在 Windows 系統)；而客戶端則有各種類型，主要負責提供使用者介面，如圖 13-1 所示。

　　圖 13-1 的 FTP 客戶端以 TCP 為傳輸協定，當 FTP 伺服器收到檔案傳輸的命令時，會為客戶端開啟兩條 TCP 的連線 (即控制連線及資料連線)。其操作過程：首先，客戶端以埠號 (port)21 (控制埠或稱命令埠) 連接 FTP 伺服器，並經由控制連線傳送控制資訊，像使用者代號、密碼授權。當我們使用 FTP 軟體連接到 FTP 伺服器的 port 21 時，

就會建立 TCP 控制連線，一直等到使用者要上傳或下載檔案時，才會建立 port 20 的 TCP 資料連線以便傳輸資料。在傳輸一個檔案之後，伺服器會關閉該 TCP 資料連線。如果在同一個會談期間想開啟另一個檔案，則 FTP 必須建立另一條 TCP 資料連線，此時，TCP 控制連線仍是保持開啟狀態。由於 FTP 使用獨立控制連線，所以稱為以「頻帶外 (out-of-band)」的方式來傳送控制資訊。當我們結束 FTP 軟體時，控制連線也才跟著關閉。在會談期間，FTP 伺服器會維護使用者的「狀態」(state)，包括追蹤使用者目前的目錄位置，以及之前的授權等資料。

　　一般而言，伺服端的 port 21 通常是控制埠，而 port 20 是資料埠，但 FTP 有兩種不同的模式——主動模式 (Active) 及被動模式 (Passive)，而上面所說的是指主動模式。所以圖 13-1 代表傳統 FTP 所定義的檔案傳輸系統，其連線方式是採用主動模式，並沒有考慮到與 Internet 有關的防火牆會一路發展與使用的安全問題，使得當初定義下來的 FTP 無法完全適用在當時的 Internet 環境，因此就發展出了另外一種被動模式的 FTP 連線方式，這樣的模式，資料連接埠號 20，不再只是這個埠號為唯一選項 (下面章節會討論)。

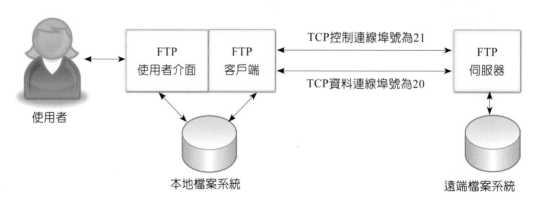

圖 13-1　FTP 系統架構及 TCP 連線

13-2　FTP伺服器與客戶端之間的通訊

　　FTP 雖然可以被終端使用者直接使用，但是它還是被設計成讓 FTP 客戶端程式可以自己所控制。由於執行 FTP 開放的許多個站點都是開放匿名服務，使用者不需要帳號密碼就可以直接登入伺服器，預設情況下，使用者名稱只要敲入「anonymous」就可以了。

範例 1　請試著連上一台 FTP 伺服器，如果有安裝 Wireshark 軟體，請事先開啓並觀
察與 FTP 客戶端相互之間的通訊情形。

解答　如圖 13-2(a)-(b) 所示，在命令提示字元下敲入 ftp 命令以啓動 FTP 客戶端
程式。接著在 ftp> 敲入 debug 命令進入除錯模式以便觀察 FTP 客戶端傳
給 FTP 伺服端的控制命令。接著輸入 open www.ftb.com.tw 命令準備連線到
Anonymous FTP 伺服端，FTP 連線成功之後，伺服器便會傳回「已允許使
用」的回覆訊息，客戶端收到了 220 的訊息後，可以敲入 anonymous。

```
C:\Windows\System32\cmd.exe - ftp

Microsoft Windows [版本 10.0.19044.2728]
(c) Microsoft Corporation. 著作權所有，並保留一切權利。

C:\Windows\System32>ftp
ftp> debug
偵錯 開啟。
ftp> open www.ftb.com.tw
已連線到 www.ftb.com.tw。
220---------- Welcome to Pure-FTPd [privsep] [TLS] ----------
220-You are user number 1 of 50 allowed.
220-Local time is now 04:34. Server port: 21.
220-This is a private system - No anonymous login
220- IPv6 connections are also welcome on this server.
220 You will be disconnected after 15 minutes of inactivity.
---> OPTS UTF8 ON
504 Unknown command
使用者 (www.ftb.com.tw:(none)): anonymous
---> USER anonymous
331 User anonymous OK. Password required
密碼:
---> PASS
```

圖 13-2(a)　FTP 客戶端連上一台 Anonymous FTP 伺服器

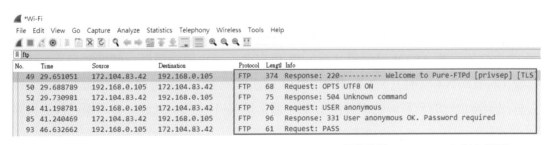

圖 13-2(b)　FTP 客戶端連上一台 Anonymous FTP 伺服器的 Wireshark 封包擷取

13-3　FTP操作模式

傳統的 FTP 埠號 20 使用在客戶端和伺服端之間的資料流傳輸，而埠號 21 主要對於控制流的傳輸，並且此埠正是命令往 FTP 伺服器的入口。當資料流進行傳輸的時候，控制流則處於空閒狀態，若此狀態的時間過長，客戶端的防火牆會認為逾時，一旦遇到大量資料通過防火牆時，雖然檔案還是可以成功的完成傳輸，但因控制流的傳輸會因防火牆的問題，傳輸會發生錯誤。

1994 年 2 月，RFC 1579 的制定可使 FTP 能夠穿越 NAT 與防火牆 (被動模式)，更進一步，1997 年 6 月 RFC 2228 提出安全擴充，隔一年，RFC 2428 也增加了對 IPv6 的支援，並定義了一種新型的被動模式。因此 FTP 的操作模式可以分成兩種，一為主動模式 (ACTV) : 在此模式下，客戶端啟動與伺服器的 TCP 控制連線，伺服器則啟動與客戶端的 TCP 資料連線，如圖 13-3(a) 所示。另一為被動模式 (PASV) : 在此模式下，客戶端啟動與伺服器的 TCP 控制連線和資料連線，如圖 13-3(b) 所示。

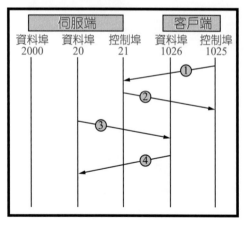

圖 13-3(a)　主動模式

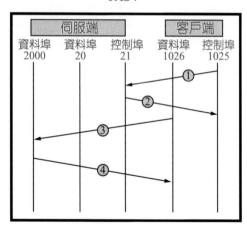

圖 13-3(b)　被動模式

13-3-1　FTP主動模式操作過程

圖 13-3(a) 所示的 ACTV 這個模式下，① 指出客戶端會隨機選擇一個控制埠 (亦稱命令埠) 的號碼 X (原則上，X 必須 >1024)，例如埠號 1025 (來源埠) 與伺服器連線，並告訴伺服器自己的資料埠的埠號是 1026 (通常是 X+1)，換句話說，客戶端已告訴伺服

端自己會使用資料埠的埠號 1026 來進行資料傳輸。❷ 指出伺服端的控制埠 (埠號 21) 會對客戶端的控制埠 (埠號 1025) 回應。接著 ❸ 指出伺服端主動透過自己的資料埠 (埠號 20) 與客戶端資料埠指定的的埠號 1026 進行傳輸；換句話說，伺服器打開 20 號來源埠並且建立和客戶端資料埠號 1026 (目的地埠) 的連接。如果網路狀態正常，❹ 指出客戶端資料埠號 1026 會向伺服器埠號 20 傳送一個回應，告訴伺服器它已經建立好了一個連接。

ACTV 會碰到一個問題，就是客戶端是隨機通知伺服器使用的資料埠的埠號為 1026，然後伺服器再由埠號 20 跟客戶端的埠號為 1026 連線。對客戶端而言，這是一個外部網路與內部網路的連線；大多數的企業網路和個人使用者，都不允許防火牆外部的連線到內部的電腦，所以有可能會發生防火牆擋住的問題。

13-3-2　FTP被動模式操作過程

圖 13-3(b) 所示的 PASV 這個模式，主要就是來解決 ACTV 會碰到的防火牆問題，伺服器完全處於被動狀態，完全是由客戶端主動對伺服器發動連線請求。首先，會開啟兩個未被使用的埠號 X，例如埠號 1025 與 1026 (X>1024)。❶ 指出客戶端使用埠號 1025 主動跟伺服器埠號 21 連線並發送 PASV 請求。❷ 指出伺服器回應並告訴客戶端自己開啟了一個資料埠號 2000 等待資料連線。❸ 指出客戶端資料埠號 1026 主動跟伺服器指定的資料埠號 2000 連線。❹ 指出伺服器回應客戶端。

使用被動模式雖然解決了客戶端的問題，但也給伺服器帶來了一些問題，其在於伺服器必須開放一定範圍的連接埠供客戶端使用，還好當今的 FTP 伺服器軟體工具都可以由管理員決定哪些範圍的連接埠可以開啟。另一個問題是，並非所有的 FTP 客戶端都有支援 PASV，由於大部分的人仍偏好使用瀏覽器作為 FTP 客戶端，其對於 PASV 都有提供支援。值得一提，若可以擷取到 Wireshark FTP 封包，當 FTP 進入被動模式，會出現 227 Entering Passive Mode (h1、h2、h3、h4、p1、p2)，其中 227 為被動模式的回應代碼；h1、h2、h3、h4 表示伺服器提供的 IP 位址，而 p1，p2 表示埠號，此埠號代表被動模式連線的監聽埠。 PASV 埠號值 = (p1 * 256)+ p2。若是 ACTV 埠號值也是相同算法。

範例 2 請以下圖說明伺服器使用的的 IP 位址為何？計算出 PASV 埠號值為何？

```
8    0.017091000 128.121.136.217  67.180.72.76      FTP    21      Response: 227 Entering Pa
9    0.000600000 67.180.72.76     128.121.136.217   TCP    4123    z-wave > 30189 [SYN] Seq=
10   0.014594000 128.121.136.217  67.180.72.76      TCP    30189   30189 > z-wave [SYN. ACK]
```
```
⊞ Frame 8: 108 bytes on wire (864 bits), 108 bytes captured (864 bits) on interface 0
⊞ Ethernet II, Src: Cadant_22:a5:82 (00:01:5c:22:a5:82), Dst: QuantaCo_a9:08:20 (00:16:36:a9:08:20)
⊞ Internet Protocol Version 4, Src: 128.121.136.217 (128.121.136.217), Dst: 67.180.72.76 (67.180.72.76)
⊞ Transmission Control Protocol, Src Port: ftp (21), Dst Port: hillrserv (4117), Seq: 77, Ack: 68, Len: 54
⊟ File Transfer Protocol (FTP)
  ⊟ 227 Entering Passive Mode (128,121,136,217,117,237).\r\n
     Response code: Entering Passive Mode (227)
     Response arg: Entering Passive Mode (128,121,136,217,117,237).
     Passive IP address: 128.121.136.217 (128.121.136.217)
     Passive port: ?
```

解答 當 FTP 進入被動模式，會出現 227 Entering Passive Mode (128,121,136,217,117,237)，其中 128.121.136.217 表示伺服器的 IP 位址，p1，p2 表示埠號 (亦稱端口號)，此端口號代表被動模式連線的監聽埠 (117*256 + 237 = 30189)，亦即 PASV 埠號 (Passive port) = (p1 × 256) + p2 = 117 × 256 + 237 = 30189。

範例 3 請對下圖分析說明。

```
Frame 13: 82 bytes on wire (656 bits), 82 bytes captured (656 bits) on interface 0
⊞ Ethernet II, Src: IntelCor_d0:27:d7 (00:18:de:d0:27:d7), Dst: D-Link_cc:a3:ea (00:13:
⊞ Internet Protocol Version 4, Src: 192.168.0.101 (192.168.0.101), Dst: 10.251.30.69 (1
⊞ Transmission Control Protocol, Src Port: 52912 (52912), Dst Port: ftp (21), Seq: 30,
⊟ File Transfer Protocol (FTP)
  ⊟ PORT 192,168,0,101,206,177\r\n
     Request command: PORT
     Request arg: 192,168,0,101,206,177
     Active IP address: 192.168.0.101 (192.168.0.101)
     Active port: 52913
```

解答 在主動此模式下，客戶端啟動與伺服器 (server) 的控制連接，伺服器啟動與客戶端的 TCP 資料連接；客戶端發出 PORT 命令至伺服端並提供一個 IP 位址 192.168.0.1 與監聽埠 52913，它將監聽 (listen) 由伺服器啟動與客戶端的資料連接。監聽埠 52913 的計算可由 (p1 × 256) + p2 = 206 × 256 + 177 = 52913 得出。

13-3-3　如何辨認封包類型是FTP而非SSL

很多人都會有一困惑，在 FTP 的實務環境，當您明確可以擷取到 Wireshark FTP 封包，然而擷取到的結果，往往 Wireshark 將原屬 FTP 流量判斷成 HTTPS (HTTP over SSL) 流量，這時候如何辨認封包類型是 FTP 而非 SSL ？例如側錄到一個擷取檔，開啟後發現檔中包含多個 SSL (Secure Sockets Layer) 封包。由於 SSL 使用於兩主機之間

的安全加密通訊協定，在正常情況下，觀察 SSL 流量，Wireshark 會因 SSL 的加密的特性不會產生太多有用的資訊，而且您是無法讀取到任何封包中的資料。

這個問題對一個 IT 人員，確實有必要知道，否則在擷取到的封包有的原本就是加密過的 HTTPS 封包，而有的是因某些因素被設定或誤判成 HTTPS 封包 (亦即 SSL 協定形成的封包)，但其實是 FTP 封包，所以說明如下：

首先，Wireshark 在挑選封包時所使用的解析器，並不一定會做出正確的判斷與選擇，特別是遇到網路中常使用到一些非標準的網路協定，這樣的情形更是屢見不鮮。尤其網路管理員常常為了安全措施或試圖規避某存取控制而做的設定，將使這種情況更加嚴重。還好，我們可以改變 Wireshark 所使用解析器的方式。

現回歸原本的問題，萬一有偽裝成 HTTPS 封包，但其實是 FTP 封包，如何辨認封包類型是 FTP 而非 SSL？如果您在 Wireshark 擷取檔中，點擊某幾個 SSL 封包，竟然從封包位元組窗格 (Packet Bytes Pane) 或稱 16 位元格式列中的內容可以讀到明文內容，甚至有使用者名稱與密碼。此時可以大膽判斷 Wireshark 在挑選封包時所使用的解析器有可能是 Wireshark 為了安全起見，它將原屬 FTP 流量判斷成 HTTPS (HTTP over SSL) 流量，注意，連接埠 443 是使用於 HTTPS (基於 SSL 的 HTTP) 的標準連接埠，所以極有可能 FTP 流量是使用 HTTPS 的連接埠 443。要解決這個問題，可以透過「強制 Wireshark 使用 FTP 協定」來解密這些封包，此過程被稱為強制解碼 (forced decode)。

範例 4　Wireshark 為了安全起見，往往它將原屬 FTP 流量判斷成 HTTPS (HTTP over SSL) 流量，這時候您如何辨認封包類型是 FTP 而非 SSL？

解答

步驟 1　在 Wireshark 封包過濾列中的 display filter 空白欄框中敲入 tls (新版的 Wireshark 不建議敲入 ssl，但若硬性要敲入 ssl，則 display filter 欄框呈現橘黃色 (正常狀態是綠色)，但也不影響分析結果) → 點擊 display filter 的執行按鈕 → 請將滑鼠移至封包 18 的位置並點擊 → 哇塞，竟然在 16 位元格式列中的內容讀到明文內容：notifications .google.com，如圖 13-4(a) 所示。注意，畫面中的協定為 TLSv1.2 封包為加密封包，所以看不到真正的內容。注意，tls (transport layer security) 是 ssl 的升級版的安全協定，目前最高版本為 TLSv1.3。

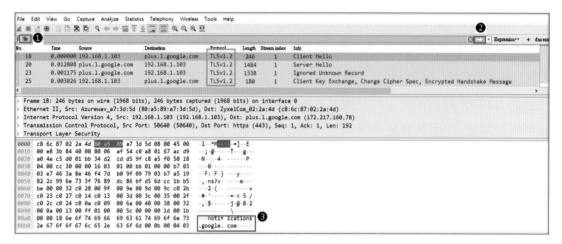

圖 13-4(a)

步驟 2　請將滑鼠移至任一個 TLSv1.2 封包的位置，例如封包 18 並點擊 → Analyze → Decode As，引出一個 Decode As 的對話方塊 → 點擊「+」按鈕 → 點選適當的 Field (即 TCP port)、Value (端口值或稱連接埠 443)、Current (點選 FTP 協定解析器) → 點擊確定按鈕，如圖 13-4(b) 所示。當點擊圖 13-4(b) 中的 ❹ 時，接著，請將滑鼠移至 ❺ 中的 Field 右邊的「∨」按鍵的位置並點擊，然後點選 TCP port，如圖 13-4(c) 所示。

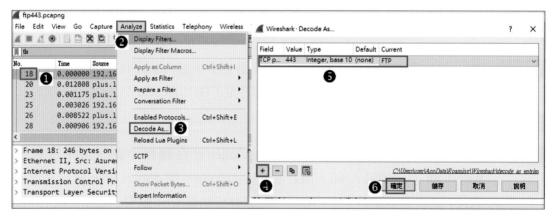

圖 13-4(b)

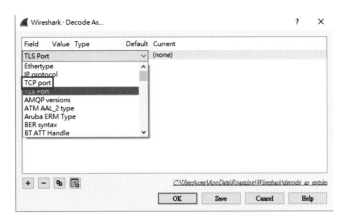

圖 13-4(c)

步驟 3 請將滑鼠移至 Value 右邊的「∨」按鍵的位置並點擊，然後點選端口值 443，如圖 13-4(d) 所示。

步驟 4 接下來，Type 欄位自動產生，default 的欄位在此為 none，若 default 欄位有預先設定將會自動填入例如 http。至於 Current 也像 Field 可拉出「∨」按鍵內的選單選項，請將滑鼠移至「∨」按鍵的位置並點擊，然後點選 FTP，再點擊 OK 按鈕，如圖 13-4(e) 所示。

圖 13-

圖 13-4(e)

另一方式，或也可以請將滑鼠移至封包 18 該列的任何位置並按右鍵，如圖 13-4(f) 所示的 ❶ → 引出一個視窗選單，點擊 Decode As 選項，如圖 13-2(f) 所示的 ❷ → 接下來的分解步驟，如同圖 13-4(b) 所示的 ❹❺❻。

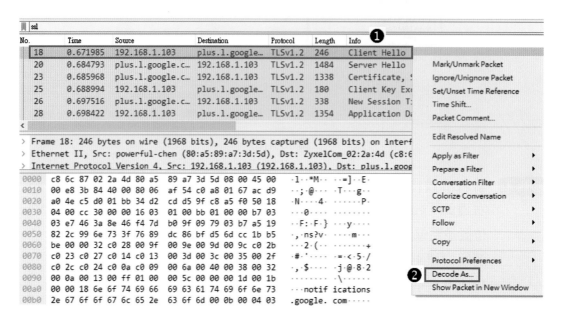

圖 13-4(f)

步驟 5 當圖 13-4(e) 中的 OK 按鈕被點擊後，可以立刻得到解碼後的更新檔。注意，此時的封包 18 所使用的協定種類不再是 TLSv1.2，而是 FTP，它的 Info 行的內容也因解碼而能顯示出來。其它封包像封包 20，封包 23，封包 25 等依此類推，如圖 13-4(g) 所示。值得一提，像封包 21 的 TCP 層因帶有 FTP 的資料，所以解碼後，協定種類不再是解碼前的 TCP，而會更新成 FTP。

圖 13-4(g)

重點整理

▶ FTP (File Transfer protocol) 是使用在電腦網路客戶端和伺服器之間進行檔案傳輸的應用層協定。

▶ FTP 屬主從架構，當 FTP 客戶端欲傳輸檔案，會發送出檔案要求命令給 FTP 伺服器；FTP 伺服器會從檔案資料庫提供檔案查詢、讀取、寫入等功能。

▶ 檔案存取 (file access) 是讓客戶端主機可以存取伺服器檔案，例如網路檔案系統 (Network File System；NFS)，它是一種分散式檔案系統。

▶ FTP 雖然可以被終端使用者直接使用，但是它還是被設計成讓 FTP 客戶端程式可以自己所控制。

▶ FTP 的操作模式有兩種，一為主動模式 (ACTV)；另一為被動模式 (PASV)。

▶ ACTV 有可能會發生防火牆擋住的問題。

▶ RFC 2228 提出安全擴充，定義了一種新型的被動模式。

▶ ACTV 這個模式下，客戶端會隨機選擇一個控制埠 (亦稱命令埠) 的號碼 X (原則上，X 必須 >1024)。

▶ PASV 這個模式，主要就是來解決 ACTV 會碰到的防火牆問題，伺服器完全處於被動狀態，完全是由客戶端主動對伺服器發動連線請求。

本章習題

選擇題

( ) 1. FTP 伺服器會為客戶端開啟　(1) 1　(2) 2　(3) 3　(4) 4 條的連線。

( ) 2. ＿＿＿可使 FTP 能夠穿越 NAT 與防火牆 (被動模式)

　　　(1) RFC 2228　(2) RFC 1579　(3) RFC 2248　(4) RFC 1323。

( ) 3. 傳統 FTP 伺服器以埠號　(1) 20　(2) 21　(3) 25　(4) 53 建立 TCP 資料連線。

( ) 4. FTP 在網路上進行資料的傳輸是在何種的架構下進行

　　　(1) Peer to Peer　(2) 點對點　(3) 主從式　(4) 不一定。

( ) 5. FTP 的控制連線是以何種的方式來傳送控制資訊

　　　(1) 頻帶內　(2) 頻帶中　(3) 頻帶外　(4) 不一定。

( ) 6. ACTV 這個模式下，客戶端會隨機選擇一個控制埠 (亦稱命令埠) 的號碼 X，原則上，

　　　X 需＿＿＿　(1) >1024　(2) >1024　(3) >2000　(4) 不一定。

( ) 7. 傳統 FTP 的操作模式為　(1) 被動模式　(2) 主動模式　(3) 混合模式　(4) 以上皆非。

( ) 8. 客戶端啟動與伺服器的控制和資料連接為

　　　(1) 被動模式　(2) 主動模式　(3) 以上皆是　(4) 以上皆非。

( ) 9. FTP 在＿＿＿模式下，有時可能會因防火牆的問題，會封鎖未經授權的第三方。

　　　(1) 被動模式　(2) 主動模式　(3) 以上皆是　(4) 以上皆非。

( )10. FTP 在＿＿＿模式下，基本上，伺服器不會主動維持連線，伺服器處在「聆聽命令」，

　　　不主動參與，並由由其他裝置來處理大部分的工作。

　　　(1) 被動模式　(2) 主動模式　(3) 以上皆是　(4) 以上皆非。

簡答題

1. 檔案傳輸 (file transfer) 和檔案存取 (file access) 有何不同？

2. 說明傳統 FTP 系統架構及 TCP 連線。

3. 請繪出 FTP 主動模式 (ACTV) 與被動 (PASV) 模式的程序圖。

4. 傳統 FTP 所定義的檔案傳輸系統是主動模式，什麼原因才有被動模式。

5. 若已知 Wireshark FTP 擷取檔是使用被動模式，如何找出 FTP 回應封包的邏輯字串表示式
為何？

CHAPTER 14

HTTP協定

14-1 WWW簡介

WWW (World Wide Web) 稱為「全球資訊網」，原先是由歐洲量子物理實驗室所發展出來的文件查詢系統，它提供文字、聲音、影像及圖形等多媒體方式的呈現，並結合超連結 (hyperlink) 的觀念，主要目的是讓使用者可以輕易取得任何所要的資料。目前，在 Internet 上的各式各樣的服務資源系統中，WWW 可以說是最引人注目的一種，現在只要談到 WWW，就自然會聯想到 Internet。

在 Internet 上的文件查詢方式，一般採用由上而下的階層 (hierarchy) 架構，雖然查詢系統以階層式的資訊架構呈現非常清楚並較容易掌控，但要找出其他相關連的資訊，則變得複雜繁瑣。而 WWW 是採用超文件 (hypertext) 的方式，它的操作非常類似 Windows 視窗下的「help」，可以讓使用者很快地取得所要找的參考文件，並經由超連結可以很容易的得出相關的資訊。特別是它可以迅速取得某一個文字背後所連結的超文件，此文件可能是儲存在遠在世界另一端的資料，包括影像、圖形、聲音、動畫。超連結和搜尋引擎能讓我們快速在很多網站中找到所要的資訊；另外，像 Java applet、JavaScript 等的許多其他元件，讓我們能夠和網頁與網站互動。在 2003 年之後，網頁伺服器已成為許多最頂級應用的平台，包括 YouTube、Gmail 和 Facebook。

值得注意的是：WWW 上的文件資料是以蜘蛛網狀方式分散在世界各處，這似乎驗證了 WWW 這 3 個「W」所表示出來的意義，當然，整個資訊架構也就變得很複雜，並且不易掌控。

14-2 HTTP協定

HTTP (Hyper Text Transfer Protocol) 稱為超文件傳輸協定，它是 WWW 所採用的通訊協定。此協定具有跨平台的特性，當使用者需要尋找一些資訊時，WWW 的瀏覽器 (Browser) 常稱為網頁瀏覽器，就是透過 HTTP 協定，向 WWW 伺服器擷取資訊，因此，存在不同電腦系統中的資料都可以經由 HTTP 協定傳送至其他主機。今日，WWW 所以能提供多樣性的不同資訊，乃拜賜於使用者的瀏覽程式所支援的 HTML、JavaScript、VB Script 等語言，以及 JAVA、Flash 元件等技術組成，這使得網頁 (web page) 能呈現非常不錯的動態效果。

而伺服器也擔任最新資料的查詢與更新作業。HTTP 協定可說是網頁的心臟，網頁能夠交握運作完全依賴 HTTP。HTTP 是實現於不同的端系統 (end system，即指主機) 上，亦即用戶端瀏覽器 (稱 Web Browser) 及伺服器 (稱 Web Server) 兩端所溝通的訊息為 HTTP。HTTP 將定義這些訊息的結構，以及客戶 / 伺服兩端是如何交換這些訊息。

描述 HTTP 運作之前，我們必須先對網頁伺服器與網頁瀏覽器做必要簡述。網頁伺服器可能指一台提供網頁的電腦，其包括由各種軟體語言構建而成，通過 HTTP 協定傳給網頁瀏覽器；也可能是一個提供網頁的伺服器程式。一般而言，WWW 並未對瀏覽器做定義，為方便用戶可以瀏覽全球資訊網之資訊，就必須用到網頁瀏覽器透過 HTTP 協定向網頁伺服器取得所要文件。事實上，網頁瀏覽器為用戶及網路應用間的介面，它也歸類為用戶代理器 (User Agent) 的一種，目前最熱的網頁瀏覽器要屬 Google Chrome、Mozilla Firefox、Microsoft Edge、Opera 及 Safari。而早期在 Internet 造成震撼的 Mosaic，已在 1997 年宣告終止。另一方面，較常用的網頁伺服器，包括 Apache HTTP Server、Microsoft Corporation 的 Internet Information Server (IIS)、Google Web Server、NGINX、lighttpd、Cherokee 以及 Microsoft Corporation 的 FrontPage 等等。

 NOTE

超文字標記語言 (Hyper Text Markup Language：HTML) 可透過不同的標籤 (tag) 命令的描述，使文件以多樣性不同的方式呈現在瀏覽器上，包括文件中的字型、段落格式、圖片、影像、聲音、動畫，甚至連結至其它主機上的文件或檔案。

14-3 Web Browser與Web Server之間的溝通

Web Browser 與 Web Server 之間的基本溝通操作方式，請先回顧圖 10-5 所說，在 Internet 上建立兩端的 TCP 連線來實現兩行程間的 Socket 通訊，圖中 Socket 爲主機應用層及傳輸層之間的介面，若 Socket 上端的應用層爲 HTTP 協定，則可由埠號 80 識別出來。注意：HTTP 採用內頻 (inband) 方式；當 HTTP 客戶 (或稱用戶) 端與伺服器建立一 TCP 連線後，就代表此連線已鋪陳在兩行程間的 Socket 介面，此介面正是 HTTP 要求 / 回覆要進出的門。一旦 TCP 連線建立後，Web Browser 會送出 HTTP 要求訊息至 Web Server，此訊息包含網頁的基本組成，例如：由 HTML 檔案或 JPEG image、GIF image、Java Applet、影音、視訊等組成。網頁是由物件 (object) 所組成，一個物件指的就是一個檔案，基本上，網頁含有 HTML 檔本身及一些物件構成。例如：一網頁含有 HTML 檔本身及 9 張圖片，則此網頁共有 10 個物件。

在此必須知道 Internet 的資源是散佈於任何角落，資源可透過不同伺服器來提供與 HTTP、FTP、NNTP 有關的資訊，因此，WWW 提出通用化資源識別碼 (Universal Resource Identifier；URI) 概念及通用化資源定位 (Universal Resource Locator；URL) 語法，以使資源定址有一致性。像上面說過的物件，就可用單一的 URL 定址。一般而言，URL 大致上包含兩部分：即用來存放物件伺服器的主機名稱及該物件的路徑名稱。例如：URL 格式 http://www.abc.edu/electrical/introd.index 中，www.abc.edu 爲主機名稱；而 /electrical/introd.index 則是路徑名稱。一旦伺服器收到存取某物件的要求時，會回覆 HTTP 訊息給客戶端。HTTP 最初的版本爲 HTTP/0.9，至 1997 年公布 HTTP/1.0 版本 (可參考 RFC1945)。然而，HTTP/1.0 仍面臨物件與連線的一些問題，例如上文說過，使用者所要求的網頁共含 10 個物件，就必須建立 10 個 TCP 連線；相對也增加封包的往返時間，稱爲 RTT (Round-trip Time)，因此，傳送一份文件就需建立多次 TCP 連線，實在沒有誘因讓使用者繼續使用。如何解決這個問題，就在 1998 年，HTTP/1.1 版本公佈 (可參考 RFC2616)，並與 HTTP/1.0 相容。

WWW Server 依照 URL 找出檔案，它可能會直接去預設的目錄下找尋檔案，或由一些外部執行程序所產生的內容，並將它們傳回使用者。HTTP 屬於應用層，無論 HTTP/1.0 或 HTTP/1.1，其下層使用 TCP 協定時；由於 TCP 提供可靠資料傳送，因此，HTTP 不需要擔心資料遺失或資料如何回復，但 TCP 的壅塞機制會強迫新的 TCP 連線剛開始時以較慢速率，稱爲「slow start」來傳輸資料，當網路沒有壅塞情況發生，則每一 TCP 連線會昇至相對高的速率；另外，HTTP 也稱爲無態 (stateless) 協定。無態協

定指出，當伺服器送出 HTTP 客戶端所要求的訊息後，伺服器本身並不儲存任何有關這些訊息的狀態資訊，因此，就算隔幾秒客戶端又提出完全相同的物件要求時，伺服器端仍需重新做 TCP 連線。

注意：情形正好與 HTTP 相反，FTP 爲「狀態 (state)」協定。另外，HTTP/1.0 所使用的 TCP 連線上最多只傳送一個物件；多個物件就需要多個 TCP 連線的方式，稱爲非持續性 (nonpersistent) 連線，此正是 HTTP/1.0 所使用的版本，也因此，有 HTTP/1.1 所使用持續性 (persistent) 連線方式，主要讓所有的 HTTP 要求與回覆在客戶端和伺服端之間的 TCP 連線，都是在同一條連線上傳送許多個物件。

範例 1　若使用者要求的網頁共含 10 個物件，其包含一 HTML 檔案及 9 個圖片構成的物件，比較說明 HTTP/1.0 的非持續性連線，與 HTTP/1.1 使用的持續性連線特性。

解答　若此時的 URL 爲 www.abc.edu/electrical/introd.index，且採用 HTTP/1.0 非持續性連線，下列說明其連線操作步驟。

步驟 1　HTTP 客戶端的瀏覽器會啓動 TCP 連線至伺服器 www.abc.edu 的埠號 80。

步驟 2　HTTP 客戶端將 HTTP 要求訊息藉由 Socket 介面間的 TCP 連線送至 HTTP 伺服器，注意：要求訊息包含路徑名稱 /electrical/introd.index。

步驟 3　HTTP 伺服器收到 HTTP 客戶端送來的要求訊息，就會從其儲存裝置 (例如 RAM) 擷取所要的物件，並且將該物件封裝至 HTTP 回覆訊息內，然後藉由伺服端的 Socket 將該回覆訊息送給 HTTP 客戶端。

步驟 4　HTTP 伺服端的行程將通知 HTTP 客戶端準備關閉 TCP 連線。

步驟 5　HTTP 客戶端收到回覆訊息，TCP 連線關閉，並由訊息指出該物件爲 HTML 檔案，客戶端會從回覆訊息中取出該 HTML 檔案，並檢視此檔案，發現還參考到 9 個圖片構成的物件。

步驟 6　由於是非持續性的連線，步驟 1 ～ 4 又得重複進行 9 次。

　　接著我們對 RTT 與封包延遲關係做一簡單說明，如圖 14-1 所示，封包延遲正是以前討論過的路由器封包交換 (參考圖 6-4) 所發生的延遲，依序爲節點處理延遲 (dproc)、佇列延遲 (dqueue)、傳輸延遲 (dtrans) 及傳導延遲 (dprop) 之總和。忽略此延遲，我們可以粗估客戶端要求與接收到一個 HTML 檔案所花掉的時間爲 2RTT，其中一個 RTT 係指一封包從客戶端至伺服器，再回到客戶端所花掉的時間，如圖 14-1 中 ❶ 及 ❷。另一個 RTT 則是客戶端傳送要求封包，順便揹負 (piggyback) 確認訊息送入 TCP 連線的時間，如圖 14-1 中 ❸，再加上伺服器收到此封包後，伺服器會將 HTML 檔案送入 TCP 連線的時間，如圖 14-1 中 ❹。注意：前 3 個步驟即所稱的三方交握。以上說明只要完成一物件的要求後，至 TCP 連線關閉共需花掉 2RTT；因此，另外 10 個物件必須再花掉 20RTT (相當 10 筆 TCP 連線)。注意，針對每一筆連線，還必須在用戶端與伺服端配置 TCP 緩衝區並維護 TCP 變數。

　　另一方面，HTTP/1.1 版本，如上述執行到 ❹ 的時候，伺服器會持續保留該條連線，緊接來的整份網頁 (指一 HTML 檔案及 9 個圖片) 會經由開啓的 TCP 連線傳送出去。這樣的話，採用 HTTP/1-1 版本只需花費 2RTT，再加上三方交握的 2RTT，總共花費 爲 4 RTT。更進一步，存放在同一部伺服器上的多份網頁，亦可透過一條永久性的連線從該伺服器傳送至同一用戶端。值得一提，物件的要求是以管線化的方式達成。

注意：所謂管線化是指物件的 HTTP 要求可以一直傳送出去，不需要收到 HTTP 回覆訊息後才可以送出新的 HTTP 要求。

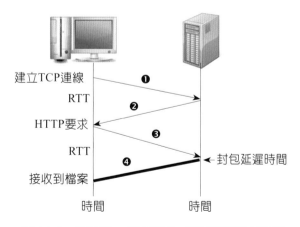

圖 14-1　接收到一個 HTML 檔案所花掉 2RTT

14-4　HTTP訊息架構

HTTP 訊息的組成如圖 14-2 所示，圖中的 PROT = 6 代表採用的傳輸層協定為 TCP，而伺服器則利用埠 80 提供服務。訊息可分為要求與回覆兩種，並以 ASCII 碼來表示。以 HTTP 1.1 來說，其訊息架構如圖 14-3 所示，共 5 列，列的結束都有一個歸位 (Carriage Return；CR) 及換列 (Line Feed；LF)，如下說明。

◈ 要求列 (Request line)：屬要求訊息的第一列。

◈ 狀態列 (Status line)：屬回覆訊息的第一列。

◈ 通用標頭 (General)：要求與回覆兩種訊息都有可能出現的訊息。

◈ 要求標頭：與客戶端有關的訊息。

◈ 回覆標頭：與伺服端有關的訊息。

◈ 本體標頭：與本體資料有關的訊息，訊息間以 <CR> <LF> 區隔。

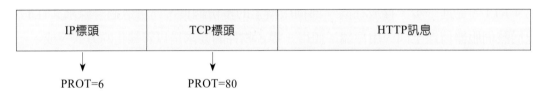

圖 14-2　HTTP 訊息的組成

圖 14-3　HTTP/ 1.1 訊息架構

14-4-1　HTTP Request訊息

HTTP Request 訊息的格式如圖 14-4 所示；而其 HTTP 要求列的內容格式如圖 14-5 所示，如下說明。

◈ 方法 (Method)：定義要求列的方法，包括 GET、POST、HEAD、PUT、DELETE 等多種不同的存取方法，如表 14-1 所示，但以 GET 方法最常用。

◈ SP (Space)：欄位之間加空白作區隔。

◈ URL：要求的物件由 URL 欄位來識別。

◈ HTTP-Version (版本)：HTTP/1.1。

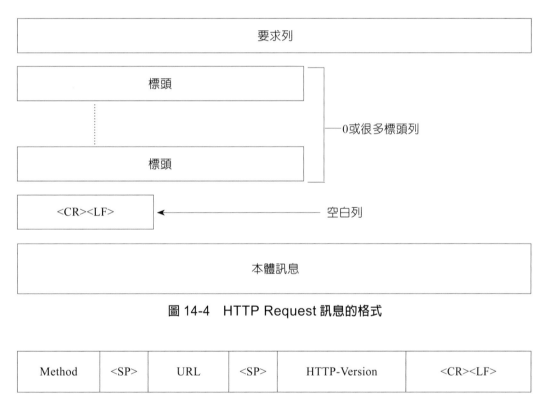

圖 14-4　HTTP Request 訊息的格式

Method	<SP>	URL	<SP>	HTTP-Version	<CR><LF>

圖 14-5　HTTP 要求列的內容格式

範例 2　典型的 HTTP Request 訊息，請說明。

解答　首先，訊息是用 ASCII 文字撰寫；共有 4 列，每列末尾都有一個歸位字元和一個換列元。

要求列　GET /tti/elec.html HTTP/1.1 (指出使用 GET 方法，要求的物件是 /tti/elec. html，而此物件是由 URL 欄位來識別)。

標頭列　Host: www.cute.edu (指出物件所使用的 DNS 主機)。

　　　　User-agent: Mozilla/5.0 (指出用戶代理器為 Mozilla 5.0 版本，它屬於一種 Netscape 的瀏覽器)。

　　　　Connection: close (伺服器可應用戶端的要求關閉連線)。

　　　　Accept-language:tw (指出使用者偏好收到該物件的語言，若沒有會送出預設版本)。

表 14-1　HTTP 1.1 常用的存取方法

Method	簡述
Options	詢問伺服器可使用的通訊選項
GET	送出 URL 網址讀取伺服器上的資料
HEAD	類似 GET，但伺服器只對標頭回應 (不包括資料)
POST	提供客戶端上傳資料給伺服器
PATCH	提供與原始檔案不同地方以進行修改
PUT	提供客戶端上傳資料取代原始資料
DELETE	提供客戶端刪除指定的資料 (伺服器可不同意)
TRACE	要求伺服器將收到之訊息傳回來 (例如 test)：記錄所經過的 proxy
CONNECT	要求代理伺服器 (Proxy) 建立連線轉送 HTTP 訊息

14-4-2　HTTP Response訊息

只要將圖 14-4 所示的要求列的格式改成狀態列，就可得出 HTTP Response 的格式。狀態列的內容格式如圖 14-6 所示，如下說明。

HTTP-Version	\<SP\>	Status-Code	\<SP\>	Reason-Phrase	\<CR\>\<LF\>

圖 14-6　HTTP 狀態列的內容格式

1. 狀態碼 (Status-Code)

   指出對 HTTP Request 訊息的回覆。

2. 狀態文字 (Reason-Phrase)

   指出對狀態碼所對應的文字敘述。

範例 3　典型的 HTTP Response 訊息，請說明。

解答　**狀態列**　HTTP/1.1 200 OK ：指出 HTTP Request 結果是成功。

　　　　標頭列　Connection close：伺服器通知用戶端在訊息送出後，就要關閉 TCP 連線。

　　　　　　　　Date: Thu, 15 Feb 2023 13:00:22 GMT (HTTP回覆訊息的時間日期)。

　　　　　　　　Server: Powerful (訊息由 Powerful 網頁伺服器產生的)。

　　　　　　　　Last-Modified: Mon,15 Feb 2023 (該物件建立或最後修改的時間日期)。

　　　　　　　　Content-Length: 8888 (該物件的位元組長度)。

　　　　　　　　Content-Type:text/html (指出資料本體 (entity body) 中的物件為 HTML)。

　　　　　　　　Data Data Data (訊息內容)。

範例 4　使用 GET 讀取一個圖像檔，說明要求訊息與回覆訊息。

解答　如圖 14-7 所示，客戶端以 GET 方法傳送要求訊息(包括要求列及兩列的標頭)
以讀取一個圖像檔，其路徑為 /cute/cook/image。要求列顯示 GET、URL 及
HTTP 版本 1.1，而兩列的標頭指出客戶端可以接受 gif 與 MPEG-2 的圖像檔
格式。注意：要求訊息的本體部分不會有輸入資訊；而回覆訊息包括狀態碼、
狀態文字 (即 200 OK) 及四列的標頭，標頭指出時間日期、伺服器、MIME
預設版本及本體內容的長度，緊接著為文件的本體 (body of the document)。

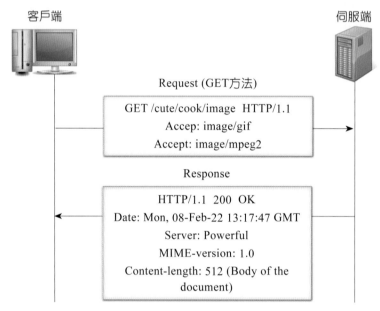

圖 14-7　要求訊息與回覆訊息 (以 GET 方法)

範例 5　使用 HEAD 讀取一個圖像檔，說明要求訊息與回覆訊息。

解答　如圖 14-8 所示，客戶端以 HEAD 方法傳送要求訊息 (包括要求列及一列的
標頭) 以讀取一個 HTML 文件檔。要求列顯示所使用的方法 HEAD、URL
及 HTTP 版本 1.1，像 */* 指出客戶端可以接受任何格式的文件；而回覆訊息
包括狀態碼、狀態文字及四列的標頭，標頭指出時間日期、伺服器、MIME
預設版本、文件類型、文件內容的長度。注意：伺服器收到 HEAD 的要求訊
息後，回覆訊息內不會有本體部分。

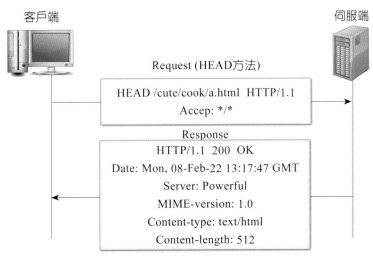

圖 14-8 要求訊息與回覆訊息 (以 HEAD 方法)

範例 6 使用 POST 讀取一個圖像檔,說明要求訊息與回覆訊息。

解答 如圖 14-9 所示,客戶端以 POST 方法傳送要求訊息 (包括要求列及四列的標頭) 以讀取一個圖像檔。要求列顯示所使用的方法 POST、URL 及 HTTP 版本 1.1,輸入的資料可放到要求訊息的本體部分,然後透過 POST 傳送到 URL 指定的網路資源。而回覆訊息包括狀態列及四列的標頭。注意:伺服器收到 POST 的要求訊息後,回覆訊息內會含有本體部分。注意,客戶端可以接受任何形式的文件。

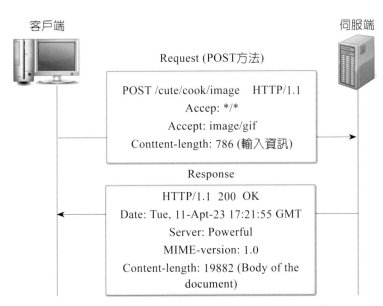

圖 14-9 要求訊息與回覆訊息 (以 POST 方法)

14-5　HTTP擷取封包的分析

我們可利用 Wireshark 對 HTTP 擷取封包的分析,如圖 14-10(a)-(b) 所示。

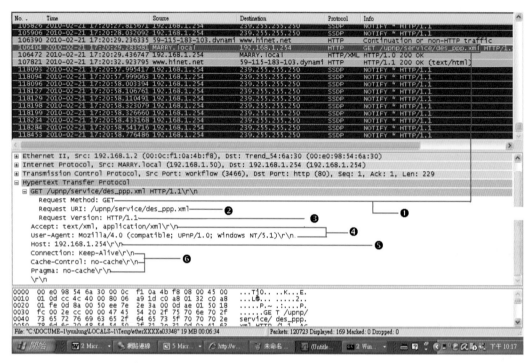

圖 14-10(a)　HTTP 擷取封包的分析 (要求訊息)

❶ 指出 HTTP 要求列是以 GET 方法要求伺服器在網路資源符合所要求的條件後,才傳回檔案。

❷ 指出瀏覽器要求的是 /upnp/service/des_ppp.xml HTTP/1.1 這物件。

❸ 指出採用 HTTP/1.1 版本。

❹ 指出客戶端能接受的資料類型,亦即使用者代理程式為 Mozilla/4.0 (屬要求標頭)。

❺ 指出伺服端的 DNS 主機 (屬要求標頭) 位址為 192.168.1.254。

❻ 指出通用標頭。

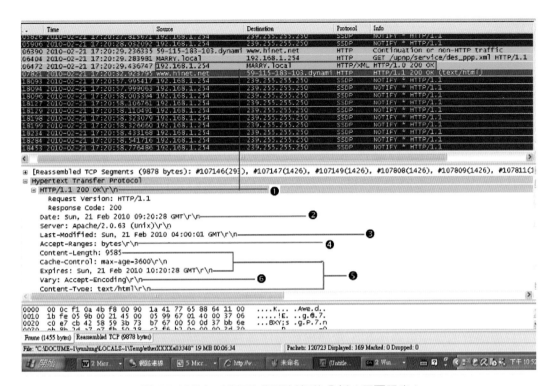

圖 14-10(b)　HTTP 擷取封包的分析 (回覆訊息)

❶ 指出伺服器所傳回的狀態回應碼 200 OK，其表示客戶端的要求執行成功 (屬狀態列)。

❷ 指出訊息發送的日期 (屬通用標頭)。

❸ 指出本體內容上次更改的時間與日期 (屬本文標頭)。

❹ 回覆標頭。

❺ 本體標頭。

❻ 「Vary」指出快取機制的控制參數，主要說明客戶端能接受的編碼方式。注意：「Vary」屬回覆標頭。。

14-6　Cookie簡介

　　為使網站可辨識使用者身份以提供不同的內容，或限制使用者的存取，那就需要用到 Cookie 的一個功能。Cookie 是伺服端放在用戶端的文字檔案，它可於記錄網路用戶的狀態，這可使網路管理者得知用戶在使用上的個別資訊，以便提供針對其個人的服務，並可隨時儲存客戶端 PC 上的一些相關記錄，這可幫您節省不少時間。例如：當您在網站中瀏覽時，Cookie 可以記住您的網站相關資訊，日後再瀏覽該網站時可以省掉一些程序，讓瀏覽時更快速、方便等。其實，Cookie 只是將一小段文字的檔案，暫存於瀏覽器的記憶體，或由 Web 伺服器透過瀏覽器儲存到您的硬碟內；當您再瀏覽該網頁時，檔案中的訊息會被回傳到 Web 伺服器。這時 Cookie 會驗證使用者的身份，以提供所需線上服務。

　　Cookie 一般可分為「Session Cookie」與「Persistent Cookie」，前者僅暫存於記憶體，只要瀏覽器關閉就會消失，常使用於電子商務購物網站。「Persistent Cookie」則是檔案儲存於使用者硬碟上，必須使用期限到達或使用者自行刪除才消失，但是刪除前務必先關掉瀏覽器。注意：Cookie 對於隱私權的問題一直是使用者的隱憂，因只要是任何您在網站上敲入的資訊，像信用卡等資料，都有可能被儲存在 Cookie 內，最好先考慮該網站的信用度，否則網站可能利用 Cookie 洩漏用戶的資料給第三者。當然，可透過 IE 的「工具」下的「網際網路選項」再選擇「隱私權」做設定多一些保險，例如中高、高或封鎖所有 Cookie 的功能。有關 Cookie 可參考 RFC 2109 與 RFC 2965。

　　RFC 2109 和 RFC 2965 為了要求保護使用者的隱私權，預設是不允許在伺服器之間共享 cookie。但到了 RFC 6265 可能商業的考量就鬆綁下來，大部分的瀏覽器只要第三方網站有合理的隱私政策申明，就預設可以允許第三方 cookie，像很多商業廣告因此能掌握使用者的購買傾向。值得注意，如果在網站使用 cookie 作為交談識別碼，駭客可以竊取被害人的 cookie 來達成不良企圖。接下來，透過範例 7 來說明商業網站使用的 cookie 技術包含 4 項元件：

◈　HTTP 回覆訊息中的 cookie 標頭列。

◈　HTTP 要求訊息中的 cookie 標頭列。

◈　保存於用戶終端系統上，由用戶瀏覽器管理的 cookie 檔。

◈　後端資料庫的存取。

範例 7　阿強在家時想至 PC Home 網站瀏覽，該網站都會使用 Cookie 來追蹤客戶。試說明利用 Cookie 運作過程。

解答　假如阿強以前曾拜訪過貝多芬購物網站，今天是第一次進入 PC Home 網站瀏覽，以下說明為 Cookie 運作過程，如圖 14-11 所示。

▸ 當 HTTP Request 送達 PC Home 網站時，該網站會產生兩筆資料：

　1. 唯一的識別碼。

　2. 後端的資料庫也因此識別碼而建立一筆記錄。

▸ PC Home 網頁伺服器會回應阿強的瀏覽器，並在 HTTP Response 訊息中加入標頭列，例如「Set-cookie: 2222 (識別碼)」。

▸ 阿強的瀏覽器收到 HTTP Response 訊息時，會在他的 Cookie 檔案中加上一筆資料，例如「PC Home： 2222」，注意：原 Cookie 檔案中已經有一筆資料為「貝多芬：1111」。爾後只要阿強瀏覽 PC Home 網站，則在 HTTP Request 訊息都會含有標頭列「Cookie: 2222」，這也是 PC Home 使用 Cookie 來追蹤客戶在其網站的消費行為，並建立阿強的購物清單及費用。

▸ 即使過了 10 天，阿強又要瀏覽 PC Home 網站，他不再需要重新輸入姓名、信用卡等資料。

▸ PC Home 網站也會追蹤阿強過去在其網站拜訪過的網頁，推薦商品給阿強；這也說明 HTTP 雖為無態 (stateless) 協定，但透過 Cookie，可以在 HTTP 上建立使用者對談期間，都可以辨識出阿強的身分。注意：FTP 會維護使用者的狀態，故屬「狀態」(state) 協定。

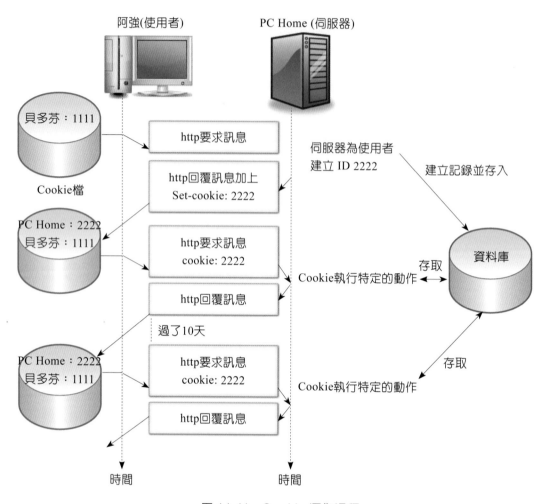

圖 14-11　Cookie 運作過程

14-7　Java Applet/ActiveX/ActiveX Scripting

　　為使一般靜態網頁的內容變得豐富，會提供一些小型的程式的支援，例如 Java Applet、ActiveX Control 及 Scripts，由伺服器端下載至用戶端的電腦上執行的程式稱為移動碼 (Mobile Code)，移動代碼是在任何程序，應用程序或內容可以移動的，它可同時嵌入在電子郵件、文字檔或網站。為了讓讓網頁內容更具多樣性，當然也帶來了不少安全性方面的威脅。惡意移動代碼經常附著於需要插件下載 (例如 ActiveX，快閃 (flash) 或 JavaScript) 網路軟體或嵌入在受感染的網站。例如，一個用戶至一個網站下載一首歌。如果歌曲被感染，執行後，此感染會擴散到用戶的主機。

14-7-1　Java Applet

一個 applet 是在 Web 瀏覽器中運行的 Java 程序。換言之，Applet 或 Java 小應用程式是一種在 Web 環境下，執行於用戶端的 Java 程式元件。一般而言，每個 Applet 的功能都比較單一 (例如僅用於顯示一個跳動的 Logo)，因此它被稱作「小應用程式」。Java Applet 是由 Sun Microsystems 所開發，利用 Java 程式語言撰寫的小型程式，內嵌在網頁中執行各種工作，讓瀏覽器的功能，更進一步提升為應用程式的執行平台。

14-7-2　ActiveX

ActiveX 是由 Microsoft 公司開發出來，它可以像一個應用程式在瀏覽器中顯示各種複雜的應用，例如視訊、聲音播放和 Flash 影像的播放等，並讓各類不同物件嵌入 IE 瀏覽器中，為了針對各種功能需要，ActiveX 用其一種控制項來回應。所謂 ActiveX 控制項 (ActiveX Control) 是能夠被嵌入於網頁或任何 ActiveX 容器 (Container) 的應用程式 (如 IE、Word 等) 之中的物件。

由於一些瀏覽器像 IE 等都具不同程度上支援 ActiveX 控制項。這使得網頁可透過指令碼和控制項互動產生更加豐富的效果，但也帶來一些安全性的問題。IE 和一些其他應用程式同時支援 ActiveX Documents 介面規範，允許在一個應用程式中嵌入另一個支援這個規範的應用程式，例如微軟的 Office 系列和 Adobe 的 Acrobat Reader。所謂 ActiveX 文件 (ActiveX Document) 是指 ActiveX 容器 (Container) 中顯示或運用的文件。常見的 ActiveX 文件有 Word、Excel 等 Office 的檔案。

14-7-3　ActiveX腳本(ActiveX Scripting)

為使不同的軟體元件在網路的環境中可以互動，元件是用何種語言撰寫則不在乎。ActiveX Scripting 可以讓網頁使用動畫，也可以用動態方式變更其內容。JavaScript、VBScript 和其他 Script 語言可以結合控制項在網頁中加入互動功能。

14-8　HTTPS (SSL/TLS)

在網路的世界中，若通訊沒有加密，則封包內容可以輕易地被竊盜並且閱讀，顯然不很安全。SSL (Secure Sockets Layer) 是由 Netscape 公司於 1995 年所提出的一種安全協定，後來再經過一些延伸後成為 RFC 2246，並改名 TLS (Transport Layer

Security），所以 TLS 亦是 SSL 的後繼版本。在瀏覽器中，如果 URL 開頭是 https://，就代表這個網頁 (包含您傳回的資訊) 都是經過加密的。SSL 是一種安全協定，它是在傳輸層對網路連接進行加密。HTTPS (Hypertext Transfer Protocol Secure) 用來提供加密通訊及對伺服器身分的鑑定。它亦是 HTTP 和 SSL/TLS 的組合。換言之，一旦使用者的瀏覽器安裝了 HTTPS，並確定協定的加密層 (TLS 或 SSL)，透過適當的加密和伺服器的可被驗證，不會被駭客破壞，則 HTTPS 就代表在資訊網路上已建立一安全通道。注意，HTTP 是工作在應用層，但加密是工作在一個較低的子層：故 HTTPS 可看成 HTTP 工作在一加密連線（TLS 或 SSL）上的一種協定。所以 HTTP 封包在傳輸前會對其加密，並在到達對方時對其解密。

接下來簡單說明 SSL 相關技術：SSL 採用公開金鑰技術，以使客戶端與伺服器之間的通訊具保密性和可靠性。由於它在伺服器和客戶端兩方都同時受到肯定與支持，目前已廣泛成為 Internet 安全通訊上的標準。現今使用的 Web 瀏覽器已普遍將 HTTP 和 SSL 結合起來。更詳細的說，SSL 是位於傳輸層之上，應用層之下的協定；它亦是目前 Internet 在安全考量下的基本協定。當客戶端其應用層的資料往下傳送時，會先經過 SSL 層的加密處理，然後再透過傳輸層封裝；到達伺服器時，立刻進行解封裝，再由 SSL 層進行資料的解密，然後資料會送達伺服器的應用層。換言之，應用層協定 (例如：HTTP、FTP、Telnet 等) 能透通建立於 SSL 之上，進而達到 SSL 資料傳送過程的安全性。由於 SSL 協定事先已經進行加密演算、密鑰協商以及伺服器認證等工作，故應用層協定所傳送的數據都會被加密，這也確保通訊安全性。

例如您在日常生活使用信用卡透過網際網路購買過任何東西，則在這次購物中的過程中，您的瀏覽器與伺服器之間的通訊，基本上為了交易安全必然是透過 SSL 來進行。當然您連上的 URL 是以 https 做開頭，那就放心，因瀏覽器正在使用 SSL。為了更進一步瞭解 SSL 的需求，讓我們逐步檢視一個典型的網購情境。面對中年危機的老陳正在瀏覽購物網頁，他逛到網站發現某公司正在銷售某種面霜。於是老陳輸入他想要購買的面霜類型、數量、地址，以及他的付費信用卡卡號。點擊送出，然後預期能夠透過宅急便收到他所購買的面霜；也會預期在他的下一筆信用卡帳單上，收到這份訂單的費用通知。這一切看起來都很 ok，但是交易過程如果不採用必要的安全措施，老陳就可能會碰上一些像詐騙集團害人的事情。如下說明：

◈ 如果交易過程不使用機密性 (加密)，入侵者就有辦法攔截下老陳的訂單，然後取得他的信用卡資訊。接著入侵者便可以使用老陳的錢來大量購買想要的東西。

◈ 如果交易過程不使用資料完整性，入侵者便可以修改老陳的訂單，讓他血本無歸。

◈ 最後，如果沒有使用伺服端認證，則伺服端雖然有可能顯示的是該公司的商標，但其實該網站是由入侵者偽裝成該公司所維護的網站。一旦入侵者收到老陳的訂單之後，便可捲款潛逃。所以 SSL 會藉由加強 TCP，加入必要的機密性、資料完整性、伺服端認證以及用戶端認證，讓自己對網路交易的處理更具信心。

14-9 網頁快取

網頁快取 (Web Cache) 又稱又稱為代理伺服器 (proxy server) 是用來快取一些網頁文件 (如 HTML 文字和圖像)，以減少原始伺服器延遲的一種技術。換句話說，它能代替原始的網頁伺服器來滿足 HTTP 請求的一種網路實體裝置或電腦程式。一般而言，網頁快取有自己的儲存空間，並保存最近被使用者請求過的物件副本。如圖 14-12 所示的網頁快取示意圖，讀者應該由圖看出當用戶端與原始的伺服器之間若發生極度的壅塞，若這個時候有網頁快取的協助，用戶端送出 HTTP 請求，立刻由代理伺服器送出 HTTP 回應，就能減少用戶端請求的回應時間，當然也會大幅度減少 Internet 的網路流量，提高網路效能不在話下。注意，使用者可以設定其瀏覽器，命令所有的 HTTP 請求可以事先導引至網頁快取。網頁快取可以是伺服端與用戶端。當它從瀏覽器接收過來的請求並且傳送回應訊息，此時網頁快取擔任伺服端角色。如果它傳送請求並且從原始伺服器接收回應訊息時，網頁快取就擔任用戶端。

圖 14-12　網頁快取示意圖

另一方面，網頁快取非常適用在公司行號的內部網路，網頁瀏覽器會在本機硬碟上儲存一些靜態資料的副本，而管理這些不會太巨量的靜態資料，例如圖片、CSS檔案和 JavaScript 檔案等靜態類型的資料檔，可以使用網頁快取來降低多次進出伺服器的時間。顯然地，代理伺服器可以大幅減少公司行號的接取鏈路 (路由器之間只有 20Mbps) 上的流量，也緩解原本伺服器頻寬的不足，如圖 14-13 所示的網頁快取放置在公司行號的內部網路。

值得一提，原始伺服器與使用者之間可以分成多個層級會有網頁快取的需要：例如適用於單一位使用者的網頁瀏覽器與多個使用者的網頁伺服器、內容分配網路 (Content Distribution Network；CDN) 及 ISP。每個網頁快取通常會管理它本身有效期限，並在檔案過期時會執行驗證。有興趣可參考 RFC 7234。注意，CDN 快速的崛起與使用，網頁快取已慢慢地在 Internet 中扮演很重要的角色。特別是，在 CDN 共用快取中，使用者可以使用其他使用者的檔案要求，這也大幅度減少原本伺服器需要的數量。

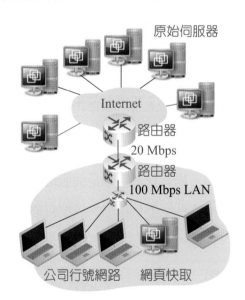

圖 14-13　公司行號的網頁快取

我們已知道網頁快取可以減少資料存取的回應時間，但是快取中的物件副本有可能是過時的資料。還好 HTTP 提供了一種機制，讓快取物件的版本為最新資料。這種機制稱為有條件的 GET (conditional GET)。此類型的 HTTP 要求訊息會使用 (1)GET 的存取方法，並且 (2) 包含會用到的 If-Modified-Since: 標頭列。有條件的 GET (conditional GET) 如何運作？就以下面分析說明為例，可以分成 4 個步驟。

步驟 1　發出請求的瀏覽器將由網頁快取代表傳送一筆請求訊息給網頁伺服器。

GET /cute/math.gif HTTP/1.1

Host: www.abcde.com

步驟 2　網頁伺服器會將含有請求物件的回覆訊息回傳給網頁快取。接下來，網頁快取會把物件轉送給發出請求的瀏覽器，同時也將該物件儲存並包含物件最後修改的日期。

HTTP/1.1 200 OK

Date: Fri, 5 Mar 2023 11:23:25

Server: Apache/2.2 (Unix)

Last-Modified: Wed, 3 Tue 2023 15:12:17

Content-Type: text/html (data data data data................)

步驟 3　或許經過幾天，若該物件仍然存在網頁快取，而另一個瀏覽器也剛好想透過網頁快取請求同一個物件，這個時候，有可能該物件在過去這幾天在網頁伺服器中的資料已經有被修改，因此網頁快取會發出有條件的 GET 來進行最新資料的查證，所以會送出：

GET /cute/math.gif HTTP/1.1

Host: www.abcde.com

If-Modified-Since Wed, 3 Tue 2023 15:12:17

步驟 4　注意 If-modified-since: 標頭列的數值跟網頁伺服器前幾天前送出的 Last-Modified: 標頭列完全相同，這也意謂在 If-Modified-Since 日期之後並沒變更，網頁伺服器就傳回一個 304 (Not Modified)；此狀態碼代表沒必要再一次傳送請求的內容，也就是說可以直接使用快取的內容。反之網頁伺服器會回應 200 OK 並將網頁附在本體訊息內傳回。換句話說，當伺服器與物件的更新日期做比較時，若在 If-Modified-Since 日期之後並沒變更，網頁伺服器就傳回一個 304 狀態碼，此時伺服器不會傳回檔案內容，而是從快取載入檔案。反之網頁伺服器會回應 200 OK 並將下載的新資料附在本體訊息內傳回。因此網頁伺服器會傳送一個回應訊息給網頁快取：

HTTP/1.1 304 Not Modified

Date: Thr, 18 Mar 2023 15:13:12

Server: Apache/2.2 (Unix)

(資料本體是空的)

14-10 HTTP/2與HTTP/3

自 1999 年 HTTP 1.1 (RFC 2616) 發佈 15 年後的第一個更新版 HTTP/2 (超文件傳輸協定第 2 版，稱爲 HTTP 2.0)，終於由 IETF 的工作小組進行開發，並於 2015 年被批准與發表 (RFC 7540)。若以 TLS 1.2 或以上版本的加密連接稱爲 h2；若爲非加密連接稱爲 h2c。HTTP/2 的標準化工作由 Chrome、Opera、Firefox、Internet Explorer 11、Safari、Amazon Silk 及 Edge 等瀏覽器提供支援。根據 W3Techs 的資料，截至 2022，全球約有 50% 的網站支援了 HTTP/2。

HTTP/2 與 HTTP/1.1 比較，前者具有更高的速度，例如 HTTP/2 在載入過程中能對內容進行優先順序排序；HTTP/2 也保留了 HTTP/1.1 版本的大部分語法，例如請求方法、狀態碼、URI 與 HTTP 標頭欄位 (佔絕大多數) 沒有改變。另一方面，HTTP/1.1 與 HTTP/2 最大的區別，前者以多工的方式將資料流載入，如果無法對某一資源作載入，它就會阻礙到後面的其他資源，稱爲線頭阻塞 (Head-of-line blocking；HOL blocking)；後者 (HTTP/2) 就對 HOL blocking 問題有所修正，它可以讓單一條的 TCP 連線一次傳送多個資料流，使得資源間不會互相阻礙其他資源。值得一提，HTTP/2 在單一條的 TCP 連線運作時，還是會遭遇到封包 (即資料流) 遺失時必須進行的封包回復過程，這將會停止所有 HTTP 的物件傳輸。換句話說，HTTP/2 在 TCP 連接安全性還是沒有很完善。因而 HTTP/3 就開始被提出來，HTTP/3 和以前版本主要不同在於 HTTP/3 不採用 TCP 協定，而是透過一種更快、更安全的傳輸層協定稱爲 QUIC (Quick UDP Internet Connections)。有了 QUIC，通過 UDP 與加強安全性、每個物件錯誤和壅塞控制都獲得高效能的提升，簡單地說，HTTP/3 是在 HTTP/2 的基礎上，更進一步改善了 HOL blocking 的問題，因它可讓 HTTP 跑在 QUIC (非 TCP) 上，因此整個品質向上提升不少。

重點整理

▸ HTTP 協定可說是網頁 (web page) 的心臟，網頁能夠交握運作完全依賴 HTTP。

▸ 目前最熱的網頁瀏覽器要屬 Google Chrome、Mozilla Firefox、Microsoft Edge、Opera 及 Safari。

▸ Web Browser 會送出 HTTP 要求訊息至 Web Server，此訊息包含網頁的基本組成，例如：由 HTML 檔案或 JPEG image、GIF image、Java Applet、影音、視訊等組成。

▸ URL 大致上包含兩部分：即用來存放物件伺服器的主機名稱及該物件的路徑名稱。

▸ HTTP/1.1 版本公佈 (可參考 RFC2616)，並與 HTTP/1.0 相容。

▸ HTTP 也稱為無態 (stateless) 協定。無態協定指出，當伺服器送出 HTTP 客戶端所要求的訊息後，伺服器本身並不儲存任何有關這些訊息的狀態資訊。

▸ RFC 2109 和 RFC 2965 為了要求保護使用者的隱私權，預設是不允許在伺服器之間共享 cookie。但到了 RFC 6265 可能商業的考量就鬆綁下來。

▸ 網頁快取 (Web Cache) 又稱又稱為代理伺服器 (proxy server) 是用來快取一些網頁文件 (如 HTML 文字和圖像)，以減少伺服器延遲的一種技術。

▸ HTTP 提供了一種機制，讓快取物件的版本為最新資料，這種機制稱為有條件的 GET (conditional GET)。

▸ If-Modified-Since 日期之後並沒變更，網頁伺服器就傳回一個 304 狀態碼，此時網頁伺服器不會傳回檔案內容，而是從網頁快取載入檔案。

▸ HTTP/2 與 HTTP/1.1 比較，前者具有更高的速度，例如 HTTP/2 在載入過程中能對內容進行優先順序排序；HTTP/2 也保留了 HTTP/1.1 版本的大部分語法。

▸ HTTP/2 在單一條的 TCP 連線運作時，還是會遭遇到封包 (即資料流) 遺失時的回復過程，仍然會停止所有物件傳輸。

▸ HTTP/3 不採用 TCP 協定，而是透過一種更快、更安全的傳輸層協定稱為 QUIC。

本章習題

選擇題

( ) 1. Web Browser 是透過何者向 WWW 伺服器擷取資訊
(1) IP　(2) TCP　(3) HTTP　(4) PPP。

( ) 2. HTTP 協定屬　(1) 表現層　(2) 交談層　(3) 應用層　(4) 傳輸層。

( ) 3. 一個物件指的就是　(1) 1　(2) 2　(3) 3　(4) 4 個檔案。

( ) 4. GET 指令屬　(1) 標頭列　(2) 要求列　(3) 狀態列　(4) 回覆列　的方法。

( ) 5. 200 OK 代表　(1) 狀態碼　(2) 要求碼　(3) 標頭碼　(4) 回覆碼。

( ) 6. HTTP 協定的屬性為
(1) 無態 (stateless) 協定　(2) 狀態 (state) 協定　(3) 無態 + 狀態協定　(4) 以上皆可。

( ) 7. FTP 協定的屬性為
(1) 無態 (stateless) 協定　(2) 狀態 (state) 協定　(3) 無態 + 狀態協定　(4) 以上皆可。

( ) 8. HTTPS 是 HTTP 和____的組合　(1) SSH　(2) TCP　(3) UDP　(4) SSL/TLS。

( ) 9. SSL/TLS port 號碼預定值為　(1) 301　(2) 304　(3) 443　(4) 501 程式。

( )10. 為使網站可辨識使用者身份，以提供不同的內容，或限制使用者的存取，那就需要用到何種功能。　(1) GET　(2) POST　(3) Cookie　(4) HEAD。

( )11. HTTP/2 與 HTTP/1.1 比較，前者具有____。
(1) 對 HOL blocking 問題有所修正　(2) 單一條的 TCP 連線來一次傳送多個資料流
(3) 更高的速度　　　　　　　　(4) 以上皆是。

( )12. 一封包從客戶端至伺服器再回到客戶端，所花掉的時間為？
(1) 1 RTT　(2) 2 RTT　(3) 3 RTT　(4) 4 RTT。

( )13. HTTPS 可看成 HTTP 工作在一種____連線上的一種協定。
(1) 點對點　(2) 不加密　(3) 加密　(4) 以上皆非。

( )14. 想瞭解 HTTP over TLS，可參考 RFC ____。　(1) 2573　(2) 2475　(3) 2616　(4) 2818。

( )15. SSL (Secure Sockets Layer) 是位於____的協定。
(1) 網路層之上，傳輸層之下　　(2) 傳輸層之上，應用層之下
(3) 數據鏈路層之上，網路層之下　(4) 以上皆非。

( )16. 下列何者稱為超文件傳輸協定　(1) PPP　(2) FTP　(3) TCP　(4) HTTP。

( )17. HTTP 協定可由埠號　(1) 25　(2) 53　(3) 80　(4) 110 識別出來。

( )18. HTTP/1.1 其下層使用何種協定　(1) LCP　(2) PPP　(3) TCP　(4) UDP。

( )19. HTTP 客戶端與 HTTP 伺服器之間實際的溝通時，客戶端的工具程式是採用 Windows 內建的 (1) GET (2) POST (3) HEAD (4) Telnet 程式。

( )20. HTTP 客戶端與 HTTP 伺服器之間實際的溝通時，客戶端的工具程式是採用 Windows 內建的 (1) GET (2) POST (3) HEAD (4) Telnet 程式。

簡答題

1. 何謂「Session Cookie」與「Persistent Cookie」？

2. 舉例伺服器與使用者之間可以有哪些快取的需要？

3. 何謂有條件的 GET (conditional GET)？

4. HTTP/1.1 與 HTTP/2 最大的區別？

5. 用戶端以 GET 方法傳送的請求訊息與 POST 方法有何差異？

6. 在一個擁有網頁快取的網路，當網頁伺服器傳回一個 304 (Not Modified) 狀態碼，代表什麼意思？

7. 若想分析 Web 瀏覽器上的 http 封包，很多人就會在 Wireshark 中的 display filter 空白欄框敲入 http，以過濾出這些 http 類型的封包，然後進行分析，請問這樣準確嗎？

8. 延伸第 7 題，使用 http 和 tcp.port == x 之間的區別？

9. 請問右圖的步驟用來做什麼？

10. 請繪出當 HTTP 請求訊息送達伺服器（包含交換器與路由器），伺服器便會將 HTML 檔案送入 TCP 連線，直到用戶端接收到整個 HTML 檔案。

11. 說明 ActiveX 腳本 (ActiveX Scripting) 的功能？

12. 一封包從客戶端至伺服器再回到客戶端，所花掉的時間為 2 RTT，事實上，RTT 還包含什麼樣的延遲？

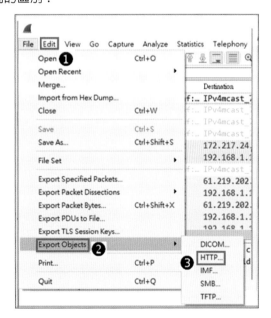

13. 說明下圖前三個步驟代表意義。

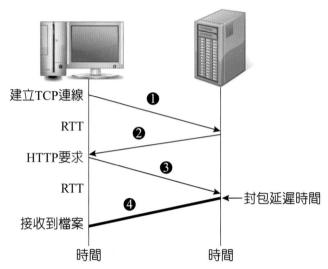

14. 為使一般靜態網頁的內容變得豐富,會提供哪一些小型的程式的支援,舉例說明?

CHAPTER 15

SMTP協定與 POP3協定

15-1 SMTP協定與POP3協定簡介

相信各位讀者一定有電子郵件 (E-mail) 位址，可能還不止一個，那您無形中已使用過郵件讀取器 (Mail Reader) 或稱用戶代理器 (User Agent；簡稱 UA)、郵件伺服器及簡易郵件傳輸協定 (Simple Mail Transfer Protocol；SMTP)。現在的電子郵件訊息包含超連結、超文字標記語言 (Hyper Text Mark Language；HTML) 的網頁及影音資訊等，其功能已經是 Internet 最重要的應用之一。

假設小英想送郵件給大明，首先，小英會將擬好的郵件訊息經由用戶代理器，送到她的郵件伺服器內的輸出訊息佇列 (outgoing message queue)，並使用 SMTP 協定傳送至對方，當大明想讀取該郵件，他的用戶代理器透過適當協定像 POP3 (Post Office Protocol version 3)，可從郵件伺服器內部之郵箱 (mailbox) 取出該郵件。換句話說，SMTP 是應用於 Internet 中的 E-mail 的通訊協定，主要負責將郵件發送出去；而 POP3 則負責接收郵件。

POP3 的 POP 是指當電腦要收信時才連上郵件伺服器所採用的協定；阿拉伯數字 3 則指 POP 協定的第 3 個版本。一般而言，在郵件伺服器都會有 SMTP 與 POP 3 兩個程式，分別處理送出郵件與接收郵件的工作。

用戶代理器為用戶及網路應用間的介面程式，主要讓使用者可讀取、回覆、轉送或編輯郵件內容。除了上面所述外，用戶代理器最典型代表還包括 HTTP 使用的 Outlook Express、Microsoft Outlook、Apple Mail 等等。

　　一旦小英寫好郵件，透過郵件讀取器將郵件轉交給郵件傳輸代理器 (Mail Transfer Agent；MTA)，就可把郵件送出。後者即所稱的郵件伺服器，像 Sendmail、Exchange Server 都屬 MTA。另外，用戶代理器與郵件伺服器有可能位於不同地點，故用戶代理器必須具有傳送 SMTP 郵件的功能，因此像 Outlook Express 等 UA 亦具有一小部分的 MTA 功能。E-mail 在初期只傳送 ASCII 純文字資料，目前則支援非 ASCII 資料的 MIME (Multipurpose Internet Mail Extensions) 格式，如聲音、影像、及圖形介面 (Graphical User Interface；GUI) 的多媒體訊息。常用的 Outlook Express 正是屬於這類型的軟體。

　　由於 E-mail 的平台是由多個郵件伺服器構成 (包含送、收兩端)，每個接收用戶的郵件均會存放在其中一個郵件伺服器內的郵箱，如果小英送出來的郵件投遞過程順利成功的話，就會一直存放在郵箱，並等大明來讀取，只要擁有該郵箱的郵件伺服器對大明認證完成，就可讓大明存取該郵箱的郵件。

15-2　E-mail送收概念

　　首先介紹小英發送郵件給大明的流程概念：小英先呼叫她的 UA 執行使用者代理程式，並提供大明的郵件地址及撰寫好的郵件訊息；然後指示 UA 將她的電子郵件訊息轉送至她的郵件伺服器 (內部有佇列及郵箱)；再透過 SMTP 協定將此郵件訊息送至大明的郵件伺服器，並存入大明的郵箱內。當大明欲讀取該郵件，他的伺服器會對大明加以認證 (使用者名稱及密碼)。若小英的郵件無法順利送至大明的郵件伺服器，則小英的郵件伺服器就必須處理此失敗郵件。首先，郵件伺服器會將此郵件內容保留在其佇列內，並嘗試再重傳此郵件訊息，若經多時仍未成功送出，就會通知小英並移除該訊息。

　　值得一提的是，小英及大明兩端各自的郵件伺服器均會執行 SMTP，當小英的郵件伺服器將郵件發送出去時，其扮演著 SMTP 客戶端；大明的郵件伺服器接收此郵件，則扮演 SMTP 伺服端。SMTP 為應用層協定，並使用 TCP 傳輸服務，如圖 15-1 所示，此協定約在 1982 年就已發展出來，它使用簡單的 ASCII 編碼傳送訊息，ASCII 訊息在 SMTP 傳輸之後，再解碼成原來的二進位資料；欲對 SMTP 有更進一步了解，可參考 RFC2821 與 RFC5321。

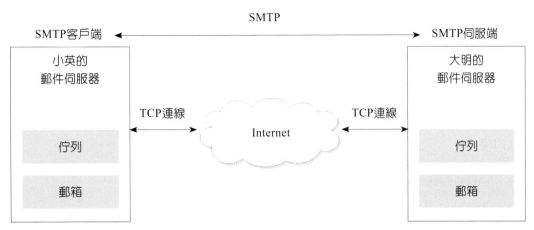

圖 15-1 小英發送郵件給大明的 TCP 連線概念

15-3 SMTP操作方式

我們將對圖 15-1 詳細說明 SMTP 操作方式，其可分成兩種情況：一是電子郵件從用戶端傳送到郵件伺服器；另一是從一郵件伺服器傳送到另一郵件個伺服器，如圖 15-2 所示，分成 6 個步驟。

步驟 1 小英敲入 dataming@ms5.hinet.net（大明電子郵址），並指示用戶代理器（亦即使用者代理程式）送出訊息。設小英電子郵址為 showin@msa.hinet.net。

步驟 2 小英要送出的訊息會存於自己的郵件伺服器佇列內。

步驟 3 在小英的郵件伺服器執行的 SMTP 客戶端，一旦發現佇列中有訊息時，會開創一條 TCP 連線至大明的郵件伺服器。換言之，小英及大明兩端分別為 SMTP 客戶端及 SMTP 伺服端，兩端間建立一條 TCP 連線。

步驟 4 經必要的 SMTP 交握一些訊息後，SMTP 客戶端才將小英訊息送入 TCP 連線上。

步驟 5 大明的 SMTP 郵件伺服器收到小英訊息，會將訊息放在他的郵箱內。

步驟 6 大明可隨時利用用戶代理器讀出所收到的郵件訊息。

圖 15-1 所示的 TCP 連線是直接連接於兩端伺服器，若大明的郵件伺服器當機時，小英的郵件伺服器仍會保有此訊息，並等待機會適時地再送此郵件；這也意謂著 SMTP 在送出訊息時，只考慮其 TCP 所連接的郵件伺服器，並不需要考慮到中間的伺服器。

　　現在，更仔細來看 SMTP 是如何傳送訊息。首先，SMTP 客戶端會在埠號 25 建立一條 TCP 連線至 SMTP 伺服端，一旦建立後，兩端就執行交握，其目的是讓 SMTP 客戶端指出發送者及接收者的 E-mail 地址，這是在訊息傳送之前必要的交握步驟，猶如人們在認識之前必須先自我介紹。交握完成，SMTP 就得出可靠性很高的資料傳送，若後面亦有其他訊息要送出，客戶端均會使用同一 TCP 連線，並遵照上面所說的步驟來處理郵件。

注意：SMTP 亦採用內頻方式和持續性連接。

　　上文說過，一旦 SMTP 由小英的郵件伺服器傳到大明的郵箱內，大明可隨時利用用戶代理器讀出小英寄來的訊息。或許您想問：訊息透過小英的用戶代理器與郵件伺服器之間是如何進行通訊？一開始，小英的用戶代理器會啟動 SMTP 對談，以便將欲送出去的訊息上傳 (upload) 至她的郵件伺服器，然後小英的郵件伺服器會與大明的郵件伺服器建立新的 SMTP Session，並將小英所要送出的訊息轉至大明郵件伺服器內的郵箱，大明再利用用戶代理器像 POP3 或 IMAP (Internet Mail Access Protocol) 協定將大明伺服器郵箱內的訊息讀出至他的 PC 上。

　　從以上說明可知，大明的用戶代理器為 POP3 或 IMAP，它不會使用到 SMTP。換言之，SMTP 發生在發送端郵件伺服器 (即小英端)，及訊息推入傳至接收端郵件伺服器 (即大明端) 之間，此動作稱為「push」；反之，IMAP 或 POP3 則執行拉出「pull」動作以讀取郵件。值得注意：HTTP 也執行「pull」動作，如下說明：假設小英是採用透過網頁瀏覽器 (即以 Web-based 方式) 來送收，例如：Hot mail、Yahoo、Google 等著名網站均提供這樣的服務，以方便使用者可隨時上網收送自己的電子郵件。現在小英想將訊息送給大明，則從用戶代理器 (如 IE 瀏覽器) 至小英郵件伺服器的訊息是採用 HTTP 協定進行通訊，當大明要讀取郵箱中的郵件訊息時，也是採用 HTTP 協定，從大明的郵件伺服器傳到他自己的瀏覽器。

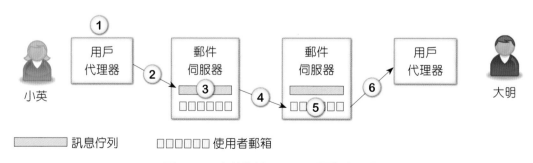

圖 15-2　小英傳送 E-mail 郵件給大明

15-4 電子郵件的架構

在15-3節對圖15-2所描述的只能勉強給70分。換言之，我們可以有更進一步說明：當小英送出電子郵件及大明收到電子郵件，若發送端和接收端處在同一個系統上時，則兩端各只需要一個使用者代理器（UA），就可達成電子郵件的發送端與接收端，如圖 15-3 所示。值得一提，使用者代理器為用戶及網路應用間的介面程式，主要讓使用者可讀取、回覆、轉送或編輯郵件內容。

如果電子郵件的發送端和接收端處在不同的系統架構可分 3 種：第一種架構如圖 15-4 所示，兩端除了 UA 外，還各需要一個郵件傳輸代理程式稱為 MTA（Mail Transfer Agent），亦即 MTA 用戶端與 MTA 伺服端。這樣的話，SMTP 含有傳送、接收與轉送郵件的郵件傳輸代理程式。第二種架構如圖 15-5 所示，電子郵件的發送端是透過 LAN 或 WAN 連接到郵件伺服器，則系統架構變得較複雜，共需要兩個 UA 和兩對 MTA（用戶端和伺服端）。第三種架構是今天最常見的架構，如圖 15-6 所示，電子郵件的發送端和接收端都是透過 LAN 或 WAN 連接到郵件伺服器，共需要兩個 UA、兩對 MTA（用戶端和伺服端），以及用戶端和伺服端需要一對的郵件存取代理程式，稱為 MAA（Mail Access Agent）。MTA 用戶端與 MTA 伺服端之間的訊息關係如圖 15-7(a) 所示，前者（MTA 用戶端）是將訊息推入至 MTA 伺服端；MAA 用戶端與 MAA 伺服端之間的訊息關係如圖 15-7(b) 所示，前者（MAA 用戶端）得出的訊息則是從 MAA 伺服端的拉出動作取得。

一旦小英寫好郵件，透過郵件讀取器將郵件轉交給 MTA 用戶端，透過網際網路，MTA 伺服端把郵件送出，即扮演郵件伺服器的角色，像 Sendmail、Exchange Server 都是。E-mail 在初期只傳送 7 位元 ASCII 碼的純文字資料，7 位元的 ASCII 碼的限制帶來的問題是，若要傳送攜帶二進位的多媒體資料必須先編碼成 ASCII 訊息才可以透過 STMP 進行傳送，傳輸之後也必須再進行解碼成二進位。

圖 15-3　發送端和接收端處在同一個系統

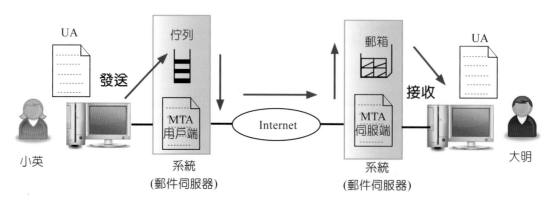

圖 15-4　發送端和接收端處在不同系統（第一種架構）

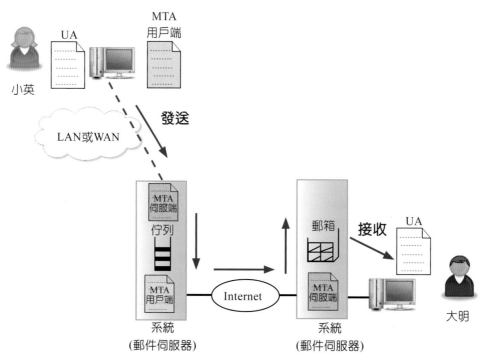

圖 15-5　發送端和接收端處在不同系統（第二種架構）

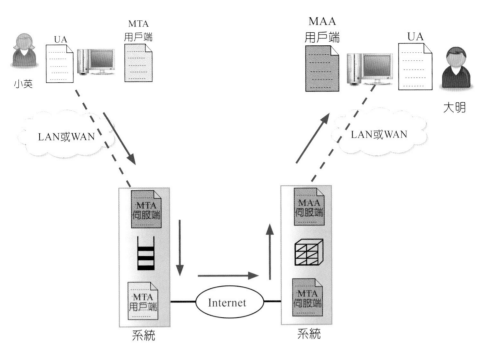

圖 15-6 發送端和接收端處在不同系統（第三種架構）

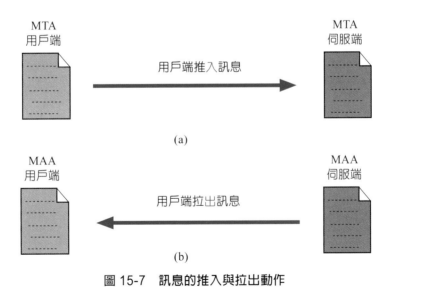

圖 15-7 訊息的推入與拉出動作

15-5　SMTP命令操作

　　圖 15-2 中的步驟 3 至 5 已指出，小英及大明兩端分別為 SMTP 客戶端及 SMTP 伺服端，兩端間建立一條 TCP 連線。接下來，我們要說明如何透過一些命令來達成從客戶端送出 E-mail 至伺服端的整個過程。

　　首先，使用者可在 C:\Documents and Settings\yunlung\> 敲入 telnet 本地 SMTP 伺服器名稱 25，以建立 TCP 連線。注意：25 為該伺服器的埠號。連線建立後，郵件伺服器會回覆 220 訊息，其內容包括伺服器的主機名稱、STMP 版本等，並進入 SMTP 客戶端及 SMTP 伺服端之間的交談模式。若郵件伺服器無法提供服務，伺服器會回覆 421 訊息。接下來依序分別輸入 HELO、MAIL FROM、RCPT TO、DATA、QUIT 命令來傳送電子郵件，如下所示步驟，並以範例 1 配合說明。

步驟 1　客戶端發送 HELO 發送端的主機名稱，以標示發件人本身的身分，並一齊傳送出去；收信端的郵件伺服器若認可此「HELO」，會回覆 250 訊息。

步驟 2　客戶端發送 MAIL FROM: 寄件人的電子郵件地址。

步驟 3　伺服器回覆 250 訊息，以表示準備接收。

步驟 4　客戶端發送 RCPT TO: 收件人的郵件地址。

步驟 5　伺服器回覆 250 訊息；反之，回覆 550 訊息。

步驟 6　客戶端敲入 DATA 命令，通知郵件伺服器準備送出郵件內容。

步驟 7　郵件伺服器若沒問題，會傳回 354 訊息。

步驟 8　寄件人收到 354 訊息後就開始傳送內容。首先，客戶端開始敲入要發送的資料，並以句點 · 表示結束。

步驟 9　傳送完畢後，伺服器會回覆 250 訊息，表示郵件已經寄入對方的信箱中或等待轉送出去。

步驟 10　用 QUIT 命令表示發送結束。

步驟11 接收端伺服器會回覆 221 訊息，之後會關閉 TCP 連線。有關 SMTP 使用的回覆碼，如表 15-1 所示。

表 15-1　SMTP 回覆碼

代碼	敘述
211	系統狀態或求助回應
214	求助訊息
220	連線建立後，郵件伺服器所回覆的訊息
221	郵件伺服器關閉連線
250	通知要求命令執行成功
251	本機無該使用者：訊息會被轉送至另一 E-mail 地址
354	通知開始輸入郵件內容
421	郵件伺服器暫時無法提供服務
450	收件人的地址未認證導致被拒絕
451	郵件伺服器暫時拒絕接收郵件
452	收件人的電子郵件容量已滿
500	語法錯誤：命令無法辨識
501	語法錯誤：參數有誤
502	不支援此命令
503	命令順序有誤
504	不支援此命令參數
550	郵件容量超過上限
551	本機無該使用者：訊息請改寄到另一 E-mail 地址
552	儲存空間不足，無法執行
553	郵箱名稱無效（無法知道收件人的網域）
554	處理失敗（缺乏詳細資料）

範例 1　如圖 15-2 所示，若小英的 E-mail 為 showin@msa.hinet.net，想送給大明一封信，送出郵件內容為「Happy birthday to you. Would you like the gift?」，大明的 E-mail 為 dataming@ms5.hinet.net 後，訊息在進入客戶端及伺服端之間的交談時會利用到 HELO、MAIL FROM、RCPT TO、DATA、QUIT 命令來傳送電子郵件給大明。

解答　首先小英在命令提示字元模下敲入 telnet ms5.hinet.net 25 代表自己的電腦與本地郵件伺服器之間建立一條 TCP 連線，之後出現「220 msr31.hinet.net ESTMP sendermail v8 (代表版本)，時間日期等等」。接下來的步驟如同上述 11 個步驟，我們可得到圖 15-8(a)。注意：ESTMP Extended SMTP) 代表 SMTP 的加強版：圖 15-8(b) 為圖 15-8(a) 所擷取封包的分析。值得一提，ms5.hinet.net 是本地郵件伺服器的名稱。

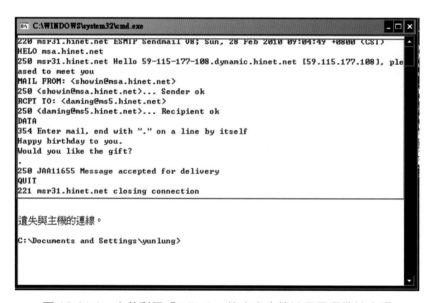

圖 15-8(a)　小英利用「HELO」等命令來傳送電子郵件給大明

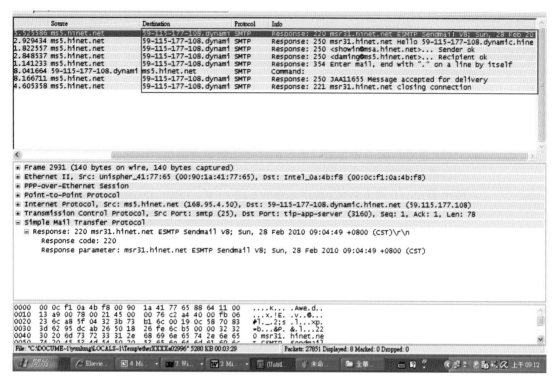

圖 15-8(b)　為圖 15-8(a)　所擷取封包的分析

15-6　郵件訊息格式

　　RFC 822 為純文字的格式標準 (僅為 ASCII 碼的資料)，但對於聲音、影像、多媒體這類型的郵件，就需要參考 RFC 2045 和 RFC 2046 以及 RFC 2822，稱為 MIME (Multipurpose Internet Mail Extension)，目前版本為 1.0。MIME 的功能可以看成將非 ASCII 碼的資料 (如聲音、影像) 轉換成 7 位元 NVT ASCII 碼的資料後再交給用戶端，並透過 Internet 送至對方；接收端的郵件伺服器收到 7 位元 NVT ASCII 碼的資料後，就交給 MIME 的用戶，如圖 15-9 所示，並轉換成原來的非 ASCII 碼的資料。MIME 訊息格式如圖 15-10 所示。值得一提，WWW (全球資訊網) 使用的 HTTP 協定也使用到 MIME 的框架。

NOTE

SMTP 與 HTTP，比較如下：

- 兩者都是採用持續性連線方式。
- HTTP 的使用者主要是透過 HTTP 從伺服器取得資訊，所以歸類是一種「拉出」協定 (pull protocol)。
- SMTP 的使用者主要是寄件者的郵件伺服器會將檔案送出給收件者的郵件伺服器，所以歸類是一種「推送」協定 (push protocol)。
- 每一筆 SMTP 請求訊息 (包括訊息的本體)，都必須以 ASCII 格式編碼。如果訊息是非 7 位元的 ASCII 字元或影像、音訊檔的二進位碼，就必須先進行編碼為 7 位元的 ASCII 格式。至於 HTTP 的資料就沒有這樣的限制。

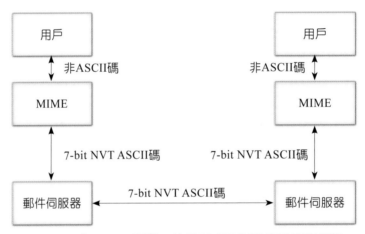

圖 15-9　非 ASCII 碼與 7 位元 NVTASCII 碼的資料轉換

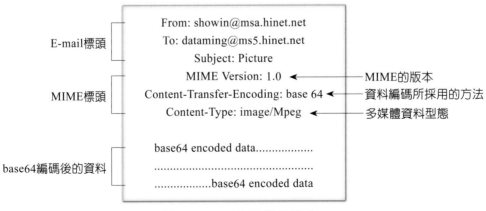

圖 15-10　MIME 訊息格式

NOTE

圖 15-10 所示中的 Content-Transfer-Encoding 代表資料編碼採用 Base-64，如表
15-2 所示。Base-64 是將每個二進位的資料分為 24 bits 的區塊，每一區塊再分
為 4 部分，每一部分為 6 bits，每 6 bits 資料由表 15-3 所示編成 8 bits 的 ASCII
字元，如範例 2 的圖示說明。

表 15-2　Content-Transfer-Encoding 種類

種類	說明
7 bit	NVT ASCII 字元
8 bit	非 ASCII 字元
Binary	非 ASCII 字元，長度不限
Base-64	每一 6 bits 區塊的資料編成 8 bits ASCII 字元
Quoted-printable	如果一字元是 ASCII，就以 ASCII 字元傳送；如一字元為非 ASCII，就以 3 個 ASCII 字元傳送，第一個字元為等號（十進位 61），緊接二個字元為原來位元組 16 進制的 ASCII 字元

表 15-3　BASE-64 編碼

數值	編碼	數值	編碼	數值	編碼	數值	編碼	數值	編碼	數值	編碼
0	A	11	L	22	W	33	h	44	s	55	3
1	B	12	M	23	X	34	i	45	t	56	4
2	C	13	N	24	Y	35	j	46	u	57	5
3	D	14	O	25	Z	36	k	47	v	58	6
4	E	15	P	26	a	37	l	48	w	59	7
5	F	16	Q	27	b	38	m	49	x	60	8
6	G	17	R	28	c	39	n	50	y	61	9
7	H	18	S	29	d	40	o	51	z	62	+
8	I	19	T	30	e	41	p	52	0	63	/
9	J	20	U	31	f	42	q	53	1		
10	K	21	V	32	g	43	r	54	2		

範例 2　如圖 15-11 所示，說明 Base-64 編碼轉換過程。

解答　Base-64 編碼是將每 Non-ASCII 共 3 個位元組的資料經 Base-64 編碼成為 4 部分，得出 110100 (52)、111100 (54)、010101 (21)、110101 (53)，從附錄 A 查表可得出 ASCII 字元分別為「0」、「2」、「v」、與「1」。例如從 ASCII 字元表查「0」得知 ASCII 碼的十進碼為 48，則二進碼為 00110000。

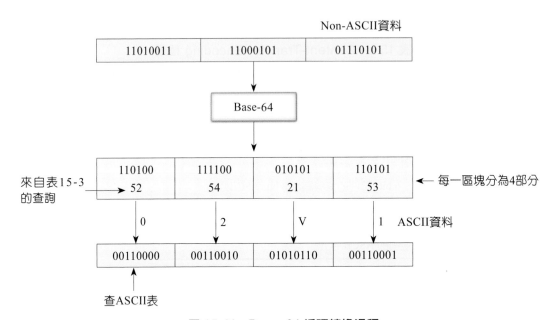

圖 15-11　Base-64 編碼轉換過程

15-7　POP3命令操作

當您回到家想要讀取郵箱裡的郵件，可開啟一條 TCP 連線至伺服端的埠號 110。首先敲入 telnet 您的郵件伺服器名稱 110。連線建立起來後，使用者代理的程式會先後送出使用者名稱命令 user 與密碼 pass。接下來伺服器回應 +OK 代表成功；反之，如果發生錯誤，會出現 −ERR。如果為前者，使用者就可進行郵件讀取，其可使用 4 個命令如下 (可參考 RFC 1939)。

1. list：列出訊息 (會有編號)。
2. retr：選擇編號以接收訊息。

3. dele：刪除。

4. quit：POP3 結束，郵件伺服器收到這個命令後就進入更新階段，並結束 POP3 的對談。然後，伺服器會刪除已標示刪除的郵件，傳回 Sayonara 訊息，更新階段也跟著結束。結束後，TCP 連線也會關閉。

範例 3　利用 telnet msa.hinet.net 110 擷取使用者的郵件。

解答　首先進入 Windows 系統內的「執行」，並在欄位敲入 cmd 後得出 C:\ Documents and Settings\yunlung\>，敲入 telnet msa.hinet.net (假設這是您的郵件伺服器名稱) 110 (代表 telnet 到一台 POP 3 伺服器)，如圖 15-12 所示。此例中，使用者名稱 (user) 為 tense.chen，密碼 (pass) 為 823516，當伺服器回應 +OK 後，想知道郵箱內有多少郵件，可敲入 list，得知共收到 7 封 E-mail，郵件訊息大小 (單位 byte) 分別為 60544、31086……987980，若想讀取第 4 封 E-mail，可敲入 retr 4，如圖 15-13 所示；反之，可用 dele 4 刪除此郵件。敲入「quit」命令，POP3 會進入更新階段，並從郵箱中移除所指定的郵件。在此階段伺服器會傳回 Sayonara 訊息，如圖 15-14 所示。

注意：圖 15-15 是利用 Wireshark 對使用者名稱 (user) 及密碼 (pass) 封包訊息的擷取；其他如 retr 4、dele 4、quit 等的封包訊息的擷取也是這種顯示，就不再重複敘述。

注意：POP3 的使用者代理程式可將郵件設定為「下載並刪除」模式或「下載並保留」模式。前者假設使用者先使用辦公室電腦收 E-mail，若回家想用手提電腦收此 E-mail，將無法再重新讀取郵件；換言之，如果想從不同的地點連線接收郵件時，將導致出現在一部電腦上的郵件，就不再出現於另一部電腦上。此時可用「下載並保留」模式，使用者代理程式將郵件訊息下載時會將訊息保留在郵件伺服器，以便給用戶在不同的電腦端重新讀取郵件。

```
Telnet msa.hinet.net
+OK POP3 p[168.95.4.219] server ready
user tense.chen
+OK password please
pass 823516
+OK Mailbox open, 7 messages
list
+OK Mailbox scan listing follows
1 60544
2 31086
3 1889
4 1849
5 179964
6 11844
7 987980
.
```

圖 15-12　list 7 封 E-mail 的過程

```
C:\WINDOWS\system32\cmd.exe
=B9(=A4=A4=A5=BF=AC=F6=A9=C0=B0=F3=AE=C7=AA=F7=BF^=A4k=A4=A4)</font></font>=
</strong></p></blockquote></td></tr></tbody></table></td></tr></tbody></tab=
le><map name=3D"1271a399170de9f4_1270f6efd58b0454_1270f6bdae8b51ee_Map"><ar=
ea onclick=3D"return top.js.OpenExtLink(window,event,this)" shape=3D"RECT" =
target=3D"_blank" alt=3D"=A4j=A6w=AA=C0=B0=CF=A4j=BE=C7=AD=BA=AD=B6" coords=
=3D"0,0,0,0" href=3D"http://daan.cogsh.tp.edu.tw"></map>

--0016e6464df45738da0480dc752e--

retr 4
+OK
Received: from msa-sms2-5.hinet.net (msa-sms2-5.hinet.net [168.95.7.125])
        by mx192.hinet.net (8.8.8/8.8.8) with ESMTP id NAA26080;
        Wed, 3 Mar 2010 13:15:26 +0800 (CST)
Received: from msa-msr10.hinet.net (msa-msr10.hinet.net [168.95.6.10])
        by msa-sms2-5.hinet.net (8.12.11/8.12.11) with ESMTP id o235FOiR020408;
        Wed, 3 Mar 2010 13:15:24 +0800 (CST)
Received: from ppp229-83.static.internode.on.net (ppp229-83.static.internode.on.
net [203.122.229.83])
        by msa-msr10.hinet.net (8.8.8/8.8.8) with SMTP id NAA00423;
        Wed, 3 Mar 2010 13:15:12 +0800 (CST)
Received: from dns8.pchome.com.tw (dns8.pchome.com.tw [124.108.164.156]) by 203.
122.229.83 with SMTP id ens22RP74Brdy05;
         Wed, 10 Mar 2010 08:08:29 +0300
Message-ID: <u7jqd6419f11$uc2rze4n$ik1akqix@hcniwecv>
```

圖 15-13　retr 4 結果

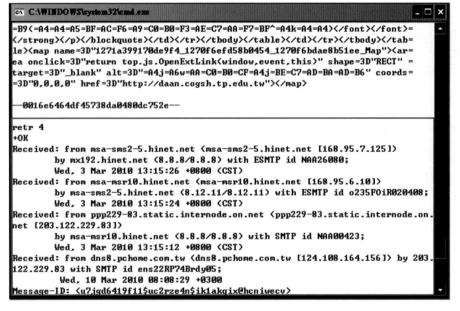

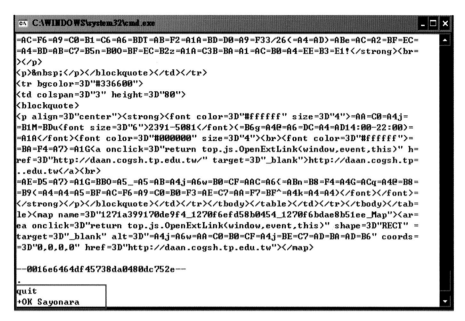

圖 15-14　執行 quit 結果

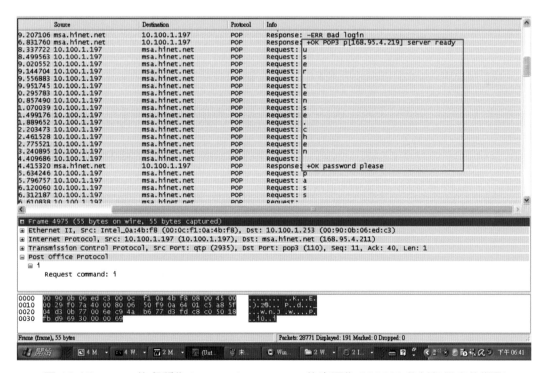

圖 15-15　user 的名稱為 tense.chen，pass 的密碼為 823516 的封包訊息的擷取

15-8　IMAP

　　IMAP 可以在遠端的伺服器保留所有的訊息 (POP3 並無此功能)，並可讓使用者建立資料夾，將下載的訊息組織起來並儲存在該資料夾，資料夾之間還可以搬移訊息。此外，讓遠端的伺服器還可保持資料夾的階層架構，這樣可方便使用者搜尋遠端的資料夾以找到特定的訊息，並且可以從不同的電腦存取遠端資料夾的郵件。當 IMAP 開啟郵箱時，使用者代理程式可只下載訊息的標頭部分，若為 MIME，也只是相關訊息的一部分，不會佔用太多的硬碟空間，這在低速連線的網路非常有利。簡單的說，IMAP 的網路效能較 POP3 優。另一方面，POP3 伺服器在不同的 POP3 對談期間為無狀態的。在不同 IMAP 對談期間則會保留使用者的狀態，其包含郵件夾名稱以及其和訊息 ID 間的對應。有關 IMAP 可參考 RFC 1730 及 RFC 3501。

重點整理

▶ 小英欲將擬好的郵件訊息送出，可經由她的用戶代理器，送到她的郵件伺服器內的輸出訊息佇列。

▶ 用戶代理器透過適當協定像 POP3 (Post Office Protocol version 3)，可從郵件伺服器內部之郵箱 (mailbox) 取出該郵件。

▶ E-mail 在初期只傳送 ASCII 純文字資料，目前則支援非 ASCII 資料的 MIME 格式。

▶ 當您想透過網頁瀏覽器來送收電子郵件 (如 Hotmail)，則用戶代理器至郵件伺服器之間是採用 HTTP，以便 PC 可將要送出的訊息透過 HTTP 送至對方的郵件伺服器。

▶ 電子郵件的發送端和接收端都是透過 LAN 或 WAN 連接到郵件伺服器，共需要兩個 UA、兩對 MTA（用戶端和伺服端），以及用戶端和伺服端需要一對的郵件存取代理程式，稱為 MAA（Mail Access Agent）。

▶ 利用 HELO、MAIL FROM、RCPT TO、DATA、QUIT 命令可用來傳送電子郵件。

▶ Base-64 編碼是將每 Non-ASCII 共 3 個位元組的資料經 Base-64 編碼成為 4 部分。

▶ 經 Base-64 編碼後，使用者就可進行郵件存取，其可使用的 4 個命令有：list、retr、dele、quit。

▶ 當 IMAP 開啟信箱時，只是下載標頭，不會佔用太多的硬碟空間。

▶ E-mail 要傳送攜帶二進位的多媒體資料必須先編碼成 ASCII 訊息才可以透過 STMP 進行傳送。至於 HTTP 的資料就沒有這樣的限制。

▶ SMTP 與 HTTP 兩者都是採用持續性連線方式。

本章習題

選擇題

( )1. 小英想送郵件給大明，可使用
(1) BOOTP　(2) NAT　(3) DCHP　(4) SMTP 協定傳送出去。

( )2. 大明想從郵件伺服器內部之郵箱取出該郵件可使用
(1) SMTP　(2) NAT　(3) POP 3　(4) DHCP 協定。

( )3. SMTP 為應用層協定並使用
(1) IP　(2) TCP　(3) UDP　(4) DHCP 的傳輸服務。

( )4. SMTP 採用
(1) 內頻方式和持續性連接　　　(2) 外頻方式和持續性連接
(3) 外頻方式和非持續性連接　　(4) 內頻方式和非持續性連接。

( )5. IMAP 或 POP3 執行　(1) push　(2) upload　(3) download　(4) pull 動作。

( )6. SMTP 執行　(1) push　(2) upload　(3) download　(4) pull 動作。

( )7. 一旦小英寫好郵件，透過郵件讀取器將郵件轉交給＿＿＿用戶端，透過網際網路，MTA
伺服端把郵件送出　(1) UA　(2) MTA　(3) DCHP　(4) SMTP。

( )8. UA 代表　(1) 執行使用者代理器　(2) 郵件伺服器　(3) 郵箱　(4) 以上皆非。

( )9. 用戶端和伺服端需要一對的郵件存取代理程式，稱為
(1) UA　(2) MTA　(3) MAA　(4) 以上皆非。

( )10. 當您想透過網頁瀏覽器來送收電子郵件 (如 Hotmail)，則用戶代理器至郵件伺服器之
間是採用何種協定　(1) BOOTP　(2) HTTP　(3) TCP　(4) SMTP。

簡答題

1. 如果要 E-mail，訊息是非 7 位元的 ASCII 字元或影像、音訊檔，要如何運作？

2. HTTP 為何歸類是一種「拉出」協定。

3. SMTP 為何歸類是一種「推送」協定 (push protocol)。

4. 每一筆 SMTP 請求訊息 (包括訊息的本體)，都必須以何種格式編碼。

5. 說明 MIME 訊息格式。

6. 說明小英如何用 Web-based 的 E-mail 帳號，想將訊息送給大明。

CHAPTER 16 網路安全

16-1 資訊網路安全簡介

　　所謂「資訊網路安全」，指的是個人或企業組織在通訊中或存在於電腦上的資料，都需要給予適當的保護及絕對的保密，避免遭受外來的入侵。由於資訊傳輸愈來愈多樣化，這也造成維護資訊的安全也顯得複雜與困難。如何保護資訊的安全，已成為個人或企業組織的重大課題。

　　網路發展至今，帶來的便利性已經是不爭事實；但隨之而來的各種資訊網路安全威脅、入侵，更甚帶來的網路犯罪行為更是猖獗。根據報告發現，臺灣的政府、金融、教育等單位被駭客入侵事件在亞洲地區僅次於中國；在 4 小龍也排名冠軍。尤其在 2007 年中，網頁內容被木馬程式植入，以致網頁內容被修改，再加上惡意連結，並結合變臉攻擊 (deface)，造成入侵網站等資訊網路安全問題層出不窮。故在探討資訊網路安全之前，必須先了解與安全有關的行為。

　　我們可歸納影響資訊網路安全的因素，不外是駭客入侵或內部人員故意破壞、各類型的病毒散佈、密碼被破解、竊聽、偽造，以及作業系統可能的漏洞、應用軟體設計的不良等因素。雖然資訊網路安全有很多防護方式，像人員訓練、資料備份、資料加密、身分鑑別、防毒軟體、數位簽章、防火牆、入侵偵測系統等十八般武藝紛紛出籠，但也無法保證資訊網路的系統是絕對安全。

16-2　資料加密與解密

　　所謂「加密(encrypt)」，就是將明文(plaintext)轉換成為密文(ciphertext)；反之，「解密(decrypt)」是將密文資料轉換成為明文資料。在加密 (參考 RFC 1321；RFC 2437；RFC 2420) 或解密的過程中所需要的資訊，如同由一把金鑰做為維持整個系統的資訊安全。換言之，資料在傳送之前會先透過加密金鑰將資料做加密處理；然後接收端再以解密金鑰來還原資料。這樣可防止資料在傳遞過程中遭人蓄意入侵、竊取或惡意竄改。這也是實現資訊網路安全的方法之一。加解密系統主要分為對稱式金鑰 (symmetric key)；及非對稱式金鑰 (asymmetric key) 密碼系統兩大類。

◎ 對稱式金鑰密碼系統

　　又稱為祕密金鑰 (secret key) 密碼系統。加密與解密兩端都使用相同一把金鑰，稱為密鑰，發送端必須產生一把金鑰，它是由許多位元所組成，把金鑰與資料做數位運算就產生加密後的密文。此密文送到接收端後，必須使用同一把金鑰將資料還原成原始資料的內容，如圖 16-1 所示。此方法的缺點為需要有一個安全性機制，以便將金鑰安全的分送至交易的雙方。注意：由於發送端和接收端位於不同地方，當其中一方產生此共用的密鑰時，如何將該密鑰傳至對方？除非雙方在先前已擁有過共同的另一把密鑰，這樣就可透過舊的密鑰與新的密鑰加密後送給另一方；反之，就需要有解決方案 (參考 18-4 節)。

加密與解密兩端都使用相同一把金鑰

圖 16-1　對稱式金鑰密碼系統

　　目前使用的演算法有 DES (Data Encryption Standard)、3DES、AES (Advanced Encryption Standard) 等。DES 使用 56 位元的對稱金鑰和 64 位元的明文加密，亦即標準版的 DES 使用 64 位元的區塊加密 (block cipher) 與 56 位元的密鑰長度。為使 DES 更加安全起見，3-DES 可讓每一筆資料使用連續的金鑰；更進一步，AES (Advanced Encryption Standard) 新的對稱金鑰 NIST 標準 (取代 DES) 以 128 位元區塊處理資料，

它採用 Rijndael 演算法做為新一代的加密標準，而其金鑰長度有 128、192 或 256 位元，非常適合使用於高速網路，且很容易在硬體上實作。

◈ 非對稱式金鑰密碼系統

又稱為公開金鑰 (public key) 密碼系統，加密與解密兩端使用不同的金鑰，送收兩方分別使用兩把不同之金鑰來進行資訊加密與解密，如圖 16-2(a)-(b) 所示。這兩把不同金鑰，一為私密金鑰 (private key，簡稱私鑰) 由個人自己保存 (對方並不知道)；另一為公開金鑰 (public key，簡稱公鑰) 可公開給大眾。公鑰原本就是公開的，因而公鑰的傳送不需要任何保護。

由於非對稱式加密技術各使用不同的加密與解密鑰匙，雖常應用於網路傳輸，然其演算法較對稱式加密技術複雜，自然費時。非對稱式金鑰密碼系統所使用的演算法有 RSA (Rivest、Shamir、Adelson)、DSA (Digital Signature Algorithm) 等等。注意：DES 與 RSA 演算法類似，前者將明文分成固定大小的區塊，而 RSA 的區塊長度可自由設定 (但不能大於金鑰長度)。基本上，非對稱式加密原則有 2 種方式：

1. 使用發送端的私密金鑰做加密，並使用發送端的公開金鑰做解密，以確保發送端的身分無誤。換言之，具鑑別性。如圖 16-2(a) 所示。
2. 使用接收端公開金鑰做加密，並使用接收端的私密金鑰做解密，以確保資料的隱密性。換言之，具保密性。如圖 16-2(b) 所示。

如果要同時具有保密性與鑑別性，就必須在發送與接收雙方都產生一對公開金鑰 (同上述，簡稱公鑰) 與私密金鑰 (同上述，簡稱私鑰)，並將本身的公鑰給另一方，私鑰則留給自己保管。首先，發送端使用自己的私密金鑰做加密 (具鑑別性)，接著再用接收端的公開金鑰做第二次加密 (具保密性)；接收端將使用自己的私密金鑰做解密，接著再用對方的公開金鑰做第二次解密，如圖 16-2(c) 所示。

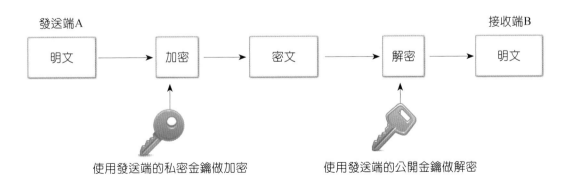

圖 16-2(a)　非對稱式金鑰密碼系統 (具鑑別性)

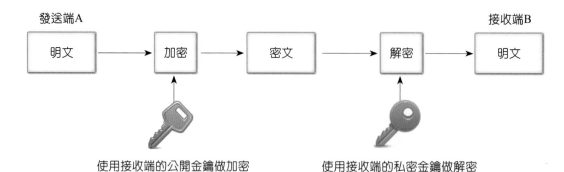

圖 16-2(b)　非對稱式金鑰密碼系統（具保密性）

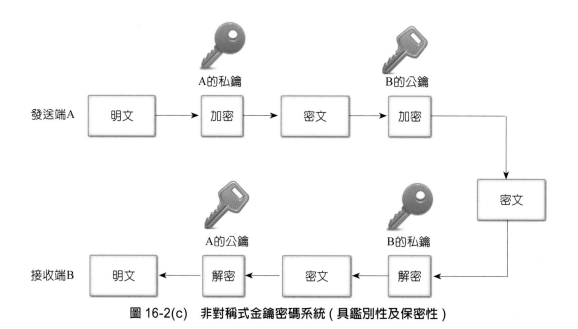

圖 16-2(c)　非對稱式金鑰密碼系統（具鑑別性及保密性）

NOTE

後面章節將介紹的 IPSec 在資料傳輸過程中，就是使用對稱式金鑰密碼系統與非對稱式金鑰密碼系統提供較佳速度與安全性。IPSec 透過非對稱加密建立安全性的連接，並切換到對稱加密以使資料傳輸可以加速。

16-3 數位簽章

　　數位簽章是在電腦上使用密碼編譯來驗證數位資訊的一種方法，它亦是採用公開與私密金鑰的概念，來驗證個人身分及資訊，例如電子表單、電子郵件訊息及文件。數位簽章對於簽章者身分有助於保障及確保，因此在法律上可視同為其本人的簽章。當收到具有數位簽章的相關訊息時，接收者可以由簽章得知發送者的身分，並確認訊息的內容是可證實的、不可偽造的，以及是否有被竄改。

　　接下來我們要瞭解數位簽章是如何進行的。假設小英要發送一封具有簽章的訊息給大明，則小英會先對欲送出的原始訊息執行雜湊函數 (Hash Function；HF) 運算，接著小英用她的私密金鑰對產生的雜湊值 (即加密) 進行數位簽章，簽署過後的訊息摘要會與原始訊息 (以明文傳送) 一併送給大明。注意：小英為了讓大明確認訊息的內容是可證實的、不可偽造的，故使用私密金鑰來簽署文件。當大明收到小英傳送來的原始訊息及數位簽章後，大明會使用發送端 (即小英) 的公開金鑰對此訊息摘要做雜湊函數運算 (即解密)，以取得「雜湊值 2」的結果；大明也會對明文執行雜湊函數運算以取得「雜湊值 1」的結果，若上述兩者所得到的雜湊值結果一致，則大明可確定訊息的完整性及未遭受竄改，同時可確定發送此訊息的人為小英，如圖 16-3 所示。

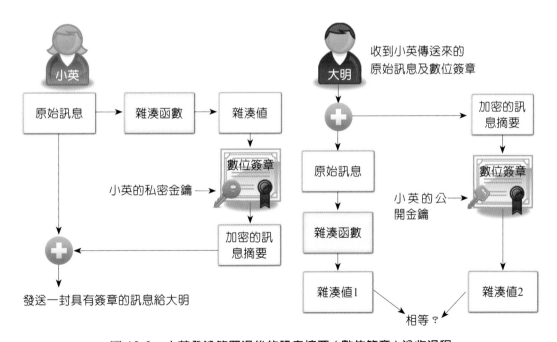

圖 16-3　小英發送簽署過後的訊息摘要 (數位簽章) 送收過程

> **NOTE**
>
> 電子簽章 (electronic signature) 包括數位簽章及使用指紋、聲紋等生物科技辨識技術所產製的資料。電子簽章是用來識別及確認電子文件的簽署人身分、資格及文件本身的真偽；數位簽章則是以數學運算或一些演算法形成加密的電子簽章。所以並非所有的電子簽章都是數位簽章。

16-4　數位信封

由於對稱式金鑰密碼系統的金鑰是雙方共用，因此一方在傳送加密資料之前，必須先確定如何能安全地交換金鑰至另一方，以達成雙方加解密，像這樣能安全傳送金鑰的方式，就是所謂的數位信封 (digital envelope)。數位信封是結合對稱式金鑰密碼系統及非對稱式金鑰密碼系統兩種加密技術的優點，主要原理是利用對稱式加密處理在速度上較快的優勢，先對明文加密；然後再將其所使用的加解密鑰匙，以非對稱式加密技術進行加密，以提升解密鑰匙的安全性。例如：當 A 與 B 兩個使用者使用對稱式公鑰系統時，若由 A 先產生一把共用的「密鑰」，並透過 Internet 傳送給 B，為保密起見，A 可以使用 B 的公鑰，並將自己的「密鑰」加密後一併傳送給 B。B 的公鑰在此種狀況如同信封，信封內正是 A 產生的密鑰；一旦 B 收到數位信封後，可以使用本身的私鑰做解密，一旦取得信封內的「密鑰」，就確定 A 安全地交換金鑰至另一方 B。

16-5　數位憑證

非對稱性密碼系統對於資料隱密性、完整性、辨認性及不可否認性 (non-repudiation) 的安全具有不錯的保護功能，但使用的雙方在進行通訊之前，都必須先取得另一方的公鑰，公鑰在傳送過程中雖不需要保密，但公鑰本身與其所有人之間的關係必須很清楚沒有模擬兩可，這就牽涉到數位憑證。剛剛談到，公鑰原本就是可以公開的，無需具任何的保密性。只要 A 使用者產生一對公私鑰，自己的公鑰就可以傳給要與自己通訊的使用者；但為防止不肖人士 B 自行產生一對新的公私鑰，並對所有的人矇騙此新的公鑰為使用者 A 所有，這就是一大問題。

　　那如何能確認公鑰為 A 使用者的身分認證，這就是所稱的數位憑證，簡稱為憑證。例如：當大明從網頁伺服器、電子郵件等取得小英的公開金鑰，他必須確定這是小英的公開金鑰 (有可能是偷竊者偽裝的)，這就有賴於公開金鑰憑證，而公開金鑰確屬於某特定的實體 (entity)，就需要透過憑證管理機構 (Certification Authority；CA) 來負責。所謂「憑證」可包含數位簽章與公開金鑰的技術；在實務上，發佈公開金鑰的機構為防止有心人的偽裝，會將申請人跟金鑰相關的資訊如序號、發鑰機構和該機構的數位簽章等整合起來形成一份數位憑證。

16-6　防火牆

　　就一般用戶的個人防火牆，通常是在一部電腦上針對封包過濾功能的一種軟體，如 Windows 內建的防火牆程式。而專業的防火牆通常指安裝於網路上的一種裝置。以 TCP/IP 堆疊而言，主要分為封包過濾型的防火牆和應用層防火牆兩種，但有些防火牆是同時具備工作在網路層和應用層。

　　防火牆主要是為強化企業機構或個人內部網路的安全性，亦即在內部網路與外部網路之間構築一道牆，只允許經過授權的資訊才可以通過，以防止不懷好意人士從外部網路侵入內部網路。為使防火牆具有判斷、過濾內外網路之間的通訊能力，需要仰賴系統管理員適當的設定。一般防火牆可分為封包過濾防火牆和代理防火牆兩種。

◉ 封包過濾防火牆

　　封包過濾技術採用的機制主要針對網路層和傳輸層上的數據為監控對象。例如：依據對每個數據封包的標頭、協定、位址、TCP/UDP 連接埠、類型等資訊進行過濾分析，並與預先設定好的防火牆過濾規則進行核對，一旦數據封包被發現某些部分與過濾規則一致，並且條件設定為「阻止」的時候，此封包就會被丟棄。此類型的防火牆一開始使用靜態封包過濾防火牆，後來就被動態封包過濾防火牆取代。動態封包過濾功能可以判斷傳輸的封包是否會對系統有所威脅，如果是的話，防火牆會自動產生新的臨時過濾規則，或進行修改過濾規則，以避免有危害資訊安全的傳輸。但付出的代價是需要額外的資源和時間進行必要的判斷與處理。大體來說，封包過濾防火牆的優點是價格便宜、處理速度較快；但所定義的規則很複雜，所能得到的性能有限，另外，它只能工作在網路層和傳輸層。

代理防火牆

　　這種類型的防火牆已被公認為較安全的防火牆。由於在其內外部網路之間的通訊都需經過代理伺服器檢查與連接，這樣可避免入侵者攻擊。注意：代理防火牆是工作在應用層，因此它可以實現在更高等級的數據封包之偵測。

> **NOTE**
>
> 上述兩種防火牆後來被發展結合成為狀態監測 (stateful inspection) 技術，但在技術面的實現非常複雜。

> **NOTE**
>
> Windows 10 作業系統用來提升系統安全的設定稱為「具有進階安全性的 Windows 防火牆」，操作步驟為「開始」→「控制台」→「系統管理工具」→「具有進階安全性的 Windows Defender」，如圖 16-4 所示。各設定原則功能可以點開看進一步的說明。

圖 16-4　Windows 內建的防火牆資訊

16-7 IPSec簡介

為確保整個網路通訊內容的安全，在 IP 層加入安全機制已是必然的趨勢。原先的構想是將 IPSec 應用在 IPv6 (參考 RFC 6434)，後來它也遷就事實，IPSec (參考 RFC 4301 和 RFC 4309) 先應用在 IPv4 。IPSec 為了能安全連結 (Security Association；SA)，在設計之初就考慮到相容性的問題。例如：IPSec 必須能跨越各種平台，和在 IPv4 或 IPv6 上使用，以及有關各類型加密演算法如何移植等問題。IPSec 主要可提供認證 (authentication) 與保密 (confidentiality) 兩種功能。

認證是指確認通訊雙方的身分，以確保雙方間傳輸的資料未遭受別人侵入破壞或竄改；保密指的是通訊中的內容必須給予加密，以防止通訊內容被有心人竊取。有關加密就會想到金鑰管理，因此 IPSec 對於金鑰建立、管理與交換金鑰也有所規定。

介紹 IPSec 協定之前，我們必須先認識金鑰交換協定，它的主要工作包括建立共同的密鑰與安全連結。當 IPSec 的實體兩端使用一組加密與解密金鑰就開始運作，而實體兩端的 SA 與交換金鑰就是由金鑰交換協定來負責建立。IP 安全金鑰管理常用的協定稱為網際網路安全關聯鑰匙管理協定 (Internet Security Association and Key Management Protocol；ISAKMP) 與 Oakley Key Determination 協定 (參考 RFC2412)。Oakley 僅規範出金鑰交換的方法，至於各種訊息詳細的格式、SA 的建立、金鑰交換時所用的 IP 資料封包格式與處理程序及原則，則是由 ISAKMP 定義。IPSec 除了上述的金鑰交換協定外，還包含了 IPSec AH 與 IPSec ESP 兩種主要協定，這兩種協定都具有傳輸模式和隧道模式的封包格式。

1. AH (Authentication Header) 協定

   主要提供發送端的身分認證 (亦即鑑定性) 及確保 IP 封包在傳輸過程中的資料完整性，但缺乏機密性 (參考 RFC 4302 及 RFC 4305)。

2. ESP (Encapsulating Security Payload) 協定

   主要提供封包加密 (亦即機密性)、發送端的身分認證 (亦即鑑定性) 與資料完整性的功能。IPSec 支援多種類型的加密，例如 AES、3-DES、DES-CBC、Blowfish 及 Chacha 等等。

注意：IPSec 與 IP 協定均屬網路層的協定，但 IPSec 的送收兩端在傳輸安全防護的資料包之前必須各建立一條單工 (simplex connection) 連線，此即所稱的 SA，這種連線方式與 TCP 很相像。SA 可由三個重要參數來定義，第一是 SPI (參考

圖 16-10 中的欄位)，第二是指定要使用 AH 或 ESP 標頭的安全協定 ID 稱爲 Security Protocol ID，第三是 IP 目的端的位址，用來定義 SA 的單方關係。通訊雙方是要採用 AH 或 ESP 安全協定及封包格式，則視 SA 的規定；至於這個規定就是透過 ISAKMP 協定所協議出來的；協議當中若需交換鑰匙來確定身分或制定會議鑰匙，可利用 IKE (Internet Key Exchange) 協定來完成，如圖 16-5 所示。

注意：在雙方身分認證時必須牽涉到公開鑰匙，此公開鑰匙可由公開金鑰基礎建設 (Public Key Infrastructure；PKI) 系統中的 CA 中心發給。

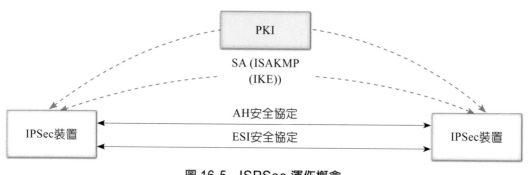

圖 16-5　ISPSec 運作概念

 NOTE

> PKI 指公開金鑰加解密相關技術所需要的規範與建設。AH 和 ESP 運作時所需的 SA (指安全的通訊環境) 是透過 IKE 協定提供的金鑰參數、演算法及封包達成。

16-8 IPSec AH協定

AH 協定支援傳輸模式和隧道模式。兩種模式可以單獨或合併使用，如圖 16-6 所示爲 AH 標頭包含 6 個欄位 (注意：沒有 AH 標尾)，說明如下。

Next Header (8)	Payload Length (8)	Reserved (16)
Security Parameter Index (SPI) (32)		
Sequence Number Field (32)		
Authentication Data (variable)		

圖 16-6　AH 標頭欄位

1. 下一個標頭 (Next Header) 佔 8bits
   指出 AH 標頭後面定義的資料類型為 TCP、UDP 或 ICMP 區段。
2. 資料長度 (Payload Length) 佔 8bits
   指出認證資料欄位的長度。
3. Reserved 佔 16bits
   指出目前保留用。
4. 安全參數索引 (Security Parameter Index；SPI) 佔 32bits
   指出用來識別安全連結。
5. 序號 (Sequence Number) 佔 32bits
   指出在 SA 連線中，每個封包的序號，該序號即使封包遺失再重傳也是用不同的序號，主要目的在於防止有心人偷擷取封包後，竄改內容並重送給接收端，以避免重送 (replay) 攻擊。
6. 認證資料 (Authentication Data) 長度不定
   指出 AH 認證方式使用雜湊訊息認證碼 (Hashed Message Authentication Code；HMAC）。HMAC 可看成雜湊函數與對稱式加密法的結合。雜湊函數與對稱式加密法都可用來認證資料。前者運算速度較快，但較不安全；後者運算較雜湊函數慢，但較為安全。HMAC 則兼具了兩者的優點，即運算速度快，且安全性高。HMAC 所產生的值稱為訊息認證碼 (Message Authentication Code；MAC) 或稱完整性檢查值 (Integrity Check Value；ICV)。AH 認證步驟如下說明。
   (1) 送收兩端透過金鑰交換協定使得雙方各自擁有一把相同的金鑰 Ks。
   (2) 發送端利用 Ks 計算，得出封包資料的完整性檢查值 (Integrity Check Value；ICV)，然後將 ICV 值放在封包內的 AH 標頭中送至接收端。
   (3) 接收端收到後再利用 Ks 計算封包資料的 ICV，並與發送端的 ICV 比較，若兩者的 ICV 值相同即完成封包確認；反之，代表此封包有問題。

16-8-1　AH傳輸模式

若 LAN 中的兩部電腦要建立 IPSec 連線時,發送端與接收端都必須具 IPSec 功能,就可使用傳輸模式。基本上,此模式原來的 IP 封包格式不變,但 AH 標頭是位於「IP標頭」和「IP Payload」之間,AH 傳輸模式 (transport mode) 如圖 16-7 所示。注意:「IP Payload」等於「TCP/UDP 標頭加上其後面的資料」。接著計算整個封包的 ICV,再將 ICV 記錄到 AH 標頭中。HMAC 在計算時並非包含封包中全部的欄位;換言之,由於 IP 封包內的標頭有些欄位在封包傳送過程中會不斷改變,例如 IP 封包每經過一部路由器,TTL 欄位值會減 1。因此計算 HMAC 時,並不需要將這欄位列入。其他不列入計算的欄位還包括 Flags、Fragment Offset、TTL 和 Header Checksum 等欄位。注意:計算 HMAC 時包括 IP 標頭的大部分欄位、AH 標頭和 IP Payload 的內容是受到認證的 (authenticated)。

圖 16-7　AH 傳輸模式

NOTE

注意 IP 標頭中的協定欄位等於 51,就代表後面資料封包含 AH 標頭。

16-8-2　AH隧道模式

若 LAN 與 LAN 之間透過 Internet 傳輸資料時,發送端與接收端有一端或兩端未具 IPSec 功能,那就必須透過能處理 IPSec 封包的裝置來處理,這種情形就可以使用此模式。例如:具有 IPSec 能力的路由器或防火牆。換言之,區域網路之間不必再架設花費很高的專線,而是透過 Internet 來建立虛擬專屬網路 (Virutal Private Network;VPN),讓區域網路之間能保證安全地傳輸。

AH 隧道模式 (tunnel mode) 如圖 16-8 所示,圖中指出,將 AH 標頭加在原來的 IP 封包之前,然後在 AH 標頭之前再加上一個新的 IP 標頭,有了新的 IP 位址,就可以用在像 VPN 需要做 IP 位址轉換時的網路環境。如上節所述,對整個封包計算 ICV 值,

再將所得的 ICV 記錄到 AH 標頭中。此模式如同前述,在計算 HMAC 時,新的 IP 標頭中的 TOS、Flags、Fragment Offset、TTL 和 Header Checksum 等欄位不列入計算外,其它計算 HMAC 時包括新的 IP 標頭的大部分欄位、AH 標頭和原來的 IP 標頭及 IP Payload 的內容都是受到認證的。

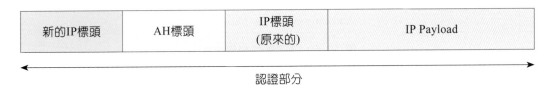

圖 16-8　AH 隧道模式

16-9 ESP協定

AH 的封包認證無法保護網路上的侵入者欲窺探封包的內容,這意謂 AH 協定不提供隱密性,這就必須使用封裝安全承載 (Encapsulation Security Payload;ESP) 協定的加密機制,以防止他人讀取封包的內容。ESP 協定主要提供加密的功能,並可隨選加上認證功能。

ESP 協定與 AH 協定一樣 (但前者有 ESP 標尾),分成傳輸模式和隧道模式。兩種模式可單獨使用或合併使用。ESP 傳輸模式的加密是在發送端進行,而在接收端進行解密。加密部分為 IP Payload 加上 ESP 標尾 (不含 ICV 欄位),注意:IP 標頭是不加密的。認證部分則需再加上「ESP 標頭」,如圖 16-9 所示。換言之,認證包括 ESP 標頭、IP Payload 和 ESP 標尾 (不含 ICV 欄位)。

圖 16-9　ESP 傳輸模式

若 ESP 含有附加認證功能,執行步驟是 ESP 加密後,再計算出認證欄位的 ICV 值。也就是說,ICV 不在加密範圍內。接收端收到 ESP 封包後,先進行比對 ICV 值,若正確無誤再對封包進行解密。圖 16-9 中詳細的 ESP 標頭與 ESP 標尾欄位如圖 16-10 所示。

Security Parameters Index (SPI) (32)		
Sequence Number (32)		
Payload Data (Variable)		
Padding		
Padding (0~255bytes)	Pad Length (8)	Next Header (8)
Authentication Data (Variable)		

圖 16-10　ESP 的封包格式

圖 16-10 中的 SPI、Sequence Number 及 Payload Data 欄位位於 ESP 標頭內；其他欄位為 ESP 標尾，注意：「認證資料欄位的 ICV 值」是包含在 ESP 標尾內。在 ESP 隧道模式中，整個 IP 資料包 (即原來的 IP 標頭加上 IP Payload) 都在 ESP Payload 中進行封裝和加密，再計算出 ICV。另外，加密部分包含整個 IP 封包和 ESP 標尾 (不含 ICV)，然後在封包最後面的認證資料欄位，填入 ICV。另一方面，認證部分包括如同加密部分範圍外，還多了 ESP 標頭。完成之後，真正的 IP 來源位址和目的位址都可以被隱藏成為 Internet 發送的一般資料，如圖 16-11 所示。

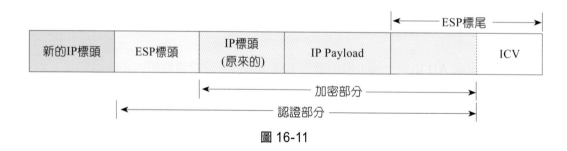

圖 16-11

NOTE

IP 標頭中的協定欄位會等於 50，就代表後面資料封包含 ESP 標頭。

此種模式的典型應用是在虛擬專用網路 (Virtual Private Network；VPN) 連接時的防火牆與防火牆之間的主機或網段隱藏。注意：ESP 協定加密封包時和在 16-8-1 節計算 HMAC 時一樣，有些欄位會被排除。

　ESP 的封包格式說明：

1. 安全參數索引 (Security Parameter Index；SPI) 佔 32bits

   指出識別安全連結。

2. 序號 (Sequence Number) 佔 32bits

   指出 IP 封包的序號，避免重送攻擊。

3. Payload Data (長度不定)

   指出上層協定的傳輸層區段，例如 TCP 或 UDP 標頭加上其後面的資料。

4. Padding (0 至 255bytes)

   指出為符合區塊加密，必須對 Payload Data 做填補。

5. Pad Length 佔 8bits

   指出「Padding」的長度。

6. 下一個標頭 (Next Header) 佔 8bits

   指出 ESP 標頭後面定義的資料類型。

7. 認證資料 (Authentication Data) (長度不定)

   指出 ICV 值。

NOTE

ESP 在實現中使用一個通用的預設演算法，稱為 DES － CBC 演算法。亦即 ESP 可支援 CBC (Cipher Block Chaining) 模式的 DES 加密演算法。

重點整理

▶ 加解密系統主要分為對稱式金鑰 (symmetric key)；及非對稱式金鑰 (asymmetric key) 密碼系統兩大類。

▶ 對稱式金鑰密碼系統送收兩方在加密與解密兩端都使用相同一把金鑰；非對稱式金鑰密碼系統送收兩方分別使用兩個不同之金鑰來進行資訊加密與解密。

▶ 數位簽章是在電腦上使用密碼編譯來驗證數位資訊的一種方法，它亦是採用公開與私密金鑰的概念，來驗證個人身分及資訊。

▶ 數位信封是結合對稱式金鑰密碼系統及非對稱式金鑰密碼系統兩種加密技術的優點。

▶ 公鑰在傳送過程中雖不需要保密，但公鑰本身與其所有人之間的關係必須很清楚沒有模擬兩可，這就牽涉到數位憑證。

▶ 封包過濾技術採用的機制主要針對網路層和傳輸層上的數據為監控對象。代理防火牆是工作在應用層，因此它可以實現在更高等級的數據封包之偵測。

▶ IPSec 包含了 IPSec AH 與 IPSec ESP 兩種主要協定，這兩種協定都具有傳輸模式和隧道模式的封包格式。

▶ IPSec 與 IP 協定均屬網路層的協定，但 IPSec 的送收兩端在傳輸安全防護的資料包之前必須各建立一條單工 (simplex connection) 連線，即所稱的 SA。

▶ IPSec 在資料傳輸過程中，就是使用對稱式金鑰密碼系統與非對稱式金鑰密碼系統提供較佳速度與安全性。

▶ 並非所有的電子簽章都是數位簽章。

▶ 專業的防火牆主要分為封包過濾型的防火牆和應用層防火牆兩種。

本章習題

選擇題

(　)1. 對稱式金鑰密碼系統加密與解密兩端都使用相同幾把金鑰
(1) 1　(2) 2　(3) 4　(4) 不一定。

(　)2. DES 演算法使用 56 位元的對稱金鑰和
(1) 48 位元　(2) 56 位元　(3) 64 位元　(4) 128 位元 的明文加密。

(　)3. 非對稱式金鑰密碼系統送收兩方分別使用幾把不同之金鑰來進行資訊加密與解密
(1) 1　(2) 2　(3) 4　(4) 不一定。

(　)4. 對稱式加密處理與非對稱式加密技術在速度上比較
(1) 前者較快　(2) 後者較快　(3) 相同　(4) 不一定。

(　)5. 封包過濾防火牆採用的機制主要針對
(1) 實體層和 MAC 層　　　　(2) MAC 層和網路層
(3) 網路層和傳輸層　　　　(4) 傳輸層和應用層上的數據為監控對象。

(　)6. 代理防火牆工作在第幾層，因此它可以實現在更高等級的數據封包之偵測
(1) MAC 層　(2) 網路層　(3) 傳輸層　(4) 應用層。

(　)7. 若 LAN 中的兩部電腦要建立 IPSec 連線並使用傳輸模式時，哪一端必須具 IPSec 功能　(1) 其中一端需要　(2) 兩端都需要　(3) 兩端都不需要　(4) 不一定。

(　)8. 哪一個屬非對稱演算法　(1) DES　(2) 3DES　(3) RSA　(4) AES。

(　)9. ＿＿加密演算法是新一代的加密標準，而其金鑰長度有 128、192 或 256 位元
(1) DES　(2) 3DES　(3) RSA　(4) AES。

(　)10. ＿＿是第一個能同時用於加密和數字簽名的算法
(1) DES　(2) 3DES　(3) RSA　(4) AES。

(　)11. IPSec 支援的演算法有　(1) DES-CBC　(2) 3-DES　(3) AES　(4) 以上皆是。

(　)12. AH 和 ESP 運作時所需的安全通訊環境，是透過＿＿協定提供的金鑰參數、演算法等來達成的　(1) IP　(2) SA　(3) IKE　(4) 以上皆是。

簡答題

1. 何謂對稱式金鑰密碼系統？

2. 何謂非對稱式金鑰密碼系統？

3. 電子簽章與數位簽章的比較。

4. 何謂數位信封？

5. 何謂 AH 協定與 ESP 協定？

6. 說明 IPSec 運作概念。

7. AH 協定支援傳輸模式和隧道模式，兩者在計算 HMAC 時包括那一些內容是受到驗證的？

8. ESP 協定支援傳輸模式和隧道模式，兩者在計算 HMAC 時包括那一些內容是受到加密的，那一些內容是受到驗證的？

9. IPSec 協定工作在 OSI 模型的第幾層？說明與 SSL/TLS 協定的安全性比較。

10. IPSec VPN 和 SSL VPN 有什麼差別？

附錄 **A**

ASCII表

ASCII 碼	鍵盤	ASCII 碼	鍵盤	ASCII 碼	鍵盤	ASCII 碼	鍵盤
0	NUL	7	BEL	10	LF	13	CR
27	ESC	32	SPACE	33	!	34	?
35	#	36	$	37	%	38	&
39	?	40	(	41	)	42	*
43	+	44	,	45	-	46	.
47	/	48	0	49	1	50	2
51	3	52	4	53	5	54	6
55	7	56	8	57	9	58	:
59	;	60	<	61	=	62	>
63	?	64	@	65	A	66	B
67	C	68	D	69	E	70	F
71	G	72	H	73	I	74	J
75	K	76	L	77	M	78	N
79	O	80	P	81	Q	82	R
83	S	84	T	85	U	86	V
87	W	88	X	89	Y	90	Z
91	[	92	\	93	]	94	^
95	_	96	?	97	a	98	b
99	c	100	d	101	e	102	f
103	g	104	h	105	i	106	j
107	k	108	l	109	m	110	n
111	o	112	p	113	q	114	r
115	s	116	t	117	u	118	v
119	w	120	x	121	y	122	z
123	{	124			125	}	126	~
127	DEL						

8B/6T 編碼

資料	編碼	資料	編碼	資料	編碼
00	-+00-+	19	+-0-+0	32	0+-0-+
01	0-+-+0	1A	-++-+0	33	0+-+0-
02	0-+0-+	1B	+00-+0	34	+-0+0-
03	0-++0-	1C	+00+-0	35	-0+-+0
04	-+0+0-	1D	-+++-0	36	-0+0-+
05	+0--+0	1E	+-0+-0	37	-0++0-
06	+0-0-+	1F	-+0+-0	38	+-00+-
07	+0-+0-	20	-++-00	39	0+-+-0
08	-+00+-	21	+00+--	3A	0+-0+-
09	0-++-0	22	-+0-++	3B	0+--0+
0A	0-+0+-	23	+-0-++	3C	+-0-0+
0B	0-+-0+	24	+-0+00	3D	-0++-0
0C	-+0-0+	25	-+0+00	3E	-0+0+-
0D	+0-+-0	26	+00-00	3F	-0+-0+
0E	+0-0+-	27	-+++--	40	-00+0+
0F	+0--0+	28	0++-0-	41	0-00++
10	0--+0+	29	+0+0--	42	0-0+0+
11	-0-0++	2A	+0+-0-	43	0-0++0
12	-0-+0+	2B	+0+--0	44	-00++0
13	-0-++0	2C	0++--0	45	00-0++
14	0--++0	2D	++00--	46	00-+0+
15	--00++	2E	++0-0-	47	00-++0
16	--0+0+	2F	++0--0	48	00+000
17	--0++0	30	+-00-+	49	++-000
18	-+0-+0	31	0+--+0	4A	+-+000

資料	編碼	資料	編碼	資料	編碼
4B	-++000	71	000+-+	97	--+++-
4C	0+-000	72	000-++	98	+--0+0
4D	+0-000	73	000+00	99	-+-+00
4E	0-+000	74	000+0-	9A	-+-0+0
4F	-0+000	75	000+-0	9B	-+-00+
50	+--+0+	76	000-0+	9C	+--00+
51	-+-0++	77	000-+0	9D	--++00
52	-+-+0+	78	+++--0	9E	--+0+0
53	-+-++0	79	+++-0-	9F	--+00+
54	+--++0	7A	+++0--	A0	-++0-0
55	--+0++	7B	0++0--	A1	+-+-00
56	--++0+	7C	-00-++	A2	+-+0-0
57	--+++0	7D	-00+00	A3	+-+00-
58	--0+++	7E	+---++	A4	-++00-
59	-0-+++	7F	+--+00	A5	++--00
5A	0--+++	80	-00+-+	A6	++-0-0
5B	0--0++	81	0-0-++	A7	++-00-
5C	+--0++	82	0-0+-+	A8	-++-+-
5D	-000++	83	0-0++-	A9	+-++--
5E	0+++--	84	-00++-	AA	+-+-+-
5F	0++-00	85	00--++	AB	+-+--+
60	0++0-0	86	00-+-+	AC	-++--+
61	+0+-00	87	00-++-	AD	++-+--
62	+0+0-0	88	-000+0	AE	++--+-
63	+0+00-	89	0-0+00	AF	++---+
64	0++00-	8A	0-00+0	B0	+000-0
65	++0-00	8B	0-000+	B1	0+0-00
66	++00-0	8C	-0000+	B2	0+00-0
67	++000-	8D	00-+00	B3	0+000-
68	0++-+-	8E	00-0+0	B4	+0000-
69	+0++--	8F	00-00+	B5	00+-00
6A	+0+-+-	90	+--+-+	B6	00+0-0
6B	+0+--+	91	-+-+++	B7	00+00-
6C	0++--+	92	-+-+-+	B8	+00-+-
6D	++0+--	93	-+-++-	B9	0+0+--
6E	++0-+-	94	+--++-	BA	0+0-+-
6F	++0--+	95	--+-++	BB	0+0--+
70	000++-	96	--++-+	BC	+00--+

資料	編碼	資料	編碼
BD	00++--	E3	+-++0-
BE	00+-+-	E4	-+++0-
BF	00+--+	E5	++--+0
C0	-+0+-+	E6	++-0-+
C1	0-+-++	E7	++-+0-
C2	0-++-+	E8	-++0+-
C3	0-+++-	E9	+-++-0
C4	-+0++-	EA	+-+0+-
C5	+0--++	EB	+-+-0+
C6	+0-+-+	EC	-++-0+
C7	+0-++-	ED	++-+-0
C8	-+00+0	EE	++-0+-
C9	0-++00	EF	++--0+
CA	0-+0+0	F0	+000-+
CB	0-+00+	F1	0+0-+0
CC	-+000+	F2	0+00-+
CD	+0-+00	F3	0+0+0-
CE	+0-0+0	F4	+00+0-
CF	+0-00+	F5	00+-+0
D0	+-0+-+	F6	00+0-+
D1	0+--++	F7	00++0-
D2	0+-+-+	F8	+000+-
D3	0+-++-	F9	0+0+-0
D4	+-0++-	FA	0+00+-
D5	-0+-++	FB	0+0-0+
D6	-0++-+	FC	+00-0+
D7	-0+++-	FD	00++-0
D8	+-00+0	FE	00+0+-
D9	0+-+00	FF	00+-0+
DA	0+-0+0		
DB	0+-00+		
DC	+-000+		
DD	-0++00		
DE	-0+0+0		
DF	-0+00+		
E0	-++0-+		
E1	+-+-+0		
E2	+-+0-+		

讀者回函卡

掃 QRcode 線上填寫 ▶▶

姓名： 生日：西元 年 月 日 性別：□男 □女

電話：（ ） 手機：

e-mail：（必填）

註：數字零，請用 Φ 表示，數字 1 與英文 L 請另註明並書寫端正，謝謝。

通訊處：□□□□□

學歷：□高中・職 □專科 □大學 □碩士 □博士

職業：□工程師 □教師 □學生 □軍・公 □其他

學校／公司： 科系／部門：

· 需求書類：

□ A. 電子 □ B. 電機 □ C. 資訊 □ D. 機械 □ E. 汽車 □ F. 工管 □ G. 土木 □ H. 化工 □ I. 設計

□ J. 商管 □ K. 日文 □ L. 美容 □ M. 休閒 □ N. 餐飲 □ O. 其他

· 本次購買圖書為： 書號：

· 您對本書的評價：

封面設計：□非常滿意 □滿意 □尚可 □需改善，請說明

內容表達：□非常滿意 □滿意 □尚可 □需改善，請說明

版面編排：□非常滿意 □滿意 □尚可 □需改善，請說明

印刷品質：□非常滿意 □滿意 □尚可 □需改善，請說明

書籍定價：□非常滿意 □滿意 □尚可 □需改善，請說明

整體評價：請說明

· 您在何處購買本書？

□書局 □網路書店 □書展 □團購 □其他

· 您購買本書的原因？（可複選）

□個人需要 □公司採購 □親友推薦 □老師指定用書 □其他

· 您希望全華以何種方式提供出版訊息及特惠活動？

□電子報 □DM □廣告 （媒體名稱 ）

· 您是否上過全華網路書店？（www.opentech.com.tw）

□是 □否 您的建議

· 您希望全華出版哪方面書籍？

· 您希望全華加強哪些服務？

感謝您提供寶貴意見，全華將秉持服務的熱忱，出版更多好書，以饗讀者。

填寫日期： ／ ／

2020.09 修訂

勘 誤 表

書號		書 名	作 者
頁 數	行 數	錯誤或不當之詞句	建議修改之詞句

我有話要說： （其它之批評與建議，如封面、編排、內容、印刷品質等・・・）